Thomas J. Rudolphi

매트랩을 활용한

유한요소 입문

Finite Element Method

Theory and Application with MATLAB Program

백태현 역

McGraw-Hill Korea

The McGraw-Hill Companies

Finite Element Method: Theory and Application with MATLAB Program

1 2 3 4 5 6 7 8 9 10 MH-KOREA 12 11 10

Original: Finite Element Method:
Theory and Application with MATLAB Program

Korean ISBN ; 89-6055-148-1 93550
Korean ISBN ; 978-89-6055-148-0

Printed in Korea

매트랩을 활용한 유한요소 입문

발 행 일 / 2010년 7월 20일 초판인쇄
저 자 / Thomas J. Rudolphi
역 자 / 백태현
발 행 처 / 한국맥그로힐(주)
주 소 / 서울시 마포구 서교동 376-12 지우B/D 2F
전 화 / (02)325-2351
발 행 인 / 채정태
등록번호 / 제 10-1734호(1999.3.29)

ISBN: 978-89-6055-148-0

판매처 / 한티미디어 문의 / Tel: 02-332-7993~4
판매정가 : 25,000원

저자 약력

백 태 현

- 한양대학교 기계공학과, 공학사 (1971)
- 국제전광사, 기술과장 (1974)
- 국방과학연구소, 선임연구원 (1990)
- Iowa State University, 기계공학 석사 · 박사 (1986)
- University of Wisconsin-Madison, 기계공학과 방문교수 (1997)
- Iowa State University, 항공공학과 방문교수 (2008)
- 군산대학교 기계자동차공학부 교수 (현재)

- 저서

  엔지니어링 입문 (1993)

  수치해석 (1993), 기초수치해석 (2004), 수치해석, 개정판 (2009)
- 번역서

  공업역학1: 정역학, 2판 (Merriam and Kraige, John Wiley & Sons, 1999)

  기계공학개론 (Wickert, Thomson, 2005)

  재료역학, 4판 (Beer, Johnston, Jr. and DeWolf, McGraw-Hill, 2006)

  정역학 (Sheppard and Tongue, John Wiley & Sons, 2006)

  정역학, 7판 (Beer, Johnston and Eisenberg, McGraw-Hill, 2006)

  매트랩 콘사이스 (Palm III, McGraw-Hill, 2010)

역자 머리말

이 교재는 역자가 미국 아이오와 주립대학 항공공학과 방문 교수로 1 년 (2008.1 ~ 2009.1) 간 지내며 학부의 상급 학년 및 대학원 초급과정으로 개설된 유한요소법을 Rudolphi* 교수로부터 직접 수강하면서 국내의 강의교재로 적합하다고 판단되어 Rudolphi 교수의 허락을 받아 강의노트를 번역한 것이다. Rudolphi 교수의 강의 노트는 아이오와 대학에서 유한요소법을 20여 년 이상 강의하면서 저자가 직접 개발한 강의 자료이다.

유한요소법은 기계공학, 토목공학, 항공공학, 건축공학 등 모든 공학분야에 광범위하게 사용되는 해석과 설계 기술이므로 상급 학부생이나 대학원생들이 이에 대한 이론과 응용의 기초지식을 갖는 것이 필수적이다. 유한요소법에 관한 여러 종류의 교재가 출판되어 강의, 또는 연구용으로 사용되고 있다. 그러나 대부분의 유한요소에 관한 교재는 소프트웨어 응용을 위주로 한 교재에서는 이론에 관한 내용이 너무 부족하고 이론에 관한 교재는 소프트웨어 응용이 거의 없는 경우가 많다. 전자의 교재는 컴퓨터 프로그램의 사용과 훈련에 중점을 둔 반면, 후자는 고급 대학원생 수준의 내용을 포함하고 있다.

학부 공학도들에게 이론의 기초지식 없이 특정 소프트웨어를 사용하도록 훈련시키는 일은 학생들에게 결코 바람직하지 못하다고 믿는다. 대부분의 공학 프로그램에는 학생들이 이용할 수 있는 유한요소 소프트웨어 패키지가 있지만, 학생들이 사용하는 교과서에서 그 소프트웨어에만 얽매여서는 다른 소프트웨어 사용 시에 장애가 될 수 있다. 따라서, 학생들이 이해할 수 있는 범위 내에서 기본적으로 유한요소 이론을 공부하고, 관련된 소프트웨어 사용법을 연습하는 것이 바람직할 것이다.

이 교재의 특징은 역학의 기본 원리를 이해할 수 있도록 자유물체도의 평형조건으로부터 유도된 미분방정식과 이 식을 이용하여 유한요소식으로 만드는 과정이 쉽게 기술되어 있다는 것이다. 또한 유한요소기초 이론을 연습할 수 있도록 매트랩 프로그램이 포함되어 있다. 이러한 매트랩 프로그램은 이론적으로 유도된 수식을 확인하거나 검증하기 위하여 사용될 수 있다. 원래의 강의 노트에는 매트랩에 관한 기초사항이 포함되어 있지 않으나 프로그램을 이해하고 활용할 수 있도록 부록 A

* Thomas J. Rudolphi – Chair and Professor (1979~2010, present), Aerospace Engineering Department, Iowa State University, Ames, Iowa, USA.

에 매트랩 기초를 수록하였다. 유한요소법에 관한 매트랩 프로그램을 이해하고 활용하기 위해서는 학기 초에 매트랩 기초사항을 학습하는 것이 바람직할 것이다.

이 교재로 공부하기 위한 선수과목은 기본 역학인 정역학, 동역학, 재료역학 및 열역학과 상미분 방정식 정도이다. 일부 편미분 방정식이 소개되었으나 개념을 이해할 수 있는 정도면 충분하며, 필수적인 선수과목은 아니다. 이 교재의 내용은 한 학기 강의용으로 다소 많은 내용이 포함되어 있으므로 담당 교수가 학생들의 이해 수준 또는 강의 일정에 따라 각 장의 내용을 취사 선택할 수도 있다. 또한 본서를 교재로 사용시 강의에 편리하도록 교수용 강의 보조자료 (파워포인트 및 연습문제 풀이) 도 준비되어 있으며, 출판사에 요청시 제공받을 수 있도록 하였다.

본서에 쓰인 용어는 국내에서 출판된 유한요소 관련 교재에 사용되는 보편 타당성이 있는 용어를 선택하였으며, 보편화되어 있지 않은 용어는 원어를 첨가하여 표기하였다. 이 교재는 강의노트를 번역한 것이므로 저자의 의도와는 달리 다소 일관성이 미흡할 수 있으나 추후에 보완할 예정이다. 본서를 이용하면서 발견된 오류사항 또는 개선점에 대해 기탄없이 지적하여 주시면 저자와 협의하여 더 나은 유한요소 입문 교재가 되도록 노력하겠다.

끝으로 이 교재가 출판될 수 있도록 기꺼이 허락하여 주신 한국 맥그로힐 사장님과 정성과 심혈을 기울인 편집부 관계자들께 깊은 감사를 드린다.

2010. 7

米龍洞 一隅에서

白泰鉉

E-mail: thbaek@kunsan.ac.kr

Preface to Finite Element Book

The material assembled in this book results from classroom notes that were developed and used in an introductory course on the finite element method at Iowa State University over a period of more than twenty years. The course has always been intended to serve as an introduction to the subject for upper level undergraduates in the mechanical sciences, while being kept generic enough to be of interest and accessible to students of any engineering background.

The course has evolved considerably during this time and several different and excellent introductory texts were used along the way, but the fundamental philosophy of making the mathematics of finite elements easily accessible to undergraduates with the typical calculus and differential equations background has always been the guideline. To this end, the method of weighted residuals, as a means of turning a differential equation expression of a problem into an error minimization expression, is taken from the outset. The method of weighted residuals is introduced at the outset and used consistently throughout. Thus the more traditional variational techniques or energy methods, as typically used in solid mechanics, are not required and the finite element formulation of all types of boundary value problems becomes quite generic.

Consistent with the teaching of finite elements as computational methodology to solve differential equations, the use of commercial or general purpose finite element programs has intentionally been avoided. Instead, students have always been required to write their own finite element programs under the belief that any computational algorithm is generally better understood when the salient aspects of the algorithm are programmed by the user of it. In recent years the author has migrated towards Matlab as a programming environment for this purpose, because of its obvious matrix-oriented abilities and built-in graphics and scientific/computational functions. Matlab is ideally suited for finite element programming and functions or subprograms to perform some of the algorithmic aspects of finite elements, such as "assembly" of the algebraic equations for a problem can be written in very concise language.

Tom Rudolphi

Professor of Aerospace Engineering and Engineering Mechanics

Iowa State University

Tae-Hyun Baek

Contents

CHAPTER 1

서론 및 직접 강성법

1.1 ▸ 유한요소법과 응용

유한요소법 (finite element method) 은 미분방정식에 가중함수 (weighted function) 또는 변분 원리법 (variational principle) 등을 적용, 적분형태를 취한 후 이로부터 선형 대수 방정식을 만들어 문제를 푸는 방법이다. 즉 유한요소법은 경계치 문제, 초기치 문제 그리고 고유값 (eigenvalue) 문제 등의 미분 방정식을 풀기 위한 계산기법의 하나이며, 응용분야는 아래와 같이 다양하다.

- 탄성변형, 응력해석, 구조해석
- 진동문제 및 구조물의 진동해석
- 열해석 및 열전달
- 음향학 및 파동전달 해석
- 전자기학 분야 – 정상상태 (steady) 또는 과도상태 (transient)
- 지하수 유동, 다공성 물체 (porous media) 해석
- 유체유동, 공기역학
- 토질공학
- 자연계, 생태계 (biological system) 해석 및 개체역학 (population dynamics)
- 경제 시스템 해석
- 기후 예측 (weather prediction) 등

1.2 ▶ 직접 강성법 - 1 차원 탄성변형

유한요소법의 개념을 이해하는 데 필요한 사항들을 살펴보기 위해 간단한 예를 들어 보자. 길이 방향으로 집중하중 또는 분포하중을 받아 늘어나거나 줄어들 수 있는 단순한 1 차원적 봉 문제를 검토해 보기로 한다.

그림 1 은 일반적인 경계치 문제의 간단한 예로, 길이가 L 인 봉의 왼쪽 끝은 고정되어 있으며 오른쪽 끝에서는 집중하중 P 가 가해지고, 봉의 길이에 걸쳐 분포하중, 즉 단위 길이당 힘 f 가 작용한다. 봉의 단면적은 A 이고, 봉 재질의 영탄성 계수는 E 이다.

용어 (nomenclature) 와 부호 (symbol) 에 대한 정의는 기술적인 문제를 나타내기 위한 중요한 사항으로, 유한요소법에서도 명확히 정의되어야 한다. 왜냐하면, 이들이 명확히 정의되어 있을 경우 주제가 다른 상황 하에서도 편리하게 사용될 수 있기 때문이다. 이 예제에서는 역학에서 일반적으로 통용되는 부호 규약 (sign convention) 을 사용하며, 필요한 경우에 다른 규약들을 정의하기로 한다. 여기서 사용되는 기호와 의미는 아래와 같다.

x = 전체좌표 (global coordinate) 계에서 x 좌표

u = x 지점의 변위 (displacement)

$\varepsilon \equiv \dfrac{du}{dx}$, 변형률 (strain)

$\sigma = E\varepsilon$, 응력 (stress)

E = 영탄성 계수 (Young's elastic modulus)

p = $A\sigma$, 단면 A 에서 내력

f = 단위 길이당 작용되는 힘

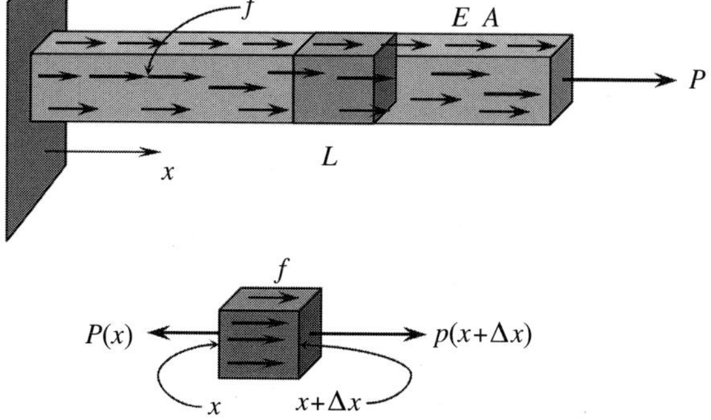

그림 1.1 축방향 하중을 받는 봉과 자유물체도

그림 1 에서 x 는 왼쪽 고정단 기준면으로부터 양 (+) 의 값으로 측정된 좌표 값을 나타낸다. 그리고 u 는 x 로 표시된 지점으로부터 변화된 변위 (displacement) 를 표시한다. 즉, u 는 x 의 함수로서 $u(x)$ 로 나타낼 수 있으며, 유한요소법에서는 이 값을 맨 처음에 1 차로 계산한다. 따라서 이 문제에 있어서 $u(x)$ 는 1 차 변수 또는 주변수 (primary variable) 라 한다.

이 문제에서 하중에 의해 봉이 늘어나거나 줄어드는 변위 $u(x)$ 의 관계식 또는 거동을 지배하는 미분방정식은 정적 평형상태의 기본 원리에 따른다. 평형상태의 원리를 거리 x 에서 봉의 자유물체도 (free body diagram) 인 미소 절단체에 적용한 후, 미분학에서 극한의 의미로 Δx 가 아주 작아지게 될 경우에 적용한다. 만일 그림 1 의 아래에 있는 x 와 $(x + \Delta x)$ 사이의 봉의 미소 절단체가 평형상태에 있을 경우 다음 식으로 나타낼 수 있다.

$$\Sigma F_x = 0; \quad p(x+\Delta x) - p(x) + \int_x^{x+\Delta x} f(\xi)d\xi = 0 \tag{1.1}$$

위의 식에서 힘 P 는 봉의 횡단면에서 응력 σ 로 인한 내력이며, ξ 는 $x \le \xi \le x + \Delta x$ 의 범위이다. 응력 (σ) 이 일정한 상수이고, 단면 A 가 x 의 함수일 경우 다음과 같다.

$$p(x) = \int_{A(x)} \sigma\, dA = \sigma A(x)$$

식 (1.1) 에 적분평균값 정리 (mean value theorem on integral) 를 적용하면 아래의 식과 같다.

$$p(x+\Delta x) - p(x) + f(\bar{\xi})\Delta x = 0, \qquad x \le \bar{\xi} \le x + \Delta x$$

위 식의 모든 항을 Δx 로 나누면 다음과 같다.

$$\frac{p(x+\Delta x) - p(x)}{\Delta x} + f(\bar{\xi}) = 0$$

위의 식에 $\Delta x \to 0$ 이 되도록 극한을 취하면 다음 식을 얻는다.

$$\frac{dp}{dx} + f = 0 \tag{1.2}$$

식 (1.2) 는 $p(x)$ 와 f 에 대한 평형상태 미분방정식이다. 후크 법칙 (Hooke's law) 으로부터 $\sigma = E\varepsilon = E(du/dx)$ 이므로 $p = A\sigma = AE(du/dx)$ 가 되며, 이를 식 (1.2) 에

대입하면 다음 식과 같다.

$$\frac{d}{dx}\left(AE\frac{du}{dx}\right)+f=0 \tag{1.3}$$

식 (1.3) 은 변위 u 에 관한 평형상태의 2 차 상미분 방정식 (second order ordinary differential equation of equilibrium) 이다. 식 (1.3) 에서 영탄성 계수 E 나 봉의 단면 A 는 좌표 x 에 따라 변화될 수 있다.

만일 A 와 E 가 상수이고 $f \equiv f_0$ (f_0 는 일정상수) 일 경우, 식 (1.3) 은 다음과 같이 쓸 수 있다.

$$\frac{d}{dx}\left(AE\frac{du}{dx}\right)=-f_0 \tag{1.4}$$

위의 식을 순차적으로 x 에 대해서 두 번 적분하면 아래의 식과 같다.

$$\begin{aligned} AE\frac{du}{dx}&=-f_0x+C_1 \\ AEu&=-\frac{1}{2}f_0x^2+C_1x+C_2 \end{aligned} \tag{1.5}$$

위의 식에서 C_1 및 C_2 는 경계조건에 따라 결정되어야 하는 미지의 적분상수이다.

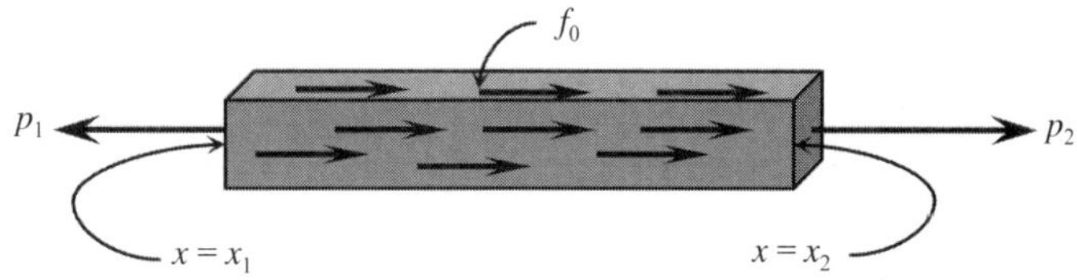

그림 1.2 좌표 $x_1 \le x \le x_2$ 에서 봉의 가상 절단체 (자유물체도)

식 (1.5) 에서 적분 상수 C_1 및 C_2 를 결정하기 위해, 그림 1.2 와 같이 좌표 $x_1 \le x \le x_2$ 에서 봉의 가상 부분 절단체 (자유물체도) 를 고려해보자. x_1 지점에서 변위는 $u_1 \equiv u_1(x_1)$, 그리고 x_2에서는 $u_2 \equiv u(x_2)$ 이므로, 이들 조건을 위의 마지막 적분된 식에 적용하면 아래의 두 식을 얻을 수 있다.

$$\begin{aligned} AEu_1&=-\frac{1}{2}f_0{x_1}^2+C_1x_1+C_2 \\ AEu_2&=-\frac{1}{2}f_0{x_2}^2+C_1x_2+C_2 \end{aligned} \tag{1.6}$$

앞의 두 식을 C_1 및 C_2 에 대해서 정리해서 다시 쓰면 다음과 같다.

$$C_1 x_1 + C_2 = AEu_1 + \frac{1}{2} f_0 x_1^{\ 2}$$
$$C_1 x_2 + C_2 = AEu_2 + \frac{1}{2} f_0 x_2^{\ 2} \tag{1.7}$$

또한 식 (1.7) 을 행렬로 나타내면 아래의 식과 같다.

$$\begin{bmatrix} x_1 & 1 \\ x_2 & 1 \end{bmatrix} \begin{Bmatrix} C_1 \\ C_2 \end{Bmatrix} = AE \begin{Bmatrix} u_1 \\ u_2 \end{Bmatrix} + \frac{f_0}{2} \begin{Bmatrix} x_1^2 \\ x_2^2 \end{Bmatrix} \tag{1.8}$$

위의 식 (1.8) 로부터 미지의 두 개의 상수 C_1 및 C_2 에 대해 아래와 같이 풀 수 있다. 아래의 식에서 $l \equiv x_2 - x_1$ 이며 요소의 길이를 나타낸다.

$$\begin{Bmatrix} C_1 \\ C_2 \end{Bmatrix} = \begin{bmatrix} x_1 & 1 \\ x_2 & 1 \end{bmatrix}^{-1} \left[AE \begin{Bmatrix} u_1 \\ u_2 \end{Bmatrix} + \frac{f_0}{2} \begin{Bmatrix} x_1^2 \\ x_2^2 \end{Bmatrix} \right]$$
$$= \frac{1}{x_2 - x_1} \begin{bmatrix} -1 & 1 \\ x_2 & -x_1 \end{bmatrix} \left[AE \begin{Bmatrix} u_1 \\ u_2 \end{Bmatrix} + \frac{f_0}{2} \begin{Bmatrix} x_1^2 \\ x_2^2 \end{Bmatrix} \right]$$

따라서 위의 식을 정리해서 다시 쓰면 다음 식과 같다.

$$\begin{Bmatrix} C_1 \\ C_2 \end{Bmatrix} = \frac{AE}{l} \begin{bmatrix} -1 & 1 \\ x_2 & -x_1 \end{bmatrix} \begin{Bmatrix} u_1 \\ u_2 \end{Bmatrix} + \frac{f_0}{2} \begin{Bmatrix} x_1 + x_2 \\ -x_1 x_2 \end{Bmatrix} \tag{1.9}$$

MATLAB TIP

매트랩으로 위의 식에 있는 역행렬 $\begin{bmatrix} x_1 & 1 \\ x_2 & 1 \end{bmatrix}^{-1}$ 은 아래와 같이 쉽게 계산할 수 있다.

```
>> syms x1 x2
>> A=[x1 1; x2 1];
>> inv(A)

ans =
[   1/(x1-x2),  -1/(x1-x2)]
[ -x2/(x1-x2),   x1/(x1-x2)]
```

식 (1.9) 와 같이 구한 C_1 과 C_2 를 $u(x)$ 에 관한 식 (1.5) 의 두 번째 식에 대입하면 다음과 같다.

$$\begin{aligned} AEu &= -\frac{1}{2} f_0 x^2 + C_1 x + C_2 \\ &= -\frac{1}{2} f_0 x^2 + \begin{bmatrix} x & 1 \end{bmatrix} \begin{Bmatrix} C_1 \\ C_2 \end{Bmatrix} \\ &= -\frac{1}{2} f_0 x^2 + \begin{bmatrix} x & 1 \end{bmatrix} \left\{ \frac{AE}{l} \begin{bmatrix} -1 & 1 \\ x_2 & -x_1 \end{bmatrix} \begin{Bmatrix} u_1 \\ u_2 \end{Bmatrix} + \frac{f_0}{2} \begin{Bmatrix} x_1 + x_2 \\ -x_1 x_2 \end{Bmatrix} \right\} \end{aligned} \tag{1.10}$$

위의 식을 정리하면 아래와 같다.

$$AEu(x) = \frac{AE}{l} \begin{bmatrix} (-x + x_2) & (x - x_1) \end{bmatrix} \begin{Bmatrix} u_1 \\ u_2 \end{Bmatrix} - \frac{f_0}{2} (x - x_1)(x - x_2) \tag{1.11}$$

또는

$$u(x) = \frac{1}{l} \begin{bmatrix} (-x + x_2) & (x - x_1) \end{bmatrix} \begin{Bmatrix} u_1 \\ u_2 \end{Bmatrix} - \frac{f_0}{2AE} (x - x_1)(x - x_2) \tag{1.12}$$

내력은 $p = A\sigma = AE\varepsilon = AE(du/dx)$ 이므로, 식 (1.12) 로부터 du/dx 를 계산하여 내력을 구하면 다음 식과 같다.

$$\begin{aligned} p(x) &= AE \frac{du}{dx} \\ &= \frac{AE}{l} \begin{bmatrix} -1 & 1 \end{bmatrix} \begin{Bmatrix} u_1 \\ u_2 \end{Bmatrix} - \frac{f_0}{2} (2x - x_2 - x_1) \end{aligned}$$

또는 위의 식을 정리해서 다시 쓰면 다음 식으로 나타낼 수 있다.

$$p(x) = \frac{AE}{l} (u_2 - u_1) - f_0 \left(x - \frac{x_1 + x_2}{2} \right) \tag{1.13}$$

그림 1.3 과 같은 자유물체도의 두 지점, 즉 $x = x_1$ 과 $x = x_2$ 에서 내력 P 를 계산하면 다음 결과를 얻는다. 아래의 식에서 $l = x_2 - x_1$ 의 관계를 적용하여 정리하면 우변과 같다.

$$\begin{aligned} p_1 \equiv p(x_1) &= \frac{AE}{l} (u_2 - u_1) - f_0 \left(x_1 - \frac{x_1 + x_2}{2} \right) = \frac{AE}{l} (u_2 - u_1) - f_0 \left(-\frac{l}{2} \right) \\ p_2 \equiv p(x_2) &= \frac{AE}{l} (u_2 - u_1) - f_0 \left(x_2 - \frac{x_1 + x_2}{2} \right) = \frac{AE}{l} (u_2 - u_1) - f_0 \left(\frac{l}{2} \right) \end{aligned} \tag{1.14}$$

위의 식을 행렬로 나타내면 다음과 같다.

$$\frac{AE}{l}\begin{bmatrix} 1 & -1 \\ -1 & 1 \end{bmatrix}\begin{Bmatrix} u_1 \\ u_2 \end{Bmatrix} = \begin{Bmatrix} -p_1 \\ p_2 \end{Bmatrix} + \frac{f_0 l}{2}\begin{Bmatrix} 1 \\ 1 \end{Bmatrix} \tag{1.15}$$

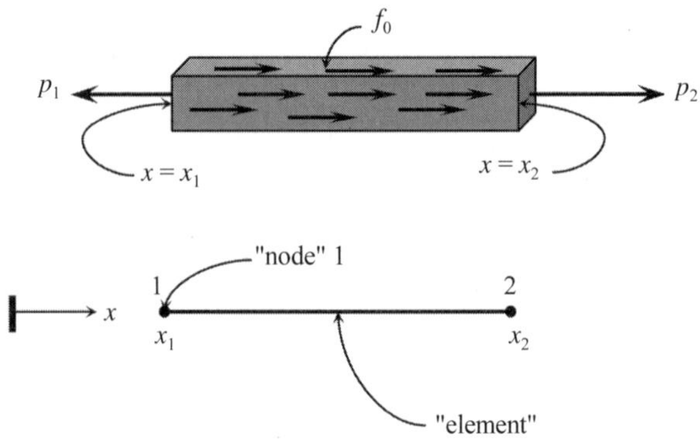

그림 1.3 좌표 x_1 과 x_2 에서 절점 (node) 과 요소 (element)

위의 식 (1.15) 를 간단히 나타내면 다음과 같다.

$$[k]\{u\} = \{p\} + \{f\} \tag{1.16}$$

식 (1.15) 또는 (1.16) 을 요소에 대한 강성식 (stiffness equation) 이라 한다. 식 (1.16) 에 나타낸 각각의 기호는 식 (1.15) 로부터 다음과 같다.

$$[k] = \frac{AE}{l}\begin{bmatrix} 1 & -1 \\ -1 & 1 \end{bmatrix}, \quad \{u\} = \begin{Bmatrix} u_1 \\ u_2 \end{Bmatrix}, \quad \{p\} = \begin{Bmatrix} -p_1 \\ p_2 \end{Bmatrix}, \quad \{f\} = \frac{f_0 l}{2}\begin{Bmatrix} 1 \\ 1 \end{Bmatrix}$$

위의 식에서 $[k]$ 를 강성행렬 (stiffness matrix) 이라 하며, 대칭행렬이다. 또한, $\{u\}$ 를 절점 변위 벡터 (node displacement vector), $\{p\}$ 를 절점 힘 벡터 (node force vector), 그리고 $\{f\}$ 를 절점 하중 벡터 (node load vector) 라 한다.

식 (1.15) 에서 강성행렬은 요소의 평형방정식으로 절점 변위, 절점 힘, 그리고 절점 합력 (force resultant) 의 항들로 구성되어 있다. 또한, 식 (1.15) 는 식 (1.3) 과 같은 미분방정식의 해를 선형 대수식으로 나타낸 것이며 절점 힘, 변위, 그리고 작용된 하중의 항들을 포함하고 있다. 식 (1.15) 와 같은 절차를 이용하여 문제를 푸는 방법을 직접 강성법 (direct stiffness method) 이라 한다.

예제 1.1 그림 1.4 와 같이 봉의 왼쪽 끝은 고정되어 있으며 오른쪽 끝에 힘 P 가 가해지고 있다. 봉의 영탄성 계수는 E, 단면은 A, 길이는 l 이다. 단위 길이당 분포 하중은 힘 $f_0 = 0$ 으로 가정하고 강성식 (1.15) 를 사용하여 주어진 경계치 문제를 풀어 다음을 계산하여라.

(a) 고정 단에서의 반력 p_1 과 봉의 오른쪽 끝에서 변위 u_2
(b) 봉의 좌표 x 에 관한 변위 $u(x)$ 와 내력 $p(x)$ 의 분포

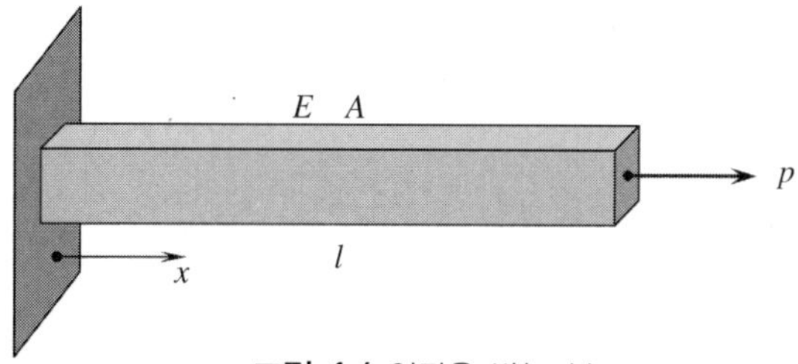

그림 1.4 인장을 받는 봉

풀이 주어진 문제로부터 경계조건은 다음과 같다. 단, 이 문제에서 $x_1 = 0$, $x_2 = l$ 이다.

$$u(0) = u_1 = 0,\ \ p(l) = p_2 = P,\ \text{그리고}\ f_0 = 0$$

식 (1.15) 를 다시 쓰면 다음과 같다.

$$\frac{AE}{l}\begin{bmatrix} 1 & -1 \\ -1 & 1 \end{bmatrix}\begin{Bmatrix} u_1 \\ u_2 \end{Bmatrix} = \begin{Bmatrix} -p_1 \\ p_2 \end{Bmatrix} + \frac{f_0\, l}{2}\begin{Bmatrix} 1 \\ 1 \end{Bmatrix}$$

위의 식에 경계조건 $u_1 = u(0) = 0$, $p_2 = p(l) = P$, 그리고 $f_0 = 0$ 을 적용하여 강성식을 다시 쓰면 다음 식과 같다.

$$\frac{AE}{l}\begin{bmatrix} 1 & -1 \\ -1 & 1 \end{bmatrix}\begin{Bmatrix} 0 \\ u_2 \end{Bmatrix} = \begin{Bmatrix} -p_1 \\ P \end{Bmatrix}$$

(a) 위의 식에서 A, E, l, 그리고 P 는 상수이므로 2 개의 식에 2 개의 미지수 u_2 와 p_1 이 포함되어 있다. 이들에 대해 풀면 다음과 같다.

$$p_1 = P,\quad u_2 = \frac{Pl}{AE} \qquad ◀$$

(b) 주어진 조건으로부터 $x_1 = 0$, $x_2 = l$, $u_1 = 0$, $f_0 = 0$ 이다. 그리고 $u_2 = Pl/(AE)$ 이므로 이들을 식 (1.12) 에 대입하면 다음과 같이 봉의 좌표 x 에 따른 변위 $u(x)$ 를 얻을 수 있다.

$$u(x) = \frac{1}{l}\left[(-x + l) \quad (x - 0)\right]\begin{Bmatrix} 0 \\ Pl/AE \end{Bmatrix}$$

따라서, 앞 식을 풀면 변위분포는 다음과 같다.

$$u(x)=\frac{P}{AE}x \qquad ◀$$

또한 주어진 조건으로부터 $u_1=0,\ f_0=0$ 이고 $u_1=Pl/(AE)$ 이므로 이러한 결과들을 식 (1.13) 에 적용하면 다음과 같이 봉의 좌표 x 에 따른 힘 $p(x)$ 를 얻을 수 있다.

$$p(x)=\frac{AE}{l}\left(\frac{Pl}{AE}-0\right)$$

위의 식으로부터 내력은 다음과 같다.

$$p(x)=P \qquad ◀$$

위에서 얻은 결과를 살펴보면, 단면이 균일한 봉에 하중 P 가 작용하면 늘어나게 되어 변위가 발생한다. p_1 값은 왼쪽 고정 단에서의 내력이며, 동시에 그 지점에서 반력 (reaction force) 을 의미한다. 봉의 좌표에 따른 변위 $u(x)$ 는 x 에 따라 선형적으로 변화하나, 힘 $p(x)$ 는 일정한 값 P 이다.

예제 1.2 예제 1.1 에서는 봉의 왼쪽 끝은 고정되어 있으며, 오른쪽 끝에 인장 하중 P 가 가해지고 있다. 그러나, 이 문제에서는 그림 1.5 와 같이 봉의 고정 단으로부터 중간 지점인 l_1 까지 단위 길이당 분포하중 f_0 와 그 지점에서 인장 하중 P 가 작용되고 있다. l_2 부분에서 분포하중은 없으며 ($f_0=0$) 봉의 오른쪽 끝에 인장 하중 P 가 작용하고 있다. 두 개의 요소와 3 절점으로 나누어 유한요소에 관한 강성식 (1.15) 를 사용하여 주어진 경계치 문제를 풀어 다음에 답하라. 단, 영탄성 계수 E 와 단면적 A 는 일정한 상수로 가정한다.

(a) 각 절점에서의 변위 ($u_1,\ u_2$ 및 u_3) 와 고정 단에서의 반력 p_1^1

(b) 봉의 길이 l_1 과 l_2 에 걸친 변위와 내력 분포

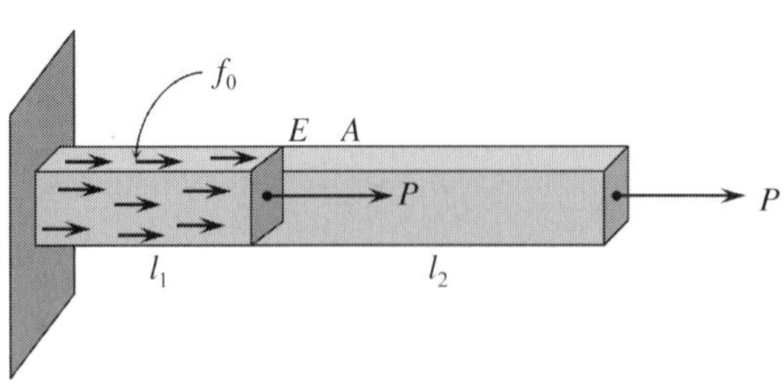

그림 1.5 분포하중과 집중하중을 받고 있는 봉

풀이 주어진 문제로부터 경계조건은 다음과 같다. 이 문제에서 $x_1=0,\ x_2=l_1$ 그리고 $x_3=l_1+l_2$ 이다. 또한, 이 예제의 각 요소에 대한 자유 물체도는 그림 1.6 과 같다.

$$u(0)=u_1=0\,,\ \ p(x_2)=p(l_1)=P\,,\ \ p(x_3)=p(l_1+l_2)=P$$

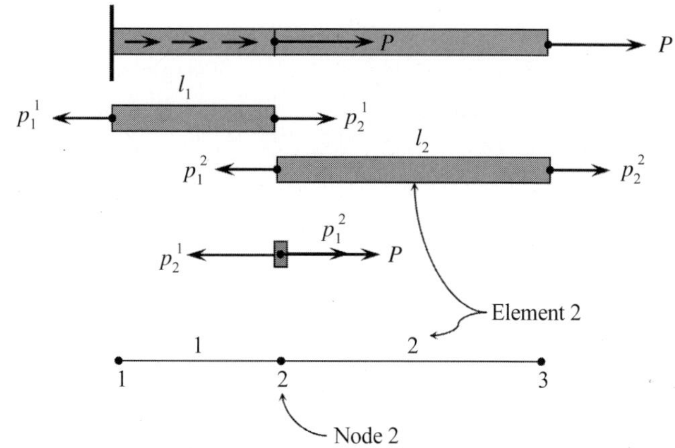

그림 1.6 예제 1.2 의 자유물체도

(a) A 와 E 는 봉 전체에 걸쳐 일정한 상수이므로 두 개의 요소에 대한 강성식은 식 (1.15) 로부터 다음과 같다.

$$\frac{AE}{l_1}\begin{bmatrix} 1 & -1 \\ -1 & 1 \end{bmatrix}\begin{Bmatrix} u_1^1 \\ u_2^1 \end{Bmatrix} = \begin{Bmatrix} -p_1^1 \\ p_2^1 \end{Bmatrix} + \frac{f_0^1 l_1}{2}\begin{Bmatrix} 1 \\ 1 \end{Bmatrix}$$

$$\frac{AE}{l_2}\begin{bmatrix} 1 & -1 \\ -1 & 1 \end{bmatrix}\begin{Bmatrix} u_1^2 \\ u_2^2 \end{Bmatrix} = \begin{Bmatrix} -p_1^2 \\ p_2^2 \end{Bmatrix} + \frac{f_0^2 l_2}{2}\begin{Bmatrix} 1 \\ 1 \end{Bmatrix}$$

위의 식에 나타낸 위 첨자와 아래 첨자는 그림 1.6 의 자유 물체도로부터 다음과 같다. 즉, 위 첨자는 요소의 번호 (element number) 를 나타내고, 아래 첨자의 '1' 은 요소의 왼쪽 절점 (node number), 그리고 '2' 는 동일한 요소에서 오른쪽 절점을 의미한다. 예를 들면 u_1^1 에서 위 첨자 '1' 은 요소 1, 그리고 아래첨자 '1' 은 왼쪽 절점 변위이다. 또한 u_2^1 에서 위 첨자 '1' 은 요소 1, 아래 첨자 '2' 는 동일한 요소 1 에서 오른쪽 절점 변위를 의미한다.

요소의 경계면에서는 다음 조건을 만족해야 한다.

$$u_2^1 = u_1^2 \text{ (연속조건)}$$

전역변수 (global variable) 의 항으로 나타내면,

$$u_1 \equiv u_1^1,\ u_2 \equiv u_2^1 = u_1^2,\ \ u_3 \equiv u_2^2$$

그리고 $f_0^1 = f_0,\ f_0^2 = 0$ 이므로 각 요소에 대한 강성식은 다음과 같게 된다.

$$\frac{AE}{l_1}\begin{bmatrix} 1 & -1 \\ -1 & 1 \end{bmatrix}\begin{Bmatrix} u_1 \\ u_2 \end{Bmatrix} = \begin{Bmatrix} -p_1^1 \\ p_2^1 \end{Bmatrix} + \frac{f_0 l_1}{2}\begin{Bmatrix} 1 \\ 1 \end{Bmatrix}$$

$$\frac{AE}{l_2}\begin{bmatrix} 1 & -1 \\ -1 & 1 \end{bmatrix}\begin{Bmatrix} u_2 \\ u_3 \end{Bmatrix} = \begin{Bmatrix} -p_1^2 \\ p_2^2 \end{Bmatrix} \qquad ①$$

앞의 두 식으로부터 모든 절점변위(u_1, u_2 및 u_3)가 각각의 식에 포함되도록 하면 각각의 식은 다음과 같이 전체 형태(global form)의 식으로 나타낼 수 있다.

$$AE\begin{bmatrix} \frac{1}{l_1} & \frac{-1}{l_1} & 0 \\ \frac{-1}{l_1} & \frac{1}{l_1} & 0 \\ 0 & 0 & 0 \end{bmatrix}\begin{Bmatrix} u_1 \\ u_2 \\ u_3 \end{Bmatrix} = \begin{Bmatrix} -p_1^1 \\ p_2^1 \\ 0 \end{Bmatrix} + \frac{f_0}{2}\begin{Bmatrix} l_1 \\ l_1 \\ 0 \end{Bmatrix}$$

$$AE\begin{bmatrix} 0 & 0 & 0 \\ 0 & \frac{1}{l_2} & \frac{-1}{l_2} \\ 0 & \frac{-1}{l_2} & \frac{1}{l_2} \end{bmatrix}\begin{Bmatrix} u_1 \\ u_2 \\ u_3 \end{Bmatrix} = \begin{Bmatrix} 0 \\ -p_1^2 \\ p_2^2 \end{Bmatrix} \quad ②$$

위의 두 식을 더 하면 다음과 같다. 이러한 과정을 유한요소법에서 식의 결합(assembly)이라 한다.

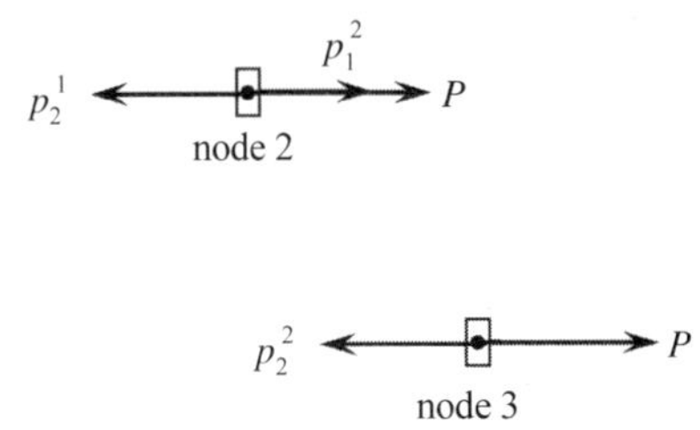

그림 1.7 그림 1.6의 절점 2 와 3 에서 평형상태

$$AE\begin{bmatrix} \frac{1}{l_1} & \frac{-1}{l_1} & 0 \\ \frac{-1}{l_1} & \frac{1}{l_1}+\frac{1}{l_2} & \frac{-1}{l_2} \\ 0 & \frac{-1}{l_2} & \frac{1}{l_2} \end{bmatrix}\begin{Bmatrix} u_1 \\ u_2 \\ u_3 \end{Bmatrix} = \begin{Bmatrix} -p_1^1 \\ p_2^1 - p_1^2 \\ p_2^2 \end{Bmatrix} + \frac{f_0}{2}\begin{Bmatrix} l_1 \\ l_1 \\ 0 \end{Bmatrix} \quad ③$$

그림 1.7 에서와 같이 절점 2 에서 평형조건은 $p_2^1 - p_1^2 = P$ 이다. 또한 왼편 고정단과 오른편 끝 절점에서 경계조건은 다음과 같다.

$$u_1 = 0, \; p_2^2 = P$$

위의 조건들을 결합된 강성식 ③에 적용하면 다음을 얻는다.

$$AE\begin{bmatrix} \frac{1}{l_1} & \frac{-1}{l_1} & 0 \\ \frac{-1}{l_1} & \frac{1}{l_1}+\frac{1}{l_2} & \frac{-1}{l_2} \\ 0 & \frac{-1}{l_2} & \frac{1}{l_2} \end{bmatrix}\begin{Bmatrix} 0 \\ u_2 \\ u_3 \end{Bmatrix} = \begin{Bmatrix} -p_1^1 \\ P \\ P \end{Bmatrix} + \frac{f_0}{2}\begin{Bmatrix} l_1 \\ l_1 \\ 0 \end{Bmatrix} \quad ④$$

이 예제로부터 두 개의 봉요소(bar element)에 대한 각각의 식이 결합되는 과정을 살펴볼 수 있다. 식 ④는 3 개의 미지수 u_2, u_3 그리고 p_1^1 을 포함하고 있다. 식 ④를 다시 정리하여 미지 변수를 식의 좌변(왼쪽)에 나타내면 다음과 같다.

$$AE\begin{bmatrix} \frac{1}{AE} & \frac{-1}{l_1} & 0 \\ 0 & \frac{1}{l_1}+\frac{1}{l_2} & \frac{-1}{l_2} \\ 0 & \frac{-1}{l_2} & \frac{1}{l_2} \end{bmatrix}\begin{Bmatrix} p_1^1 \\ u_2 \\ u_3 \end{Bmatrix} = \begin{Bmatrix} \frac{1}{2}f_0 l_1 \\ P+\frac{1}{2}f_0 l_1 \\ P \end{Bmatrix} \qquad ⑤$$

식 ⑤ 에서와 같이 정리하는 과정에서 미지수에 대한 계수행렬이 비대칭 행렬 (unsymmetrical matrix) 로 변화되었다. 그럼에도 불구하고 식 ⑤는 미지수 u_2, u_3 그리고 p_1^1 에 대해서 풀 수 있다. 그러나 다음의 다른 방법을 이용하여 풀 수 있는 방법을 고려해보자.

식 ④ 의 첫 번째 행에 있는 식은 미지수 p_1^1 을 포함하고 있으나 두 번째와 세 번째 행은 p_1^1 을 포함하지 않는다. 즉, 두 번째와 세 번째 행의 식과 서로 결부 (couple) 되어 있으나 첫 번째 행의 식은 그렇지 않다. 따라서, 식 ④ 의 첫 행을 임시로 유보해두고, 절점 1 에서 원래의 경계조건을 적용하면 나머지 두 식은 풀 수 있다. 주어진 문제에서 경계조건은 $u_1 = 0$ 이다. 그러므로 두 번째와 세 번째 행에 $u_1 = 0$ 을 적용하면 강성행렬의 첫 번째 열이 0 이 된다. 다음으로 첫 번째 행에 $u_1 = 0$ 을 다시 대입한다. 이러한 절차에 따라 다음 식을 얻을 수 있다.

$$AE\begin{bmatrix} 1 & 0 & 0 \\ 0 & \frac{1}{l_1}+\frac{1}{l_2} & \frac{-1}{l_2} \\ 0 & \frac{-1}{l_2} & \frac{1}{l_2} \end{bmatrix}\begin{Bmatrix} u_1 \\ u_2 \\ u_3 \end{Bmatrix} = \begin{Bmatrix} 0 \\ P+\frac{1}{2}f_0 l_1 \\ P \end{Bmatrix} \qquad ⑥$$

위의 식을 풀면 다음과 같다.

$$\begin{Bmatrix} u_1 \\ u_2 \\ u_3 \end{Bmatrix} = \frac{1}{AE}\begin{bmatrix} 1 & 0 & 0 \\ 0 & \frac{1}{l_1}+\frac{1}{l_2} & \frac{-1}{l_2} \\ 0 & \frac{-1}{l_2} & \frac{1}{l_2} \end{bmatrix}^{-1}\begin{Bmatrix} 0 \\ P+\frac{1}{2}f_0 l_1 \\ P \end{Bmatrix} \qquad ⑦$$

따라서

$$\begin{Bmatrix} u_1 \\ u_2 \\ u_3 \end{Bmatrix} = \frac{1}{AE}\begin{Bmatrix} 0 \\ 2Pl_1+\frac{1}{2}f_0 l_1^2 \\ (2l_1+l_2)P+\frac{1}{2}f_0 l_1^2 \end{Bmatrix} \qquad ⑧ ◀$$

위의 식 ⑧ 에서 경계조건 $u_1 = 0$ 이 다른 변수와 함께 적용되었음을 살펴볼 수 있다.

MATLAB TIP

매트랩으로 위의 식에 포함되어 있는 역행렬을 아래와 같이 쉽게 계산할 수 있다.

```
>> syms l1 l2
```

```
>> K=[1 0 0; 0 1/l1+1/l2 -1/l2; 0 -1/l2 1/l2];
>> inv(K)
 ans =
[     1,      0,      0]
[     0,     l1,     l1]
[     0,     l1, l2+l1]
```

식 ⑥과 ⑦에서 보인 바와 같이 계산과정에서 강성행렬의 대칭이 그대로 유지되었으며, 유보하였던 식 ④의 첫 행으로부터 p_1^1 은 다음과 같이 계산할 수 있다.

$$AE\left(\frac{u_1}{l_1}-\frac{u_2}{l_1}\right)=-p_1^1+\frac{1}{2}f_0l_1 \quad ⑨$$

위의 식으로부터

$$p_1^1=f_0l_1+2P \quad ⑩ ◀$$

위에서 구한 p_1^1 은 물론 주어진 봉 전체의 평형조건을 만족함을 알 수 있다.

(b) 각각의 요소에 대하여 변위와 내력함수는 요소의 일반적인 식 (1.12) 와 (1.13) 으로부터 구할 수 있다.

첫 번째 요소에서는 $u_1=0,\ u_2=\left(2Pl_1+\frac{1}{2}f_0l_1^2\right)/AE$, $x_1=0$, $x_2=l_1$ 이므로 이들 값을 식 (1.12) 와 (1.13) 에 대입하여 정리하면 다음을 얻는다.

$$u^1(x)=\frac{1}{AE}\left\{f_0x\left(l_1-\frac{1}{2}x\right)+2Px\right\} \quad ⑪ ◀$$

$$p^1(x)=f_0\left(l_1-x\right)+2P \quad ⑫ ◀$$

두 번째 요소에서는 $u_1=\left(2Pl_1+\frac{1}{2}f_0l_1^2\right)/AE$, $u_2=\left[\left(2l_1+l_2\right)P+\frac{1}{2}f_0l_1^2\right]/AE$, $x_1=l_1$, $x_2=l_1+l_2$, $f_0=0$ 이므로 이들을 식 (1.12) 와 (1.13) 에 대입하면 다음과 같다.

$$u^2(x)=\frac{1}{AE}\left\{\frac{1}{2}f_0l_1^2+P\left(l_1+x\right)\right\} \quad ⑬ ◀$$

$$p^2(x)=P \quad ⑭ ◀$$

만일 $l_1=1,\ l_2=2, f_0=1$ 그리고 $P=1$ 일 경우, 봉 길이에 걸친 변위와 내력의 분포는 식 ⑪, ⑫, ⑬ 및 ⑭로부터 다음의 매트랩 프로그램을 이용하여 그래프로 나타내면 그림 1.8 과 같다.

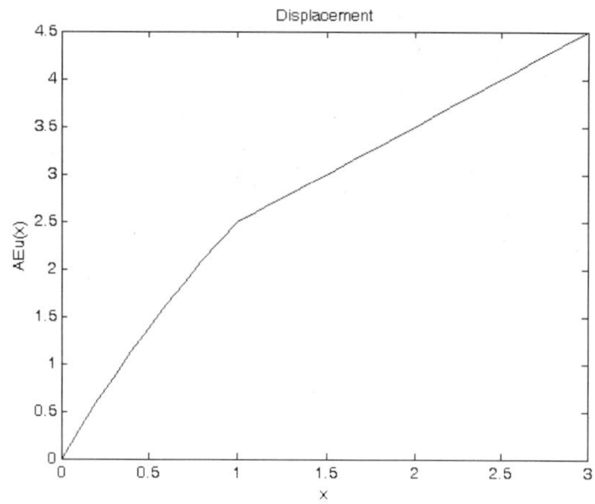

(a) 변위

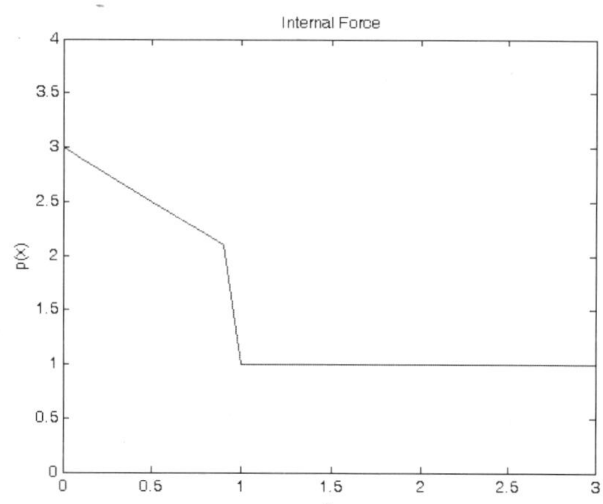

(b) 내력

그림 1.8 예제 1.2 에 대한 변위와 내력분포

MATLAB TIP

```
% plot_ex12.m
% 12/14/09, by thb

clear all

l1=1; l2=2; f0=1; P=1;

x=0: 0.1: 3;
for (i=1: length(x))
    if x(i)<1
        u(i)=f0*x(i)*(l1-0.5*x(i)) + 2*P*x(i);
        p(i)=f0*(l1-x(i)) + 2*P;
    else
```

```
        u(i)=0.5*f0*l1^2 + P*(l1+x(i));
        p(i)=P;
    end
end

figure(1)
plot(x,u), xlabel('x'), ylabel('AEu(x)'); title('Displacement');

figure(2)
plot(x,p), xlabel('x'), ylabel('p(x)'); title('Internal Force');
```

1.3 ▸ 1 차원 열전도 문제

유한요소법을 그림 1.9 와 같은 1 차원 (one dimension) 열전도 (heat conduction) 또는 흐름 문제에 적용하여 풀어보기로 하자. 이 문제는 탄성변형과 유사하며, 열전도 해석에 사용되는 기호는 다음과 같다.

x = 전체좌표 (global coordinate) 계에서 x 좌표

T = x 지점의 온도 (temperature)

$q = -\kappa A \dfrac{dT}{dx}$, 열유동 (heat flux) 또는 열흐름 (heat flow)

κ = 재료의 열전도율 (heat conductivity)

Q = 단위 길이당 열발생률 (heat generation rate)

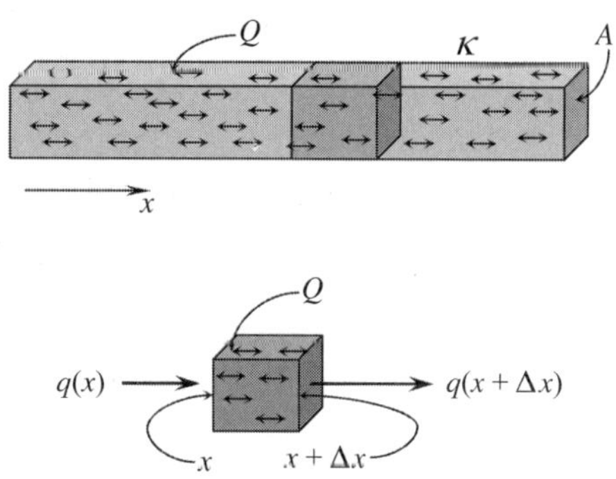

그림 1.9 1 차원 열전도 모델

정상상태 열흐름의 경우, 그림의 미소체적에 대한 에너지평형 관계로부터

$$-q(x+\Delta x)+q(x)+\int_{x}^{x+\Delta x} Q(\xi)\,d\xi=0$$

위의 식으로부터 적분평균값 정리 (mean value theorem) 를 이용하면 다음 식과 같이 된다.

$$-q(x+\Delta x)+q(x)+Q(\bar{\xi})\Delta x=0, \quad x \le \bar{\xi} \le x+\Delta x$$

양변을 Δx 로 나누면 다음과 같다.

$$-\frac{q(x+\Delta x)-q(x)}{\Delta x}+Q(\bar{\xi})=0$$

위 식에서 $\Delta x \to 0$ 으로 극한을 취하면 다음 식을 얻는다.

$$-\frac{dq}{dx}+Q=0 \tag{1.17}$$

위의 식은 $q(x)$ 와 $Q(x)$ 항에 대한 평형 미분방정식이다.

열전도 푸리에 법칙 (Fourier's law) 으로부터 $q=-\kappa A\,dT/dx$ 를 적용하면 위의 미분방정식은 다음과 같이 나타낼 수 있다.

$$\frac{d}{dx}\left(A\kappa\frac{dT}{dx}\right)+Q=0 \tag{1.17a}$$

위 식은 탄성변형에 관한 식 (1.3) 과 유사하며 온도 T 에 대한 2 차 미분방정식이다. 지배방정식은 탄성봉 형태와 동일하다. $Q=Q_0$ (일정 상수) 일 경우, 그림 1.10 에 대한 강성식은 아래의 식과 같다.

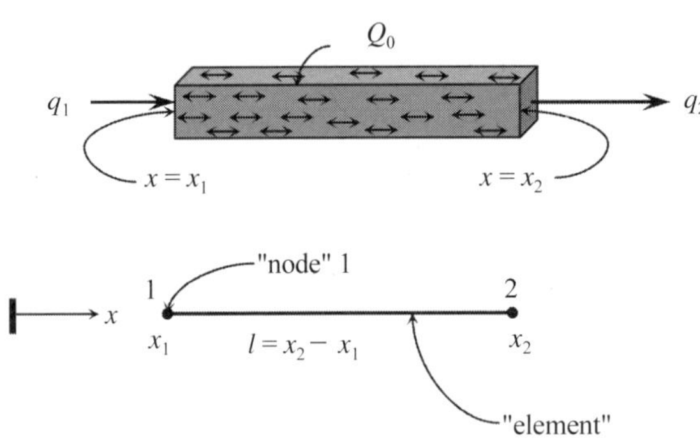

그림 1.10 1 차원 열전도 유한요소 모델

$$\frac{A\kappa}{l}\begin{bmatrix}1 & -1\\ -1 & 1\end{bmatrix}\begin{Bmatrix}T_1\\ T_2\end{Bmatrix}=\begin{Bmatrix}q_1\\ -q_2\end{Bmatrix}+\frac{Q_0 l}{2}\begin{pmatrix}1\\ 1\end{pmatrix} \tag{1.18}$$

위의 식 (1.18) 과 탄성봉에 관한 식 (1.15) 를 비교하면, 열유동 (heat flux) 에 관한 부호가 바뀌었다. 이는 열전도에 관한 스칼라 특성에 기인하며, 탄성봉 문제의 벡터 특성과 반대되는 현상으로 푸리에 법칙에 따르면 열유동은 온도 기울기와 반대로 나타나기 때문이다. 기계 및 열적인 문제 사이의 값들을 *SI* 단위로 비교해 보면 다음의 표와 같다.

표 1.1 기계 및 열 단위 비교

Mechanical	*Thermal*
$E\ [N/m^2]$	$\kappa\ [W/m°K]$
$f\ [N/m]$	$Q\ [W/m]$
$u\ [m]$	$T\ [°K]$
$p = EAdu/dx\ [N]$	$q = -A\kappa\, dT/dx\ [W]$

표 1.1 에 쓰인 단위는 다음과 같다.

N = Newtons = kg-m/s^2

m = meters

W = Watts = Joules/s

$°K$ = Kelvin degrees

예제 1.3 그림과 같이 두 가지 재료 (bi-material) 로 된 벽의 양 끝이 규정된 온도로 유지되고 있으며 열 흐름이 발생한다. 안쪽 벽의 온도를 T_i , 바깥쪽의 온도를 T_o, 벽의 길이를 각각 l_1 및 l_2, 그리고 l_1 과 l_2 부분에서의 열전도율을 κ_1 및 κ_2 라 할 때 열 흐름을 유한요소 직접 강성법으로 계산하기 위해 다음에 답하여라. 이 문제에서 유한요소 모델은 그림 1.11 과 같이 3 절점, 두 개의 요소로 나누어 생각하라. 단, 단위 길이당 열발생률은 $Q = 0$ 으로 가정한다.

(a) 경계 조건과 중간 절점의 열평형 조건

(b) 결합된 유한요소식

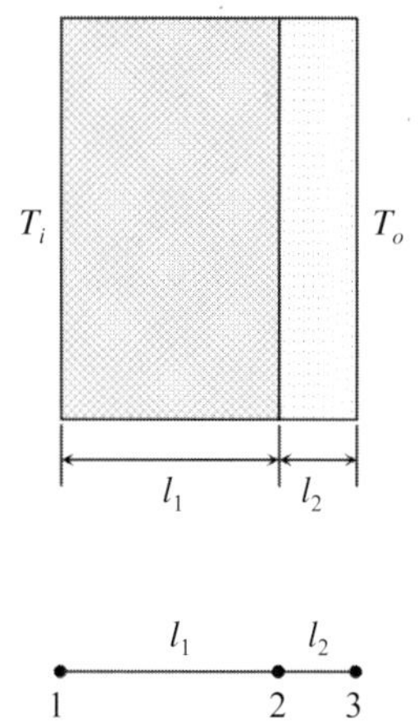

그림 1.11 두 재료의 열전도 모델

풀이 식 (1.18) 로부터 $Q_0 = 0$ 이므로 두 개의 요소에 대한 식은 각각 다음과 같다.

$$\frac{A\kappa_1}{l_1}\begin{bmatrix} 1 & -1 \\ -1 & 1 \end{bmatrix}\begin{Bmatrix} T_1 \\ T_2 \end{Bmatrix} = \begin{Bmatrix} q_1^1 \\ -q_2^1 \end{Bmatrix}$$

$$\frac{A\kappa_2}{l_2}\begin{bmatrix} 1 & -1 \\ -1 & 1 \end{bmatrix}\begin{Bmatrix} T_2 \\ T_3 \end{Bmatrix} = \begin{Bmatrix} q_1^2 \\ -q_2^2 \end{Bmatrix}$$

위의 두 식을 결합하면 다음을 얻는다.

$$A\begin{bmatrix} \frac{\kappa_1}{l_1} & -\frac{\kappa_1}{l_1} & 0 \\ -\frac{\kappa_1}{l_1} & \frac{\kappa_1}{l_1}+\frac{\kappa_2}{l_2} & -\frac{\kappa_2}{l_2} \\ 0 & -\frac{\kappa_2}{l_2} & \frac{\kappa_2}{l_2} \end{bmatrix}\begin{Bmatrix} T_1 \\ T_2 \\ T_3 \end{Bmatrix} = \begin{Bmatrix} q_1^1 \\ -q_2^1+q_1^2 \\ -q_2^2 \end{Bmatrix} \quad ①$$

(a) 위의 식 ① 에서 경계 조건과 중간 절점의 열평형 조건은 다음과 같다.

$$T_1 = T_i, \quad T_3 = T_o, \quad -q_2^1 + q_1^2 = 0 \quad ②◀$$

(b) 이들 조건 ②를 식 ① 에 대입하면 다음 식과 같다.

$$A\begin{bmatrix} \frac{\kappa_1}{l_1} & -\frac{\kappa_1}{l_1} & 0 \\ -\frac{\kappa_1}{l_1} & \frac{\kappa_1}{l_1}+\frac{\kappa_2}{l_2} & -\frac{\kappa_2}{l_2} \\ 0 & -\frac{\kappa_2}{l_2} & \frac{\kappa_2}{l_2} \end{bmatrix}\begin{Bmatrix} T_i \\ T_2 \\ T_o \end{Bmatrix} = \begin{Bmatrix} q_1^1 \\ 0 \\ -q_2^2 \end{Bmatrix} \quad ③◀$$

위의 식 ③ 은 세 개의 방정식으로 구성되어 세 개의 미지수 T_2, q_1^1 및 q_2^2 가 포함되어 있으므로 각각의 미지수에 대해 풀 수 있다.

1.4 ▸ 유한요소식의 결합법

유한요소법에서 두 절점 요소에 대한 식을 쉽게 자동적으로 결합할 수 있는 과정을 살펴보기로 하자. 이러한 알고리듬은 주어진 문제에 대한 미지의 벡터가 항상 1 차 변수의 절점값을 순서대로 배열 (sequential order) 하는 관례에 따른다. 식의 결합에 관한 알고리듬을 다음 예제를 들어 설명하기로 한다. 그림과 같이 요소번호와 절점 번호가 임의로 배열되어 있는 유한요소 모델을 고려해보자. 접속행렬 (connectivity matrix) 은 표와 같으며, 로컬시스템과 글로벌시스템에 대한 식은 아래와 같다.

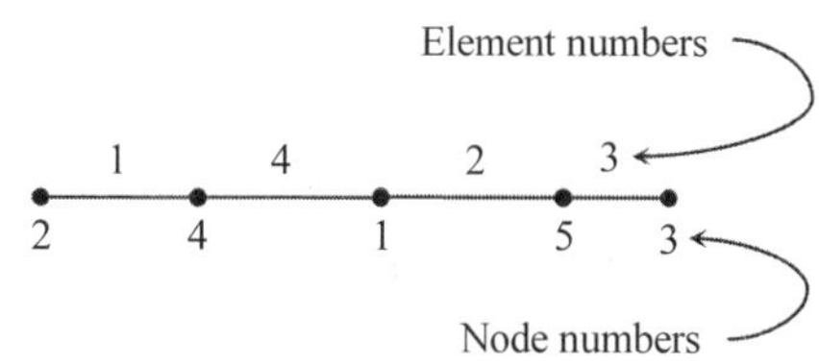

그림 1.12 (a) 절점번호와 요소번호

Element	dof 1	dof 2
1	2	4
2	1	5
3	5	3
4	4	1

그림 1.12 (b) 접속행렬에 대한 배열표

$$\begin{bmatrix} k_{11}^e & k_{12}^e \\ k_{21}^e & k_{22}^e \end{bmatrix} \begin{Bmatrix} u_1^e \\ u_2^e \end{Bmatrix} = \begin{Bmatrix} f_1^e \\ f_2^e \end{Bmatrix}$$

$$\begin{bmatrix} K_{11} & K_{12} & K_{13} & K_{14} & K_{15} \\ K_{21} & K_{22} & K_{23} & K_{24} & K_{25} \\ K_{31} & K_{32} & K_{33} & K_{34} & K_{35} \\ K_{41} & K_{42} & K_{43} & K_{44} & K_{45} \\ K_{51} & K_{52} & K_{53} & K_{54} & K_{55} \end{bmatrix} \begin{Bmatrix} u_1 \\ u_2 \\ u_3 \\ u_4 \\ u_5 \end{Bmatrix} = \begin{Bmatrix} f_1 \\ f_2 \\ f_3 \\ f_4 \\ f_5 \end{Bmatrix}$$

결합 알고리듬은 요소에 관한 식의 모든 계수와 하중 벡터값을 글로벌 시스템에 위치시키는 매핑 방법이다. 접속행렬을 *KONECT* 라 하고, 각각 성분을 *KONECT(e, i)* 라 한다. 이렇게 정의하면 글로벌 위치 *I* 와 *J* 의 인덱스 (index) 는 다음과 같다.

$$k_{ij} \to K_{IJ}, \quad f_i^e \to F_I$$

$$I = KONECT(e,i), \quad J = KONECT(e,j)$$

예를 들어 1 번 요소에 대해 살펴 보기로 하자.

$$\begin{bmatrix} k_{11}^1 & k_{12}^1 \\ k_{21}^1 & k_{22}^1 \end{bmatrix} \begin{Bmatrix} u_1^1 \\ u_2^1 \end{Bmatrix} = \begin{Bmatrix} f_1^1 \\ f_2^1 \end{Bmatrix}$$

접속행렬에 대한 배열표로부터 각각의 요소 성분은 다음과 같이 글로벌 행렬 시스템의 요소에 위치한다.

$$k_{11}^1 \to K_{22}, \quad k_{12}^1 \to K_{24}, \quad f_1^1 \to F_2$$
$$k_{21}^1 \to K_{42}, \quad k_{22}^1 \to K_{44}, \quad f_2^1 \to F_4$$

1 번 요소 성분을 글로벌 시스템에 위와 같이 배치하면 다음 식과 같다.

$$\begin{bmatrix} - & - & - & - & - \\ - & k_{11}^1 & - & k_{12}^1 & - \\ - & - & - & - & - \\ - & k_{21}^1 & - & k_{22}^1 & - \\ - & - & - & - & - \end{bmatrix} \begin{Bmatrix} u_1 \\ u_2 \\ u_3 \\ u_4 \\ u_5 \end{Bmatrix} = \begin{Bmatrix} - \\ f_1^1 \\ - \\ f_2^1 \\ - \end{Bmatrix}$$

같은 방법으로 2 번 요소 성분에 대해서도 접속행렬에 대한 배열표로부터 다음과 같이 된다.

$$k_{11}^2 \to K_{11}, \quad k_{12}^2 \to K_{15}, \quad f_1^2 \to F_1$$

$$k_{21}^2 \to K_{51}, \quad k_{22}^2 \to K_{55}, \quad f_2^2 \to F_5$$

다시 2 번 요소 성분을 글로벌 시스템에 배치하면 다음 식과 같다.

$$\begin{bmatrix} k_{11}^2 & - & - & - & k_{12}^2 \\ - & k_{11}^1 & - & k_{12}^1 & - \\ - & - & - & - & - \\ - & k_{21}^1 & - & k_{22}^1 & - \\ k_{21}^2 - & - & - & - & k_{22}^2 \end{bmatrix} \begin{Bmatrix} u_1 \\ u_2 \\ u_3 \\ u_4 \\ u_5 \end{Bmatrix} = \begin{Bmatrix} f_1^2 \\ f_1^1 \\ - \\ f_2^1 \\ f_2^2 \end{Bmatrix}$$

마찬가지 방법으로 3 번 요소 성분을 배치하면,

$$\begin{bmatrix} k_{11}^2 & - & - & - & k_{12}^2 \\ - & k_{11}^1 & - & k_{12}^1 & - \\ - & - & k_{22}^3 & - & k_{21}^3 \\ - & k_{21}^1 & - & k_{22}^1 & - \\ k_{21}^2 & - & k_{12}^3 & - & k_{22}^2 + k_{11}^3 \end{bmatrix} \begin{Bmatrix} u_1 \\ u_2 \\ u_3 \\ u_4 \\ u_5 \end{Bmatrix} = \begin{Bmatrix} f_1^2 \\ f_1^1 \\ f_2^3 \\ f_2^1 \\ f_2^2 + f_1^3 \end{Bmatrix}$$

마지막으로 4 번 요소의 성분을 글로벌시스템에 배치하면 다음 식과 같게 된다.

$$\begin{bmatrix} k_{11}^2 + k_{22}^4 & - & - & k_{21}^4 & k_{12}^2 \\ - & k_{11}^1 & - & k_{12}^1 & - \\ - & - & k_{22}^3 & - & k_{21}^3 \\ k_{12}^4 & k_{21}^1 & - & k_{22}^1 + k_{11}^4 & - \\ k_{21}^2 & - & k_{12}^3 & - & k_{22}^2 + k_{11}^3 \end{bmatrix} \begin{Bmatrix} u_1 \\ u_2 \\ u_3 \\ u_4 \\ u_5 \end{Bmatrix} = \begin{Bmatrix} f_1^2 + f_2^4 \\ f_1^1 \\ f_2^3 \\ f_2^1 + f_1^4 \\ f_2^2 + f_1^3 \end{Bmatrix}$$

위와 같은 알고리듬에 의하여 배치한 시스템 강성행렬은 구성 성분인 요소 강성행렬과 같이 대칭행렬이 됨을 주목할 수 있다. 또한, 이 예제와 같은 절점 번호 순서에 대해서는 행렬이 밴드 (band) 를 이루지 않는다. 그러나 오른편의 그림과 같이 절점 번호 순서대로 식을 다시 재정렬하면 행렬이 밴드를 이루며, 다음 식과 같게 된다.

$$\begin{bmatrix} k_{11}^1 & k_{12}^1 & - & - & - \\ k_{21}^1 & k_{22}^1 + k_{11}^4 & k_{12}^4 & - & - \\ - & k_{21}^4 & k_{22}^4 + k_{11}^2 & k_{12}^2 & - \\ - & - & k_{21}^2 & k_{22}^2 + k_{11}^3 & k_{12}^3 \\ - & - & - & k_{21}^3 & k_{22}^3 \end{bmatrix} \begin{Bmatrix} u_2 \\ u_4 \\ u_1 \\ u_5 \\ u_3 \end{Bmatrix} = \begin{Bmatrix} f_1^1 \\ f_2^1 + f_1^4 \\ f_2^4 + f_1^2 \\ f_2^2 + f_1^3 \\ f_2^3 \end{Bmatrix}$$

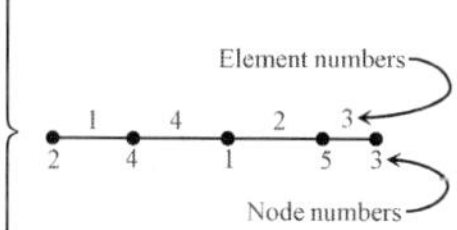

재정렬 과정은 시스템 행렬의 행과 열을 그리고 이에 상응하여 오른편 값들의 행을 서로 교환하는 절차이다. 물론 위와 같은 간단한 예제의 유한요소 모델을 살펴보면 명백하며, 원래 절점 (natural node) 또는 자유도 순서 (dof order) 는 모델의 왼편으로부터 오른편 방향으로 2, 4, 1, 5, 3 의 순서이다.

유한요소 행렬의 중요한 특성은 대칭성 (symmetry) 과 행렬의 크기 (size) 이다. 물론 저장 용량은 행렬의 크기에 따른다. 크기 $n \times n$ 행렬의 성분을 저장하기 위해서는 n^2 의 저장공간, 즉 컴퓨터 용어로 이에 상응하는 워드 (word) 의 기억장치가 필요하다. 대부분 컴퓨터의 단일 정밀도 (single precision) 에 대해서 각각의 워드는 2 바이트 (byte) 로 이루어져 있으므로 $n \times n$ 행렬은 $(2n)^2 = 4n^2$ 바이트의 컴퓨터 기억장치가 필요하다. 이러한 기억장치의 크기는 유한요소법에서와 같이 n 이 크게 되면 의미가 증대된다. 예를 들면, $n = 10{,}000 = 10^4$ 일 경우 컴퓨터 기억장치는 $4n^2 = 4 \times 10^8$ 기가바이트 (gigabyte) 가 된다. 행렬이 대칭일 경우, 저장 공간은 약 절반으로 줄어든다. 또한 행렬이 밴드를 이룰 경우 저장공간은 더 줄어들게 된다. 행렬의 밴드폭 (bandwidth) 은 아래의 예와 같이 행 (row) 에서 0 이 아닌 성분이 차지하고 있는 최대 숫자로 정의한다.

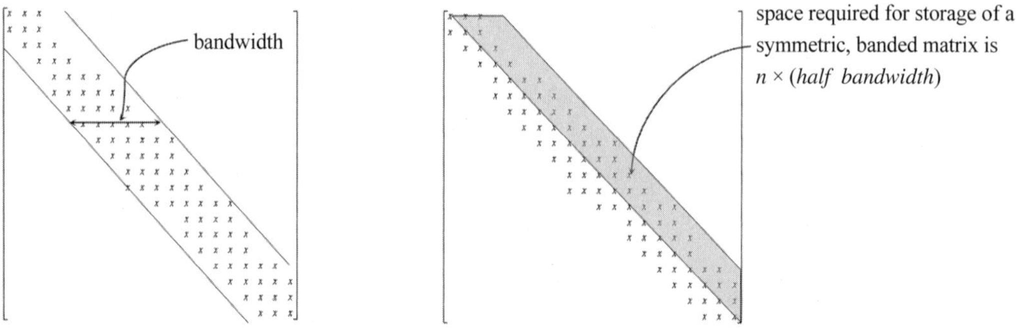

그림 1.13 행렬의 밴드폭

1.5 ▸ 경계조건: 1 차 변수

요소 강성식의 결합과정과 경계조건의 적용을 더욱 자세히 살펴 보기 위하여 아래의 그림 1.14 와 같은 세 개의 봉요소에 관한 문제를 고려하자.

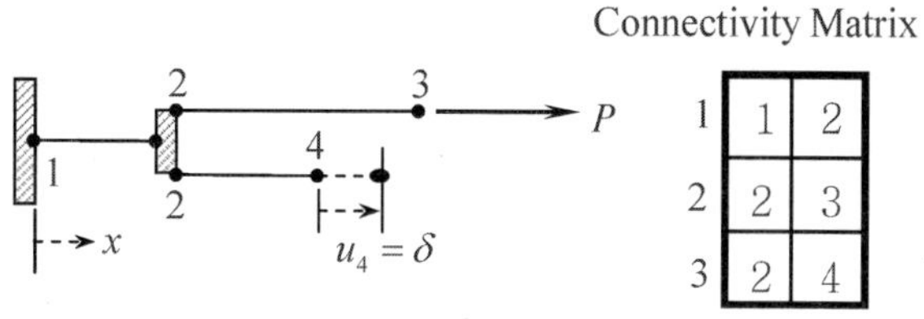

그림 1.14 세 개의 봉요소에 관한 예

기호를 간단히 표시하기 위하여 $k_{11}^1 = A_1E_1/l_1$, $k_{12}^1 = -A_1E_1/l_1, \cdots$, 등등으로 나타내면, 1 번 요소에 관한 식은 아래와 같으며, 다른 요소에 관한 식들도 같은 절차를 거쳐 쓸 수 있다.

$$\begin{bmatrix} k_{11}^1 & k_{12}^1 \\ k_{21}^1 & k_{22}^1 \end{bmatrix} \begin{Bmatrix} u_1^1 \\ u_2^1 \end{Bmatrix} = \begin{Bmatrix} f_1^1 \\ f_2^1 \end{Bmatrix} + \begin{Bmatrix} -p_1^1 \\ p_2^1 \end{Bmatrix}$$

그림 1.14 와 같은 유한요소 모델에 대해서 요소에 관한 식을 전체 결합하면 아래와 같다.

$$\begin{bmatrix} k_{11}^1 & k_{12}^1 & 0 & 0 \\ k_{21}^1 & k_{22}^1 + k_{11}^2 + k_{11}^3 & k_{12}^2 & k_{12}^3 \\ 0 & k_{21}^2 & k_{22}^2 & 0 \\ 0 & k_{21}^3 & 0 & k_{22}^3 \end{bmatrix} \begin{Bmatrix} u_1 \\ u_2 \\ u_3 \\ u_4 \end{Bmatrix} = \begin{Bmatrix} -p_1^1 \\ p_2^1 - p_1^2 - p_1^3 \\ p_2^2 \\ p_2^3 \end{Bmatrix} \tag{1.19}$$

이 문제의 경계조건은 다음과 같다.

$$u_1 = 0, \quad u_4 = \delta, \quad p_2^2 = P$$

그리고, 경계면의 평형조건은

$$p_2^1 - p_1^2 - p_1^3 = 0$$

이다. 앞의 조건들을 식 (1.19) 에 대입하면 다음 식을 얻는다.

$$\begin{bmatrix} k_{11}^1 & k_{12}^1 & 0 & 0 \\ k_{21}^1 & k_{22}^1 + k_{11}^2 + k_{11}^3 & k_{12}^2 & k_{12}^3 \\ 0 & k_{21}^2 & k_{22}^2 & 0 \\ 0 & k_{21}^3 & 0 & k_{22}^3 \end{bmatrix} \begin{Bmatrix} 0 \\ u_2 \\ u_3 \\ \delta \end{Bmatrix} = \begin{Bmatrix} -p_1^1 \\ 0 \\ P \\ p_2^3 \end{Bmatrix} \tag{1.19a}$$

위의 식 (1.19a) 는 네 개의 미지수를 포함한 네 개의 식으로 구성되어 있으므로, u_2, u_3, p_1^1 및 p_2^3 에 대해서 풀 수 있다. 위의 식을 풀 수 있도록 모든 미지수를 식의 왼편 열 벡터가 되게 정리하면 다음과 같다.

$$\begin{bmatrix} 1 & k_{12}^1 & 0 & 0 \\ 0 & k_{22}^1 + k_{11}^2 + k_{11}^3 & k_{12}^2 & 0 \\ 0 & k_{21}^2 & k_{22}^2 & 0 \\ 0 & k_{21}^3 & 0 & 1 \end{bmatrix} \begin{Bmatrix} p_1^1 \\ u_2 \\ u_3 \\ -p_2^3 \end{Bmatrix} = \begin{Bmatrix} -k_{11}^1(0) \\ -k_{21}^1(0) - k_{12}^3(\delta) \\ P \\ -k_{22}^3(\delta) \end{Bmatrix} \tag{1.19b}$$

위의 식으로부터 주어진 값 (0 과 δ) 을 곱한 행렬의 열은 오른편으로, 그리고 두 개의 미지수는 왼편 미지수 열 벡터로 이동되었음을 알 수 있다. 위의 식을 다시 쓰면,

$$\begin{bmatrix} 1 & k_{12}^1 & 0 & 0 \\ 0 & k_{22}^1 + k_{11}^2 + k_{11}^3 & k_{12}^2 & 0 \\ 0 & k_{21}^2 & k_{22}^2 & 0 \\ 0 & k_{21}^3 & 0 & 1 \end{bmatrix} \begin{Bmatrix} p_1^1 \\ u_2 \\ u_3 \\ -p_2^3 \end{Bmatrix} = \begin{Bmatrix} 0 \\ -k_{12}^3(\delta) \\ P \\ -k_{22}^3(\delta) \end{Bmatrix} \tag{1.19c}$$

미지수에 대한 계수행렬이 위와 같이 식을 재정렬하는 과정으로 인하여 비대칭 행렬로 변화되었음을 알 수 있다. 이러한 비대칭 행렬은 식을 효율적으로, 그리고 빠르게 계산하려는 관점에서는 바람직하지 않다. 미지수 행렬의 대칭성을 그대로 유지하기 위해서는 다음의 방법을 따를 수 있다. 즉, 모든 식에 규정된 또는 사전에 알고 있는 1 차 변수 (여기서는 u_1, u_2, u_3 또는 u_4 중에서 경계조건으로 주어진 값 u_1 과 u_4) 을 의도적으로 적용하면 다음 식과 같이 된다.

$$\begin{bmatrix} - & k_{12}^1 & 0 & - \\ - & k_{22}^1 + k_{11}^2 + k_{11}^3 & k_{12}^2 & - \\ - & k_{21}^2 & k_{22}^2 & - \\ - & k_{21}^3 & 0 & - \end{bmatrix} \begin{Bmatrix} - \\ u_2 \\ u_3 \\ - \end{Bmatrix} = \begin{Bmatrix} -p_1^1 - k_{11}^1 u_1 - 0u_4 \\ -k_{21}^1 u_1 - k_{12}^3 u_4 \\ P - 0u_1 - 0u_4 \\ p_2^3 - 0u_1 - k_{22}^3 u_4 \end{Bmatrix} \tag{1.19d}$$

위의 식 (1.19d) 에서 첫 번째와 네 번째 식은 이 식에 주어진 경계값, 즉 $u_1 = 0$ 과 $u_4 = \delta$ 를 적용하면 오로지 미지수로 p_1^1 과 p_2^3 를 포함하고 있다. 이러한 사항을 고려하여 식을 다시 쓰면,

$$\begin{bmatrix} 1 & 0 & 0 & 0 \\ 0 & k_{22}^1 + k_{11}^2 + k_{11}^3 & k_{12}^2 & 0 \\ 0 & k_{21}^2 & k_{22}^2 & 0 \\ 0 & 0 & 0 & 1 \end{bmatrix} \begin{Bmatrix} u_1 \\ u_2 \\ u_3 \\ u_4 \end{Bmatrix} = \begin{Bmatrix} 0 \\ -k_{12}^3 \delta \\ P \\ \delta \end{Bmatrix} \tag{1.19e}$$

이 된다. 위의 식 (1.19e) 는 1 차 변수에 대해 쉽게 풀 수 있게 되었다. 그러나 이 식에서는 내력에 관한 미지수 p_1^1 과 p_2^3 가 없어졌으며, 이를 구하기 위해서는 원래의 식으로 되돌아가야 한다. 위와 같은 절차에 따라 식을 풀면 계수 행렬이 대칭이 되며, 대규모 유한요소법에서는 중요한 사항으로 간주된다. 대각선 요소로부터 0 이 아닌 성분이 얼마나 차지하고 있느냐에 따라 이를 밴드폭 (bandwidth) 또는 반밴드폭 (half−bandwidth) 이라 정의한다. 위의 식에서 밴드폭은 3 이며, 반밴드폭은 2 이다.

연습문제 PROBLEMS

1. 아래의 그림과 같이 봉의 왼쪽 단은 고정되어 있으며 오른쪽 단에 압축력 P 가 가해지고 있다. 봉을 2 개의 요소로 분할하여 강성식 (1.15) 를 이용하여 다음을 구하여라. 단, 요소의 길이는 l = 5 in, 봉의 단면적은 A = 1.0 in^2, 영탄성 계수는 E = 10 × 10^6 psi, 그리고 봉의 오른쪽 단에 작용하는 압축력이 P =10,000 lb 이다. 이 문제에서는 단위길이당 작용하는 힘은 $f_0 = 0$ 이다.

   (a) 각 절점의 변위와 반력
   (b) 각 요소 내에서 변위 $u(x)$ 와 힘 $p(x)$ 에 관한 식

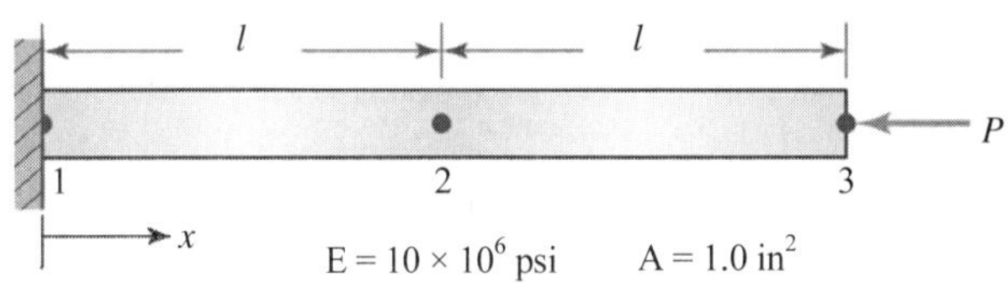

그림 E1

2. 다음 그림과 같이 서로 다른 재료로 된 2 개 요소의 봉이 왼쪽 끝 단은 고정되어 있으며, 오른쪽 끝 단에 하중 P 가 가해지고 있다. 각 절점의 변위와 반력을 구하여라.

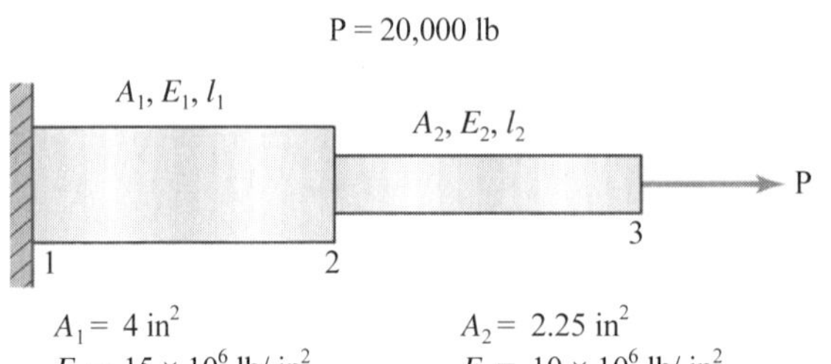

그림 E2

3. 그림과 같이 양단이 고정 지지된 보에서 길이 l 지점에 하중 P 가 작용한다. 이 보에 대해 세 개의 동일한 요소 길이를 사용하여, 직접 강성식을 사용한 유한요소법으로 다음 문제를 풀어라. 단, 계산을 쉽게 하기 위하여 $AE = 4, l = 1$, 그리고 $P = 10$ 으로 가정하라.

   (a) 힘이 가해진 절점의 변위를 구하라.
   (b) 각각의 요소에서 변위의 함수를 구하고, 그래프로 나타내라.
   (c) 각각의 요소에서 작용되는 내력을 구하고, 그래프로 나타내라.

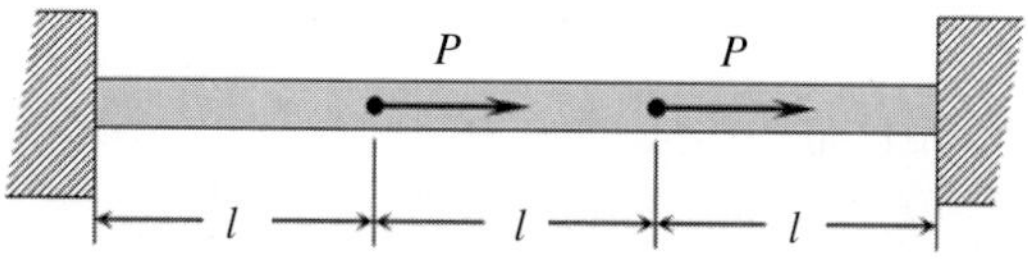

그림 E3

4. 그림과 같이 길이 1 mile (1,600 m) 의 길다란 봉 (예를 들면 석유시추봉) 이 위쪽 끝에 고정되어 매달려 있다. 요소를 길이가 같은 5 개로 분할하고, 각각 요소의 양 끝에 중력에 의한 하중의 절반이 작용하는 것으로 모델링하여라. 봉의 단면적은 $A = 1\ \text{in}^2$, 영탄성계수는 $E = 30 \times 10^6$ psi, 비중량은 $\gamma = 0.3\ \text{lb/in}^2$, 그리고 길이는 $L = 63{,}360$ in 이다. 선형 유한요소법을 사용하여 각 절점에서 변위를 계산한 후, 아래 사항을 구하여라.

(a) 봉의 모든 지점에서의 변위 u 를 x 의 함수로 나타내고 그래프로 그려라.
(b) 봉에 작용하는 내력 p 를 x 의 함수로 나타내고 그래프로 그려라.

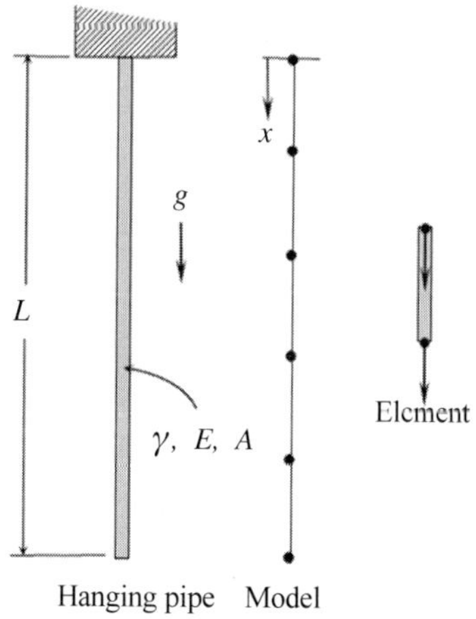

그림 E4

5. 위의 연습문제 [4] 를 풀 수 있는 간단한 매트랩 프로그램을 작성하라. 프로그램을 작성하기 위하여 아래의 템플릿 파일을 참고하라. 이 프로그램을 이용하여 다른 유사한 경계치 문제 (boundary value problem) 도 풀 수 있다. 프로그램에 사용된 특정한 매트랩 함수를 이용하면 행렬 계산을 간단히 처리할 수 있음을 주목하라. 또한, 선형 시스템에 관한 식을 풀기 위하여 역함수 (inv function) 명령어가 사용되었으며, 이 함수를 이용하여 $u = K \setminus F$ 를 계산을 하였다.

MATLAB TIP

```
% Matlab script file to solve the problem of an elastic bar hanging
% by its own weight. The deformation or displacement of the bar at

% the nodes is determined using n linear elements.
%
n = input('Number of elements: ');
A = 1;              % cross-sectional area of the bar
L = 63360;          % total length of the model (1 mile)
l = L/n;            % element length
E = 30e6;           % elastic modulus
gam = 0.3;          % weight density
%
% Set up the stiffness matrix and the load vector
%
K=(A*E/l)*(diag(2*ones(n+1,1),0)-diag(ones(n,1),-1)-diag(ones(n,1),1));
K(n+1,n+1) = K(n+1,n+1)/2;
F=gam*A*l*ones(n+1,1);
%
% Apply the constraints to the system
%
K(1,1) = 1.0;
K(1,2)=0;
K(2,1)=0;
F(1) = 0;
F(n+1,1) = F(n+1,1)/2;
%
% Solve the system of equations and plot the results
%
u=inv(K)*F;
x=0:l:L;
xexact = 0:l/4:L;
uexact = -gam*A*(xexact.*xexact-2*L*xexact)/(2*E);
plot(x/L,u,'r+',xexact/L,uexact)
xlabel('x/L');
ylabel('u(x)');
title('Finite Element and Exact Results - u(x) vs. x/L');
%
% End of program
```

CHAPTER 2

가중 잔여법 및 갤러킨 방법

2.1 ▸ 가중 잔여법

앞의 1 장 예제에서는 미분방정식을 직접 적분하여 강성식을 얻었다. 만일 직접 적분을 할 수 없는 경우 유사한 형태를 얻을 수 있는 다른 방법들 (변분법, 가중 잔여법) 이 있다. 그러한 방법 자체는 일반적으로 여러 가지의 최소화기법 (minimization) 에 사용될 수 있다. 요소의 미분방정식을 대수식으로 변환하기 위하여 가중 잔여법 (method of weighted residual) 을 살펴보자. 만일 원래의 함수를 $f(x)$, 그리고 근사함수를 $\tilde{f}(x)$ 로 표시하면 나머지, 즉 **오차** (error) 또는 **나머지** (residual) 함수 $R(x)$ 는 다음 식으로 나타낼 수 있다.

$$R(x) = \tilde{f}(x) - f(x) \tag{2.1}$$

만일 $\tilde{f}(x) = f(x)$ 이면 나머지는 $R(x) = 0$ 이 되며, 근사함수가 정확한 경우이다. 그러나 이런 경우는 우연히 일치하게 될 경우이다. 여기서 오차나 나머지를 최소화할 수 있는 기법을 고려해 보기로 한다. 이러한 방법들 중의 하나는 가중 잔여법으로 다음 식과 같이 나머지를 최소화하는 방법이다.

$$\int_{Domain} R(x)w(x)dx = 0 \tag{2.2}$$

위의 식에 의한 방법은 여러 **가중함수** (weight function) $w(x)$ 를 선택한 후 평균 (average) 을 취함으로써 나머지를 최소화시키는 방법이다. 간단한 방법은 적분을 하지 않고도 몇 개의 정해진 점에서 나머지를 0 으로 하는 방법이다. 이러한 방법을 적용한 곡선맞춤 (curve fitting) 에 관한 예를 들어 보기로 하자.

예제 2.1 그림 2.1 과 같은 함수 $f(x) = \sin(x)$ 를 구간 $0 \le x \le \pi$ 에 대해서 2 차 식으로 맞추고자 한다. 근사함수를 $\tilde{f}(x) = a + bx + cx^2$ 과 같은 다항식으로 표시할 수 있다. 다음에 대하여 답하라.

(a) 다음의 세 지점에서 $R(x)$ 가 0 이 되도록 근사함수의 상수 a, b 및 c 를 결정하라.

$$\begin{aligned} R(0) &= 0 \\ R(\pi/2) &= 0 \\ R(\pi) &= 0 \end{aligned} \qquad ①$$

(b) 위의 식 ① 의 두 번째 조건을 변경하여 다음 조건으로 하였을 경우, 근사함수를 결정하라.

$$R(0)=0$$
$$\int_0^{\pi}\left[a+bx+cx^2-\sin(x)\right]dx=0 \qquad ②$$
$$R(\pi)=0$$

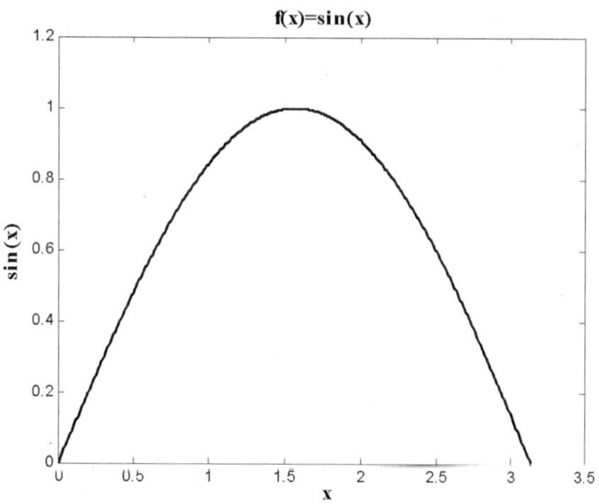

그림 2.1 $f(x)=\sin(x)$ 의 그래프

풀이 원래의 함수와 근사함수의 차이, 즉 오차 (error) 또는 나머지 (residual) 함수는 식 (2.1) 과 같고, 주어진 문제로부터 $f(x)-\sin(x)$ 이고 $\tilde{f}(x)=a+bx+cx^2$ 이므로 다음 관계와 같다.

$$R(x)=\tilde{f}(x)-f(x)$$

따라서

$$R(x)=\left(a+bx+cx^2\right)-\sin(x)$$

(a) 세 개의 상수 a, b 및 c 를 논리적으로 결정하기 위해 다음과 같이 세 개의 조건을 사용할 수 있다. 식 ① 에 주어진 조건을 사용하여 다음 식을 얻는다.

$$\begin{aligned} R(0)=0;&\quad \left\{a+b(0)+c(0)^2\right\}-\sin(0)=0 \\ R(\pi/2)=0;&\quad \left\{a+b(\pi/2)+c(\pi/2)^2\right\}-\sin(\pi/2)=0 \\ R(\pi)=0;&\quad \left\{a+b(\pi)+c(\pi)^2\right\}-\sin(0)=0 \end{aligned}$$

위의 세 식을 행렬로 나타내면 다음과 같다.

$$\begin{bmatrix} 1 & 0 & 0 \\ 1 & \pi/2 & (\pi/2)^2 \\ 1 & \pi & \pi^2 \end{bmatrix}\begin{Bmatrix} a \\ b \\ c \end{Bmatrix}=\begin{Bmatrix} 0 \\ 1 \\ 0 \end{Bmatrix}$$

위 식으로부터 미지 상수 a, b 및 c 를 풀면 다음 결과를 얻을 수 있다.

$$\begin{Bmatrix} a \\ b \\ c \end{Bmatrix} = \begin{Bmatrix} 0 \\ 4/\pi \\ -4/\pi^2 \end{Bmatrix}$$

따라서 상수 a, b 및 c 값을 근사함수 $\tilde{f}(x) = a + bx + cx^2$ 에 대입하면 다음과 같다.

$$\tilde{f} = \left(\frac{4}{\pi}\right)x - \left(\frac{4}{\pi^2}\right)x^2 \qquad ③◀$$

주어진 정확한 함수 $f(x) = \sin(x)$ 와 세 점을 지나는 2 차식으로 맞춘 근사함수를 그래프로 나타내면 그림 2.2 와 같다.

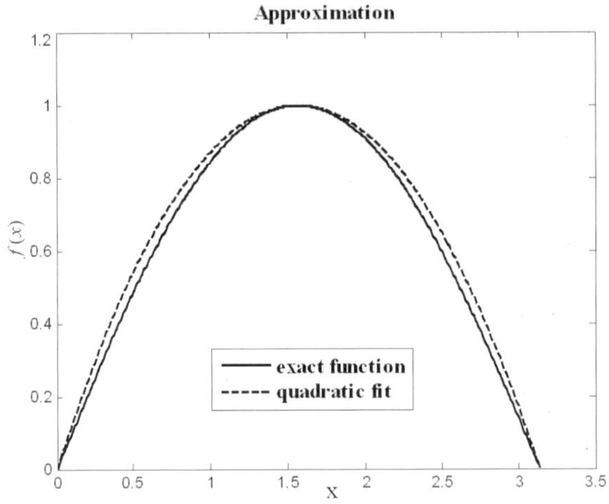

그림 2.2 정확한 함수와 2 차식 맞춤

(b) 식 ② 와 같이 세 조건 중에서 두 번째 식에 가중함수 $w(x) = 1$ 을 적용하여 전체의 영역 (domain) 에 평균오차가 분포하도록 하면 다음과 같다.

$$R(0) = 0$$
$$\int_0^{\pi} \left[a + bx + cx^2 - \sin(x)\right] dx = 0$$
$$R(\pi) = 0$$

위의 식에서 첫 번째와 세 번째 경우는 적분할 필요가 없으나, 두 번째 식은 적분해야 한다. 각각의 식을 정리하여 행렬로 나타내면 다음과 같다.

$$\begin{bmatrix} 1 & 0 & 0 \\ \pi & \pi^2/2 & \pi^3/3 \\ 1 & \pi & \pi^2 \end{bmatrix} \begin{Bmatrix} a \\ b \\ c \end{Bmatrix} = \begin{Bmatrix} 0 \\ 2 \\ 0 \end{Bmatrix}$$

위의 식을 풀면 세 개의 상수 a, b 및 c 를 얻을 수 있으며 다음과 같다.

$$\begin{Bmatrix} a \\ b \\ c \end{Bmatrix} = \begin{Bmatrix} 0 \\ 12/\pi^2 \\ -12/\pi^3 \end{Bmatrix}$$

결정된 각각의 상수 a, b 및 c 를 근사함수 $\tilde{f}(x) = a + bx + cx^2$ 에 대입하면

$$\tilde{f} = \left(\frac{12}{\pi^2}\right)x - \left(\frac{12}{\pi^3}\right)x^2 \qquad ④◀$$

이 된다. 이 결과를 그래프로 나타내면 그림 2.3 과 같다. 그림 2.3 에서 “quadratic fit” 표시는 식 ③ 으로 나타낸 그래프이며, “collocation+average” 표시는 식 ④ 로 나타낸 그래프이다. 이 예제에서는 정확한 함수 $f(x) = \sin(x)$ 와 식 ④ 에 의한 그래프의 오차가 좀 더 많은 것으로 나타났으나 항상 그렇지만은 않다.

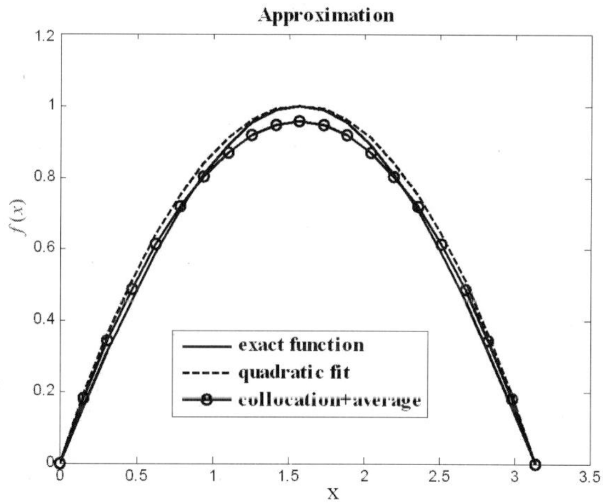

그림 2.3 가중함수 $w(x) = 1$ 을 적용한 근사함수

좀더 일반적인 다른 방법으로 가중함수 $w(x)$ 를 선택할 수 있다. 여기에서 주어진 문제는 세 개의 상수를 유일하게 결정하기 위해서는 세 개의 식이 필요하므로 분명히 $w(x)$ 에 대해 세 가지 선택을 할 수 있다. 예를 들면,

$$\begin{aligned} w(x) &= \delta(x-0) \\ w(x) &= 1 \\ w(x) &= x \end{aligned} \qquad (2.3)$$

를 택할 수 있다. 위의 식에서 $\delta(x - x_0)$ 는 그림 2.4 와 같은 다이락 델터 함수 (Dirac delta function) 이며 다음 특성을 갖는다.

$$\int_a^b f(x)\delta(x-x_0)dx = f(x_0), \quad a \le x_0 \le b \tag{2.4}$$

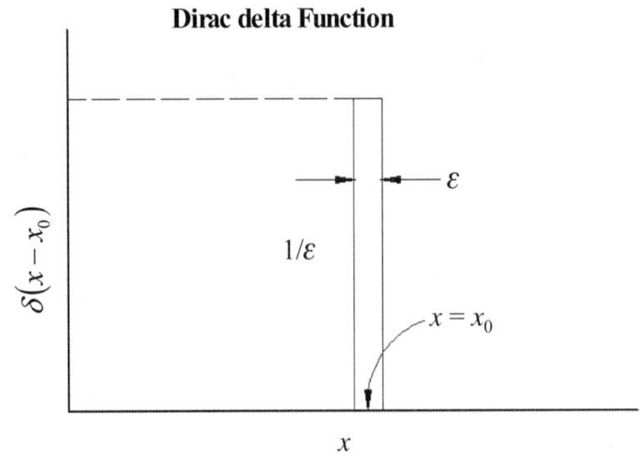

그림 2.4 다이락 델터 함수

예제 2.2 예제 2.1 로부터 구간 $0 \le x \le \pi$ 에서 나머지 함수는 $R(x) = (a + bx + cx^2) - \sin(x)$ 이다. 식 (2.3) 과 같은 가중함수를 적용하여 근사함수 $\tilde{f} = a + bx + cx^2$ 에 대한 상수 a, b 및 c 와 $\tilde{f}$ 를 구하여라.

풀이 식 (2.3) 에 주어진 가중함수를 적용하면 다음과 같다.

$$\begin{aligned}
&\int_0^\pi \left[a + bx + cx^2 - \sin(x)\right]\delta(x-0)dx = 0 \\
&\int_0^\pi \left[a + bx + cx^2 - \sin(x)\right]dx = 0 \\
&\int_0^\pi \left[a + bx + cx^2 - \sin(x)\right]xdx = 0
\end{aligned} \quad ①$$

위의 첫 번째 식에 다이락 델터 함수의 특성을 이용하면 다음과 같다.

$$\begin{aligned}
\int_0^\pi \left[a + bx + cx^2 - \sin(x)\right]\delta(x-0)dx &= a + b(0) + c(0)^2 - \sin(0) \\
&= a
\end{aligned}$$

위 결과와 식 ① 의 두 번째와 세 번째 식을 적분하여 계수 a, b 및 c 에 관한 행렬로 나타내면 다음과 같다.

$$\begin{bmatrix} 1 & 0 & 0 \\ \pi & \pi^2/2 & \pi^3/3 \\ \pi^2/2 & \pi^3/3 & \pi^4/4 \end{bmatrix} \begin{Bmatrix} a \\ b \\ c \end{Bmatrix} = \begin{Bmatrix} 0 \\ 2 \\ \pi \end{Bmatrix}$$

위 식들을 풀어 상수를 결정하면

$$\begin{Bmatrix} a \\ b \\ c \end{Bmatrix} = \begin{Bmatrix} 0 \\ 12/\pi^2 \\ -12/\pi^3 \end{Bmatrix} \qquad ②◀$$

위의 상수 a, b 및 c 를 근사함수 $\tilde{f}(x) = a + bx + cx^2$ 에 대입하면 다음과 같으며, 예제 2.1 에서 얻은 식 ④ 와 동일하다.

$$\tilde{f} = \left(\frac{12}{\pi^2}\right)x - \left(\frac{12}{\pi^3}\right)x^2 \qquad ③◀$$

가중잔여법의 일반적인 방법은 오차 또는 나머지를 규정하는 것이며, 아래의 식에 따른다.

$$\int_{Domain} R(x)w(x)dx = 0$$

위의 식에서 가중함수는 임의의 함수일 수 있으나 논리적이어야 한다. 일반적으로 가중함수는 다음 조건에 따라야 한다.

- 적분값이 존재하며, 적분할 수 있어야 함.
- 계산된 대수식이 선형적으로 독립되어야 함.

일반적으로 가중함수는 다음 사항에 따른다.

(i) 배열법 (collocation method)

$$w(x) = \delta(x - x_i), \quad x_i = \text{pre-selected points}$$

(ii) 부영역법 (subdomain method)

$$w(x) = \begin{cases} 0, & x \notin i^{th} \text{ subdomain} \\ 1, & x \in i^{th} \text{ subdomain} \end{cases}$$

(iii) 최소자승법 (least squares method)

$$w(x) = \frac{\partial R}{\partial a_i}, \quad a_i = \text{constants in the assumed solution}$$

(iv) 갤러킨 방법 (Galerkin's method)

$$w(x) = \phi_i(x), \quad \bar{u} = \phi_0(x) + \sum_{i=1}^{n} c_i \phi_i(x)$$

가중잔여법을 미분방정식에 적용할 수 있다. 이 방법을 미분방정식에 적용하기 위해서는 나머지에 대한 정의가 중요하다. 이 방법을 살펴보기 위해 다음의 경계치 문제를 고려해보자.

$$\frac{d^2u}{dx^2}+u+x=0, \quad u(0)=0, \quad u(1)=0, \quad (0\le x\le 1) \tag{2.5}$$

위 식의 정확한 해는 다음 식과 같다.

$$u(x)=\frac{\sin(x)}{\sin(1)}-x \tag{2.5a}$$

위의 정확한 해는 명백히 모든 x 에 대해서 주어진 미분방정식과 경계조건을 만족한다. 그러나 실제로 많은 문제에 있어서는 정확한 해는 알 수 없는 경우가 많으며, 특정한 식으로 표시될 수 없는 경우도 있다.

여기서 $\tilde{u}$ 를 근사해라 하면, 구간 $0\le x\le 1$ 에서 $\tilde{u}(x)\approx u(x)$ 의 관계가 된다. 근사해를 원래의 식에 대입하면 아래의 식과 같이 일반적으로 0 이 되지 않는다.

$$\frac{d^2\tilde{u}}{dx^2}+\tilde{u}+x\neq 0 \tag{2.5b}$$

위와 같이 0 이 되지 않는 나머지 (left over) 를 잔여 (residual) 또는 오차 (error) 라 정의할 수 있다. 이를 다음과 같은 식으로 나타내면, $R(x)$ 는 그림 2.5 와 같이 분포할 것이다.

$$R(x)\equiv\frac{d^2\tilde{u}}{dx^2}+\tilde{u}+x \tag{2.5c}$$

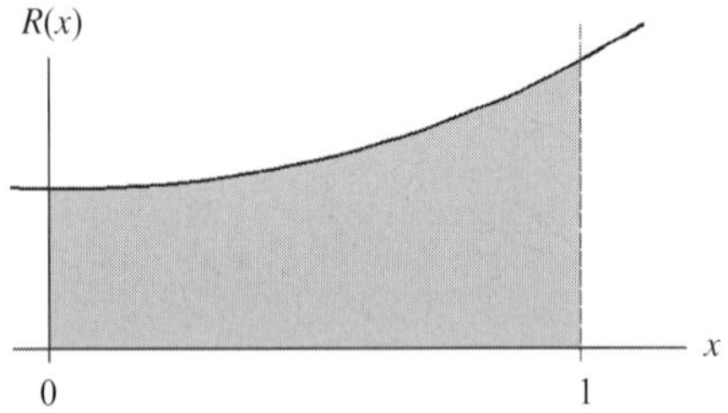

그림 2.5 나머지 $R(x)$ 의 분포

만일 $\tilde{u}$ 가 u에 가장 가까운 근사함수가 되면 $R(x)$ 가 최소화될 것이다. 이렇게 하기 위한 하나의 방법으로 나머지 (residual) 의 가중평균 (weighted average) 이 영이 되도록 하는 것이며, 이 관계를 다음 식으로 나타낼 수 있다.

$$\int_0^1 R(x)\, w_i(x) dx = 0$$

위의 식에서 $w_i(x)$ 를 가중함수 (weighted function) 라 한다. 위의 적분식의 의미를 그래프로 나타내면 그림 2.6 과 같다.

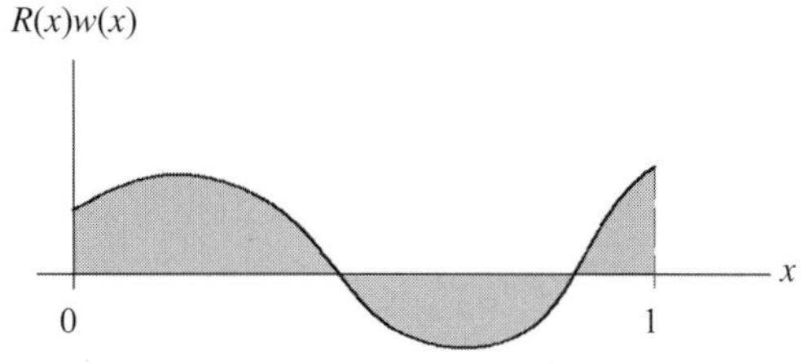

그림 2.6 $\int_0^1 R(x)\, w_i(x) = 0$ 의 그래프

$w_i(x)$ 를 여러 가지 방법으로 다르게 선택할 수 있으며, 선택된 방법에 따라 서로 다른 가중 잔여법 (weighted residual method) 이 된다. 적합한 선택이 되도록 아래 사항을 생각해보자.

- 적합한 근사해 $\tilde{u}(x)$ 를 어떻게 구할 것인가?
- 적합한 가중함수 $w(x)$ 를 어떻게 구할 것인가?

위의 질문에 대하여 여러 가지 가능한 답을 할 수가 있으며, 특정한 문제에 따라 가장 적합한 선택을 할 수 있을 것이다. 일반적으로 근사해 $\tilde{u}(x)$ 를 선택하기 위하여 다음 방법에 따라 점차적으로 많은 항을 선택하면 수렴됨을 알 수 있다.

아래와 같은 형태의 근사해에 관한 식을 고려해보자.

$$\begin{aligned} \tilde{u} &= \phi_0(x) + c_1\phi_1(x) + c_2\phi_2(x) + \cdots \\ &= \phi_0(x) + \sum_{i=1}^{n} c_i\phi_i(x) \end{aligned} \tag{2.6}$$

위의 식에서 c_i 는 상수이고, 함수 $\phi_0(x)$ 는 주어진 문제의 모든 경계조건을 만족하는 수가 되어야 한다. 또한 나머지 $\phi_i(x)$ 는 경계조건에 대한 동차형 (homogeneous form) 을 만족해야 한다. 이러한 근사형을 $n-$매개변수 족함수 (族函數 : $n-$parameter family of function) 라 한다. 예제에 대한 선택할 수 있는 몇 가지 함수는 다음과 같다.

$$\phi_0(x) = 0, \quad \phi_1(x) = x(1-x), \quad \phi_2(x) = x^2(1-x), \cdots, \text{etc.} \tag{2.6a}$$

또는

$$\phi_0(x)=0, \quad \phi_1(x)=\sin(\pi x), \quad \phi_2(x)=\sin(2\pi x), \cdots, \text{etc.} \tag{2.6b}$$

주어진 문제에 대해 근사함수로 식 (2.6) 과 (2.6a) 에서 $\phi_0(x)$ 와 $\phi_1(x)$ 에 대한 식, 즉 첫째 항까지만 취하면,

$$\begin{aligned}\tilde{u}(x) &= \phi_0(x)+c_1\phi_1(x)\\ &= 0+c_1x(1-x)\end{aligned}$$

따라서

$$\tilde{u}(x)=c_1x(1-x) \tag{2.6c}$$

또한, 식 (2.6a) 로부터 $\phi_0(x)$, $\phi_1(x)$ 및 $\phi_2(x)$ 에 대한 식, 즉 둘째 항을 이용할 경우는

$$\begin{aligned}\tilde{u}(x) &= \phi_0(x)+c_1\phi_1(x)+c_2\phi_2(x)\\ &= 0+c_1x(1-x)+c_2x^2(1-x)\end{aligned}$$

따라서

$$\tilde{u}(x)=c_1x(1-x)+c_2x^2(1-x) \tag{2.6d}$$

첫째 항을 이용할 경우, 근사함수 식 (2.6c) 를 식 (2.5c) 에 대입하면 나머지함수 $R(x)$ 는 다음과 같다.

$$\begin{aligned}R(x) &= \frac{d^2\tilde{u}}{dx^2}+\tilde{u}+x\\ &= -2c_1+c_1x(1-x)+x\end{aligned} \tag{2.6e}$$

또한 둘째 항까지 이용할 경우는

$$\begin{aligned}R(x) &= \frac{d^2\tilde{u}}{dx^2}+\tilde{u}+x\\ &= -2c_1+c_1x(1-x)+2c_2x(1-x)-3c_2x^2+x\end{aligned} \tag{2.6f}$$

예제 2.3 구간 $0 \le x \le 1$ 에서 나머지 함수에 관한 식 (2.6e) 와 (2.6f) 로부터 다음의 가중 잔여법으로 근사함수 $\tilde{u}$ 를 구하여라.

(a) 배열법
(b) 부영역법
(c) 최소자승법
(d) 갤러킨법

풀이 앞에서 열거한 각각의 가중잔여법으로 근사함수 $\tilde{u}$ 를 구하는 방법을 상세히 살펴보기로 한다.

(a) 배열법

배열법은 그림 2.7 과 같이 상수의 숫자와 같은 지점, 즉 x_1, x_2, x_3,$\cdots$ 에서 잔여값 (residual) 또는 나머지가 0 이 되도록 하는 방법이다. $w_i(x)=\delta(x-x_i)$ 이고, 구간 $a \le x \le b$ 에서 $\int_a^b f(x)\delta(x-x_i)dx = f(x_i)$ 가 되므로 주어진 문제에 대해서는

$$\int_a^b R(x)\delta(x-x_i)dx = R(x_i),\ \ i=1$$

이 된다. 주어진 문제에서 상수가 한 개일 경우 $x_i = x_1$ 으로 선택할 수 있다.

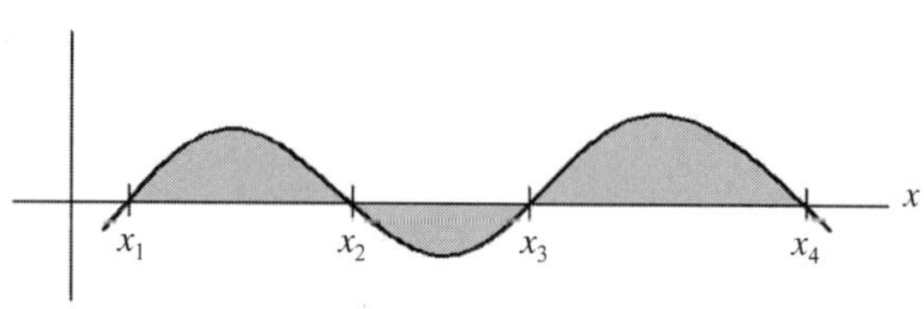

그림 2.7 배열법에서 $R(x)$ 의 그래프

식 (2.6e) 에서 $R(x) = -2c_1 + c_1x(1-x) + x$ 이며, $i=1$일 경우 논리적으로 선택하면 $x_1 = \frac{1}{2}$ 이 되므로 이 값에 대한 $R(x)$ 는

$$R\left(\frac{1}{2}\right) = -2c_1 + c_1\left(\frac{1}{2}\right)\left(1-\frac{1}{2}\right) + \frac{1}{2} = 0$$

따라서,

$$c_1 = \frac{2}{7}$$

이다. 위의 식의 개념을 그래프로 나타내면 그림 2.8 과 같다.

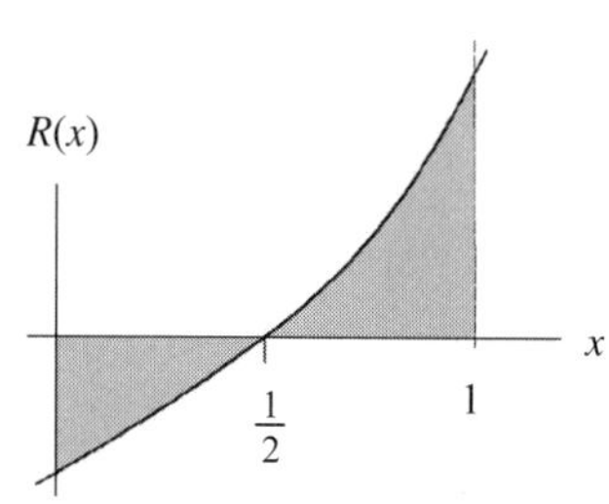

그림 2.8 $x_1 = \frac{1}{2}$ 에서 $R(x)$ 의 개념도

따라서, 상수 c_1 을 식 (2.6c) 에 대입하면 첫째 항을 이용한 배열법으로 계산한 근사함수는 다음과 같다.

$$\tilde{u}(x)=\frac{2}{7}x(1-x) \qquad ①◀$$

더 나아가 둘째 항을 이용한 배열법으로부터 잔여함수는 식 (2.6f) 로부터 다음과 같다.

$$R(x)=-2c_1+c_1x(1-x)+2c_2x(1-x)-3c_2x^2+x$$

$x_1=\frac{1}{4}$ 과 $x_2=\frac{3}{4}$ 에서 잔여함수가 0 이 되도록 한 후, 식을 정리하여 계산하면 다음 결과를 얻을 수 있다.

$$\begin{bmatrix} \frac{29}{16} & -\frac{35}{64} \\ \frac{29}{16} & \frac{151}{64} \end{bmatrix} \begin{Bmatrix} c_1 \\ c_2 \end{Bmatrix} = \begin{Bmatrix} \frac{1}{4} \\ \frac{3}{4} \end{Bmatrix}$$

위의 식으로부터 c_1 및 c_2 에 대해서 풀면 다음과 같다.

$$\begin{Bmatrix} c_1 \\ c_2 \end{Bmatrix} = \begin{Bmatrix} \frac{512}{2697} \\ \frac{16}{93} \end{Bmatrix}$$

위에서 얻은 상수 c_1 과 c_2 의 결과를 식 (2.6d) 에 대입하면 둘째 항을 이용하여 배열법으로 계산한 근사함수는 아래와 같다.

$$\tilde{u}=\frac{512}{2697}x(1-x)+\frac{16}{93}x^2(1-x) \qquad ②◀$$

참고로 1 개항과 2 개항을 이용하여 배열법으로 계산된 근사함수와 정확한 함수를 그래프로 나타내면 그림 2.9 와 같다. 그림 2.9 에서와 같이 한 개의 항에 비하여 두 개항이 사용되었을 경우 정확한 함수에 근접함을 알 수 있다.

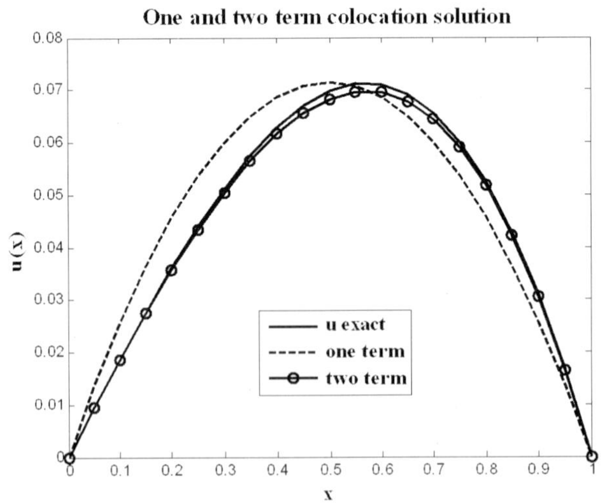

그림 2.9 배열법에서 1, 2 개항 사용시 $u(x)$ 의 그래프

(b) 부영역법

부영역법은 계산해야 할 상수의 숫자와 같은 수로 영역을 나눈 후, 각각의 영역에서 그림 2.10 과 같이 평균오차가 0 이 되도록 하는 방법이다.

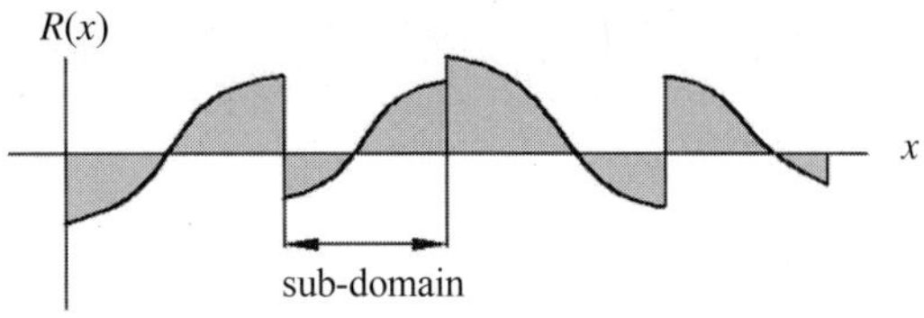

그림 2.10 부영역법 개념도

주어진 문제에서는 한 개의 부영역만을 필요로 하므로 이 경우는 구간 $0 \le x \le 1$ 에서 전체영역과 같게 된다. 따라서

$$\int_0^1 R(x)dx = 0$$

위 식의 $R(x)$ 에 식 (2.6e) 를 대입하여 적분한 후, 상수 c_1 을 구하면 다음과 같다.

$$\int_0^1 \left[-2c_1 + c_1 x(1-x) + x\right]dx = 0 \quad \Rightarrow \quad c_1 = \frac{3}{11}$$

계산된 상수를 근사함수식 (2.6c) 에 대입하면 다음을 얻는다.

$$\tilde{u} = \frac{3}{11}x(1-x) \qquad ③◀$$

(c) 최소자승법

최소자승법은 전체영역에 대하여 오차 (나머지) 제곱이 최소가 되도록 상수를 결정하는 방법이다. 즉, 아래의 식을 최소화하는 것이다.

$$\int_0^1 R^2(x)dx$$

위의 식에서 함수 $R(x)$ 는 상수 c 의 함수이므로 이를 최소화하기 위하여 다음과 같이 쓸 수 있다.

$$\frac{\partial}{\partial c_i}\int_0^1 R^2(x)dx = 0, \quad i = 1, 2, \cdots, n$$

또는

$$\int_0^1 2R(x)\frac{\partial R(x)}{\partial c_i}dx = 0, \quad i = 1, 2, \cdots, n \qquad ④$$

따라서 첫째 항을 이용할 경우 식 (2.6c) 로부터

$$\tilde{u} = c_1 x(1-x) \qquad (2.6c)$$

와 같으며, 이 경우 잔여함수 $R(x)$ 는 식 (2.6e) 로부터 다음과 같다.

$$R(x) = -2c_1 + c_1 x(1-x) + x \qquad (2.6e)$$

잔여함수 $R(x)$ 를 계수 c_1 로 편미분한 식은

$$\frac{\partial R}{\partial c_1} = -2 + x(1-x) \quad ⑤$$

와 같다. 식 (2.6e) 와 ⑤를 식 ④에 대입하여 최소자승법으로 계산하면,

$$\int_0^1 R(x)\frac{\partial R}{\partial c_1}dx = \int_0^1 \left[-2c_1 + c_1 x(1-x) + x\right]\left[-2 + x(1-x)\right]dx = 0 \quad ⑥$$

위의 식 ⑥을 풀면 미지 계수 c_1 은 다음과 같다.

$$c_1 = \frac{55}{202}$$

와 같다. 따라서 구한 미지계수 c_1 을 식 (2.6c) 에 대입하면 최소자승법으로 구한 근사함수는 다음 식과 같다.

$$\tilde{u} = \frac{55}{202}x(1-x) \quad ⑦◀$$

(d) 갤러킨 방법

갤러킨 방법은 오차를 근사화시킬 다항식, 즉 $w_i = \phi_i$ 에 대해서 다음과 같이 직교가 되도록 하는 방법이다.

$$\int_0^1 R(x)\phi_1(x)dx = 0 \quad ⑧$$

예를 들면 첫째 항을 이용할 경우 식 (2.6c) 로부터

$$\tilde{u} = c_1 x(1-x) \quad (2.6c)$$

이 경우, 잔여함수 $R(x)$ 는 식 (2.6e) 로부터

$$R(x) = -2c_1 + c_1 x(1-x) + x \quad (2.6e)$$

이므로 식 (2.6e) 와 $\phi_1(x) = x(x-1)$ 을 식 ⑧에 대입하면 다음을 얻는다.

$$\int_0^1 \left[-2c_1 + c_1 x(1-x) + x\right]\left[x(1-x)\right]dx = 0 \quad \Rightarrow \quad c_1 = \frac{5}{18}$$

따라서, 따라서 위의 c_1 값을 식 (2.6c) 에 대입한 근사함수는 아래와 같다.

$$\tilde{u} = \frac{5}{18}x(1-x) \quad ⑨◀$$

더 나아가 식 (2.6a) 에서 항의 개수를 늘려 둘째 항까지 이용한 갤러킨 방법을 살펴보기로 하자. 이 경우 근사함수가 아래와 같다.

$$\begin{aligned}\tilde{u} &= \phi_0(x) + c_1\phi_1(x) + c_2\phi_2(x)\\ &= 0 + c_1 x(1-x) + c_2 x^2(1-x)\end{aligned}$$

따라서, 위의 근사함수에 대한 1 차 및 2 차 미분함수는 다음과 같다.

$$\tilde{u}'(x) = c_1 - 2(c_1 - c_2)x - 3c_2x^2$$

$$\tilde{u}''(x) = -2(c_1 - c_2) - 6c_2x$$

그러므로 잔여함수는 $R(x)$ 는 식 (2.5c) 로부터 다음과 같다.

$$\begin{aligned} R(x) &= \frac{d^2\tilde{u}}{dx^2} + \tilde{u} + x \\ &= \{-2(c_1 - c_2) - 6c_2x\} + \{c_1x - (c_1 - c_2)x^2 - c_2x^3\} + x \end{aligned} \qquad ⑩$$

따라서 가중함수 $w_1 = \phi_1 = x\,(1-x)$ 와 $w_2 = \phi_2 = x^2\,(1-x)$ 를 이용한 가중잔여식 (weighted residual equation) 은 다음 2 개의 식과 같다.

$$\begin{aligned} &\int_0^1 R(x)x(1-x)dx = 0 \\ &\int_0^1 R(x)x^2(1-x)dx = 0 \end{aligned} \qquad ⑪$$

식 ⑩ 을 ⑪ 에 대입하여 두 개의 상수 c_1 및 c_2 에 대한 대수식 (algebraic equation) 을 세울 수 있으며, 이 식들을 풀어 두 상수 값을 결정하면 아래와 같다.

$$\begin{bmatrix} \frac{3}{10} & \frac{3}{20} \\ \frac{3}{20} & \frac{13}{105} \end{bmatrix} \begin{Bmatrix} c_1 \\ c_2 \end{Bmatrix} = \begin{Bmatrix} \frac{1}{12} \\ \frac{1}{20} \end{Bmatrix} \quad \Rightarrow \quad \begin{Bmatrix} c_1 \\ c_2 \end{Bmatrix} = \begin{Bmatrix} \frac{71}{369} \\ \frac{7}{41} \end{Bmatrix}$$

위에서 구한 두 상수 값을 식 (2.6d) 에 대입하면 다음과 같이 2 개항에 대한 갤러킨 해의 근사식을 얻을 수 있다.

$$\tilde{u} = \frac{71}{369}x(1-x) + \frac{7}{41}x^2(1-x) \qquad ⑫◀$$

2 개항의 갤러킨 해를 그래프로 나타내면 그림 2.11 과 같으며, 정확한 해에 거의 일치한다.

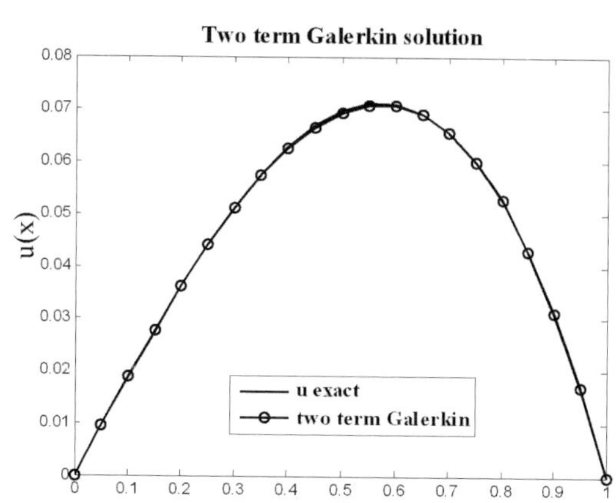

그림 2.11 두 개의 항을 이용한 갤러킨법 해

근사함수가 많은 항을 포함하고 있는 경우, 일반적인 갤러킨법의 절차는 다음과 같다.

$$L(u)+f=0 \tag{2.7}$$

위의 식에서 L 은 선형미분연산자 (differential operator) 이다. 근사함수는 여러 계수를 포함하여 다음 다항식과 같다.

$$\tilde{u}=\phi_0(x)+\sum_{i=1}^{n}c_i\phi_i(x)=\phi_0(x)+\begin{bmatrix}\phi_1(x) & \phi_2(x) & \cdots\end{bmatrix}\begin{Bmatrix}c_1\\ c_2\\ \vdots\end{Bmatrix} \tag{2.7a}$$

잔여함수는

$$R(x)=L(\tilde{u})+f=L(\phi_0)+L\begin{bmatrix}\phi_1(x) & \phi_2(x) & \cdots\end{bmatrix}\begin{Bmatrix}c_1\\ c_2\\ \vdots\end{Bmatrix}+f \tag{2.7b}$$

따라서 일반적인 갤러킨법은

$$\int_{Domain}\begin{Bmatrix}\phi_1\\ \phi_2\\ \vdots\end{Bmatrix}R(x)dx=\int_{Domain}\begin{Bmatrix}\phi_1\\ \phi_2\\ \vdots\end{Bmatrix}\left[L(\phi_0)+L\begin{bmatrix}\phi_1(x) & \phi_2(x) & \cdots\end{bmatrix}\begin{Bmatrix}c_1\\ c_2\\ \vdots\end{Bmatrix}+f\right]dx=0 \tag{2.7c}$$

위의 식을 다시 쓰면,

$$\int_{Domain}\begin{Bmatrix}\phi_1\\ \phi_2\\ \vdots\end{Bmatrix}L\begin{bmatrix}\phi_1(x) & \phi_2(x) & \cdots\end{bmatrix}dx\begin{Bmatrix}c_1\\ c_2\\ \vdots\end{Bmatrix}=-\int_{Domain}\begin{Bmatrix}\phi_1\\ \phi_2\\ \vdots\end{Bmatrix}\left[L(\phi_0)+f\right]dx=0 \tag{2.7d}$$

또는

$$\int_{Domain}\begin{bmatrix}\phi_1L(\phi_1) & \phi_1L(\phi_2) & \cdots\\ \phi_2L(\phi_1) & \phi_2L(\phi_2) & \cdots\\ \vdots & \vdots & \ddots\end{bmatrix}dx\begin{Bmatrix}c_1\\ c_2\\ \vdots\end{Bmatrix}=-\int_{Domain}\begin{Bmatrix}\phi_1\left[L(\phi_0)+f\right]\\ \phi_2\left[L(\phi_0)+f\right]\\ \vdots\end{Bmatrix}dx \tag{2.7e}$$

와 같이 쓸 수 있으며, 식 (2.7e) 로부터 상수 $c_1, c_2, \cdots$ 등을 결정할 수 있는 선형시스템을 만들 수 있다.

2.2 ▶ 갤러킨 법을 이용한 유한요소 절차

여기서 다시 그림 2.12 와 같은 탄성봉 인장에 관한 초기치 문제를 살펴보자. 이 문제에 대해 갤러킨 가중잔여 접근법을 이용, 미분방정식을 유한요소법으로 만드는 절차를 고려하기로 한다.

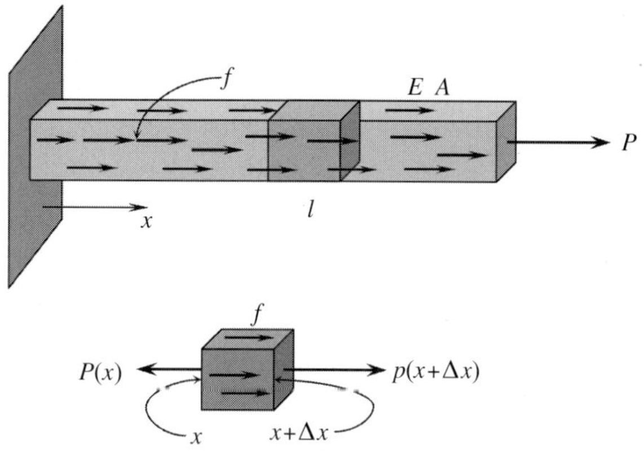

그림 2.12 탄성봉 개념도

앞 절에서 탄성봉에 관한 미분방정식은 아래와 같다.

$$\frac{d}{dx}\left(EA\frac{du}{dx}\right)+f=0 \tag{1.3}$$

한편으로 p 는 아래의 식과 같으며 2 차 미분 변수 (derivative variable) 이다.

$$p=A\sigma=AE\frac{du}{dx} \quad \text{여기서} \quad \sigma=E\varepsilon=E\frac{du}{dx}$$

1 차 변수 u 에 대한 경계조건, 즉 $u(0)=0$ 과 같이 1 차 변수에 대한 조건을 기본경계조건 (essential boundary condition) 이라 하며, p 와 같이 2 차 변수에 대한 조건들을 자연경계조건 (natural boundary condition) 이라 한다. 위의 식과 같이 주어진 2 차 상미분방정식에 대해 봉 전체영역의 경계치 문제를 갤러킨법에 의해 푸는 과정을 살펴보기로 한다. 이 접근법에서는 집중하중을 다루기가 쉽지 않으며, 영역을 요소 (element) 로 분할한 후 모든 부분들에 대해 갤러킨방법을 적용한다. 우선 그림과 같이 구간 $x_1 \le x \le x_2$ 에 있는 특정한 요소를 고려해보자.

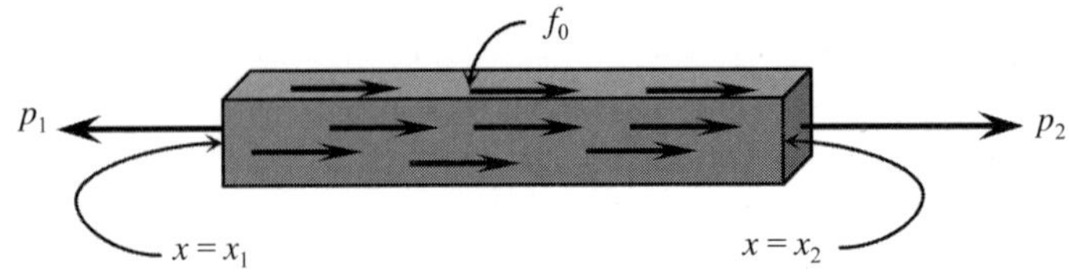

그림 2.13 탄성봉 자유물체도

요소에 대해 u 의 근사함수를 취하여 가중잔여법으로 미분방정식을 풀고자 하면,

$$\int_{x_1}^{x_2}\left[\frac{d}{dx}\left(EA\frac{d\tilde{u}}{dx}\right)+f\right]w_i dx = 0 \tag{2.8}$$

위의 식에서 $i = 1, 2, \cdots$ 이며 근사함수 $\tilde{u}$ 에 포함된 상수의 숫자와 같다. 요소가 끝 부분이거나 마지막 부분이 아닐 경우, 요소에 대한 경계조건을 알 수 없으므로 다음의 조건을 취하기로 한다.

$$\text{기본경계조건} : \quad u(x_1) = u_1 \qquad u(x_2) = u_2$$

$$\text{자연경계조건} : \quad EA\frac{du}{dx}(x_1) = p_1 \qquad EA\frac{du}{dx}(x_2) = p_2$$

우선 문제에 위와 같은 항을 적용하고, 추후에 실제의 경계조건을 적용하기로 한다. u 를 실제로 근사화시키고 상수들을 결정하기 이전에 중요한 과정이 취해졌다. 식 (2.8) 의 첫째 항을 부분적분 (integration by parts) 하면

$$\int_{x_1}^{x_2}\frac{d}{dx}\left(EA\frac{d\tilde{u}}{dx}\right)w_i dx = \left[\left(EA\frac{d\tilde{u}}{dx}\right)w_i\right]_{x_1}^{x_2} - \int_{x_1}^{x_2}EA\frac{d\tilde{u}}{dx}\frac{dw_i}{dx}dx \tag{2.8a}$$

와 같으며, 위의 결과를 식 (2.8) 에 대입하면 아래의 식과 같다.

$$\int_{x_1}^{x_2}\frac{d}{dx}\left(EA\frac{d\tilde{u}}{dx}\right)w_i dx + \int_{x_1}^{x_2}f\,w_i dx = \left[\left(EA\frac{d\tilde{u}}{dx}\right)w_i\right]_{x_1}^{x_2} - \int_{x_1}^{x_2}EA\frac{d\tilde{u}}{dx}\frac{dw_i}{dx}dx + \int_{x_1}^{x_2}f\,w_i dx = 0 \tag{2.8b}$$

위 식을 정리하면 다음 식과 같다.

$$\int_{x_1}^{x_2}EA\frac{d\tilde{u}}{dx}\frac{dw_i}{dx}dx = \int_{x_1}^{x_2}f\,w_i dx + \left[\left(EA\frac{d\tilde{u}}{dx}\right)w_i\right]_{x_1}^{x_2} \tag{2.8c}$$

위와 같은 식을 원래 문제에 대해 약화시킨 (weaken) 식이라 한다. 왜냐하면 $\tilde{u}$ 의 미분이 단지 1 차 미분으로 나타나 있으며, 또한 w_i 도 역시 1 차 미분으로 표시되어 있기 때문이다. 부분적분을 통하여 미분이 $\tilde{u}$ 에서 w_t 로 전가되었다.

이제 u 를 요소에 대하여 적합하고 간단한 1 차식, 여기서는 그림 2.14 와 같이 선형식으로 근사화시켜 보자.

$$\tilde{u}(x) = c_0 + c_1 x = \begin{bmatrix} 1 & x \end{bmatrix} \begin{Bmatrix} c_0 \\ c_1 \end{Bmatrix}, \quad x_1 \le x \le x_2 \tag{2.9}$$

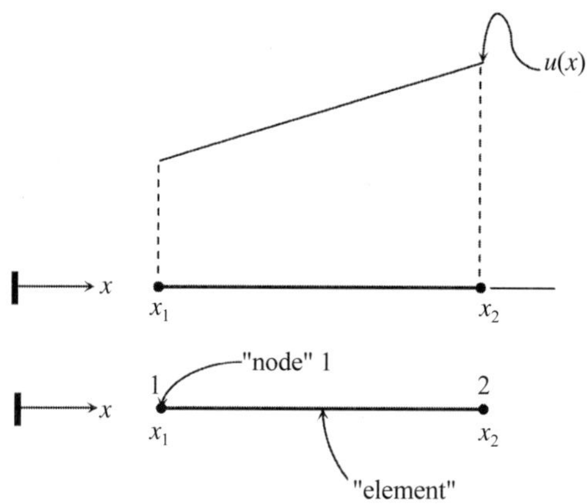

그림 2.14 $u(x)$ 의 선형분포

기본경계조건을 만족할 수 있도록 다음 식을 세운다.

$$\begin{aligned} \tilde{u}(x_1) = u_1; \quad u_1 = c_0 + c_1 x_1 \\ \tilde{u}(x_2) = u_2; \quad u_2 = c_0 + c_1 x_2 \end{aligned} \tag{2.9a}$$

위의 식을 행렬로 나타내고, 미지상수에 대해 해를 구하면 아래의 식과 같다.

$$\begin{Bmatrix} u_1 \\ u_2 \end{Bmatrix} = \begin{bmatrix} 1 & x_1 \\ 1 & x_2 \end{bmatrix} \begin{Bmatrix} c_0 \\ c_1 \end{Bmatrix} \quad \Rightarrow \quad \begin{Bmatrix} c_0 \\ c_1 \end{Bmatrix} = \frac{1}{x_2 - x_1} \begin{Bmatrix} u_1 x_2 - u_2 x_1 \\ u_2 - u_1 \end{Bmatrix} \tag{2.9b}$$

식 (2.9b) 와 같이 구한 상수 값을 식 (2.9) 에 대입하여 정리하면 다음과 같다.

$$\begin{aligned} \tilde{u}(x) &= \begin{bmatrix} 1 & x \end{bmatrix} \begin{Bmatrix} c_0 \\ c_1 \end{Bmatrix} \\ &= \begin{bmatrix} 1 & x \end{bmatrix} \frac{1}{x_2 - x_1} \begin{Bmatrix} u_1 x_2 - u_2 x_1 \\ u_2 - u_1 \end{Bmatrix} \\ &= \begin{bmatrix} \dfrac{x_2 - x}{x_2 - x_1} & \dfrac{x - x_1}{x_2 - x_1} \end{bmatrix} \begin{Bmatrix} u_1 \\ u_2 \end{Bmatrix} \end{aligned} \tag{2.9c}$$

위의 식은 다음과 같이 간단히 쓸 수 있으며,

$$\tilde{u}(x) \equiv [N_1(x) \quad N_2(x)]\begin{Bmatrix} u_1 \\ u_2 \end{Bmatrix} \tag{2.10}$$

여기서 $N_1(x)$ 와 $N_2(x)$ 를 형상함수 (shape function) 또는 보간함수 (interpolation function) 라 하며, 각각의 형상함수는 위의 식으로부터 다음과 같다.

$$\begin{aligned} N_1(x) &= \frac{x_2 - x}{x_2 - x_1} = \frac{x_2 - x}{l} \\ N_2(x) &= \frac{x - x_1}{x_2 - x_1} = \frac{x - x_1}{l} \end{aligned} \tag{2.10a}$$

여기서 $l = x_2 - x_1$ 이다. 이들 형상함수는 그림 2.15 와 같다.

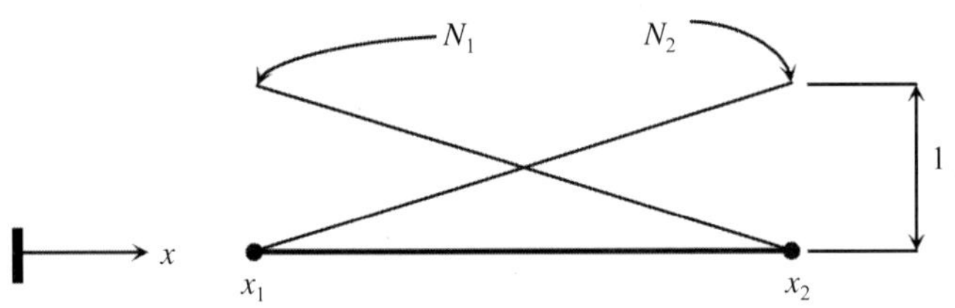

그림 2.15 선형 형상함수

식 (2.10) 에서 주목해야 할 사항은 상수 값이 c_0 및 c_1 과 같은 c 의 값이 아니라 u 의 절점 값, 즉 u_1 과 u_2 로 표시되어 있다.

갤러킨 법에서는 가중함수를 같은 근사함수로 사용한다. 여기서는

$$\tilde{u}(x) = [N_1(x) \quad N_2(x)]\begin{Bmatrix} u_1 \\ u_2 \end{Bmatrix} = \sum_{j=1}^{2} N_j(x) u_j \tag{2.10b}$$

이다. 즉, $\phi_1 = N_1 = w_1$ 이고 $\phi_2 = N_2 = w_2$ 이다. 이를 이용하여 요소에 대해 갤러킨 법에 대한 가중잔여식을 다시 쓰면,

$$\int_{x_1}^{x_2} \begin{Bmatrix} N_1 \\ N_2 \end{Bmatrix} \left[\frac{d}{dx}\left(EA\frac{du}{dx} \right) + f \right] dx = 0 \tag{2.11}$$

위 식의 첫째 항을 부분 적분하면

$$\int_{x_1}^{x_2} \begin{Bmatrix} N_1 \\ N_2 \end{Bmatrix} \left[\frac{d}{dx}\left(EA\frac{du}{dx} \right) \right] dx = \left[\begin{Bmatrix} N_1 \\ N_2 \end{Bmatrix} \left(EA\frac{du}{dx} \right) \right]_{x_1}^{x_2} - \int_{x_1}^{x_2} \frac{d}{dx}\begin{Bmatrix} N_1 \\ N_2 \end{Bmatrix} \left(EA\frac{du}{dx} \right) dx \tag{2.11a}$$

식 (2.11a) 의 부분적분 결과를 식 (2.11) 에 대입하여 정리하면 다음 식을 얻는다.

$$\int_{x_1}^{x_2} \frac{d}{dx}\begin{Bmatrix} N_1 \\ N_2 \end{Bmatrix}\left(EA\frac{du}{dx}\right)dx = \left[\begin{Bmatrix} N_1 \\ N_2 \end{Bmatrix}\left(EA\frac{du}{dx}\right)\right]_{x_1}^{x_2} + \int_{x_1}^{x_2}\begin{Bmatrix} N_1 \\ N_2 \end{Bmatrix} f\,dx \tag{2.11b}$$

식 (2.11b) 에서 u 를 $\widetilde{u}$ 로 놓으면, 식 (2.10) 으로부터 다음과 같이 쓸 수 있다.

$$\begin{aligned} u(x) &= \begin{bmatrix} N_1(x) & N_2(x) \end{bmatrix}\begin{Bmatrix} u_1 \\ u_2 \end{Bmatrix} \\ \frac{du}{dx} &= \begin{bmatrix} \dfrac{dN_1}{dx} & \dfrac{dN_2}{dx} \end{bmatrix}\begin{Bmatrix} u_1 \\ u_2 \end{Bmatrix} \end{aligned} \tag{2.11c}$$

위의 관계를 식 (2.11b) 에 대입하면 다음 식을 얻는다.

$$\int_{x_1}^{x_2}\begin{Bmatrix} \dfrac{dN_1}{dx} \\ \dfrac{dN_2}{dx} \end{Bmatrix} EA\begin{bmatrix} \dfrac{dN_1}{dx} & \dfrac{dN_2}{dx} \end{bmatrix} dx\begin{Bmatrix} u_1 \\ u_2 \end{Bmatrix} = \left[\begin{Bmatrix} N_1 \\ N_2 \end{Bmatrix}\left(EA\frac{du}{dx}\right)\right]_{x_1}^{x_2} + \int_{x_1}^{x_2}\begin{Bmatrix} N_1 \\ N_2 \end{Bmatrix} f\,dx \tag{2.11d}$$

여기서 식 (2.11d) 에 사용된 행렬을 다음과 같이 정의한다.

$$[B] = \begin{bmatrix} \dfrac{dN_1}{dx} & \dfrac{dN_2}{dx} \end{bmatrix} \tag{2.11e}$$

위와 같이 정의된 행렬 $[B]$ 를 사용하면 $p = EA(du/dx) = EA[B]\{u\}$ 가 된다.

한편으로, 형상함수는 x_1 및 x_2 에서 그림 2.15 에서와 같이 다음 값을 갖는다.

$$\begin{aligned} N_1(x_1) &= \frac{x_2 - x_1}{l} = \frac{l}{l} = 1, \qquad & N_1(x_2) &= \frac{x_2 - x_2}{l} = 0 \\ N_2(x_1) &= \frac{x_1 - x_1}{l} = 0, \qquad & N_2(x_2) &= \frac{x_2 - x_1}{l} = \frac{l}{l} = 1 \end{aligned} \tag{2.11f}$$

식 (2.11d) 에서

$$\begin{aligned} \left[\begin{Bmatrix} N_1 \\ N_2 \end{Bmatrix}\left(EA\frac{du}{dx}\right)\right]_{x_1}^{x_2} &= \begin{Bmatrix} N_1(x_2)EA\dfrac{du(x_2)}{dx} - N_1(x_1)EA\dfrac{du(x_1)}{dx} \\ N_2(x_2)EA\dfrac{du(x_2)}{dx} - N_2(x_1)EA\dfrac{du(x_1)}{dx} \end{Bmatrix} \\ &= \begin{Bmatrix} -EA\dfrac{du(x_1)}{dx} \\ EA\dfrac{du(x_2)}{dx} \end{Bmatrix} \\ &= \begin{Bmatrix} -p_1 \\ p_2 \end{Bmatrix} \end{aligned} \tag{2.11g}$$

따라서, 식 (2.11e) 에 정의된 $[B]$ 와 식 (2.11g) 의 관계를 식 (2.11d) 에 대입하면 다음 식을 얻을 수 있다.

$$\int_{x_1}^{x_2}[B]^T EA[B]dx\begin{Bmatrix}u_1\\u_2\end{Bmatrix}=\begin{Bmatrix}-p_1\\p_2\end{Bmatrix}+\int_{x_1}^{x_2}\begin{Bmatrix}N_1\\N_2\end{Bmatrix}f\,dx \tag{2.12}$$

간단한 형태로 위의 식을 다음과 같이 나타낼 수 있다.

$$[k]\{u\}=\{p\}+\{f\} \tag{2.12a}$$

위의 식에서 $[k]$ 는 강성행렬 (stiffness matrix), $\{u\}$는 u 의 절점 값 (nodal values), $\{p\}$ 는 절점에서 내력 (internal force at node), 그리고 $\{f\}$는 물체력에 의한 절점하중 (body force nodal values) 또는 절점의 힘벡터 (nodal force vector) 이며, 각각은 다음과 같다. 식 (2.12a) 에서 각각에 대한 항은 식 (2.12) 로부터 다음과 같다.

$$\begin{aligned}[k]&=\int_{x_1}^{x_2}[B]^T EA[B]dx\\&=\int_{x_1}^{x_2}\begin{Bmatrix}\dfrac{dN_1}{dx}\\\dfrac{dN_2}{dx}\end{Bmatrix}EA\begin{bmatrix}\dfrac{dN_1}{dx}&\dfrac{dN_2}{dx}\end{bmatrix}dx\\&=\int_{x_1}^{x_2}\begin{bmatrix}\dfrac{dN_1}{dx}EA\dfrac{dN_1}{dx}&\dfrac{dN_1}{dx}EA\dfrac{dN_2}{dx}\\\dfrac{dN_2}{dx}EA\dfrac{dN_1}{dx}&\dfrac{dN_2}{dx}EA\dfrac{dN_2}{dx}\end{bmatrix}dx\end{aligned} \tag{2.12b}$$

$$\{p\}=\begin{Bmatrix}-p_1\\p_2\end{Bmatrix} \tag{2.12c}$$

$$\{f\}=\int_{x_1}^{x_2}\begin{Bmatrix}N_1\\N_2\end{Bmatrix}f\,dx \tag{2.12d}$$

N_1 과 N_2 는 x 에 대해 선형이므로 미분함수, 즉 도함수 (derivative) 는 다음과 같이 단순한 상수가 된다.

$$\begin{aligned}N_1&=\frac{x_2-x}{x_2-x_1}=\frac{x_2-x}{l},\quad \frac{dN_1}{dx}=-\frac{1}{x_2-x_1}=-\frac{1}{l}\\N_2&=\frac{x-x_1}{x_2-x_1}=\frac{x-x_1}{l},\quad \frac{dN_2}{dx}=\frac{1}{x_2-x_1}=\frac{1}{l}\end{aligned} \tag{2.12e}$$

따라서 $[B]$ 는

$$[B]=\begin{bmatrix}\dfrac{dN_1}{dx} & \dfrac{dN_2}{dx}\end{bmatrix} = \begin{bmatrix}-\dfrac{1}{l} & \dfrac{1}{l}\end{bmatrix} \tag{2.12f}$$

이고, 강성행렬은 A 와 E 가 상수일 경우 다음과 같다.

$$\begin{aligned}[k] &= \int_{x_1}^{x_2}\begin{bmatrix}\dfrac{dN_1}{dx}EA\dfrac{dN_1}{dx} & \dfrac{dN_1}{dx}EA\dfrac{dN_2}{dx}\\ \dfrac{dN_2}{dx}EA\dfrac{dN_1}{dx} & \dfrac{dN_2}{dx}EA\dfrac{dN_2}{dx}\end{bmatrix}dx\\
&= \int_{x_1}^{x_2}\begin{bmatrix}\left(-\dfrac{1}{l}\right)EA\left(-\dfrac{1}{l}\right) & \left(-\dfrac{1}{l}\right)EA\left(\dfrac{1}{l}\right)\\ \left(\dfrac{1}{l}\right)EA\left(-\dfrac{1}{l}\right) & \left(\dfrac{1}{l}\right)EA\left(\dfrac{1}{l}\right)\end{bmatrix}dx\\
&= AE\begin{bmatrix}\dfrac{1}{l^2} & -\dfrac{1}{l^2}\\ -\dfrac{1}{l^2} & \dfrac{1}{l^2}\end{bmatrix}(l)\\
&= \frac{AE}{l}\begin{bmatrix}1 & -1\\ -1 & 1\end{bmatrix}\end{aligned} \tag{2.12g}$$

또한 $f=f_0$ 로 상수일 경우, 힘벡터는 다음 식과 같다.

$$\{f\}=\int_{x_1}^{x_2}\begin{Bmatrix}N_1\\ N_2\end{Bmatrix}f\,dx=\int_{x_1}^{x_2}\begin{Bmatrix}N_1\\ N_2\end{Bmatrix}dx\,f_0=f_0\begin{Bmatrix}l/2\\ l/2\end{Bmatrix}=\frac{f_0 l}{2}\begin{Bmatrix}1\\ 1\end{Bmatrix} \tag{2.12h}$$

위의 식에서 형상함수 N_1 의 적분은 다음과 같이 계산한다.

$$\begin{aligned}\int_{x_1}^{x_2}N_1 dx &= \int_{x_1}^{x_2}\frac{1}{l}(x_2-x_1)dx\\
&= \frac{1}{l}\left[x_2 x-\frac{1}{2}x^2\right]_{x_1}^{x_2}\\
&= \frac{1}{l}\left[x_2^{\,2}-\frac{1}{2}x_2^{\,2}-x_2x_1+\frac{1}{2}x_1^{\,2}\right]\\
&= \frac{1}{l}\left[\frac{1}{2}x_2^{\,2}-x_2x_1+\frac{1}{2}x_1^{\,2}\right]\\
&= \frac{1}{2l}(x_2-x_1)^2\\
&= \frac{l}{2}\end{aligned} \tag{2.12i}$$

N_2 에 대해서도 같은 절차를 거쳐 구할 수 있다. 따라서 봉요소에 대한 전체의 선형 요소식은 다음 식과 같이 된다.

$$\frac{AE}{l}\begin{bmatrix} 1 & -1 \\ -1 & 1 \end{bmatrix}\begin{Bmatrix} u_1 \\ u_2 \end{Bmatrix} = \frac{f_0 l}{2}\begin{Bmatrix} 1 \\ 1 \end{Bmatrix} + \begin{Bmatrix} -p_1 \\ p_2 \end{Bmatrix} \tag{2.13}$$

위의 식 (2.13) 은 앞 장에서 미분방정식을 직접 적분에 의해 구한 강성식 (1.15) 와 동일함을 알 수 있다. 이제 이 식을 인접한 다른 요소의 식과 결합하여 경계조건을 적용하면 경계치 문제를 풀 수 있다.

한편으로, 각각의 요소에 대한 1 차 변수의 절점 값이 계산되면 요소 내에서의 1 차 변수, 즉 변위의 분포는 식 (2.10) 으로부터 다음과 같다.

$$u(x) = \begin{bmatrix} N_1(x) & N_2(x) \end{bmatrix}\begin{Bmatrix} u_1 \\ u_2 \end{Bmatrix} \tag{2.10}$$

식 (2.10a) 를 (2.10) 에 대입하여 정리하면 요소 내의 변위 분포 $u(x)$ 는 다음과 같다.

$$u(x) = \frac{1}{l}\{(x_2 - x)u_1 + (x - x_1)u_2\} \tag{2.13a}$$

또한, 요소 내에서 내력 또는 2차 변수는 $p(x) = AE(du/dx) = AE\,[B]\{u\}$ 이므로, 다음 식과 같다.

$$p(x) = AE\begin{bmatrix} -\frac{1}{l} & \frac{1}{l} \end{bmatrix}\begin{Bmatrix} u_1 \\ u_2 \end{Bmatrix}$$

따라서,

$$p(x) = \frac{AE}{l}(u_2 - u_1) \tag{2.13b}$$

즉, 선형요소에 대해서 내력은 단순히 상수가 된다.

예제 2.4 그림과 같이 길이 1 mile (1,600 m) 의 기다란 봉 (예를 들면 석유시추봉)이 위쪽 끝에 고정되어 매달려 있다. 봉의 단면적은 $A = 1\ \text{in}^2$, 영탄성 계수는 $E = 30\times10^6$ psi, 비중량은 $\gamma = 0.3\ \text{lb/in}^3$, 그리고 길이는 $L = 63{,}360$ in 이다. 요소를 길이가 같은 2 개로 분할하고, 선형 유한요소법을 사용하여 각 절점에서 변위를 계산한 후, 아래 사항을 구하여라.

(a) 봉의 각 요소에서의 변위와 내력 분포 $u(x)$ 와 $p(x)$ 를 구하여라.
(b) 매트랩 유한요소 프로그램인 feode2.m 을 사용하여 이 문제를 해석하여라.

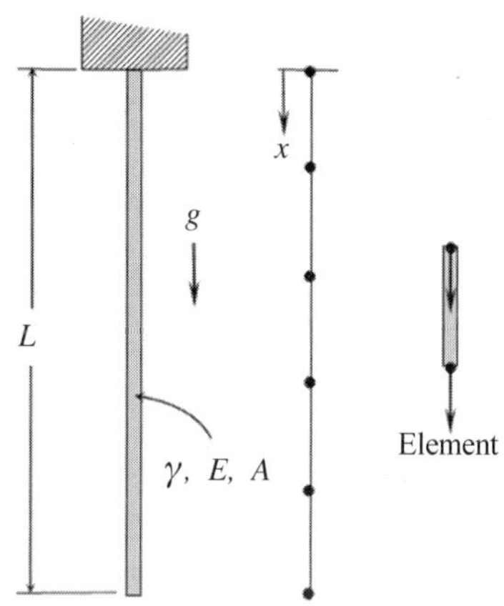

그림 2.16 상단이 고정된 기다란 봉

풀이 첫 번째와 두 번째 요소에 대한 강성식은 식 (2.13) 으로부터 다음과 같다.

$$\frac{A^1E^1}{l^1}\begin{bmatrix}1 & -1\\ -1 & 1\end{bmatrix}\begin{Bmatrix}u_1^1\\ u_2^1\end{Bmatrix}=\frac{f_0^1 l^1}{2}\begin{Bmatrix}1\\ 1\end{Bmatrix}+\begin{Bmatrix}-p_1^1\\ p_2^1\end{Bmatrix}$$
$$\frac{A^2E^2}{l^2}\begin{bmatrix}1 & -1\\ -1 & 1\end{bmatrix}\begin{Bmatrix}u_1^2\\ u_2^2\end{Bmatrix}=\frac{f_0^2 l^2}{2}\begin{Bmatrix}1\\ 1\end{Bmatrix}+\begin{Bmatrix}-p_1^2\\ p_2^2\end{Bmatrix} \quad ①$$

위의 식에서 위 첨자 1, 2 는 요소의 번호를 의미한다.

이 예제에서는 A, E, l 및 f_0 는 모두 동일하므로 다음과 같다.

$$\frac{A^1E^1}{l^1}=\frac{A^2E^2}{l^2}=\frac{AE}{l}$$
$$f_0^1=f_0^2=f_0 \quad ②$$

그리고 결합된 식에서 절점 변위는 다음과 같이 놓는다.

$$u_1^1=u_1,\qquad u_2^1=u_1^2=u_2,\qquad u_2^2=u_3 \quad ③$$

앞의 식 ②, ③ 의 관계를 적용하여 식 ① 의 두 식을 결합하면 다음 식을 얻는다.

$$\frac{AE}{l}\begin{bmatrix}1 & -1 & 0\\ -1 & 2 & -1\\ 0 & -1 & 1\end{bmatrix}\begin{Bmatrix}u_1\\ u_2\\ u_3\end{Bmatrix}=\frac{f_0 l}{2}\begin{Bmatrix}1\\ 2\\ 1\end{Bmatrix}+\begin{Bmatrix}-p_1^1\\ p_2^1-p_1^2\\ p_2^2\end{Bmatrix} \qquad ④$$

위의 식 ④ 에서 경계조건은 다음과 같다.

$$u_1=0, \qquad p_2^2=0$$

그리고 절점 2 에서 가한 힘이 없으므로 힘의 평형조건에 의해 아래와 같다.

$$p_2^1-p_1^2=0$$

위의 조건들을 식 ④ 에 적용하여 다시 쓰면 다음과 같다.

$$\frac{AE}{l}\begin{bmatrix}1 & -1 & 0\\ -1 & 2 & -1\\ 0 & -1 & 1\end{bmatrix}\begin{Bmatrix}0\\ u_2\\ u_3\end{Bmatrix}=\frac{f_0 l}{2}\begin{Bmatrix}1\\ 2\\ 1\end{Bmatrix}+\begin{Bmatrix}-p_1^1\\ 0\\ 0\end{Bmatrix} \qquad ⑤$$

위 식을 간단히 풀기 위해 두 번째와 세 번째 행에 관한 식을 쓰면 다음과 같다.

$$\frac{AE}{l}\begin{bmatrix}2 & -1\\ -1 & 1\end{bmatrix}\begin{Bmatrix}u_2\\ u_3\end{Bmatrix}=\frac{f_0 l}{2}\begin{Bmatrix}2\\ 1\end{Bmatrix}$$

위의 식에 $A = 1.0\text{ in}^2$, $E = 30 \times 10^6\text{ lb/in}^2$, $l = 63{,}360 / 2 = 31{,}680\text{ in}$, 그리고 $f_0 = AL\gamma/L = 0.3\text{ lb / in}$ 를 대입하여 풀면 다음을 얻는다.

$$\begin{Bmatrix}u_2\\ u_3\end{Bmatrix}=\begin{Bmatrix}15.0543\\ 20.0724\end{Bmatrix}\text{ in} \qquad ◀$$

위의 결과를 식 ⑤ 의 첫 행에 대입하면 다음과 같다.

$$-\frac{AE}{l}u_2=\frac{f_0 l}{2}(1)+(-p_1^1)$$

위 식을 풀면 상단의 고정 점에서 반력은 다음과 같다.

$$p_1^1=\frac{f_0 l}{2}+\frac{AE}{l}u_2 \qquad ◀$$
$$=19008\text{ lb}$$

요소 내에서 변위와 내력 분포는 식 (2.13a) 와 (2.13b) 를 이용하여 다음과 같이 계산한다.

(a) 봉의 각 요소에서의 변위와 내력 분포 $u(x)$ 와 $p(x)$

구간 $0 \le x \le 31{,}680$ in (element 1)

$$u^1(x) = \frac{1}{31{,}680}\{(31{,}680 - x)(0) + (x - 0)(150543)\} = \left(4.752 \times 10^{-4}\right)x \quad ◀$$

$$p^1(x) = \frac{(1)\left(30 \times 10^6\right)}{31{,}680}(15.0543 - 0) = 14{,}256 \text{ lb} \quad ◀$$

구간 $31{,}680 < x \le 63{,}360$ in (element 2)

$$\begin{aligned} u^2(x) &= \frac{1}{31{,}680}\{(63{,}360 - x)(15.0543) + (x - 31{,}680)(20.0724)\} \\ &= \left(1.584 \times 10^{-4}\right)x + 317{,}947 \text{ in} \end{aligned} \quad ◀$$

$$p^2(x) = \frac{(1)\left(30 \times 10^6\right)}{31{,}680}(20.0724 - 15.0543) = 4{,}752 \text{ lb} \quad ◀$$

(b) 매트랩 유한요소 프로그램 feode2.m 을 사용해 해석하면 다음과 같다.

MATLAB TIP

```
%=================================================================
% Finite element solution of the ordinary differential equation
%
%       a(d^2u/dx^2) + b(du/dx) + cu + f = 0, x1 < x < x2
%
% with boundary conditions of the type
%
%       u(x1) = u1 or a*du/dx(x1) = p1'
%       u(x2) = u2 or a*du/dx(x2) = p2'
%
% The coefficients a, b, c and the forcing function f are assumed
% to be constants on each element while the unknown function u
% (primary variable) is assumed to be linear on each element.
%=================================================================
%

>> feode2
 Number of elements: 2
 x at left end: 0
 x at right end: 63360
 Coefficient a: 30e+6
 Coefficient b: 0
 Coefficient c: 0
 Forcing function f: 0.3
 BC code at x1; 1 => u, 0 => p=a*du/dx: 1
 BC value at x1: 0
 BC code at x2; 1 => u, 0 => p=a*du/dx: 0
```

```
 BC value at x2: 0
>> u
u =
         0
   15.0543
   20.0724
```

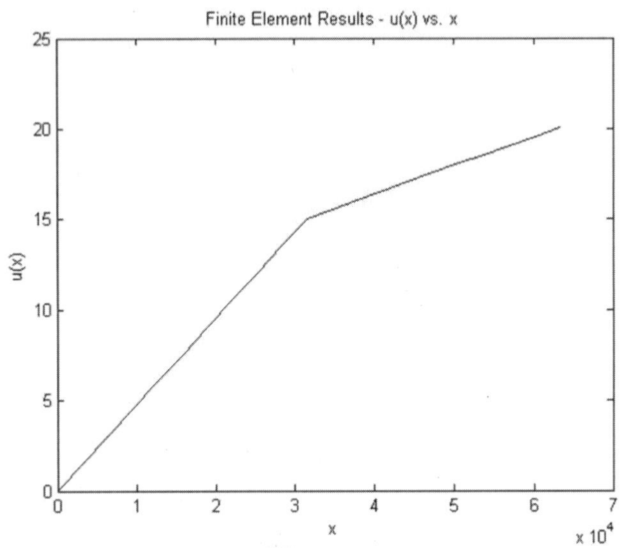

(a) 변위 분포

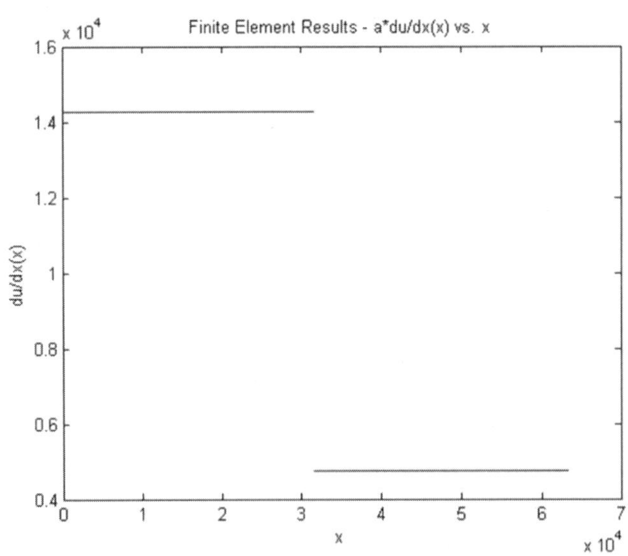

(b) 내력 분포

그림 2.17 예제 2.3 의 (a) 변위 및 (b) 내력 분포

한편으로, 요소 내에서 힘이 아래의 그림 2.18 과 같이 선형으로 분포할 경우에 대해 고려해보기로 하자. 이 경우 요소 내에서 힘의 분포는 다음 식과 같다.

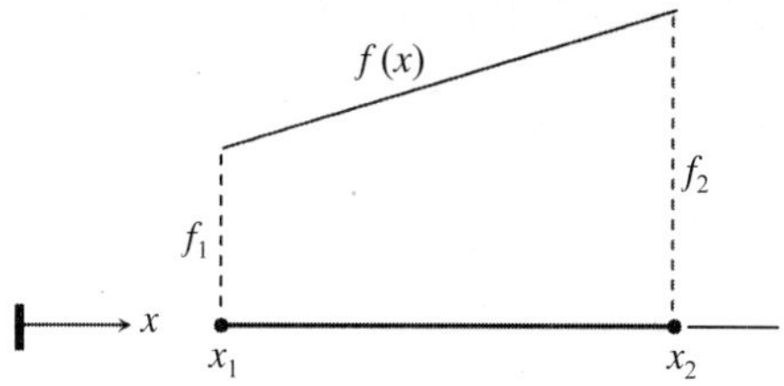

그림 2.18 힘 $f(x)$ 의 선형분포

$$f(x)=\begin{bmatrix} N_1 & N_2 \end{bmatrix}\begin{Bmatrix} f_1 \\ f_2 \end{Bmatrix} \tag{2.13c}$$

이 되며, 요소 하중 벡터는 다음 식으로 결정할 수 있다.

$$\begin{aligned}
\{f\} &= \int_{x_1}^{x_2}\begin{Bmatrix} N_1 \\ N_2 \end{Bmatrix} f\,dx \\
&= \int_{x_1}^{x_2}\begin{Bmatrix} N_1 \\ N_2 \end{Bmatrix}\begin{bmatrix} N_1 & N_2 \end{bmatrix} dx \begin{Bmatrix} f_1 \\ f_2 \end{Bmatrix} \\
&= \int_{x_1}^{x_2}\begin{bmatrix} N_1N_1 & N_1N_2 \\ N_2N_1 & N_2N_2 \end{bmatrix} dx \begin{Bmatrix} f_1 \\ f_2 \end{Bmatrix} \\
&= \begin{bmatrix} \frac{l}{3} & \frac{l}{6} \\ \frac{l}{6} & \frac{l}{3} \end{bmatrix}\begin{Bmatrix} f_1 \\ f_2 \end{Bmatrix} \\
&= \frac{l}{6}\begin{Bmatrix} 2f_1+f_2 \\ f_1+2f_2 \end{Bmatrix}
\end{aligned} \tag{2.13d}$$

예제 2.5 길이 L 인 봉이 그림 2.19 와 같이 한쪽 끝을 중심으로 각속도 (angular velocity) ω_0 로 회전하고 있다. 봉을 6 개의 같은 길이의 요소로 나누어 신장량과 내력을 갤러킨법으로 계산하여라. 이 문제에서 봉의 단면적 A 와 영탄성계수 E 는 상수로 가정한다. 여기서 물체력 (원심력) 은 $f=\rho A\omega_0^2 x$ 이며, ρ 는 봉의 비중량이다.

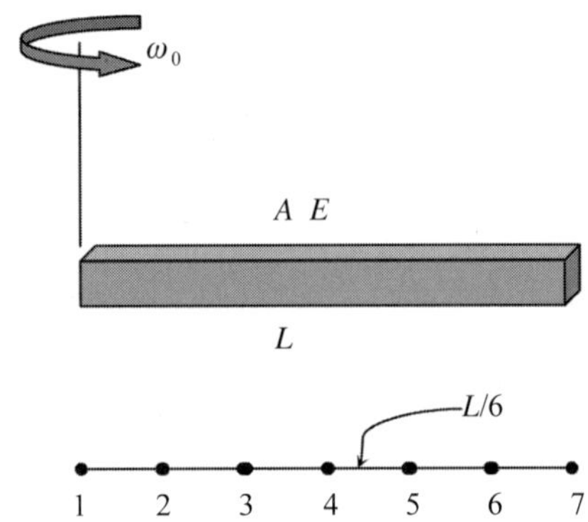

그림 2.19 회전하고 있는 봉의 유한요소 모델

풀이 첫 번째 요소의 강성 행렬, 하중벡터, 그리고 내력은 다음 식과 같다. 여기서 하중벡터는 요소의 절점 사이에 선형적으로 분포함을 유의하여라.

$$\frac{AE}{l}\begin{bmatrix} 1 & -1 \\ -1 & 1 \end{bmatrix}\begin{Bmatrix} u_1 \\ u_2 \end{Bmatrix} = \frac{l}{6}\begin{Bmatrix} 2f_1+f_2 \\ f_1+2f_2 \end{Bmatrix}\begin{Bmatrix} 1 \\ 1 \end{Bmatrix} + \begin{Bmatrix} -p_1 \\ p_2 \end{Bmatrix} \quad ①$$

예로서 첫 번째와 두 번째 요소에 대한 식은 다음 식과 같이 나타낼 수 있다. 다음 식에서 위 첨자는 요소번호를 나타낸다. 즉, 위 첨자 '1' 은 1 번 요소를 의미한다. 아래 첨자 '1' 은 요소의 왼편 절점, 그리고 '2' 는 오른 편 절점을 의미한다.

$$\frac{AE}{l}\begin{bmatrix} 1 & -1 \\ -1 & 1 \end{bmatrix}\begin{Bmatrix} u_1^1 \\ u_2^1 \end{Bmatrix} = \frac{l}{6}\begin{Bmatrix} 2f_1^1+f_2^1 \\ f_1^1+2f_2^1 \end{Bmatrix}\begin{Bmatrix} 1 \\ 1 \end{Bmatrix} + \begin{Bmatrix} -p_1^1 \\ p_2^1 \end{Bmatrix} \quad ②$$

위에서 하중벡터에 관한 사항을 살펴보기로 하자. 우선 요소의 길이를 l 로 하고, $f=\rho A\omega_0^2 x$ 이므로 첫 번째 요소에 대한 하중벡터를 계산하면,

$$x_1 = 0: \quad f_1^1 = \rho A\omega_0^2(0) = 0$$
$$x_2 = l: \quad f_2^1 = \rho A\omega_0^2(l)$$

따라서

$$\{f^1\} = \frac{l}{6}\begin{Bmatrix} 2f_1^1+f_2^1 \\ f_1^1+2f_2^1 \end{Bmatrix} = \rho A\omega_0^2\frac{l}{6}\begin{Bmatrix} l \\ 2l \end{Bmatrix} \quad ③$$

두 번째 요소에 대해서는

$$x_2 = l: \quad f_1^2 = \rho A \omega_0^2 (l)$$
$$x_3 = 2l: \quad f_2^2 = \rho A \omega_0^2 (2l)$$

이므로

$$\begin{aligned}\{f^2\} &= \frac{l}{6}\begin{Bmatrix} 2f_1^{\ 2} + f_2^{\ 2} \\ f_1^{\ 2} + 2f_2^{\ 2} \end{Bmatrix} \\ &= \rho A \omega_0^2 \frac{l}{6}\begin{Bmatrix} 2(l) + (2l) \\ (l) + 2(2l) \end{Bmatrix} \\ &= \rho A \omega_0^2 \frac{l}{6}\begin{Bmatrix} 4l \\ 5l \end{Bmatrix}\end{aligned} \qquad ④$$

다른 요소에 대해서도 같은 절차로 계산할 수 있다. 위의 식에서 요소길이 $l = L/6$ 이다.

요소의 절점 사이 경계면에서의 평형조건 $p_2^i - p_1^{i+1} = 0$ 을 고려하고, 각각의 요소에 대한 식을 결합하면 아래의 식과 같다.

$$\frac{AE}{(L/6)}\begin{bmatrix} 1 & -1 & & & & & \\ -1 & 2 & -1 & & & & \\ & -1 & 2 & -1 & & & \\ & & -1 & 2 & -1 & & \\ & & & -1 & 2 & -1 & \\ & & & & -1 & 2 & -1 \\ & & & & & -1 & 1 \end{bmatrix}\begin{Bmatrix} u_1 \\ u_2 \\ u_3 \\ u_4 \\ u_5 \\ u_6 \\ u_7 \end{Bmatrix} = \frac{\rho A \omega_0^2 (L/6)}{6}\begin{Bmatrix} L/6 \\ 6L/6 \\ 12L/6 \\ 18L/6 \\ 24L/6 \\ 30L/6 \\ 17L/6 \end{Bmatrix} + \begin{Bmatrix} -p_1^1 \\ 0 \\ 0 \\ 0 \\ 0 \\ 0 \\ p_2^6 \end{Bmatrix} \qquad ⑤$$

경계조건은 $u_1 = 0$ 이고, 끝 절점에서 $p_2^6 = 0$ 임을 고려하여 위 식을 풀 수 있도록 정리하면,

$$\begin{bmatrix} 1 & 0 & & & & & \\ 0 & 2 & -1 & & & & \\ & -1 & 2 & -1 & & & \\ & & -1 & 2 & -1 & & \\ & & & -1 & 2 & -1 & \\ & & & & -1 & 2 & -1 \\ & & & & & -1 & 1 \end{bmatrix}\begin{Bmatrix} u_1 \\ u_2 \\ u_3 \\ u_4 \\ u_5 \\ u_6 \\ u_7 \end{Bmatrix} = \frac{\rho A \omega_0^2 (L/6)^3}{6AE}\begin{Bmatrix} 0 \\ 6 \\ 12 \\ 18 \\ 24 \\ 30 \\ 17 \end{Bmatrix} \qquad ⑥$$

와 같다. 이 식을 풀면 다음을 얻을 수 있다.

$$\begin{Bmatrix} u_1 \\ u_2 \\ u_3 \\ u_4 \\ u_5 \\ u_6 \\ u_7 \end{Bmatrix} = \frac{\rho A \omega_0^2 L^3}{6^4 AE} \begin{Bmatrix} 0 \\ 107 \\ 208 \\ 297 \\ 368 \\ 415 \\ 432 \end{Bmatrix} = \frac{\rho \omega_0^2 L^3}{6E} \left(\frac{1}{216} \right) \begin{Bmatrix} 0 \\ 107 \\ 208 \\ 297 \\ 368 \\ 415 \\ 432 \end{Bmatrix} \quad ⑦$$

이 문제에 대한 정확한 해는

$$u(x) = \frac{\rho \omega_0^2 L^3}{6E} \left(\frac{x}{L} \right) \left[3 - \left(\frac{x}{L} \right)^2 \right] \quad ⑧$$

이다.

각각의 요소 내의 변위를 갤러킨 유한요소법으로 계산한 결과는

$$\begin{aligned} u^i(x) &= \left[N_1^i(x) \quad N_2^i(x) \right] \begin{Bmatrix} u_1^i \\ u_2^i \end{Bmatrix} \\ &= \frac{1}{l} \left\{ \left(x_2^i - x^i \right) u_1^i + \left(x^i - x_1^i \right) u_2^i \right\} \end{aligned}$$

예를 들면 $0 \le x \le (L/6)$ 의 구간인 1 번 요소의 변위분포는

$$\begin{aligned} u^1(x) &= \frac{1}{l} \left\{ \left(x_2^i - x^i \right) u_1^i + \left(x^i - x_1^i \right) u_2^i \right\} \\ &= \frac{1}{(L/6)} \frac{\rho \omega_0^2 L^3}{6E} \left(\frac{1}{216} \right) [\{(L/6) - x\}(0) + \{x - (0)\}(107)] \quad ⑨ \\ &= \frac{1}{(L/6)} \frac{\rho \omega_0^2 L^3}{6E} \left(\frac{107}{216} \right) x \end{aligned}$$

다른 요소에 대해서도 같은 절차를 거쳐 변위분포를 구할 수 있다. 요소 내의 변위분포에 대해서 정확한 해와 갤러킨법을 이용한 선형유한요소법을 비교하면 다음의 그래프와 같다.

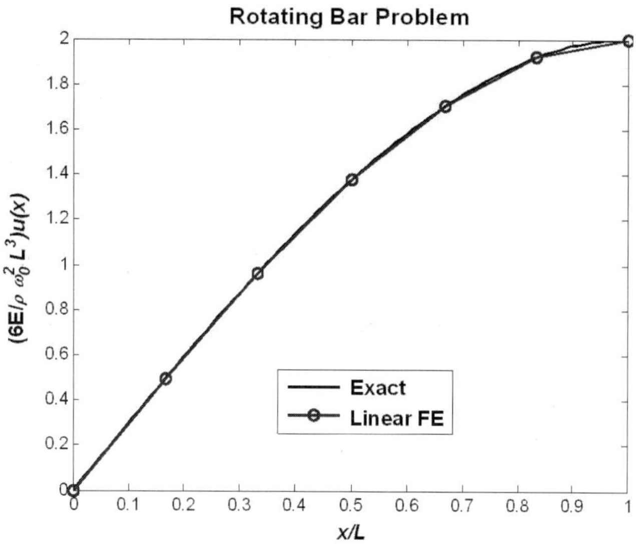

그림 2.19 (a) 회전봉 변위분포

요소 내의 내력의 분포, 즉 2 차 변수에 대해서도 다음 식으로 계산할 수 있다.

$$p(x) = AE\frac{du}{dx} = AE\begin{bmatrix}\frac{dN_1}{dx} & \frac{dN_2}{dx}\end{bmatrix}\begin{Bmatrix}u_1\\u_2\end{Bmatrix} = AE\begin{bmatrix}-\frac{1}{l} & \frac{1}{l}\end{bmatrix}\begin{Bmatrix}u_1\\u_2\end{Bmatrix} = \frac{AE}{l}\begin{bmatrix}-1 & 1\end{bmatrix}\begin{Bmatrix}u_1\\u_2\end{Bmatrix} \quad ⑩$$

따라서 1 번, 2 번, 그리고 3 번 요소 등에서 요소 내에서의 내력 분포는

$$\begin{aligned}
p^1(x) &= \frac{AE}{(L/6)}\begin{bmatrix}-1 & 1\end{bmatrix}\begin{Bmatrix}0\\ \frac{107}{216}\end{Bmatrix}\left(\frac{\rho\omega_0^2L^3}{6E}\right) = \left(\rho A\omega_0^2L^2\right)\left(\tfrac{107}{216}\right)\\
p^2(x) &= \frac{AE}{(L/6)}\begin{bmatrix}-1 & 1\end{bmatrix}\begin{Bmatrix}\frac{107}{216}\\ \frac{208}{216}\end{Bmatrix}\left(\frac{\rho\omega_0^2L^3}{6E}\right) = \left(\rho A\omega_0^2L^2\right)\left(\tfrac{101}{216}\right)\\
p^3(x) &= \frac{AE}{(L/6)}\begin{bmatrix}-1 & 1\end{bmatrix}\begin{Bmatrix}\frac{208}{216}\\ \frac{297}{216}\end{Bmatrix}\left(\frac{\rho\omega_0^2L^3}{6E}\right) = \left(\rho A\omega_0^2L^2\right)\left(\tfrac{89}{216}\right)\\
&\vdots
\end{aligned} \quad ⑪$$

이 예제의 내력분포의 정확한 해는 다음 식과 같다.

$$p(x) = \frac{\rho A\omega_0^2L^2}{2}\left[1-\left(\frac{x}{L}\right)^2\right] \quad ⑫$$

요소 내의 내력분포에 대해서 정확한 해와 갤러킨 선형 유한요소법으로 계산한 결과를 그래프로 비교하면 그림 2.20 과 같다.

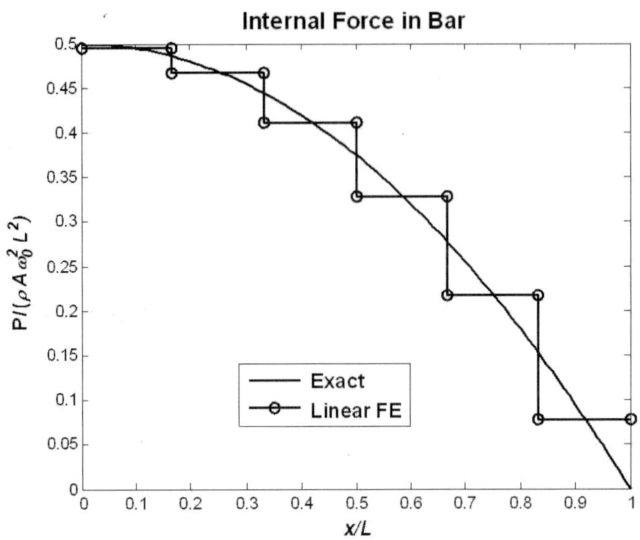

그림 2.20 회전봉 내력분포

이 예제로부터 알 수 있는 사항은 다음과 같다. 변위는 가정하였던 대로 각 요소 내에서 선형적으로 분포한다. 그러나 내력, 즉 변위의 도함수는 각 요소 내에서 일정 값인 상수이다. 2 차 변수인 내력에 대한 유한요소 결과가 정확한 해와 차이가 나는 것은 계산 값의 저하 (degradation) 때문이며, 유한요소법에서 흔히 나타나는 현상이다.

---

1 차원 문제에 대해 전체적으로 유한요소법을 구현하는 과정을 살펴보면 다음과 같이 요약할 수 있다.

① 분할 (discretization) : 영역을 요소로 분할하고, 절점과 요소에 번호를 부여한다.

② 요소 식의 유도 (derivation of element equation) : 가중 잔여법 또는 변분법 등을 사용하여 미분방정식으로부터 요소의 강성식을 결정한다. 요소의 보간함수 또는 형상함수를 가정한다.

③ 결합 (assembly) : 식들을 글로벌 세트가 되도록 구성한다. (i) 경계면 사이에서 연속조건이 되도록 하고, 또한 (ii) 경계면에서 평형조건을 만족하도록 한다.

④ 경계조건 적용 (imposing boundary conditions) : 주어진 문제의 경계조건을 적용하여 결합된 식이 풀릴 수 있도록 수정한다.

⑤ 풀이 (solution) : 구성된 시스템으로부터 1 차 변수들에 대해 식을 푼다.

⑥ 후처리 (post－processing) : 2 차 변수를 풀어, 계산 결과를 얻는다.

연습문제 PROBLEMS

1. 다음과 같이 미분방정식과 경계조건이 주어져 있다.

$$\frac{d^2u}{dx^2} + xu = 1, \text{ 경계조건 } u(0) = 0, \quad u(1) = 1$$

갤러킨 가중잔여법을 사용하여 다음의 조건에 대한 해를 구하여라. 단, $\phi_0 = x$ 이다.

(a) $\phi_1 = x(1-x)$ 일 때, 1 개 항에 대한 해

(b) $\phi_1 = x(1-x)$, $\phi_2 = x^2(1-x)$ 일 때, 2 개 항에 대한 해

1 개항 및 2 개항에 대한 근사해를 그래프로 나타내라. 이 문제에 대한 정확한 해는 쉽게 구할 수는 없다 [참고: 해의 특성은 복잡하지는 않으나 분수 지수로 나타낸 베셀함수 (Bessel function) 를 포함한다. 이 문제에 대한 일반 동차해 (general homogeneous solution) 는 다음과 같다].

$$u(x) = \sqrt{x}\left[c_1 J_{1/3}\left(\tfrac{2}{3}x^{3/2}\right) + c_2 J_{-1/3}\left(\tfrac{2}{3}x^{3/2}\right)\right]$$

정확한 해를 구간 $0 \le x \le 1$ 에서 0.1 간격으로 계산한 값은 다음 표와 같다. 1 개항 및 2 개항에 대한 근사식으로부터 표의 x 값을 구하여, 정확한 해의 값과 비교하여라.

표 E1

x	u_{exact}	u_{1-term}	u_{2-term}
0.0	0.0000		
0.1	0.0621		
0.2	0.1341		
0.3	0.2159		
0.4	0.3069		
0.5	0.4038		
0.6	0.5145		
0.7	0.6292		
0.8	0.7494		
0.9	0.8737		
1.0	1.0000		

2. 다음과 같이 주어진 미분방정식과 경계조건에 대해서 다음에 답하라.

$$\frac{d^2u}{dx^2}+u-x^2=0,\ \text{경계조건}\quad u(0)=0,\ \ \frac{du}{dx}(1)=1$$

적합한 함수 ϕ가 1 개 및 2 개항을 포함할 경우, 갤러킨 가중잔여법으로 위의 시스템에 대해 근사해를 구하라. 단, 두 번째 경계조건은 동차조건이 아님에 주목하라. ϕ_0 에 대해서는 $\phi_0=x$ 를 사용하여라. 참고로 이 문제에 대한 정확한 해는 다음과 같다.

$$u(x)=\frac{2\cos(1-x)-\sin(x)}{\cos(1)}+x^2-2$$

정확한 해와 1 개 및 2 개항을 이용한 해를 그래프를 그려서 서로 비교하여라.

3. 선형 봉요소에 대하여 횡단면이 좌표 x 에 관해 선형함수일 경우, 단면을 다음 식으로 나타낼 수 있다.

$$A=\begin{bmatrix}N_1(x) & N_2(x)\end{bmatrix}\begin{Bmatrix}A_1\\A_2\end{Bmatrix}$$

위의 식에서 A_1 과 A_2 는 요소의 시작점과 마지막 점인 좌표 x_1 과 x_2 에서 단면이며, N_1과 N_2 는 선형형상함수이다. 이들 기호를 사용하여 요소 단면의 선형변화를 고려한 다음의 강성행렬 성분을 결정하여라.

$$[k]=\int_{x_1}^{x_3}\begin{bmatrix}\dfrac{dN_1}{dx}AE\dfrac{dN_1}{dx} & \dfrac{dN_1}{dx}AE\dfrac{dN_2}{dx}\\ \dfrac{dN_2}{dx}AE\dfrac{dN_1}{dx} & \dfrac{dN_2}{dx}AE\dfrac{dN_2}{dx}\end{bmatrix}dx$$

위의 강성행렬 결과를 이용, 다음 그림과 같은 경계치 문제에 대해 2 개의 길이가 같은 요소로 분할하여 유한요소법으로 계산하여라.

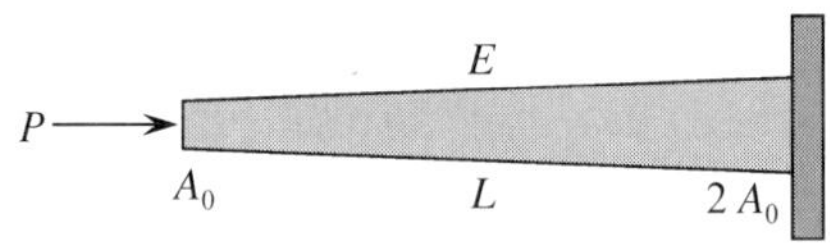

그림 E3

CHAPTER 3

등매개 변수와 2 차항 요소

3.1 ▸ 등매개 변수

임의의 요소에 대해 선형형상함수의 유도과정을 다시 한 번 살펴보기로 보자. 그림 3.1 과 같이 전영역좌표 (global coordinate), 예를 들면 x 좌표를 요소의 중간점을 기준으로 한 국부좌표 (local coordinate) ξ 로 사용하는 것이 편리하다.

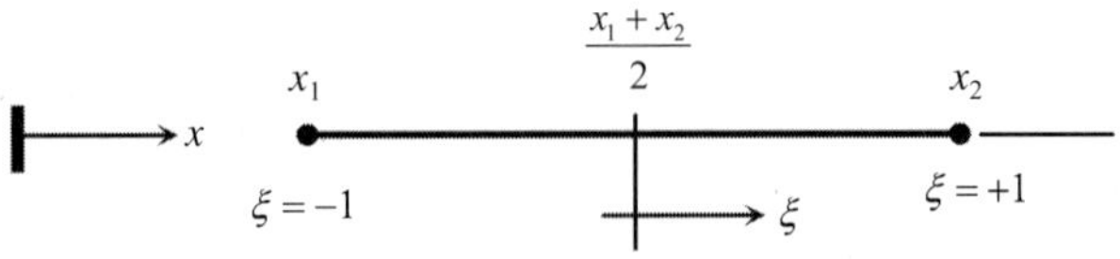

그림 3.1 국부좌표계

고유좌표 (intrinsic coordinate) 또는 **국부좌표계** ξ 를 요소의 구간 $-1 \le \xi \le 1$ 로 정규화 (normalize), 즉 x 와 ξ 사이에서 선형으로 변환하기 위해 다음 관계식을 고려해보자.

$$x = a + b\xi \tag{3.1}$$

위의 식에서 a 및 b 는 결정해야 할 미지의 상수이다. 두 개의 좌표계 사이 관계로부터

$$\begin{aligned} \xi = -1; \quad x = a + b(-1) \\ \xi = +1; \quad x = a + b(+1) \end{aligned} \tag{3.1a}$$

또는 위의 식을 행렬식으로 정리하여 a 및 b 에 대해서 풀면 다음과 같다.

$$\begin{bmatrix} 1 & -1 \\ 1 & 1 \end{bmatrix} \begin{Bmatrix} a \\ b \end{Bmatrix} = \begin{Bmatrix} x_1 \\ x_2 \end{Bmatrix} \quad \Rightarrow \quad \begin{Bmatrix} a \\ b \end{Bmatrix} = \begin{Bmatrix} \frac{x_1+x_2}{2} \\ \frac{x_2-x_1}{2} \end{Bmatrix} \tag{3.1b}$$

위의 결과를 주어진 식 (3.1) 의 a 및 b 에 대입하면

$$x = \frac{x_1 + x_2}{2} + \left(\frac{x_2 - x_1}{2} \right) \xi \tag{3.1c}$$

또는 전역좌표계의 절점 좌표 x_1 과 x_2 의 항으로 위의 식을 다시 쓰면

$$x = \begin{bmatrix} \frac{1-\xi}{2} & \frac{1+\xi}{2} \end{bmatrix} \begin{Bmatrix} x_1 \\ x_2 \end{Bmatrix} \tag{3.2}$$

와 같으며, 이 식은 궁극적으로 x 좌표를 절점 값 x_1 과 x_2 의 항으로 보간한 식이다.

이러한 보간함수는 요소의 1 차 변수에 대해 앞 장에서 유도하였던 형상함수와 비슷하다. $x_2 - x_1 = l$ 임을 고려하여 이들 형상함수를 다시 쓰면,

$$\begin{aligned} N_1(x) &= \frac{x_2 - x}{x_2 - x_1} \\ &= \frac{1}{l}\left\{x_2 - \frac{x_1 + x_2}{2} - \left(\frac{x_2 - x_1}{2}\right)\xi\right\} \\ &= \frac{1}{l}\left\{\frac{x_2 - x_1}{2} - \left(\frac{x_2 - x_1}{2}\right)\xi\right\} \\ &= \frac{1-\xi}{2} \end{aligned} \tag{3.2a}$$

그리고,

$$\begin{aligned} N_2(x) &= \frac{x - x_1}{x_2 - x_1} \\ &= \frac{1}{l}\left\{\frac{x_1 + x_2}{2} + \left(\frac{x_2 - x_1}{2}\right)\xi - x_1\right\} \\ &= \frac{1}{l}\left\{\frac{x_2 - x_1}{2} + \left(\frac{x_2 - x_1}{2}\right)\xi\right\} \\ &= \frac{1+\xi}{2} \end{aligned} \tag{3.2b}$$

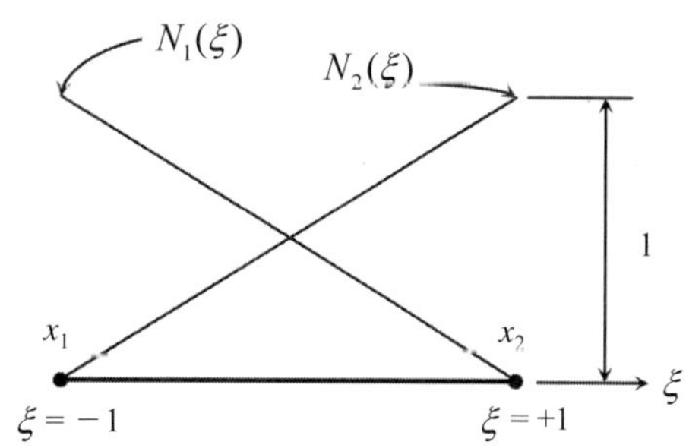

그림 3.2 국부좌표계와 형상함수

위의 결과를 간단히 나타내면

$$N_1(\xi) = \frac{1-\xi}{2}, \qquad N_2(\xi) = \frac{1+\xi}{2} \tag{3.3}$$

이들 형상함수 $N_1(\xi)$ 및 $N_2(\xi)$ 관계는 그림 3.2 와 같다. 위와 같이 좌표계의 보간함수와 1 차 변수의 형상함수는 서로 같으며, 이를 등매개 변수법 (isoparametric method) 이라 한다.

식 (3.3) 을 이용하여 식 (3.2) 를 다시 쓰면 다음과 같다.

$$x = \left[N_1(\xi) \quad N_2(\xi)\right]\begin{Bmatrix} x_1 \\ x_2 \end{Bmatrix} \tag{3.4}$$

한편으로, 형상함수를 고유변수 (intrinsic variable) ξ 의 항으로 계산하기 위해서는 다음 식과 같이 적분 변환에 도함수를 필요로 한다.

$$\int_{x_1}^{x_2} g(x)dx = \int_{-1}^{+1} g\left[x(\xi)\right]\frac{dx}{d\xi}d\xi = \int_{-1}^{+1} g\left[x(\xi)\right]J(\xi)d\xi \tag{3.5}$$

위의 식에서 $g(x)$ 는 임의의 함수이며, $J(\xi) \equiv dx/d\xi$ 는 $x(\xi)$ 변환 **야코비안 (Jacobian)** 이라 한다. 이 경우 야코비안을 양함수 (explicit function) 로 나타내기 위한 자세한 절차는 아래의 식과 같다.

$$\begin{aligned} J(\xi) &\equiv \frac{dx}{d\xi} \\ &= \frac{d}{d\xi}\left[\tfrac{1-\xi}{2} \quad \tfrac{1+\xi}{2}\right]\begin{Bmatrix} x_1 \\ x_2 \end{Bmatrix} \\ &= \left[\tfrac{-1}{2} \quad \tfrac{1}{2}\right]\begin{Bmatrix} x_1 \\ x_2 \end{Bmatrix} \\ &= \frac{x_2 - x_1}{2} \\ &= \frac{l}{2} \end{aligned} \tag{3.5a}$$

따라서 위의 적분식은 다음과 같다.

$$\int_{x_1}^{x_2} g(x)dx = \int_{-1}^{+1} g\left[x(\xi)\right]\frac{l}{2}d\xi \tag{3.6}$$

3.2 ▶ 2 차항 요소

이 절에서는 1 차원 문제를 2 차항 (quadratic order) 요소식 (element equation) 으로 유도해 보기로 하자. x 좌표계에서 2 차 변분 (quadratic variation) 을 한 요소를 얻기 위해서 그림 3.3 과 같이 요소의 중앙에 위치한 부가적인 절점을 고려하면,

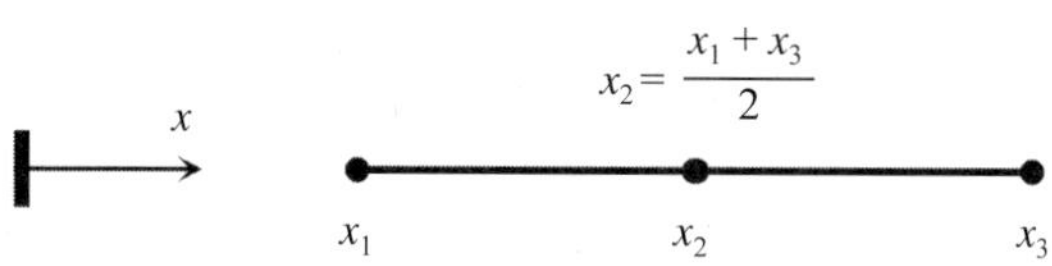

그림 3.3 2 차항 요소 좌표

3 개의 절점을 고려하여 아래와 같이 2 차항에 관한 식을 세울 수 있다.

$$u(x) = a_0 + a_1 x + a_2 x^2 \tag{3.7}$$

위와 같이 주어진 3 개의 절점좌표로부터 상수 a_0, a_1 및 a_2 를 결정하기 위해 아래와 같이 3 개의 식을 구성할 수 있다.

$$\begin{aligned} u(x_1) &= a_0 + a_1 x_1 + a_2 x_1^2 \equiv u_1 \\ u(x_2) &= a_0 + a_1 x_2 + a_2 x_2^2 \equiv u_2 \\ u(x_3) &= a_0 + a_1 x_3 + a_2 x_3^2 \equiv u_3 \end{aligned} \tag{3.7a}$$

위의 식들을 행렬로 나타내면,

$$\begin{bmatrix} 1 & x_1 & x_1^2 \\ 1 & x_2 & x_2^2 \\ 1 & x_3 & x_3^2 \end{bmatrix} \begin{Bmatrix} a_0 \\ a_1 \\ a_2 \end{Bmatrix} = \begin{Bmatrix} u_1 \\ u_2 \\ u_3 \end{Bmatrix} \quad \Rightarrow \quad \begin{Bmatrix} a_0 \\ a_1 \\ a_2 \end{Bmatrix} = \begin{bmatrix} 1 & x_1 & x_1^2 \\ 1 & x_2 & x_2^2 \\ 1 & x_3 & x_3^2 \end{bmatrix}^{-1} \begin{Bmatrix} u_1 \\ u_2 \\ u_3 \end{Bmatrix} \tag{3.7b}$$

위의 식에서 상수 a_0, a_1 및 a_2 에 대해 풀면 다음과 같다.

$$\begin{Bmatrix} a_0 \\ a_1 \\ a_2 \end{Bmatrix} = \begin{bmatrix} \dfrac{x_2 x_3}{(x_3 - x_1)(x_2 - x_1)} & -\dfrac{x_3 x_1}{(x_3 - x_2)(x_2 - x_1)} & \dfrac{x_1 x_2}{(x_3 - x_2)(x_3 - x_1)} \\ -\dfrac{x_2 + x_3}{(x_3 - x_1)(x_2 - x_1)} & \dfrac{x_3 + x_1}{(x_3 - x_2)(x_2 - x_1)} & -\dfrac{x_1 + x_2}{(x_3 - x_2)(x_3 - x_1)} \\ \dfrac{1}{(x_3 - x_1)(x_2 - x_1)} & -\dfrac{1}{(x_3 - x_2)(x_2 - x_1)} & \dfrac{1}{(x_3 - x_2)(x_3 - x_1)} \end{bmatrix} \begin{Bmatrix} u_1 \\ u_2 \\ u_3 \end{Bmatrix} \tag{3.7c}$$

앞과 같이 구한 각각의 상수들을 $u(x)$ 에 대해 가정한 식에 대입하면 아래와 같다.

$$\begin{aligned} u(x) &= a_0 + a_1 x + a_2 x^2 \\ &= \left\{ \frac{x_2 x_3}{(x_3 - x_1)(x_2 - x_1)} u_1 - \frac{x_3 x_1}{(x_3 - x_2)(x_2 - x_1)} u_2 + \frac{x_1 x_2}{(x_3 - x_2)(x_3 - x_1)} u_3 \right\} \\ &+ \left\{ -\frac{x_2 + x_3}{(x_3 - x_1)(x_2 - x_1)} u_1 + \frac{x_3 + x_1}{(x_3 - x_2)(x_2 - x_1)} u_2 - \frac{x_1 + x_2}{(x_3 - x_2)(x_3 - x_1)} u_3 \right\} x \\ &+ \left\{ \frac{1}{(x_3 - x_1)(x_2 - x_1)} u_1 - \frac{1}{(x_3 - x_2)(x_2 - x_1)} u_2 + \frac{1}{(x_3 - x_2)(x_3 - x_1)} u_3 \right\} x^2 \end{aligned} \tag{3.7d}$$

따라서, 위의 식을 다시 쓰면 다음과 같다.

$$u(x) = N_1(x) = \frac{(x - x_3)(x - x_2)}{(x_3 - x_1)(x_2 - x_1)} u_1 + \frac{(x_3 - x)(x - x_1)}{(x_3 - x_2)(x_2 - x_1)} u_2 + \frac{(x - x_2)(x - x_1)}{(x_3 - x_2)(x_3 - x_1)} u_3 \tag{3.7e}$$

또는

$$u(x) = \begin{bmatrix} N_1(x) & N_2(x) & N_3(x) \end{bmatrix} \begin{Bmatrix} u_1 \\ u_2 \\ u_3 \end{Bmatrix} \tag{3.8}$$

식 (3.8) 에서 각각의 형상함수는 식 (3.7e) 로부터 다음과 같다.

$$\begin{aligned} N_1(x) &= \frac{(x - x_3)(x - x_2)}{(x_3 - x_1)(x_2 - x_1)} \\ N_2(x) &= \frac{(x_3 - x)(x - x_1)}{(x_3 - x_2)(x_2 - x_1)} \\ N_3(x) &= \frac{(x - x_2)(x - x_1)}{(x_3 - x_2)(x_3 - x_1)} \end{aligned} \tag{3.9}$$

이들 형상함수 N_1, N_2 및 N_3 를 그래프로 나타내면 그림 3.4 와 같이 포물선형으로 분포하며, N_1 은 x_1 에서 1 이고 다른 좌표에서는 0, N_2 는 x_2 에서 1 이고 다른 좌표에서는 0, 또한 N_3 는 x_3 에서 1 이고 다른 좌표에서는 0 이 됨을 알 수 있다.

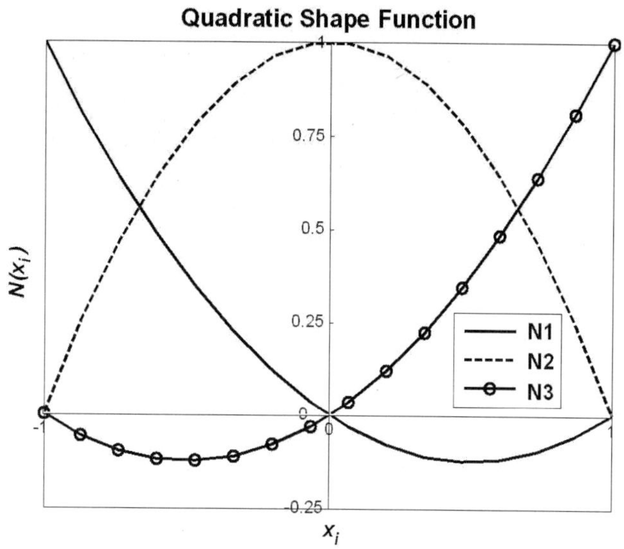

그림 3.4 2 차 형상함수

많은 경우에 그림 3.5 와 같이 전영역좌표 (global coordinate) 에서 국부좌표로 변환된 표준요소 또는 일반요소 (generic element) 로 계산하는 것이 편리하다.

$$x = x_2 + \left(\frac{x_3 - x_1}{2}\right)\xi = x_2 + \frac{l}{2}\xi \tag{3.10}$$

위의 식에서 $l = x_3 - x_1$ 또는 아래와 같이 쓸 수 있다.

$$\xi = \frac{l}{2}\left(x - x_2\right) \tag{3.10a}$$

고유좌표계 ξ 에서 x 는 ξ 에 위와 같이 선형 비례하므로, 형상함수 N_i 를 유도하기 위하여 1 차변수를 ξ 의 함수로 다음 식과 같이 놓을 수 있다.

$$u(\xi) = a_0 + a_1\xi + a_2\xi^2 \tag{3.11}$$

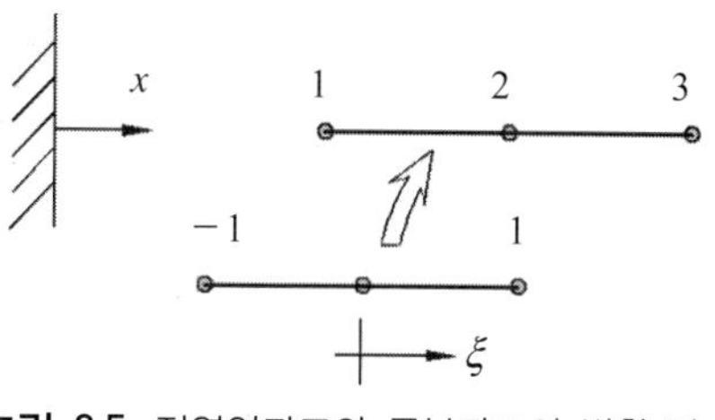

그림 3.5 전영역좌표와 국부좌표의 변환 관계

앞의 식에서 a_0, a_1 및 a_2 는 결정해야 할 미지의 상수이다. $\xi = -1, 0, 1$ 을 앞의 식 (3.11) 에 대입하면,

$$\begin{aligned} u(-1) &= a_0 + a_1(-1) + a_2(-1)^2 \equiv u_1 \\ u(0) &= a_0 + a_1(0) + a_2(0)^2 \equiv u_2 \\ u(+1) &= a_0 + a_1(1) + a_2(1)^2 \equiv u_3 \end{aligned} \tag{3.11a}$$

이 되며, 이들을 행렬로 나타내면 다음과 같다.

$$\begin{bmatrix} 1 & -1 & 1 \\ 1 & 0 & 0 \\ 1 & 1 & 1 \end{bmatrix} \begin{Bmatrix} a_0 \\ a_1 \\ a_2 \end{Bmatrix} = \begin{Bmatrix} u_1 \\ u_2 \\ u_3 \end{Bmatrix} \tag{3.11b}$$

위의 식으로부터 상수 a_0, a_1 및 a_2 에 대해서 풀면 다음과 같다.

$$\begin{Bmatrix} a_0 \\ a_1 \\ a_2 \end{Bmatrix} = \begin{bmatrix} 1 & -1 & 1 \\ 1 & 0 & 0 \\ 1 & 1 & 1 \end{bmatrix}^{-1} \begin{Bmatrix} u_1 \\ u_2 \\ u_3 \end{Bmatrix} = \frac{1}{2} \begin{bmatrix} 0 & 2 & 0 \\ -1 & 0 & 1 \\ 1 & -2 & 1 \end{bmatrix} \begin{Bmatrix} u_1 \\ u_2 \\ u_3 \end{Bmatrix} \tag{3.11c}$$

따라서 위와 같이 계산된 각각의 상수를 원래의 식 (3.11) 에 대입하면 다음과 같다.

$$\begin{aligned} u(\xi) &= a_0 + a_1\xi + a_2\xi^2 \\ &= u_2 + \left(\frac{-u_1 + u_3}{2}\right)\xi + \left(\frac{u_1 - 2u_2 + u_3}{2}\right)\xi^2 \\ &= \left\{-\frac{1}{2}\xi(1-\xi)\right\}u_1 + \{(1-\xi)(1+\xi)\}u_2 + \left\{\frac{1}{2}\xi(1+\xi)\right\}u_3 \end{aligned} \tag{3.11d}$$

위의 식은 아래와 같이 행렬로 나타낼 수 있다.

$$u = \left[-\frac{1}{2}\xi(1-\xi) \quad (1-\xi)(1+\xi) \quad \frac{1}{2}\xi(1+\xi)\right] \begin{Bmatrix} u_1 \\ u_2 \\ u_3 \end{Bmatrix} \tag{3.11e}$$

또는

$$u(\xi) = \left[N_1(\xi) \quad N_2(\xi) \quad N_3(\xi)\right] \begin{Bmatrix} u_1 \\ u_2 \\ u_3 \end{Bmatrix} \tag{3.12}$$

위에서와 같이 형상함수 N_1, N_2 및 N_3 를 고유좌표계 ξ 의 함수로 나타낼 수 있으며, 일반적으로 이러한 방법을 이용하여 형상함수를 결정한다. 각각의 형상함수는 다음과 같다.

$$N_1(\xi) = -\frac{1}{2}\xi(1-\xi)$$
$$N_2(\xi) = (1-\xi)(1+\xi) \tag{3.13}$$
$$N_3(\xi) = \frac{1}{2}\xi(1+\xi)$$

고유좌표계를 이용하여 계산할 수 있도록, 형상함수를 x 에 관해 미분한 도함수에 대해 고려하면,

$$\frac{dN_1}{dx} = \frac{dN_1}{d\xi}\frac{d\xi}{dx} = \left(\xi - \frac{1}{2}\right)\frac{d\xi}{dx} \tag{3.14}$$

위의 식에서 $d\xi/dx$ 는 ξ 가 x 에 관한 양함수가 아닌 경우, 쉽게 구할 수 없으므로 다음 절차에 따른다.

$$\frac{dN_1}{d\xi} = \frac{dN_1}{dx}\frac{dx}{d\xi} = \frac{l}{2}\frac{dN_1}{dx} \tag{3.14a}$$

또는

$$\frac{dN_1}{dx} = \frac{2}{l}\frac{dN_1}{d\xi} = \frac{2}{l}\left(\xi - \frac{1}{2}\right) \tag{3.14b}$$

같은 절차에 따르면 다음을 얻는다.

$$\frac{dN_2}{dx} = \frac{2}{l}\frac{dN_2}{d\xi} = \frac{2}{l}\left(-2\xi\right) \tag{3.14c}$$

$$\frac{dN_3}{dx} = \frac{2}{l}\frac{dN_3}{d\xi} = \frac{2}{l}\left(\xi + \frac{1}{2}\right) \tag{3.14d}$$

따라서, 같은 절차에 따라 다음과 같이 쓸 수 있다.

$$\begin{aligned}\frac{du}{dx} &= \frac{du/d\xi}{dx/d\xi} \\ &= \frac{2}{l}\frac{du}{d\xi}\end{aligned} \tag{3.14e}$$

또는

$$\frac{du}{dx} = \frac{2}{l}\frac{d}{d\xi}\left[N_1(\xi) \quad N_2(\xi) \quad N_3(\xi)\right]\begin{Bmatrix} u_1 \\ u_2 \\ u_3 \end{Bmatrix} \tag{3.15}$$

앞의 식을 간단히 쓰면

$$\frac{du}{dx} \equiv [B]\{u\} \tag{3.15a}$$

와 같다. 그러므로 행렬 $[B]$ 는 위의 식으로부터 다음과 같이 정의된다.

$$\begin{aligned}[B] &= \frac{2}{l}\begin{bmatrix} \frac{dN_1}{d\xi} & \frac{dN_2}{d\xi} & \frac{dN_3}{d\xi} \end{bmatrix} \\ &= \frac{2}{l}\begin{bmatrix} N_1' & N_2' & N_3' \end{bmatrix} \\ &= \frac{2}{l}\left[(\xi - \tfrac{1}{2}) \quad -2\xi \quad (\xi + \tfrac{1}{2})\right]\end{aligned} \tag{3.15b}$$

위의 식으로부터

$$\begin{aligned} N_1'(\xi) &= \xi - \frac{1}{2} \\ N_2'(\xi) &= -2\xi \\ N_3'(\xi) &= \xi + \frac{1}{2} \end{aligned} \tag{3.16}$$

따라서 u 의 도함수는 다음과 같이 쓸 수 있다.

$$\frac{du}{dx} = \frac{2}{l}\frac{d}{d\xi}\left[(\xi - \frac{1}{2}) \quad -2\xi \quad (\xi + \frac{1}{2})\right]\begin{Bmatrix} u_1 \\ u_2 \\ u_3 \end{Bmatrix} \tag{3.17}$$

위의 계산과정으로부터 살펴볼 수 있는 바와 같이 u 의 도함수는 ξ 에 관한 선형 함수이다.

예제 3.1 다음과 같은 경우, ξ 에 관한 u 의 도함수를 구하라.

$$x_1 = 2.0, \quad x_2 = 2.5, \quad x_3 = 3.0$$

$$u_1 = 0.2, \quad u_2 = 0.4, \quad u_3 = 0.3$$

풀이 x 좌표는 식 (3.2a) 에 의하여 다음과 같이 계산한다.

$$x = \left[\left(\frac{1-\xi}{2}\right) \quad \left(\frac{1+\xi}{2}\right)\right]\begin{Bmatrix} 2 \\ 3 \end{Bmatrix},$$

그리고 변위 u 는 식 (3.11e) 에 의하여

$$u = \left[-\tfrac{1}{2}\xi(1-\xi) \quad (1-\xi)(1+\xi) \quad \tfrac{1}{2}\xi(1+\xi) \right] \begin{Bmatrix} 0.2 \\ 0.4 \\ 0.3 \end{Bmatrix}$$

이므로 u 의 도함수는 식 (3.17) 에 의하여 다음과 같다.

$$\frac{du}{dx} = \frac{2}{1} \left[(\xi - \tfrac{1}{2}) \quad -2\xi \quad \xi + \tfrac{1}{2} \right] \begin{Bmatrix} 0.2 \\ 0.4 \\ 0.3 \end{Bmatrix}$$

이를 그래프로 나타내면 그림 3.6 과 같으며, u 는 2 차 식인 포물선이나 도함수 du/dx 는 1 차 식이다.

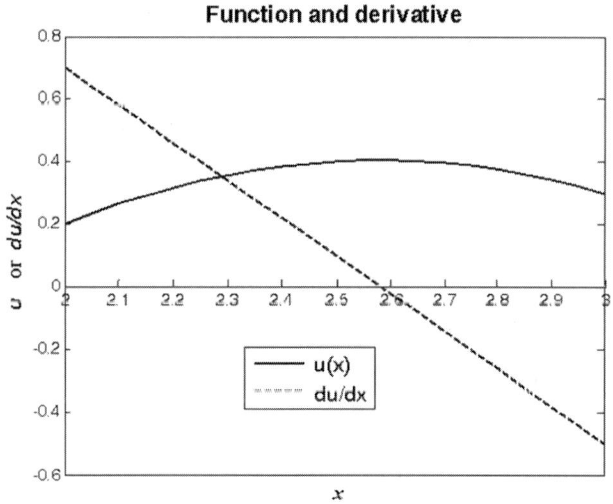

그림 3.6 함수 $u(x)$ 와 du/dx의 그래프

위에서 구한 식들을 가중잔여식의 약화시킨 형 (weak form) 에 대입하여 강성행렬 $[k]$ 를 계산하면 다음과 같다. 단, 여기서 단면적 A 와 영탄성계수 E 는 상수로 가정한다.

$$\begin{aligned} [k] &= \int_{x_1}^{x_3} [B]^T AE [B] dx \\ &= \int_{x_1}^{x_3} \begin{bmatrix} \frac{dN_1}{dx} AE \frac{dN_1}{dx} & \frac{dN_1}{dx} AE \frac{dN_2}{dx} & \frac{dN_1}{dx} AE \frac{dN_3}{dx} \\ \frac{dN_2}{dx} AE \frac{dN_1}{dx} & \frac{dN_2}{dx} AE \frac{dN_2}{dx} & \frac{dN_2}{dx} AE \frac{dN_3}{dx} \\ \frac{dN_3}{dx} AE \frac{dN_1}{dx} & \frac{dN_3}{dx} AE \frac{dN_2}{dx} & \frac{dN_3}{dx} AE \frac{dN_3}{dx} \end{bmatrix} dx \end{aligned} \tag{3.18}$$

따라서

$$[k] = AE\int_{-1}^{1}\begin{bmatrix} N_1'N_1' & N_1'N_2' & N_1'N_3' \\ N_2'N_1' & N_2'N_2' & N_2'N_3' \\ N_3'N_1' & N_3'N_2' & N_3'N_3' \end{bmatrix}\left(\frac{2}{l}\right)^2\left(\frac{l}{2}\right)d\xi \tag{3.19}$$

따라서 위의 식을 계산하면 다음 결과를 얻을 수 있다.

$$[k] = \frac{AE}{3l}\begin{bmatrix} 7 & -8 & 1 \\ -8 & 16 & -8 \\ 1 & -8 & 7 \end{bmatrix} \tag{3.20}$$

요소의 물체력이 일정한 상수, 즉 $f = f_0$ 일 경우에 비슷한 절차에 따라 요소의 힘의 항에 관한 식은 다음과 같다. 특히 아래와 같은 관계를 **일관된 하중벡터** (consistent load vector) 라 한다.

$$\begin{aligned} \{f\} &= \int_{x_1}^{x_3} f\begin{Bmatrix} N_1 \\ N_2 \\ N_3 \end{Bmatrix}dx \\ &= f_0\int_{-1}^{1}\begin{Bmatrix} N_1(\xi) \\ N_2(\xi) \\ N_3(\xi) \end{Bmatrix}\left(\frac{l}{2}\right)d\xi \end{aligned} \tag{3.21}$$

위의 식으로부터 물체력에 관한 결과는 다음과 같다.

$$\{f\} = \frac{f_0 l}{6}\begin{Bmatrix} 1 \\ 4 \\ 1 \end{Bmatrix} \tag{3.22}$$

따라서, 위의 관계식으로부터 일정한 힘, 즉 물체력이 일정할 경우에 2 차 요소에 대한 전체적인 강성식은 다음과 같다.

$$\frac{AE}{3l}\begin{bmatrix} 7 & -8 & 1 \\ -8 & 16 & -8 \\ 1 & -8 & 7 \end{bmatrix}\begin{Bmatrix} u_1^e \\ u_2^e \\ u_3^e \end{Bmatrix} = \frac{f_0 l}{6}\begin{Bmatrix} 1 \\ 4 \\ 1 \end{Bmatrix} + \begin{Bmatrix} -p_1^e \\ 0 \\ p_3^e \end{Bmatrix} \tag{3.23}$$

예제 3.2 2 장의 예제 2.4 에 대해 다시 살펴보기로 하자. 그림 3.7 과 같이 길이 1 mile (1,600 m) 의 기다란 봉 (예를 들면 석유시추봉) 이 위쪽 끝에 고정되어 매달려 있다. 여기서는 단지 한 개의 2 차 요소를 사용한 유한요소법으로 해석하여라. 해석에 사용될 상수는 $A = 1.0\ \text{in}^2$, $E = 30 \times 10^6\ \text{lb/in}^2$, $L = 1\ \text{mile} = 63{,}360\ \text{in}$, 그리고 $f_0 = 0.3\ \text{lb/in}$ 이며, 이들 값은 앞 문제와 동일한 값들이다. 또한 매트랩 유한요소 프로그램 feode2q.m 을 이용하여 이 문제를 해석하여라.

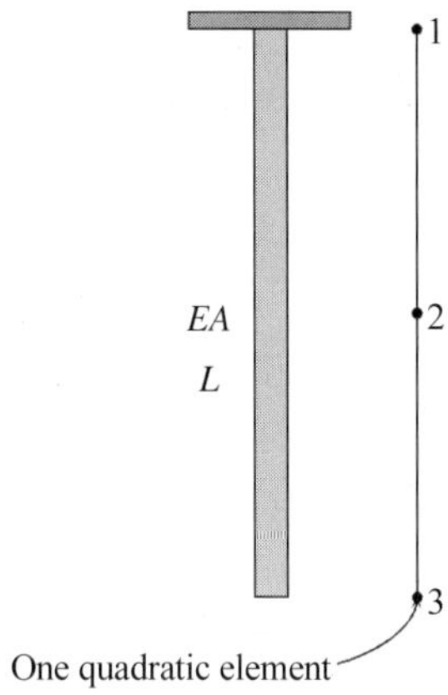

그림 3.7 상단이 고정된 기다란 봉

2 차 요소 강성식 (3.23) 계신에 필요한 값들은 다음과 같나.

$$\frac{EA}{3l} = \frac{(30\times10^6)(1.0)}{(3)(63360)} = 157.8\ \text{lb/in}^2$$

$$\frac{f_0 l}{6} = \frac{(0.3)(63360)}{6} = 3168\ \text{lb}$$

따라서, 식 (3.23) 으로부터 한 개의 요소에 대한 2 차 요소 식은 다음과 같다.

$$157.8\begin{bmatrix} 7 & -8 & 1 \\ -8 & 16 & -8 \\ 1 & -8 & 7 \end{bmatrix}\begin{Bmatrix} u_1 \\ u_2 \\ u_3 \end{Bmatrix} = 3168.0\begin{Bmatrix} 1 \\ 4 \\ 1 \end{Bmatrix} + \begin{Bmatrix} -p_1^1 \\ 0 \\ p_2^1 \end{Bmatrix} \quad ①$$

식 ① 에 적용되는 경계조건은 $u_1 = 0$ 과 $p_2^1 = 0$ 이다. 경계조건을 고려하여 수정된 식은

$$157.8\begin{bmatrix} 1 & 0 & 0 \\ 0 & 16 & -8 \\ 0 & -8 & 7 \end{bmatrix}\begin{Bmatrix} u_1 \\ u_2 \\ u_3 \end{Bmatrix} = 3168.0\begin{Bmatrix} 0 \\ 4 \\ 1 \end{Bmatrix} \quad ②$$

이 된다. 이 식을 풀면

$$\begin{Bmatrix} u_1 \\ u_2 \\ u_3 \end{Bmatrix} = \begin{Bmatrix} 0 \\ 15.057 \\ 20.076 \end{Bmatrix} \text{ in}$$ ◀

이 되며, $p_1^1 = 19{,}008$ lb 를 얻는다.

참고로 주어진 문제의 변위에 관한 이론식은 다음과 같다.

$$Eu(x) = \frac{1}{2}\gamma\, x(2L - x) \qquad ③$$

이며, γ 는 비중량(specific weight) 이다. 그리고, 내력은

$$p(x) = A\sigma(x) = A\,\gamma(L - x) \qquad ④$$

이다.

위에서 한 개의 2 차 요소를 이용한 유한요소법의 계산결과는 이론식의 값과 정확히 일치함을 알 수 있다. 이러한 일치는 우연히 일어나지 않는다. 유한요소 계산시 2 차 요소가 사용되었고 이론식도 2 차이기 때문에 서로 일치하였다.

이 예제에 대해 매트랩 유한요소 프로그램 feode2q.m 을 이용하여 해석하면 다음과 같다. feode2q.m 은 2 차 상미분 방정식에 관해 2 차 요소를 사용한 매트랩 유한요소프로그램이다.

MATLAB TIP

매트랩 유한요소 프로그램 feode2q.m 은 다음과 같으며, 이를 실행하면 아래의 결과를 얻을 수 있다.

```
%======================================================================
% Finite element solution of the ordinary differential equation
%
%       a(d^2u/dx^2) + b(du/dx) + cu + f = 0, x1 < x < x2
%
% with boundary conditions of the type
%
%       u(x1) = u1 or a*du/dx(x1) = p1'
%       u(x2) = u2 or a*du/dx(x2) = p2'
%
% The coefficients a, b, c and the forcing function f are assumed
% to be constants on each element while the unknown function u
% (primary variable) is assumed to be quadratic.
%======================================================================
%

>> feode2q
 Number of elements: 1
 x at left end: 0
 x at right end: 63360
 Coefficient a: 30e+6
```

```
 Coefficient b: 0
 Coefficient c: 0
 Forcing function f: 0.3
 BC code at x1; 1 => u, 0 => p=a*du/dx: 1
 BC value at x1: 0
 BC code at x2; 1 => u, 0 => p=a*du/dx: 0
 BC value at x2: 0

>> u
u =
         0
   15.0543
   20.0724
```

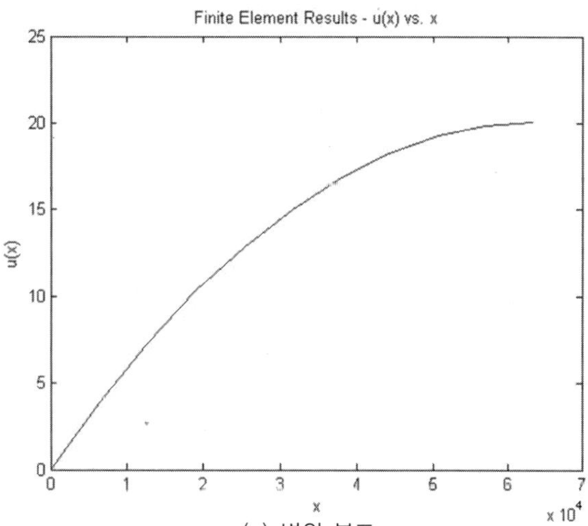

(a) 변위 분포

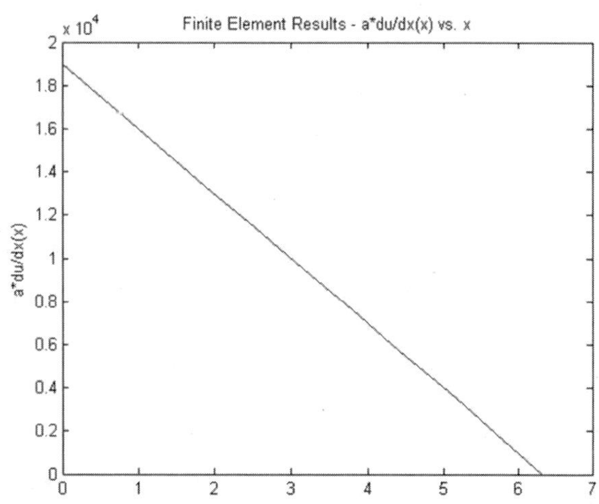

(b) 내력 분포

그림 3.8 예제 3.2 의 변위 및 내력 분포

연 습 문 제 PROBLEMS

1. 2 차 요소에 대해 질량행렬 (mass matrix) 의 각각의 항을 적분하여 다음 결과 식을 유도하여라.

$$[M] = \int_{x_1}^{x_3} \begin{Bmatrix} N_1 \\ N_2 \\ N_3 \end{Bmatrix} [N_1 \quad N_2 \quad N_3] dx$$

$$= \int_{x_1}^{x_3} \begin{bmatrix} N_1N_1 & N_1N_2 & N_1N_3 \\ N_2N_1 & N_2N_2 & N_2N_3 \\ N_3N_1 & N_3N_2 & N_3N_3 \end{bmatrix} dx$$

$$= \frac{l}{30} \begin{bmatrix} 4 & 2 & -1 \\ 2 & 16 & 2 \\ -1 & 2 & 4 \end{bmatrix}$$

위의 식에서 각각의 형상함수는 고유좌표계 ξ 로 나타내면 다음과 같다.

$$N_1(\xi) = -\frac{1}{2}\xi(1-\xi)$$

$$N_2(\xi) = (1-\xi)(1+\xi)$$

$$N_3(\xi) = \frac{1}{2}\xi(1+\xi)$$

2. 2 차 요소에 대해, 다음의 선형 힘 벡터의 항을 적분하여 아래의 식을 계산하라.

$$\{f\} = \int_{x_1}^{x_3} \begin{Bmatrix} N_1 \\ N_2 \\ N_3 \end{Bmatrix} f\, dx$$

$$= \int_{x_1}^{x_3} \begin{Bmatrix} N_1(\xi) \\ N_2(\xi) \\ N_3(\xi) \end{Bmatrix} [\frac{1}{2}(1-\xi)f_1 + \frac{1}{2}(1+\xi)f_3] dx$$

위의 식에서 각각의 형상함수는 고유좌표계 ξ 로 나타내면 다음과 같다.

$$N_1(\xi) = -\frac{1}{2}\xi(1-\xi)$$

$$N_2(\xi) = (1-\xi)(1+\xi)$$

$$N_3(\xi) = \frac{1}{2}\xi(1+\xi)$$

그리고 f_1 과 f_3 는 요소의 절점 1 과 3, 즉 요소의 양 끝 절점에서 힘의 값들이다.

3. 경계치 문제인 미분방정식의 풀이에 관한 매트랩 유한요소 프로그램인 feode2q.m 을 이용하여 예제 3.2 의 문제를 5 개의 요소를 사용하여 다시 계산하여라. 그리고 중력에 의한 힘 또는 무게의 힘 (weight force) 은 절점의 끝에서 집중력으로 작용하지 않고 분포하중 (distributed load) 이 작용되는 것으로 시뮬레이션 하여라. 여기서 해석에 사용될 상수는 $A = 1.0\ \text{in}^2$, $E = 30 \times 10^6\ \text{lb/in}^2$, $L = 1\ \text{mile} = 63{,}360\ \text{in}$, 그리고 $f_0 = 0.3\ \text{lb/in}^2$ 이며, 이들 값은 예제 3.2 에서 사용된 값과 동일하다.

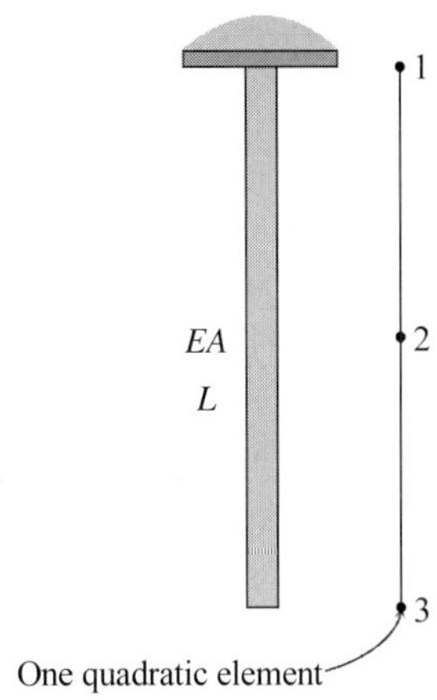

그림 E3 상단이 고정된 기다란 봉

CHAPTER 4

고유값 문제

4.1 ▶ 서 론

유한요소법을 이용하여 물리적으로 흔히 나타나는 진동현상의 고유값 (eigenvalue)을 구할 수 있다. 이에 관한 사항을 알아 보기 위하여 우선 다음의 미분방정식과 같은 경계치 문제에 대해 고려해보자.

$$a\frac{d^2u}{dx^2} + \lambda u = 0, \quad 0 \le x \le L \tag{4.1}$$

위 식의 경계조건은

$$u(0) = 0, \quad u(L) = 0 \tag{4.1a}$$

으로 주어져 있다.

위의 식에서 a 는 상수이고, λ 는 문제와 관련된 주어진 매개변수 또는 파라미터 (parameter) 이다. 이 문제에 대한 일반해 (general solution) 는

$$u(x) = A\sin\left(\sqrt{\lambda/a}\ x\right) + B\cos\left(\sqrt{\lambda/a}\ x\right) \tag{4.2}$$

이며, 여기서 A 와 B 는 경계조건으로부터 결정되어야 할 미지의 상수들이다. 이들 상수는 다음과 같이 정해질 수 있다.

$$\begin{aligned} u(0) = 0 \quad &\Rightarrow \quad B = 0, \\ u(L) = 0 \quad &\Rightarrow \quad A\sin\left(\sqrt{\lambda/a}\ L\right) = 0 \end{aligned} \tag{4.2a}$$

위의 두 번째 식을 만족하기 위해서는 다음과 같은 두 경우가 있다.

(i) $A = 0$: 이 경우 $u = 0$ 이 되므로 자명해 (trivial solution) 또는 사소해라 한다.

(ii) $\sin\left(\sqrt{\lambda/a}\ L\right) = 0 \quad \Rightarrow \quad \left(\sqrt{\lambda/a}\ L\right) = n\pi,\ n = 1, 2, \cdots \quad \Rightarrow \quad \lambda = a\left(\frac{n\pi}{L}\right)$

위의 λ 에 대한 값을 주어진 문제의 고유값 또는 특성치 (characteristic value) 라 한다. 이 값은 단지 0 이 아닌 해가 존재할 경우에 해당되는 매개변수 값이다.

예제 4.1 그림 4.1 과 같이 질량이 m 이고 스프링 상수가 k 인 스프링-질량 시스템의 진동에 관해 고유값을 구하라. 해석을 간단히 하기 위해 질량에 작용하는 외력이나 감쇠력은 없다고 가정한다. 질량 위치는 스프링의 평형위치를 기준으로 한 국부좌표계인 u 로 측정된다고 가정하라.

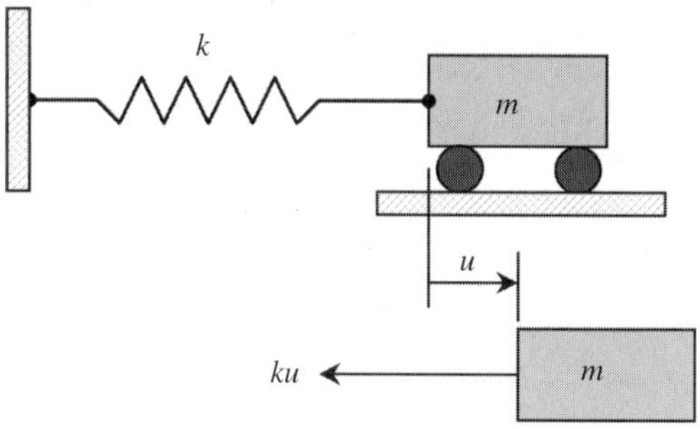

그림 4.1 스프링-질량 시스템의 진동

풀이 위의 스프링-질량 시스템에 대해 뉴턴 제 2 법칙을 적용하여 힘에 관한 평형식을 쓰면 다음과 같다.

$$m\ddot{u} = -ku \quad \text{또는} \quad m\ddot{u} + ku = 0 \tag{①}$$

여기서 $\ddot{u} = d^2u/dt^2$ 이며, 진동 이론에 의해 다음과 같은 형태의 해를 갖는다.

$$u(t) = A\sin(\omega t) + B\cos(\omega t) \tag{②}$$

위의 식에서 ω 는 가정된 운동의 주파수(frequency) 이고, A 와 B 는 미지의 상수이다.

따라서 어떤 특정한 문제에 관한 2 계 미분방정식의 해를 결정하기 위하여 2 개의 조건을 필요로 한다. 즉 2 개의 상수를 결정하기 위해서는 2 개의 식이 필요하다. 기계 구조물의 시간에 대한 응답을 구하는 문제에서는 이 조건을 초기조건 (initial condition) 이라 한다.

위의 해 ②를 원래의 식 ①에 대입하면,

$$m[-A\omega^2\sin(\omega t) - B\omega^2\cos(\omega t)] + k[A\sin(\omega t) + B\cos(\omega t)] = 0 \tag{③}$$

또는

$$[A\sin(\omega t) + B\cos(\omega t)](k - m\omega^2) = 0 \tag{④}$$

이 된다. 위의 인수 분해된 식을 만족하기 위해서는 다음 두 가지 경우가 있다.

(i) $A\sin(\omega t) + B\cos(\omega t) = 0$: 이 경우에 대해서는 $u = 0$ 이 되므로 자명해이다.

(ii) $k - m\omega^2 = 0 \quad \Rightarrow \quad \omega = \sqrt{k/m}$ ⑤

두 번째 경우는 스프링-질량 시스템의 진동 주파수가 $\omega = \sqrt{k/m}$ 이며, 이러한

ω 값을 주어진 문제의 고유진동수라 한다. 주파수 매개변수인 ω 가 이 문제의 고유값이다.

이와 같은 진동문제에 관해 일반적인 사항을 더 살펴보기로 하자. 식 ② 로부터 진동응답은 주기 함수임을 알 수 있으며, 식 ② 는 삼각함수 정리에 의해 다음과 같이 나타낼 수 있다.

$$u(t) = C\sin(\omega t + \phi) \qquad ⑥$$

위의 식 ⑥ 과 식 ② 를 비교하면 상수 A, B 가 C 와 ϕ 로 대체되었다. 식 ⑥ 은 진동수 ω 와 진폭이 C 인 단순조화 운동을 나타낸다. 위상차 ϕ 는 $u(0) = C\sin(\phi)$ 이므로 시간 0 에서 위치를 나타낸다. 또한 $u(t)$ 는 평형상태로부터 변위이므로 진동은 이 위치로부터 일어난다. 여기서 고유진동수 ω 는 스프링 상수와 질량에 의해서만 결정되는 양이다. 따라서 질량 m 에 초기 변위를 주었다가 놓아주면 이 시스템의 물리적 성질에 의해 결정되는 일정한 진동수로 진동하게 되며, 이와 같이 중력 이외에 어떠한 하중이 가해지지 않더라도 자유롭게 발생하는 진동을 자유진동이라 한다.

다음은 유한요소 관점에서 그림 4.2 와 같은 스프링계의 단순조화 진동계를 살펴보기로 하자.

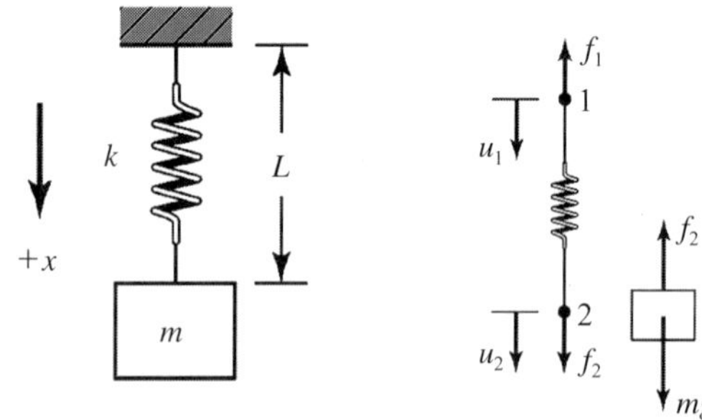

그림 4.2 단순조화 진동계와 자유물체도

이 요소에 대한 평형방정식은 다음 식으로 나타낼 수 있다.

$$k\begin{bmatrix} 1 & -1 \\ -1 & 1 \end{bmatrix}\begin{Bmatrix} u_1 \\ u_2 \end{Bmatrix} = \begin{Bmatrix} f_1 \\ f_2 \end{Bmatrix} \qquad ⑦$$

식 ⑦ 은 1 장의 식 (1.15) 와 비슷하다. 그러나 스프링 요소가 정적인 평형상태에 있는 것이 아니므로 절점에 작용하는 힘에 대해 좀더 살펴볼 필요가 있다. 그림 4.2 에서 오른편 그림은 물체가 움직이는 순간을 나타내므로 동적인 자유물체도 상태이다. 스프링 질량을 무시하면 식 ⑦ 은 유효하다. 질량 m 에 대해서는 다음 식과 같다.

$$\Sigma F_x = ma_x : \ m\frac{d^2u_2}{dt^2} = mg - f_2$$

f_2 는 절점 2 에 작용하는 힘으로 위의 식으로부터 다음과 같다.

$$f_2 = mg - m\frac{d^2u_2}{dt^2} \tag{8}$$

위의 식 ⑧ 을 식 ⑦ 에 대입하면

$$k\begin{bmatrix} 1 & -1 \\ -1 & 1 \end{bmatrix}\begin{Bmatrix} u_1 \\ u_2 \end{Bmatrix} = \begin{Bmatrix} f_1 \\ mg - m\ddot{u}_2 \end{Bmatrix} \tag{9}$$

위의 식에서 $\ddot{u}_2 = d^2u_2 / dt^2$ 을 의미하며 질량에 의한 관성효과, 즉 동적인 효과는 식 ⑨ 의 두 번째 행과 같다. 식 ⑨ 는 다음과 같이 다시 쓸 수 있다.

$$\begin{bmatrix} 0 & 0 \\ 0 & m \end{bmatrix}\begin{Bmatrix} \ddot{u}_1 \\ \ddot{u}_2 \end{Bmatrix} + k\begin{bmatrix} 1 & -1 \\ -1 & 1 \end{bmatrix}\begin{Bmatrix} u_1 \\ u_2 \end{Bmatrix} = \begin{Bmatrix} f_1 \\ mg \end{Bmatrix} \tag{10}$$

$[m]$ 과 $\{\ddot{u}\}$ 은 질량행렬과 가속도 벡터이다. 그림 4.2 와 같은 단순조화 진동계에서는 경계조건이 $u_1 = 0$ 이므로 위 식의 첫 번째 식으로부터

$$-ku_2 = f_1$$

이 되며, 두 번째 식은 다음 식과 같다.

$$m\ddot{u}_2 + ku_2 = mg \tag{11}$$

식 ⑪ 의 미분방정식은 동차 미분방정식 (homogeneous equation) 이 아니므로 동차해 u_{2h} 와 득수해 u_{2p} 의 합으로 나타낼 수 있다. 위 식의 우변을 0 으로 놓으면 동차해는 다음과 같다.

$$u_{2h}(t) = C\sin(\omega t + \phi)$$

또한 특수해는 모든 시간 t 에 대해서 식 ⑪ 을 만족해야 한다. 우변이 상수항이면 특수해도 상수항이 되므로 다음과 같다.

$$u_{2p}(t) = \frac{mg}{k} = \delta_{st}$$

위 식은 정적인 평형상태를 나타낸다. 전체해는 위의 동차해와 특수해의 합이므로 다음과 같다.

$$\begin{aligned} u_2(t) &= u_{2h}(t) + u_{2p}(t) \\ &= \delta_{\mathrm{st}} + C\sin(\omega t + \phi) \end{aligned} \tag{12}$$

위의 식 ⑫ 는 평형상태에 관한 조화진동을 나타낸다. 그림 4.2 로부터 절점 2 에서 변위가 주어지면 절점 1 에서 반력은 다음 식으로 구할 수 있다.

$$\begin{aligned} f_1 &= -ku_2 \\ &= -k\{\delta_{st} + C\sin(\omega t + \phi)\} \end{aligned}$$

예제 4.2 그림 4.3 과 같은 탄성봉에 관해 뉴턴 제 2 법칙을 적용한 평형방정식으로부터 고유값을 구할 수 있는 미분방정식을 유도하라. 이 탄성봉의 밀도는 ρ, 횡단면은 A, 그리고 영탄성계수는 E 이다. 단, 이 문제에서 관성력은 포함되지만 체적력 (volumetric force) 은 없다고 가정하라.

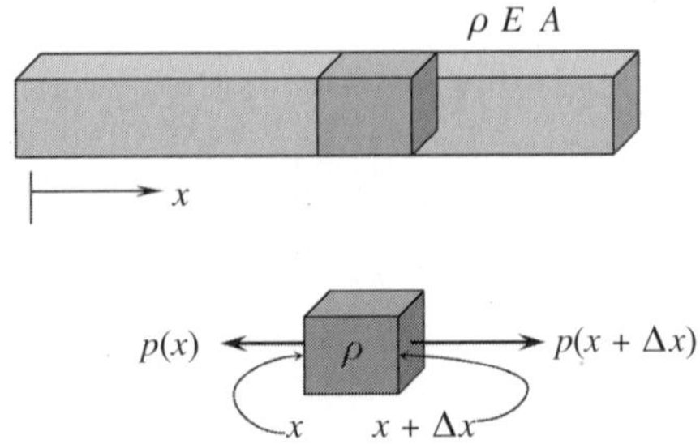

그림 4.3 탄성봉

풀이 그림 4.3 과 같은 봉의 일부에 대한 자유 물체도의 운동방정식은 다음과 같다.

$$\sum F_x = p(x+\Delta x) - p(x) + \int_x^{x+\Delta x} f(\xi)\,d\xi = \int_x^{x+\Delta x} \rho A \frac{\partial^2 u}{\partial t^2}\,d\xi$$

위의 식에서 오른쪽 항은 x 와 $x+\Delta x$ 사이에서 재료의 질량 × 가속도의 항으로 관성력을 나타낸다. 위 식을 Δx 로 나눈 후 $\Delta x \to 0$ 이 되도록 극한을 취하고 $p = AE\,(dx\,/\,du)$ 인 관계를 적용하면 아래의 식을 얻는다.

$$E\frac{\partial^2 u}{\partial x^2} = \rho\frac{\partial^2 u}{\partial t^2} \quad ①$$

이 편미분방정식의 일반 해를 아래의 식과 같이 취할 수 있다.

$$u(x,t) = v(x)\left[A\sin(\omega t) + B\cos(\omega t)\right] \quad ②$$

위의 일반해를 미분방정식에 대입하여 정리하면 다음 결과를 얻는다.

$$E\frac{d^2 v}{dx^2}\left[A\sin(\omega t) + B\cos(\omega t)\right] = -\rho v\omega^2\left[A\sin(\omega t) + B\cos(\omega t)\right] \quad ③$$

또는

$$\left[A\sin(\omega t) + B\cos(\omega t)\right]\left[E\frac{d^2 v}{dx^2} + \rho\omega^2 v\right] = 0 \quad ④$$

따라서, 고유값을 얻을 수 있는 식은 아래와 같다.

$$E\frac{d^2 v}{dx^2} + \rho\omega^2 v = 0 \quad ⑤ ◀$$

4.2 ▶ 고유값 문제 유한요소 절차

일반적인 요소에 대해 고유값과 관련된 다음과 같은 미분방정식은 앞 절의 식 (4.1)로부터 다음과 같다.

$$a\frac{d^2u}{dx^2} + \lambda u = 0 \tag{4.1}$$

이 식에 가중잔여 갤러킨법을 적용하면 다음 적분식이 된다.

$$\int_{x_b}^{x_e} \{N\}\left\{a\frac{d^2u}{dx^2} + \lambda u\right\}dx = 0 \tag{4.3}$$

이 식에서 $\{N\} = [N]^T$ 이며 형상함수 행렬이다. 적분식에서 u 를 아래와 같은 보간식으로 취하여 중괄호 항 $\{a(d^2u / dx^2) + \lambda u\}$ 가 잔여, 즉 나머지가 0 이 되도록 한다.

$$u = [N]\{u\} = [N_1 \quad N_2 \quad \cdots]\begin{Bmatrix} u_1 \\ u_2 \\ \vdots \end{Bmatrix} \tag{4.4}$$

위의 가중잔여 갤러킨 적분식을 한 번 부분 적분하면 다음 식을 얻을 수 있다.

$$\int_{x_b}^{x_e} [B]^T a[B]dx\{u\} - \lambda\int_{x_b}^{x_e}[N]^T[N]dx\{u\} = \left[[N]^T a\frac{du}{dx}\right]_{x_b}^{x_e} \tag{4.5}$$

이 식에서 x_b 와 x_e 는 각 요소의 시작 (beginning) 과 끝 (end) 절점을 나타낸다. 위의 식에서 a 가 상수이고, 형상함수 N_1, N_2 가 그림 4.4 와 같이 선형일 경우,

$$\begin{aligned} N_1(\xi) &= \frac{1}{2}(1-\xi) \\ N_2(\xi) &= \frac{1}{2}(1+\xi) \end{aligned} \tag{4.6}$$

요소에 대한 강성행렬 $[k]$ 와 질량행렬 $[m]$, 그리고 내력벡터 $\{p\}$ 는 각각 다음과 같다.

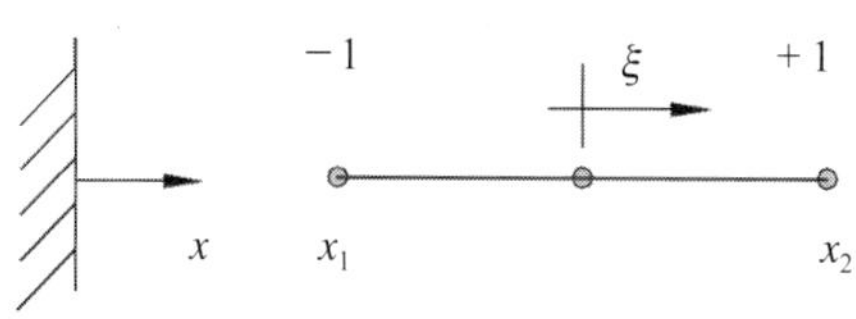

그림 4.4 선형 국부좌표계

$$[k]\equiv\int_{x_b}^{x_e}[B]^T a[B]dx=\frac{a}{l}\begin{bmatrix}1 & -1\\ -1 & 1\end{bmatrix} \tag{4.6a}$$

$$[m]\equiv\int_{x_b}^{x_e}[N]^T[N]dx=\frac{l}{6}\begin{bmatrix}2 & 1\\ 1 & 2\end{bmatrix} \tag{4.6b}$$

$$\{p\}\equiv\begin{Bmatrix}-a\dfrac{du}{dx}(x_b)\\ a\dfrac{du}{dx}(x_e)\end{Bmatrix} \tag{4.6c}$$

식 (4.5) 와 (4.6a), (4.6b) 및 (4.6c) 로부터 선형요소에 관한 식은 다음과 같다.

$$\left\{\frac{a}{l}\begin{bmatrix}1 & -1\\ -1 & 1\end{bmatrix}-\lambda\frac{l}{6}\begin{bmatrix}2 & 1\\ 1 & 2\end{bmatrix}\right\}\begin{Bmatrix}u_1\\ u_2\end{Bmatrix}=\begin{Bmatrix}-a\dfrac{du}{dx}(x_b)\\ a\dfrac{du}{dx}(x_e)\end{Bmatrix} \tag{4.7}$$

한편으로 형상함수가 그림 4.5 와 같이 2 차일 경우

$$\begin{aligned}N_1(\xi)&=-\frac{1}{2}\xi(1-\xi)\\ N_2(\xi)&=(1-\xi)(1+\xi)\\ N_3(\xi)&=\frac{1}{2}\xi(1+\xi)\end{aligned} \tag{4.8}$$

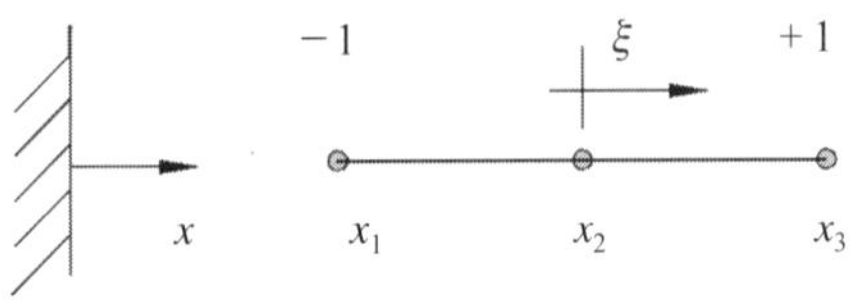

그림 4.5 2 차 국부 좌표계

따라서, 2 차 요소에 대한 강성식은 다음과 같다.

$$\left\{\frac{a}{3l}\begin{bmatrix}7 & -8 & 1\\ & 16 & -8\\ & & 7\end{bmatrix}-\lambda\frac{l}{30}\begin{bmatrix}4 & 2 & -1\\ & 16 & 2\\ & & 4\end{bmatrix}\right\}\begin{Bmatrix}u_1\\ u_2\\ u_3\end{Bmatrix}=\begin{Bmatrix}-a\dfrac{du}{dx}(x_b)\\ 0\\ a\dfrac{du}{dx}(x_e)\end{Bmatrix} \tag{4.9}$$

강성행렬, 질량행렬 및 내력벡터는 각각 다음과 같다.

$$[k]=\frac{a}{3l}\begin{bmatrix}7 & -8 & 1\\ & 16 & -8\\ & & 7\end{bmatrix} \tag{4.9a}$$

$$[m]=\frac{l}{30}\begin{bmatrix}4 & 2 & -1\\ & 16 & 2\\ & & 4\end{bmatrix} \tag{4.9b}$$

그리고

$$\{p\}=\begin{Bmatrix}-a\dfrac{du}{dx}(x_b)\\ 0\\ a\dfrac{du}{dx}(x_e)\end{Bmatrix} \tag{4.9c}$$

와 같다. 위의 요소에 대한 식을 원래의 경계치 문제, 즉 $u(0)=0$, 그리고 $u'(L)=0$ 과 같이 적용하여 고유값 문제를 풀 수 있다.

예제 4.3 그림 4.6 과 같이 왼편 끝이 벽에 고정되어 있고 오른편은 자유단인 봉이 있다. 물성치 a, 즉 ρEA가 상수이고 길이가 L 일 경우 한 개의 선형요소를 사용하여 유한요소법으로 고유값을 구하여라.

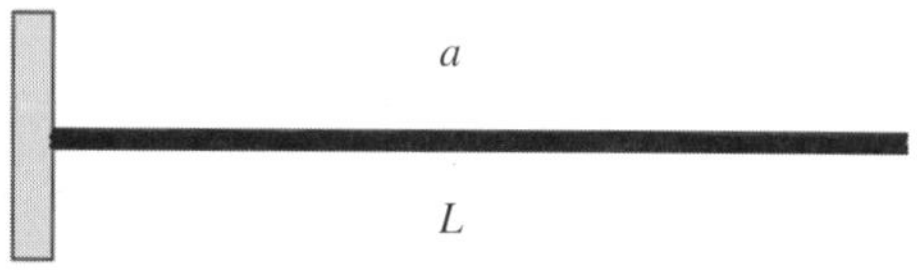

그림 4.6 왼편 끝이 고정된 자유봉

풀이 이 문제에 대한 경계조건은 다음과 같다.

$$u(0)=0,\ \text{그리고}\ \frac{du}{dx}(L)=0$$

따라서 단지 한 개의 선형요소에 대한 식은 다음과 같다.

$$\left\{\frac{a}{L}\begin{bmatrix}1 & -1\\ -1 & 1\end{bmatrix}-\lambda\frac{L}{6}\begin{bmatrix}2 & 1\\ 1 & 2\end{bmatrix}\right\}\begin{Bmatrix}0\\ u_2\end{Bmatrix}=\begin{Bmatrix}-a\dfrac{du}{dx}(x_b)\\ 0\end{Bmatrix} \quad ①$$

위의 식 ① 의 두 번째 행으로부터

$$\left\{\frac{a}{L}-\lambda\frac{L}{6}(2)\right\}u_2=0 \quad ②$$

을 얻을 수 있으며, 이 식을 만족하기 위해서는 다음의 두 경우가 있다.

$$u_2=0\ (\text{자명해})\ \text{또는}\ \lambda=\frac{3a}{L^2} \quad ③◀$$

따라서 자명해가 아닌 $u_2 \neq 0$ 에 대해서 매개변수, 즉 고유값은 $\lambda = (3a)/L^2$ 이다. 참고로 이 문제의 정확한 이론해는 다음과 같다.

$$\left(\frac{\pi}{2}\right)^2 \frac{a}{L^2} \approx 2.4674 \frac{a}{L^2} \quad ④$$

비자명해의 경우, u_2 는 결정되지 않은 상태로 임의의 값이다. 이와 같이 간단한 경우에 u_2 는 임의의 값이다. $u(x)$ 에 대한 해는 아래 식과 같다. 단, 여기서는 그림 4.4 와 같이 선형요소가 사용되었으므로 아래의 식에서 $-1 \le \xi \le 1$ 의 범위이다. 또한 선형요소 해석에 의한 모드 형상은 그림 4.7 과 같다.

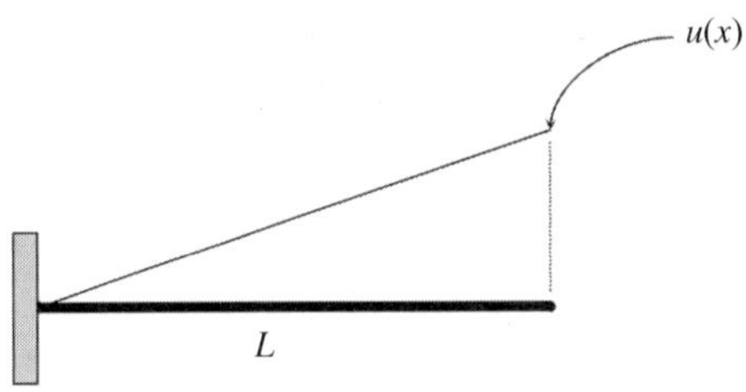

그림 4.7 선형요소 해석에 의한 모드 형상

$$\begin{aligned} u(x) &= \left[\tfrac{1}{2}(1-\xi) \quad \tfrac{1}{2}(1+\xi)\right]\begin{Bmatrix} 0 \\ u_2 \end{Bmatrix} \\ &= \tfrac{1}{2}(1+\xi)u_2 \end{aligned} \quad ⑤$$

예제 4.4 위의 예제 4.3 에 대하여 아래의 그림과 같이 한 개의 2 차 요소를 사용한 유한요소법으로 고유값을 구하여라. 또한 매트랩 유한요소 프로그램 eigen2.m 으로 이 문제를 해석하여라.

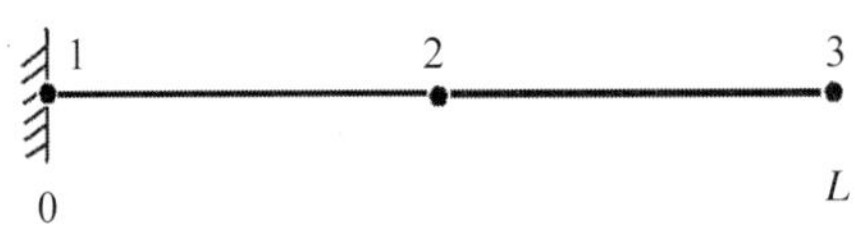

그림 4.8 한 개의 2 차 요소

풀이 한 개의 2 차 요소를 사용한 식은 다음과 같다.

$$\left\{ \frac{a}{3L}\begin{bmatrix} 7 & -8 & 1 \\ & 16 & -8 \\ (sym) & & 7 \end{bmatrix} - \lambda \frac{L}{30}\begin{bmatrix} 4 & 2 & -1 \\ & 16 & 2 \\ (sym) & & 4 \end{bmatrix} \right\} \begin{Bmatrix} 0 \\ u_2 \\ u_3 \end{Bmatrix} = \begin{Bmatrix} -a\dfrac{du}{dx}(x_b) \\ 0 \\ 0 \end{Bmatrix} \quad ①$$

2 행과 3 행에 관한 두 개의 식으로부터

$$\left\{\frac{a}{3L}\begin{bmatrix}16 & -8\\ -8 & 7\end{bmatrix} - \lambda\frac{L}{30}\begin{bmatrix}16 & 2\\ 2 & 4\end{bmatrix}\right\}\begin{Bmatrix}u_2\\ u_3\end{Bmatrix} = \begin{Bmatrix}0\\ 0\end{Bmatrix}$$

위의 식은 동차식 (homogeneous equation) 이다. 이 식들이 비자명해를 갖기 위해서는 위의 식으로부터 얻은 다음 행렬값 (determinant) 이 0 이 되어야 한다. 따라서,

$$\begin{vmatrix}\left(\frac{16a}{3L} - \lambda\frac{16L}{30}\right) & \left(\frac{-8a}{3L} - \lambda\frac{2L}{30}\right)\\ \left(\frac{-8a}{3L} - \lambda\frac{2L}{30}\right) & \left(\frac{7a}{3L} - \lambda\frac{4L}{30}\right)\end{vmatrix} = 0$$

이 행렬식을 풀면,

$$240a^2 - \left(104aL^2\right)\lambda + \left(3L^4\right)\lambda^2 = 0$$

와 같으며, 위의 2 차 식의 근은 다음과 같이 두 개가 있다.

$$\lambda_1 = 2.4860\left(\frac{a}{L^2}\right),\ \lambda_2 = 32.181\left(\frac{a}{L^2}\right) \qquad ② ◀$$

이론적인 정확한 고유값은,

$$\lambda_1 = \left(\frac{\pi}{2}\right)^2\frac{a}{L^2} \approx 2.4674\frac{a}{L^2},\ \text{그리고}\ \lambda_2 = \left(\frac{3\pi}{2}\right)^2\frac{a}{L^2} \approx 22.207\frac{a}{L^2} \qquad ③$$

유한요소법에 의하여 구한 첫 번째 고유값 λ_1 은 이론해와 거의 일치한나. 그러나 두 번째의 높은 고유값 λ_2 는 차이가 많다. 이러한 현상은 유한요소법에서 전형적으로 나타난다. 왜냐하면 주파수가 너무 높을 경우 요소의 강성 (stiffness) 이 높기 때문이다. 다시 말해서, 유한요소 모델의 이산시스템 (discrete system) 은 연속시스템과 같이 유연하지 않기 때문이다.

위에서 구한 고유값 λ_1 을 시스템의 두 개의 식에 대입하면 다음을 얻는다.

$$\left\{\frac{a}{3L}\begin{bmatrix}16 & -8\\ -8 & 7\end{bmatrix} - 2.4860\frac{a}{L^2}\frac{L}{30}\begin{bmatrix}16 & 2\\ 2 & 4\end{bmatrix}\right\}\begin{Bmatrix}u_2\\ u_3\end{Bmatrix} = \begin{Bmatrix}0\\ 0\end{Bmatrix} \qquad ④$$

또는

$$\left\{\begin{bmatrix}16 & -8\\ -8 & 7\end{bmatrix} - 0.24860\begin{bmatrix}16 & 2\\ 2 & 4\end{bmatrix}\right\}\begin{Bmatrix}u_2\\ u_3\end{Bmatrix} = \begin{Bmatrix}0\\ 0\end{Bmatrix} \qquad ⑤$$

이 시스템은 풀 수가 없다. 왜냐하면 행렬값이 0 이기 때문이다. 따라서, u_2 또는 u_3 중 하나의 값을 선택한다. $u_3 = 1$ 로 할 경우, $u_2 = 0.7071$이 된다. 즉,

$$\lambda_1 = 2.4860\left(\frac{a}{L^2}\right) \text{일 경우, } \begin{Bmatrix} u_2 \\ u_3 \end{Bmatrix}_1 = \begin{Bmatrix} 0.7071 \\ 1.0000 \end{Bmatrix} \quad ⑥$$

그리고

$$\lambda_2 = 32.181\left(\frac{a}{L^2}\right) \text{일 경우, } \begin{Bmatrix} u_2 \\ u_3 \end{Bmatrix}_2 = \begin{Bmatrix} -0.4070 \\ 1.0000 \end{Bmatrix} \quad ⑦$$

이 된다. 각각의 경우에 표준화시킨 값으로 $u_3 = 1$ 을 택하였다. 이와 같이 고유벡터 (eigen vector) 를 결정하기 위해서는 하나의 값을 반드시 선택해야 한다. 모드형상을 그래프로 나타내면 그림 4.9 와 같다.

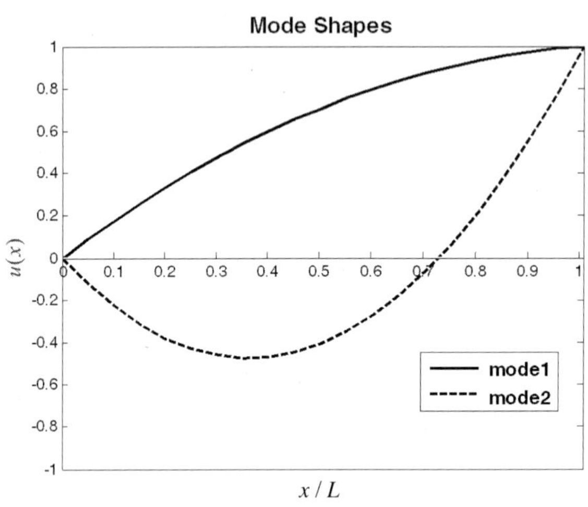

그림 4.9 모드형상

참고로, 이 문제의 이론적인 고유벡터는 다음과 같다.

$$u_{exact} = \sin\left[\frac{(2n-1)\pi\, x}{2L}\right], \quad n = 1, 2, \cdots \quad ⑧$$

MATLAB TIP

매트랩 유한요소 프로그램 eigen2.m 은 다음과 같으며, 이를 실행시키면 아래의 결과를 얻을 수 있다.

```
function eigen2
clear
%================================================================
% Finite element solution of the eigenvalue problem associated
% with the differential equation
%
%       d^2u/dx^2 + (omega)^2u = 0, x1 < x < x2
```

```
%
% with boundary conditions of the type
%
%       u(x1) = 0 or du/dx(x1) = 0'
%       u(x2) = 0 or du/dx(x2) = 0'
%
% The finite element system for this equation is of the form
%
%       {[K]-(omega)^2[M]}{u}={0}
%
% The unknown function u(primary variable) is assumed to be
% quadratic on each element and the eigenvalues - omega's - are
% determined. Mode shapes for u are plotted for each eigenvalue.
%=================================================================
%
```

프로그램 eigen2.m 을 이용하여 이 문제를 해석하면 다음과 같다.

```
>> eigen2
 Number of elements: 1
 x at left end: >> 0
 x at right end: 1
 BC code at x1; 1 => u = 0, 0 => du/dx = 0: 1
 BC code at x2; 1 => u = 0, 0 => du/dx = 0: 0
D =
         0         0         0
         0    2.4860         0
         0         0   32.1807
Natural frequencies
    1.5767
    5.6728
```

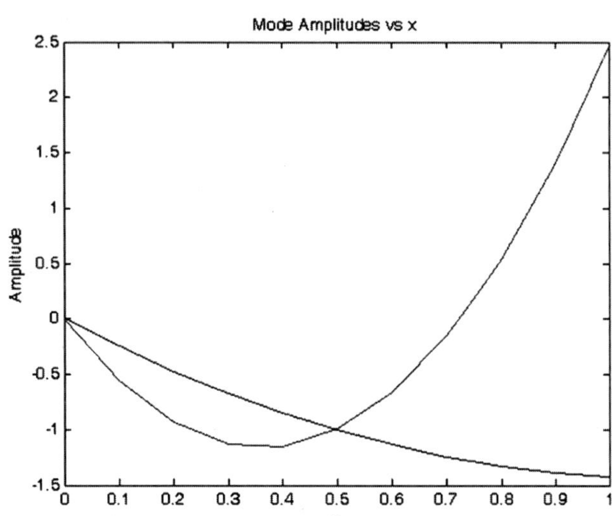

그림 4.10 좌표 x 에 따른 모드 진폭

4.3 ▸ 고유값 문제 대수식

고유값 문제에 대한 일반적인 유한요소 대수식은 아래와 같이 나타낼 수 있다.

$$([K]-\lambda[M])\{u\}=\{0\} \tag{4.10}$$

이 식은 경계조건이 적용된 식을 간단히 나타낸 식이며 시스템이 동차 (homogeneous), 즉 식의 오른편 값이 모두 0 이다. 매트랩에서 아래와 같이 함수 *eig* 를 이용하여 이런 형태의 시스템을 쉽게 풀 수 있다.

주어진 강성행렬 [*k*] 와 질량행렬 [*M*] 에 대해서 매트랩에서

$$eig(K, M) \tag{4.10a}$$

또는

$$[V, D]=eig(K, M) \tag{4.10b}$$

와 같은 명령어를 사용하여 쉽게 고유값과 고유행렬을 구할 수 있다.

예를 들면, 매트랩 명령창에서 다음을 실행해 보자.

MATLAB TIP

```
>> K=[16, -8; -8, 7]/3;
>> M=[16, 2; 2, 4]/30;
>> [V, D]=eig(K, M)
V =
   -1.0056   -0.9944
   -1.4228    2.4445
D =
    2.4860         0
         0   32.1807
>>
```

위의 실행 결과로부터 고유벡터는

$$V=\begin{bmatrix}-1.0056 & -0.9944\\ -1.4228 & 2.4445\end{bmatrix}$$

이며, 고유값은 다음과 같다.

$$D=\begin{bmatrix}2.4860 & 0\\ 0 & 32.1807\end{bmatrix}$$

고유값 문제 대수식은 아래의 형태로 쓸 수 있다.

$$[A]\{x\} = \lambda\{x\} \tag{4.11}$$

또는, 양함수 (explicit) 형태로 나타내면 다음과 같다.

$$\begin{bmatrix} A_{11}-\lambda & A_{12} & A_{13} & \cdots \\ A_{21} & A_{22}-\lambda & A_{23} & \\ A_{31} & A_{32} & A_{33}-\lambda & \\ \vdots & & & \ddots \end{bmatrix} \begin{Bmatrix} x_1 \\ x_1 \\ \vdots \\ x_n \end{Bmatrix} = \begin{Bmatrix} 0 \\ 0 \\ \vdots \\ 0 \end{Bmatrix}$$

위의 식에서 $[A]$ 는 계수행렬 (coefficient matrix), λ 는 고유값, 그리고 $\{x\}$ 는 1 차 변수 열벡터 (column vector) 이다. 대수학 이론으로부터 위와 같은 동차식의 비자명해 (nontrivial solution) 가 존재하기 위해서는 반드시 계수행렬식이 영이 되어야 한다. 이러한 조건으로부터 위의 식을 아래와 같이 나타낼 수 있다.

$$\begin{vmatrix} A_{11}-\lambda & A_{12} & A_{13} & \cdots \\ A_{21} & A_{22}-\lambda & A_{23} & \\ A_{31} & A_{32} & A_{33}-\lambda & \\ \vdots & & & \ddots \end{vmatrix} = 0$$

이 행렬식을 전개하면 특성방정식 (characteristic equation) 이 되며, 이 식의 근 (root) 들이 고유값 λ 가 된다. 이 행렬식 차수가 n 이고 또한 $[A]$ 가 대칭행렬이면 n 개의 실근 (real root) α_n 이 존재하며 모든 근은 $\alpha_n \geq 0$이다.

일반적인 고유값문제 대수식은 아래와 같이 쓸 수 있다.

$$[A]\{x\} = \lambda[M]\{x\} \tag{4.12}$$

또는 양함수 형태로 아래의 식과 같다.

$$\begin{bmatrix} A_{11}-\lambda M_{11} & A_{12}-\lambda M_{12} & A_{13}-\lambda M_{13} & \cdots \\ A_{21}-\lambda M_{21} & A_{22}-\lambda M_{22} & A_{23}-\lambda M_{23} & \\ A_{31}-\lambda M_{31} & A_{32}-\lambda M_{32} & A_{33}-\lambda M_{33} & \\ \vdots & & & \ddots \end{bmatrix} \begin{Bmatrix} x_1 \\ x_2 \\ \vdots \\ x_n \end{Bmatrix} = \begin{Bmatrix} 0 \\ 0 \\ \vdots \\ 0 \end{Bmatrix}$$

위에서 설명한 바와 같이 비자명해가 존재하기 위해서는 행렬식 값이 영이 되어야 한다. 따라서

$$\begin{vmatrix} A_{11}-\lambda M_{11} & A_{12}-\lambda M_{12} & A_{13}-\lambda M_{13} & \cdots \\ A_{21}-\lambda M_{21} & A_{22}-\lambda M_{22} & A_{23}-\lambda M_{23} & \\ A_{31}-\lambda M_{31} & A_{32}-\lambda M_{32} & A_{33}-\lambda M_{33} & \\ \vdots & & & \ddots \end{vmatrix} = 0$$

의 관계를 만족해야 한다. 아래의 그림 4.11 은 일반적인 유한요소시스템의 K 와 M 이 $n=5$ 일 경우 행렬식 값과 고유값을 그래프로 나타낸 것이다.

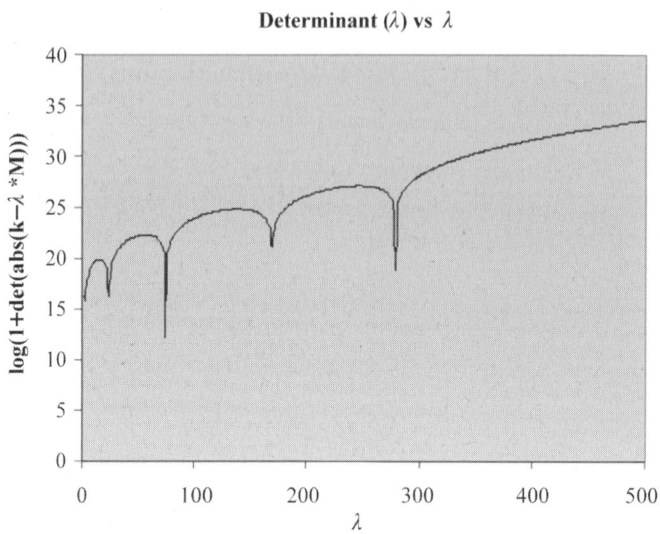

그림 4.11 행렬식 값과 고유값 관계

고유값 문제와 관련하여 물리적으로 나타나는 예를 더 살펴보기 위해 그림 4.12 와 같이 팽팽히 당겨진 줄 (taut string) 의 진동문제를 고려해보자.

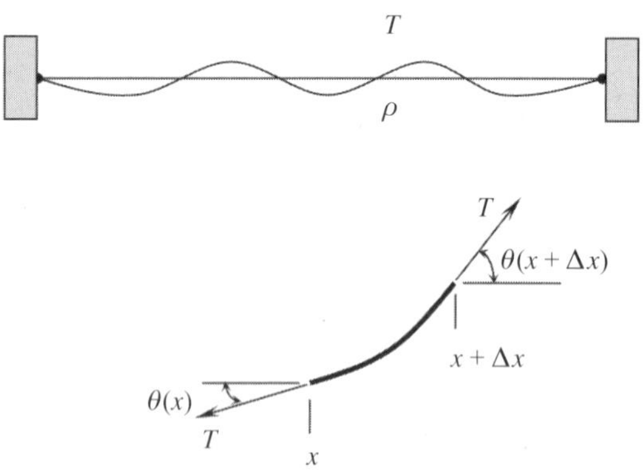

그림 4.12 팽팽히 당겨진 줄

이 문제의 평형방정식은 다음 식과 같다.

$$\Sigma F_y = 0; \qquad T\sin(x+\Delta x) - T\sin(x) = \rho\Delta x\frac{\partial^2 u}{\partial t^2} \tag{4.13}$$

위의 식에서 각각의 기호는 다음을 의미한다.

- T : 인장력, 이 문제에서는 균일한 값으로 가정
- ρ : 줄의 단위 길이당 질량
- u : x 지점에서 y 방향 변위

위의 식은 적은 변위의 각도에 대해서는 다음 관계로 근사화시킬 수 있다.

$$\theta \approx \sin(\theta) \approx \tan(\theta) = \frac{\partial u}{\partial x}$$

위의 관계를 이용하여 주어진 평형방정식을 다시 쓰면,

$$T\left[\frac{\partial u}{\partial x}(x+\Delta x) - \frac{\partial u}{\partial x}(x)\right] = \rho\Delta x\frac{\partial^2 u}{\partial t^2} \tag{4.14}$$

와 같다. 다시 이 식의 양변을 Δx 로 나눈 후, $\Delta x \to 0$ 으로 극한을 취하면 아래의 식과 같다.

$$T\frac{\partial^2 u}{\partial x^2} = \rho\frac{\partial^2 u}{\partial t^2} \tag{4.15}$$

위의 식 (4.15) 를 조화운동 (harmonic motion) 으로 가정하면 일반 해는 아래의 식과 같다.

$$u(x,t) = v(x)\left[A\sin(\omega t) + B\cos(\omega t)\right] \tag{4.16}$$

식 (4.16) 에서 $v(x)$ 는 변위의 진폭 (amplitude) 을 나타낸다. 따라서 이 관계를 식 (4.14) 에 대입하면 아래와 같다.

$$T\frac{d^2 v}{dx^2}\left[A\sin(\omega t) + B\cos(\omega t)\right] = -\rho v\omega^2\left[A\sin(\omega t) + B\cos(\omega t)\right] \tag{4.17}$$

이 식을 간단히 하면,

$$T\frac{d^2 v}{dx^2} + \rho\omega^2 v = 0 \qquad \text{또는} \qquad \frac{d^2 v}{dx^2} + \left(\frac{\rho\omega^2}{T}\right)v = 0 \tag{4.18}$$

이며, 모드형상 지배방정식 (governing equation) 이 된다. 이 식으로부터 고유값은

$\lambda = \rho\omega^2 / T$ 에 해당된다. 한편으로 식 (4.16) 의 상수 A 와 B 는 주어진 초기조건 (initial condition) 으로부터 결정될 수 있다.

고유값과 관련된 다른 예제로 그림 4.13 과 같이 길이방향으로 진동하는 봉에 대해서 고려해보자. 이 문제에 관한 평형방정식은 다음과 같다.

$$\Sigma F_x = 0; \qquad p(x+\Delta x) - p(x) = \rho A \frac{\partial^2 u}{\partial t^2} \Delta x$$

따라서 위 식을 간단히 하면,

$$\frac{\partial p}{\partial x} = \rho A \frac{\partial^2 u}{\partial t^2} \tag{4.19}$$

이 된다.

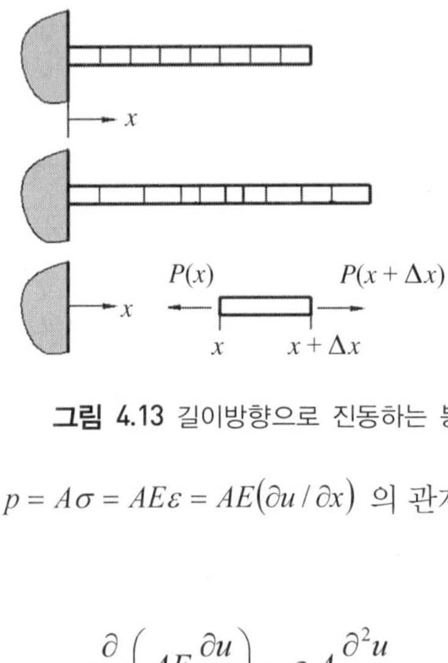

그림 4.13 길이방향으로 진동하는 봉

여기서 내력, 즉 힘은 $p = A\sigma = AE\varepsilon = AE(\partial u / \partial x)$ 의 관계이므로 이를 식 (4.19) 에 대입한다.

$$\frac{\partial}{\partial x}\left(AE \frac{\partial u}{\partial x} \right) = \rho A \frac{\partial^2 u}{\partial t^2} \tag{4.20}$$

A 와 E 가 상수이면, 위 식으로부터 다음과 같다.

$$E \frac{\partial^2 u}{\partial x^2} = \rho \frac{\partial^2 u}{\partial t^2} \tag{4.21}$$

이 식을 아래와 같이 조화운동 (harmonic motion), 즉 $u(x, t) = v(x)\,[A \sin(\omega t) + B \cos(\omega t)]$ 로 가정하여 위의 식에 대입한 후 변수분리법을 취하면 아래의 식을 얻을 수 있다.

$$E \frac{\partial^2 v}{\partial x^2} + \rho\omega^2 v = 0 \quad \text{또는} \quad \frac{\partial^2 v}{\partial x^2} + \left(\frac{\rho\omega^2}{E} \right) v = 0 \tag{4.22}$$

앞의 식에서 고유값은 $\lambda = \rho\omega^2 / E$ 에 해당된다.

고유값 문제에 경계값을 적용하는 관계를 살펴보자. 유한요소법으로부터 얻을 수 있는 고유값 문제는 다음 식과 같다.

$$\left([K] - \lambda[M]\right)\begin{Bmatrix} u_1 \\ u_2 \\ \vdots \\ u_n \end{Bmatrix} = \begin{Bmatrix} -au_1' \\ 0 \\ \vdots \\ au_n' \end{Bmatrix} \tag{4.23}$$

예를 들어 여기서 $u_1 = 0$인 조건에 대해서 고려하자. 다른 문제에서 이러한 형태의 행렬식을 푸는 과정과 같이 강성과 질량행렬 $[K]$ 와 $[M]$ 에 대해서 1 번 행과 1 번 열을 제외시켜 생각할 수 있다. 이 경우 질량과 강성행렬 각각의 성분 중 $K_{11} = M_{11} = 1$ 로 놓는다. 즉, 첫 번째식은

$$\left(K_{11} - \lambda M_{11}\right)u_1 = 0$$

이 된다. 따라서 특성식을 아래와 같이 쓸 수 있다.

$$\left(K_{11} - \lambda M_{11}\right)\begin{vmatrix} K_{22} - \lambda M_{22} & K_{23} - \lambda M_{23} & \cdots & K_{2n} - \lambda M_{2n} \\ K_{32} - \lambda M_{32} & K_{33} - \lambda M_{33} & & K_{3n} - \lambda M_{3n} \\ \vdots & & \ddots & \\ K_{n2} - \lambda M_{n2} & & & K_{nn} - \lambda M_{nn} \end{vmatrix} = 0$$

이 경우 근, 즉 고유값은 $\lambda = K_{11} / M_{11}$ 이 된다. 나머지 고유값은 부행렬식 (sub－determinant) 의 근으로부터 계산할 수 있다. 고유값이 $\lambda = K_{11} / M_{11}$ 일 경우, u_1은 결정되지 않은 미지 값이지만 나머지 고유값에 대해서는 $u_1 = 0$ 이다.

이와 비슷한 다른 방법은 질량행렬의 대각신 항을 질량행렬의 다른 성분보다 상당히 큰 값들로 대체하는 방법이다. 물리적으로 이러한 절차는 모델의 절점에 큰 질량을 위치시켜 절점이 움직이지 못하도록 하는 방법이다. 즉, 이 경우는 $u_1 = 0$ 이 되도록 하는 방법이다. 이러한 방법을 사용하면 관련된 고유값이 $\lambda \to 0$ 이 되는 효과를 얻는다. 앞 예제의 첫 번째 식은,

$$\left(\frac{K_{11}}{M_{11}} - \lambda\right)u_1 + \left(\frac{K_{12}}{M_{11}} - \lambda\frac{M_{12}}{M_{11}}\right)u_2 + \left(\frac{K_{13}}{M_{11}} - \lambda\frac{M_{13}}{M_{11}}\right)u_3 + \cdots = -\frac{au_1'}{M_{11}}$$

이다. 여기서 $M_{11} >> M_{1j}, M_{11} >> K_{1j}$ 이고 $u_1' = 0$ 일 경우, 이 식은 궁극적으로 아래의 식과 같게 된다.

$$-\lambda u_1 = 0$$

앞 식으로부터 $\lambda = 0$ 일 경우, u_1은 결정되지 않은 미지 값이다. 이러한 고유값과 모드형상은 정적인 강체운동 문제에 상응되는 경우이다.

예제 4.5 그림 4.13 과 같이 한 끝은 고정되고 다른 끝은 자유로운 탄성봉이 있다. 이 봉이 축 방향으로 진동할 경우, 유한요소법으로 고유값과 모드형상을 구하라. 단, 탄성봉의 영탄성수는 E, 밀도는 ρ, 그리고 길이는 L 이다. 유한요소 모델링은 두 개의 길이가 같은 2 차 요소 (quadratic element) 를 사용하여라.

풀이 식 (4.23) 으로부터 두 개의 2 차 요소를 이용한 유한요소 모델에 대한 결합식은 아래와 같다.

$$\left\{\frac{1}{3(L/2)}\begin{bmatrix} 7 & -8 & 1 & 0 & 0 \\ & 16 & -8 & 0 & 0 \\ & & 14 & -8 & 1 \\ & & & 16 & -8 \\ (sym) & & & & 7 \end{bmatrix}\right.$$

$$\left. -\lambda\frac{(L/2)}{30}\begin{bmatrix} 4 & 2 & -1 & 0 & 0 \\ & 16 & 2 & 0 & 0 \\ & & 8 & 2 & -1 \\ & & & 16 & 2 \\ (sym) & & & & 4 \end{bmatrix}\right\}\begin{Bmatrix} v_1 \\ v_2 \\ v_3 \\ v_4 \\ v_5 \end{Bmatrix} = \begin{Bmatrix} -\frac{dv}{dx}(0) \\ 0 \\ 0 \\ 0 \\ \frac{dv}{dx}(L) \end{Bmatrix}$$

와 같다. 위의 식에서 $\lambda = \rho\omega^2 / E$ 이다. 이 문제에 대한 경계조건은 $v_1 = 0$, 그리고 $dv/dx(L) = 0$ 이므로 이들을 식에 적용한 후, 풀 수 있도록 감소화된 식은 아래의 식과 같다.

$$\left\{\begin{bmatrix} 16 & -8 & 0 & 0 \\ & 14 & -8 & 1 \\ & & 16 & -8 \\ (sym) & & & 7 \end{bmatrix} - \lambda\frac{(L/2)^2}{10}\begin{bmatrix} 16 & 2 & 0 & 0 \\ & 8 & 2 & -1 \\ & & 16 & 2 \\ (sym) & & & 4 \end{bmatrix}\right\}\begin{Bmatrix} v_2 \\ v_3 \\ v_4 \\ v_5 \end{Bmatrix} = \begin{Bmatrix} 0 \\ 0 \\ 0 \\ 0 \end{Bmatrix}$$

고유값 $\beta_i = \lambda_i (L/2)^2 / 10$ 에 대해 이 문제를 풀면 다음 값들을 얻을 수 있다.

$$\beta_1 = 0.06172,\ \beta_2 = 0.5737,\ \beta_3 = 1.9266,\ \beta_4 = 4.9675$$

이 값들을 이론식에 의하여 얻은 정확한 값들과 비교하면 다음 표와 같다.

표 4.1 유한요소법에 의한 고유값과 이론적인 고유값의 비교

i	$\lambda_i L^2$	$(\lambda_i L^2)_{exact}$	%Error
1	2.2687	2.4674	0.05
2	22.946	22.207	3.33
3	77.063	61.685	24.9
4	198.70	120.90	64.4

유한요소법에 의한 모드 형상은 그림 4.14 의 그래프와 같다.

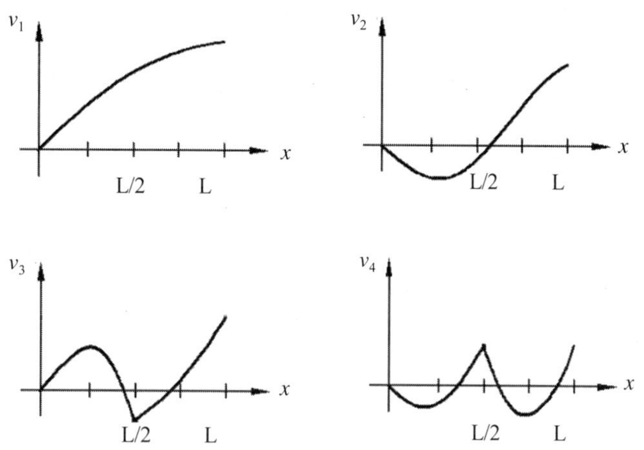

그림 4.14 유한요소법에 의한 모드형상

참고로 이 문제에 대한 정확한 고유함수 (eigen function) 는 다음 값이다.

$$v_{exact} = \sin\left[\frac{(2n-1)\,\pi\,x}{2L}\right]$$

연습문제 PROBLEMS

1. 그림 E1 과 같은 단순조화 진동계에서 질량 m 을 평형상태로부터 1.5 in 늘어나게 한 다음에 놓으면 $t=0$ 에서 초기속도는 0 이라 할 수 있다. 이 문제에서 $k=25$ lb/in, $mg=$ 20 lb 일 경우 (a) 고유진동수, (b) 진폭, 그리고 (c) 위상차를 계산하라.

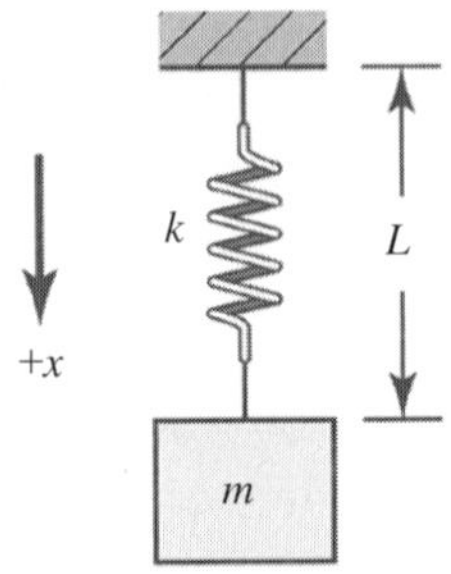

그림 E1

2. 길이가 같은 두 개의 선형 요소를 사용하여 그림 E2 에서와 같이 한쪽 끝이 고정된 원형 단면을 갖는 축의 고유값과 고유벡터를 결정하여라. 단, 물성치와 단면은 모두 상수이다. 이들을 $\rho E A = a$ 로 놓고 계산하라.

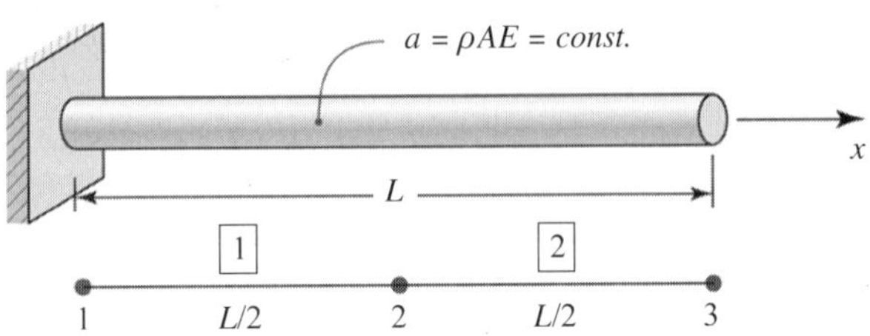

그림 E2

3. 지름이 0.1 in 이고 길이가 30 in 인 금속선 (0.3 lb/in^3) 이 있다. 이 금속선은 10,000 ln/in^2 의 인장응력을 받고 있으며 양쪽이 고정되어 있다. 다음 방법으로 유한요소를 모델링하여 진동하는 금속선의 처음 세 개의 주파수와 모드형상을 구하라. 모드형상을 그래프로 나타내고 정확한 해와 비교하여라.

(a) 길이가 같은 네 개의 선형 (1 차) 요소
(b) 길이가 같은 두 개의 2 차 요소

4. 그림 E4 와 같이 기둥모양의 비틀림에 의한 진동문제를 고려해보자. 이 운동방정식은 아래의 편미분방정식으로 나타낼 수 있다.

$$\frac{\partial}{\partial x}\left(JG\frac{\partial \phi}{\partial x} \right) = PJ\frac{\partial^2 \phi}{\partial t^2}$$

각각의 끝 단에서 두 개의 경계조건은 다음 형태와 같다.

$$\phi \text{ or } T = JG\phi' \text{ prescribed at } x = 0$$

$$\phi \text{ or } T = JG\phi' \text{ prescribed at } x = L$$

여기서

ϕ = 회전각

T = x 축에 대한 토크

J = 단면의 극관성 모멘트 (polar moment of cross sectional area)

G = 전단탄성계수 (shear modulus)

P = 질량 (mass density)

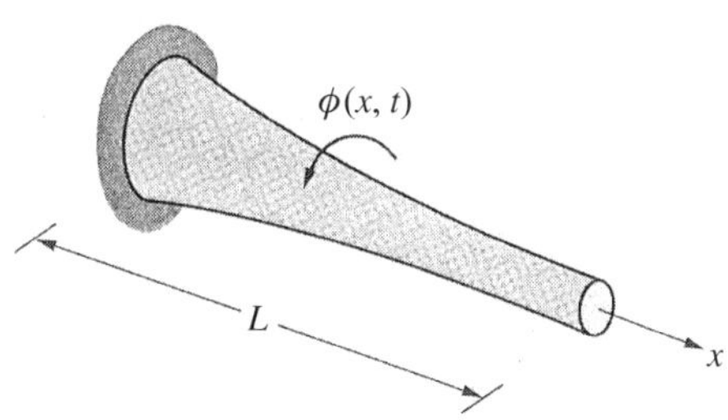

그림 E4 보의 비틀림에 의한 진동

위와 같은 문제에 대하여 J, G 및 P 가 일정한 상수일 경우, 횡단면이 균일한 조건에서 (a) 및 (b) 와 같은 요소를 사용하여 고유값에 대한 미분방정식을 구하여라.

(a) 두 개와 네 개의 길이가 같은 선형 요소

(b) 한 개와 두 개의 길이가 같은 2 차 요소

봉의 진동 주파수와 관계되는 모드형상 (mode shape) 을 결정하라, 모드형상을 그래프로 나타내고 이들을 정확한 해와 비교하여라.

CHAPTER 5

수치적분

5.1 ▸ 가우스 구적법

앞 절에서 살펴본 바와 같이 유한요소 행렬 계산시 반드시 적분식 계산이 필요하다. 그러나 형상이 복잡한 요소에 대해서는 정확한 적분값을 얻을 수 없으므로, 일반적으로 수치적인 기법을 이용하여 적분을 해야 한다. 정적분 (definite integral) 식을 이용해 수치적으로 근사 계산 값을 구하기 위한 여러 가지 기법들이 있다. 예를 들면, 사다리꼴 적분법 (trapezoidal integration rule), 심슨 적분법 (Simpson's rule), 뉴턴－코트법 (Newton－Cotes formula) 등 여러 방법이 있다. 이들 중 매우 정교하고 효율적인 기법으로 가우스 구적법 (Gaussian quadrature) 이 있다.

가우스구적법의 기본 개념은 함수, 예를 들면 구간 $-1 \le x \le 1$ 사이에서 $f(x)$ 에 대한 정적분 계산식을 다음 식의 형태로 취하여 적분의 근사값을 구하는 방법이다.

$$\int_{-1}^{1} f(x)dx = \sum_{i=1}^{N} w_i f(x_i) \tag{5.1}$$

위의 식에서 w_i 는 가중치 (weight) 라 하고, x_i 는 구적점 (quadrature point), 또는 표본화점, 샘플링점 (sampling point), 절점 (node) 등으로 불린다. 또한, 합 기호 항의 수 N 을 구적차수 (quadrature order) 라 한다.

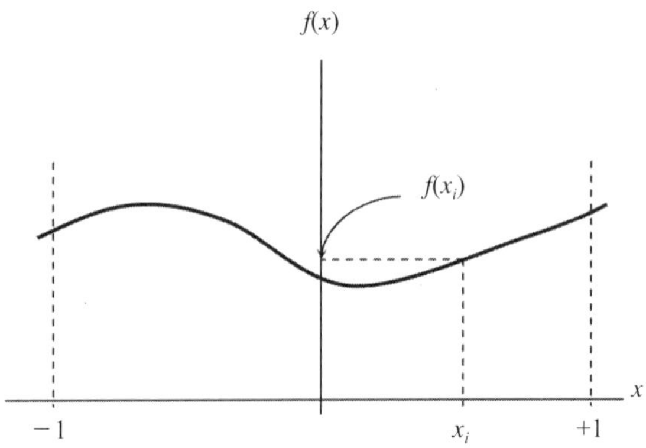

그림 5.1 샘플링 점

가우스 구적법은 다항식 (polynomial) 을 정확히 적분하기 위하여 샘플링 점, 관련된 가중치와 식의 차수 등을 포함하여 특정한 식을 세운다. 이와 같은 식을 이용하여 다른 함수의 적분도 할 수 있다. 선형함수에 대한 식은 $f(x) = c_0 + c_1 x$ 로 하여 세울 수 있으며, 여기서 c_0 과 c_1은 임의의 가정된 상수이다. 이와 같이 하면, 정확한 적분값이 되기 위해서 다음 관계를 만족하여야 한다.

$$\int_{-1}^{1} f(x)\,dx = \int_{-1}^{1} (c_0 + c_1 x)\,dx = w_1 f(x_1) + w_2 f(x_2) + \cdots \tag{5.1a}$$

또는

$$\begin{aligned} \left[c_0 x + c_1 x^2\right]_{-1}^{1} &= (2)c_0 + (0)c_1 \\ &= w_1(c_0 + c_1 x_1) + w_2(c_0 + c_1 x_2) + \cdots \\ &= (w_1 + w_2 + \cdots)c_0 + (x_1 w_1 + x_2 w_2 + \cdots)c_1 \end{aligned} \tag{5.1b}$$

위와 같이 하면, 여기서 몇 개의 샘플링 점 x_i 와 가중치 w_i 가 필요할 것인가? 이러한 사항에 가장 중요한 점은 임의의 상수인 c_0 와 c_1 을 결정하는 것이다. 따라서 c_0 와 c_1 의 계수비교에 의해 다음과 같이 쓸 수 있다.

$$\begin{aligned} 2 &= w_1 + w_2 + \cdots \\ 0 &= x_1 w_1 + x_2 w_2 + \cdots \end{aligned} \tag{5.1c}$$

합을 1 항, 즉 $N = 1$ 까지만 취하면 2 개의 미지수 x_1 과 w_1 에 대해서 2 개의 식이 된다.

$$\begin{aligned} 2 &= w_1 \\ 0 &= w_1 x_1 \end{aligned} \tag{5.1d}$$

위의 식은 비선형 방정식 (non－linear equation) 이지만 쉽게 풀 수 있으며, 결과는 다음과 같다.

$$x_1 = 0, \quad w_1 = 2 \tag{5.1e}$$

특히, 위의 값들을 이용하여 가우스 적분 1 점 공식 (one point formula) 을 아래와 같이 쓸 수 있다.

$$\int_{-1}^{1} f(x)\,dx \approx w_1\, f(x_1) = (2) f(0) \qquad (w_1 = 2,\ x_1 = 0) \tag{5.2}$$

따라서, 다음 관계식과 같으며 선형식인 경우 오차는 없다.

$$\int_{-1}^{1} [c_0 + c_1 x]\,dx = (2) f(0) = (2)[c_0 + c_1(0)] = 2\,c_0 \tag{5.2a}$$

이러한 예는 그림 5.2 에 예시되어 있다.

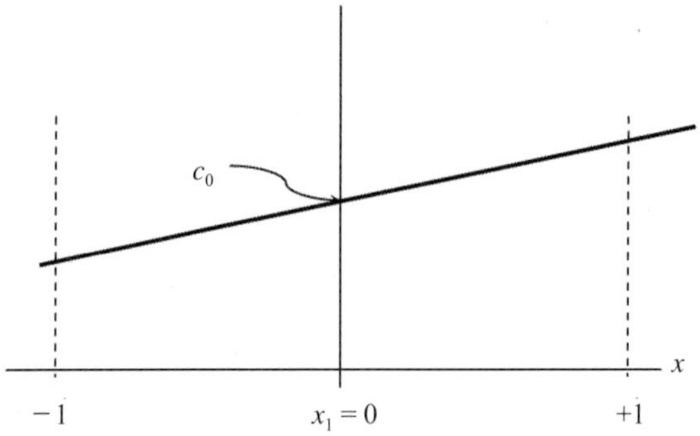

그림 5.2 선형식의 1 점 가우스 적분

앞에서 살펴 본 바와 같이 선형식에 대해서는 정확한 결과를 얻을 수 있었지만, 이러한 방법을 일반적으로 다른 함수에 대해서도 사용할 수 있다.

예제 5.1 그림 5.3 과 같이 2 차 함수인 $f(x) = 1 - x^2$ 에 대해 가우스 1 점 적분으로 근사값을 구하여라.

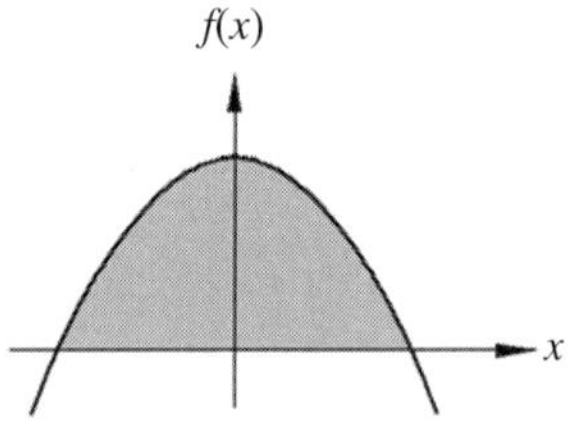

그림 5.3 $f(x) = 1 - x^2$ 의 적분

풀이 식 (5.2) 로부터 $w_1 = 2$, 그리고 $x_1 = 0$ 을 적용하여 다음과 같이 계산한다.

$$\int_{-1}^{1} \left(1 - x^2\right) dx \approx 2\left(1 - 0^2\right) = 2$$

그러나 정확한 적분값은 아래와 같다.

$$I_{exact} = \int_{-1}^{1} \left(1 - x^2\right) dx = \left[x - \frac{1}{3} x^3 \right]_{-1}^{1} = \frac{4}{3}$$

이 경우, 1 점 가우스 적분 결과는 정확한 적분값에 비해 오차가 많다.

만일, 함수 $f(x)$ 가 3 차일 경우에는 정확히 적분되기 위해서는 다음 조건을 만족해야 한다.

$$\int_{-1}^{1}\left(c_0 + c_1 x + c_2 x^2 + c_3 x^3\right)dx = f(x_1)w_1 + f(x_2)w_2 + \cdots \tag{5.3}$$

또는

$$\begin{aligned} c_0(2) + \tfrac{1}{2}c_1(0) + \tfrac{1}{3}c_2(2) + \tfrac{1}{4}c_3(0) &= w_1\left(c_0 + c_1x_1 + c_2x_1^2 + c_3x_1^3\right) + \\ &\quad w_2\left(c_0 + c_1x_2 + c_2x_2^2 + c_3x_2^3\right) + \cdots \\ &= c_0\left(w_1 + w_2 + \cdots\right) + c_1\left(x_1w_1 + x_2w_2 + \cdots\right) + \\ &\quad c_2\left(x_1^2w_1 + x_2^2w_2 + \cdots\right) + c_3\left(x_1^3w_1 + x_2^3w_2 + \cdots\right) \end{aligned} \tag{5.3a}$$

이다. 미지 상수를 결정하기 위해 식의 좌우 양변의 계수 c_0, c_1, c_2 및 c_3 에 대해 비교를 하면 다음 식과 같다.

$$\begin{aligned} 2 &= w_1 + w_2 + \cdots \\ 0 &= x_1w_1 + x_2w_2 + \cdots \\ 2/3 &= x_1^2w_1 + x_2^2w_2 + \cdots \\ 0 &= x_1^3w_1 + x_2^3w_2 + \cdots \end{aligned} \tag{5.3b}$$

오른편의 항을 2 항까지, 즉 $N = 2$ 로 취하면 4 개의 미지수에 4 개의 식이 된다. 이 식들은 비선형이며, 이들을 풀면 아래의 결과를 얻을 수 있다.

$$\begin{aligned} x_1 &= -\frac{1}{\sqrt{3}}, \quad w_1 = 1 \\ x_2 &= \frac{1}{\sqrt{3}}, \quad w_2 = 1 \end{aligned} \tag{5.3c}$$

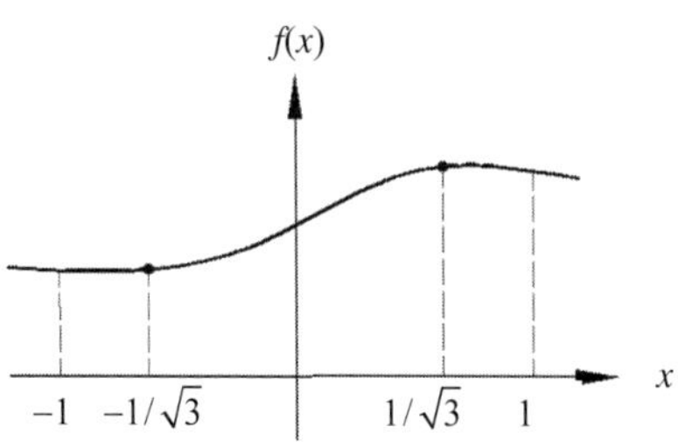

그림 5.4 2 점 가우스적분

따라서 임의의 함수 $f(x)$ 에 대한 가우스 적분 2 점 공식 (two point formula) 은 다음과 같다.

$$\int_{-1}^{1} f(x)dx \approx \sum_{i=1}^{2} w_i f(x_i) = (1)f\left(-\frac{1}{\sqrt{3}}\right) + (1)f\left(\frac{1}{\sqrt{3}}\right) \tag{5.4}$$

예제 5.2 앞의 예제에서 살펴본 2 차 함수인 $f(x) = 1 - x^2$ 에 대한 적분에서 가우스 2 점 적분 공식으로 근사값을 구하여라.

풀이 식 (5.4) 를 적용하여 가우스 적분 2 점 공식으로 다음과 같이 계산한다.

$$\int_{-1}^{1}(1-x^2)dx \approx (1)\left[1-\left(-\frac{1}{\sqrt{3}}\right)^2\right] + (1)\left[1-\left(\frac{1}{\sqrt{3}}\right)^2\right] = \left(1-\frac{1}{3}\right) + \left(1-\frac{1}{3}\right) = \frac{4}{3}$$

이 결과는 정확한 값과 일치한다. 주어진 식이 2 차이므로 우연의 일치가 아니다.

예제 5.3 가우스 적분 2 점 공식을 다항식이 아닌 함수, 즉 $f(x) = e^x$ 의 적분에 적용하여 근사값을 계산하여라.

풀이 식 (5.4) 를 적용하여 가우스 적분 2 점 공식으로 다음과 같이 계산한다.

$$\int_{-1}^{1} e^x dx \approx e^{-\frac{1}{\sqrt{3}}}(1) + e^{\frac{1}{\sqrt{3}}}(1) = 0.56138 + 1.78131 = 2.3427$$

이 경우, 정확한 이론 적분값은 $[e^x]_{-1}^{1} = e^1 - e^{-1} = 2.35040$ 이며 근사 적분값은 단지 0.3% 오차 이내로 정확한 값과 같다.

이러한 개념을 높은 차수의 다항식에 쉽게 확장할 수 있다. 차수가 $N = 5$ 인 5 차의 다항식으로부터 3 점 공식을 얻을 수 있으며 샘플링점과 가중치는 다음과 같다.

$$\begin{aligned} x_1 &= -0.7745967 & w_1 &= 0.5555556 \\ x_2 &= 0 & w_2 &= 0.8888889 \\ x_3 &= 0.7745967 & w_3 &= 0.5555556 \end{aligned} \tag{5.5}$$

따라서, 가우스 적분 3 점 공식은 다음과 같다.

$$\int_{-1}^{1} f(x)dx \approx w_1 f(x_1) + w_2 f(x_2) + w_3 f(x_3) \\ = 0.5555556 f(-0.7745967) + 0.8888889 f(0) + 0.5555556 f(0.7745967) \tag{5.6}$$

참고로 차수가 N (합이 N 항) 인 가우스 적분은 차수 $(2N-1)$ 의 다항식을 정확히 적분할 수 있다.

5.2 ▸ 가우스 일반 공식 및 이중적분

함수의 정적분식이 언제나 $-1 \le x \le 1$ 의 구간에 국한되는 것은 아니다. 가우스 적분법을 일반 정적분식에 적용할 때, 구간 $a \le x \le b$ 에서 함수의 적분식은 다음의 변환식을 사용하면 가우스 적분이 가능하다. 즉, 가우스 적분 구간 $-1 \le \xi \le 1$ 과 일반 적분구간 $a \le x \le b$ 사이에는 서로 선형관계이므로,

$$\xi = 2\left(\frac{x-a}{b-a}\right) - 1 \tag{5.7}$$

또는

$$x = a + \left(\frac{b-a}{2}\right)(\xi + 1) \tag{5.8}$$

이며, 도함수는

$$dx = \left(\frac{b-a}{2}\right)d\xi \tag{5.8a}$$

의 관계가 있다. 그러므로 위의 관계를 적용하면 다음 식을 얻을 수 있다.

$$\int_a^b f(x)dx = \int_{-1}^{1} f\left[a + \left(\frac{b-a}{2}\right)(\xi+1)\right]\left(\frac{b-a}{2}\right)d\xi \tag{5.9}$$

따라서

$$\int_{-1}^{1} f(\xi)J(\xi)d\xi = \int_{-1}^{1} f\left[a + \left(\frac{b-a}{2}\right)(\xi+1)\right]\left(\frac{b-a}{2}\right)d\xi \tag{5.9a}$$

위의 식에서 $(b-a)/2$ 를 야코비안 (Jacobian) 변환계수라 하며, 여기서는 $J(\xi) = dx/d\xi = (b-a)/2$ 이다.

예제 5.4 함수 $f(x) = e^x$ 에 대하여 구간 $0 \le x \le 3$ 에서 가우스 2 점 적분법을 사용하여 적분값을 계산하라.

풀이 주어진 문제에서 매개변수 x 와 ξ 사이의 관계는

$$x = a + \left(\frac{b-a}{2}\right)(\xi+1) = 0 + \left(\frac{3-0}{2}\right)(\xi+1) = \frac{3}{2}(\xi+1) \qquad ①$$

$$dx = \frac{3}{2} d\xi \qquad ②$$

이므로 가우스 2 점 적분식 (5.9) 로부터 다음과 같이 쓸 수 있다.

$$\int_0^3 e^x dx = \int_{-1}^{1} e^{\frac{3}{2}(\xi+1)} \left(\frac{3}{2} d\xi\right) = \frac{3}{2} \int_{-1}^{1} e^{\frac{3}{2}(\xi+1)} d\xi \qquad ③$$

식 ③ 에 가우스 적분 2 점 공식 (5.4) 를 적용하여 다음과 같이 계산한다.

$$\begin{aligned} \frac{3}{2} \int_{-1}^{1} e^{\frac{3}{2}(\xi+1)} d\xi &\approx \frac{3}{2} \{ f(\xi_1) w_1 + f(\xi_2) w_2 \} \\ &= \frac{3}{2} \left[e^{\frac{3}{2}\left(-\frac{1}{\sqrt{3}}+1\right)} (1) + e^{\frac{3}{2}\left(\frac{1}{\sqrt{3}}+1\right)} (1) \right] \\ &= 18.8101 \end{aligned}$$

◀

참고로 주어진 문제의 정확한 값은

$$\int_0^3 e^x dx = 19.0855$$

이며, 가우스 2 점 적분값의 오차는 1.44% 이다.

차수 N 에 대한 가우스 일반 적분식은 앞의 절차와 마찬가지로 다음과 같은 2 N 개의 식을 풀어 샘플링 점과 가중치를 결정할 수 있나.

$$\begin{aligned} \frac{2}{1} &= w_1 + w_2 + \cdots + w_N \\ 0 &= x_1 w_1 + x_2 w_2 + \cdots + x_N w_N \\ \frac{2}{3} &= x_1^2 w_1 + x_2^2 w_2 + \cdots + x_N^2 w_N \\ 0 &= x_1^3 w_1 + x_2^3 w_2 + \cdots + x_N^3 w_N \\ \frac{2}{5} &= x_1^4 w_1 + x_2^4 w_2 + \cdots + x_N^4 w_N \\ 0 &= x_1^5 w_1 + x_2^5 w_2 + \cdots + x_N^5 w_N \\ &\vdots \quad \vdots \qquad\qquad \vdots \\ \frac{2}{2N-1} &= x_1^{2N-2} w_1 + x_2^{2N-2} w_2 + \cdots + x_N^{2N-2} w_N \\ 0 &= x_1^{2N-1} w_1 + x_2^{2N-1} w_2 + \cdots + x_N^{2N-1} w_N \end{aligned} \qquad (5.10)$$

표 5.1 가우스 적분점 (ξ_i) 과 가중치 (w_i)

Order N	Quadrature Point $\pm\xi_i$	Weight w_i
1	0	2.0
2	0.57735 02691 89626	1.00000 00000 00000
3	0	0.88888 88888 88889
	0.77459 66692 41483	0.55555 55555 55556
4	0.33998 10435 84856	0.65214 51548 62546
	0.86113 63115 94053	0.34785 48451 37454
5	0	0.56888 88888 88889
	0.53846 93101 05683	0.47862 86704 99366
	0.90617 98459 38664	0.23692 68850 56189
6	0.23861 91860 83197	0.46791 39345 72691
	0.66120 93864 66265	0.36076 15730 48139
	0.93246 95142 03152	0.17132 44923 79170
7	0	0.41795 91836 73469
	0.40584 51513 77397	0.38183 00505 05119
	0.74153 11855 99394	0.27970 53914 89277
	0.94910 79123 42759	0.12948 49661 68870
8	0.18343 46424 95650	0.36268 37833 78362
	0.52553 24099 16329	0.31370 66458 77887
	0.79666 64774 13627	0.22238 10344 53374
	0.96028 98564 97536	0.10122 85362 90376
9	0	0.33023 93550 01260
	0.32425 34234 03809	0.31234 70770 40003
	0.61337 14327 00590	0.26061 06964 02935
	0.83603 11073 26636	0.18064 81606 94857
	0.96816 02395 07626	0.08127 43883 61574
10	0.14887 43389 81631	0.29552 42247 14753
	0.43339 53941 29247	0.26926 67193 09996
	0.67940 95682 99024	0.21908 63625 15982
	0.86506 33666 88985	0.14945 13491 50581
	0.97390 65285 17172	0.06667 13443 08688

이 식들의 해를 구하면 차수가 $N=6$ 까지 가우스 적분점 (quadrature point) 과 가중치는 표 5.1 과 같다. 이 식들의 유도절차에 따르면 가우스 합의 차수가 N 일 경우, 다항식의 차수 $(2N-1)$ 까지 정확히 적분할 수 있다.

예제 5.5 함수 $f(x)=x^2\sin(x)$ 에 대하여 구간 $0 \le x \le \pi$ 에서 가우스 적분 1 점 공식으로부터 10 점 공식을 사용하여 근사 적분값을 계산하라.

풀이 주어진 문제로부터 매개변수 x 와 ξ 사이의 관계는 다음 관계와 같다.

$$x=\left(\frac{\pi}{2}\right)(\xi+1)=\frac{\pi}{2}(\xi+1) \text{ 그리고 } dx=\frac{\pi}{2}d\xi \qquad ①$$

이다. 이 관계를 이용하여 식을 다시 쓰면,

$$\begin{aligned}\int_0^{\pi} x^2\sin(x)dx &= \int_{-1}^{1}\left[\frac{\pi}{2}(\xi+1)\right]^2\left[\sin\left\{\frac{\pi}{2}(\xi+1)\right\}\right]\left(\frac{\pi}{2}d\xi\right)\\ &=\frac{\pi^2}{8}\int_{-1}^{1}(\xi+1)^2\left[\sin\left\{\frac{\pi}{2}(\xi+1)\right\}\right]d\xi\end{aligned} \qquad ②$$

위의 식과 표 5.1로부터 계산결과는 다음과 같다.

$N=1$: 7.75156917007495
$N=2$: 6.36859113123060
$N=3$: 5.83408161999377
$N=4$: 5.87041607606215
$N=5$: 5.86959498353819
$N=6$: 5.86960446765560
$N=7$: 5.86960440077189
$N=8$: 5.86960440109044
$N=9$: 5.86960440108935
$N=10$: 5.86960440108932

참고로 주어진 문제의 이론적인 정확한 값은 아래와 같으며,

$$\int_0^{\pi} x^2\sin(x)dx=\pi^2-4=5.86960440108936$$

가우스적분에서 $N=9$ 이상 취하면 소수점이하 13 자리까지 정확한 값과 일치한다. 주어진 함수를 그래프로 나타내면 그림 5.5 와 같다.

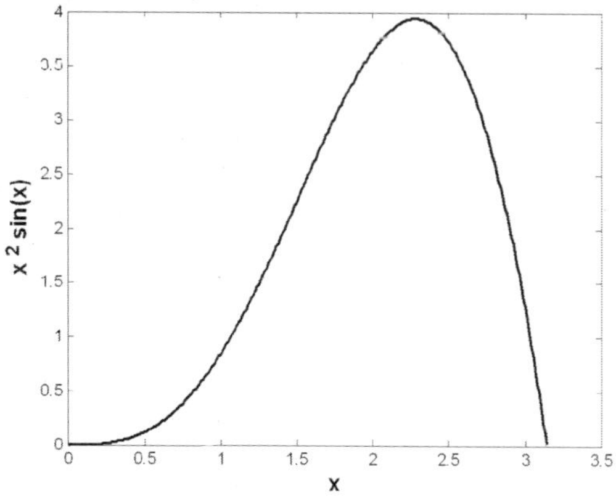

그림 5.5 함수 $f(x)=x^2\sin(x)$ 의 그래프

1 차원 가우스 적분식의 유도절차를 확장하면 다차원 (multiple dimension) 또는 이중적분 (double integral) 에 적용할 수 있다. 이중적분에 대해서는

$$
\begin{aligned}
I &= \int_{-1}^{1}\int_{-1}^{1} f(x,y)\,dxdy \\
&\approx \int_{-1}^{1}[w_1 f(x,y_1) + w_2 f(x,y_2) + \cdots]\,dx \\
&\approx [w_1\, f(x_1,y_1) + w_2\, f(x_1,y_2) + \cdots]\, w_1 \\
&\quad + [w_1\, f(x_2,y_1) + w_2\, f(x_2,y_2) + \cdots]\, w_1 \\
&\quad + \cdots
\end{aligned}
\tag{5.11}
$$

따라서

$$
I \approx \sum_{i=1}^{n}\sum_{j=1}^{m} f(x_i, y_j)\, w_i w_j \tag{5.12}
$$

위의 식에서 차수 M 과 N 은 언제나 같은 값일 필요는 없다.

예제 5.6 $f(x,y) = x^2 y$ 에 대해 구간 $-1 \le x \le 1$ 과 $-1 \le y \le 1$ 사이에서 x 에 대한 2 점 공식과 y 에 대한 2 점 공식을 사용하여 적분값을 계산하라.

풀이 주어진 함수를 x 및 y 에 대해 가우스 2 점 적분식으로 계산하면, 다음과 같다.

$$
\begin{aligned}
\int_{-1}^{1}\int_{-1}^{1} x^2 y\,dxdy &\approx \left(-\frac{1}{\sqrt{3}}\right)^2\left(-\frac{1}{\sqrt{3}}\right)(1)(1) + \left(-\frac{1}{\sqrt{3}}\right)^2\left(\frac{1}{\sqrt{3}}\right)(1)(1) + \left(\frac{1}{\sqrt{3}}\right)^2\left(-\frac{1}{\sqrt{3}}\right)(1)(1) \\
&\quad + \left(\frac{1}{\sqrt{3}}\right)^2\left(\frac{1}{\sqrt{3}}\right)(1)(1) + \left(\frac{1}{\sqrt{3}}\right)^2\left(\frac{1}{\sqrt{3}}\right)(1)(1) \\
&= 0
\end{aligned}
$$

이 값은 이론적인 정확한 값과 일치하며, 이는 다항식 적분식의 특성으로부터 예상할 수 있는 값이다.

예제 5.7 함수 $f(x,y)=(1+x)^2\cos(\pi y/2)$ 에 대해 구간 $-1\le x\le 1$ 과 $-1\le y\le 1$ 사이에서 x 에 대한 2 점 공식과 y 에 대한 2 점 공식을 사용하여 적분값을 계산하라.

풀이 주어진 함수를 x 및 y 에 대해 다음의 가우스 적분식으로 계산하면,

$$2\times 2\ \text{Gaussian} = 3.2863$$
$$2\times 3\ \text{Gaussian} = 3.3977$$

이며, 정확한 이론값은 다음과 같다.

$$\int_{-1}^{1}\int_{-1}^{1}(1+x)^2\cos(\pi y/2)\,dx\,dy = \frac{32}{3\pi} = 3.3953$$

참고로 이 함수를 그래프로 나타내면 그림 5.6 과 같다.

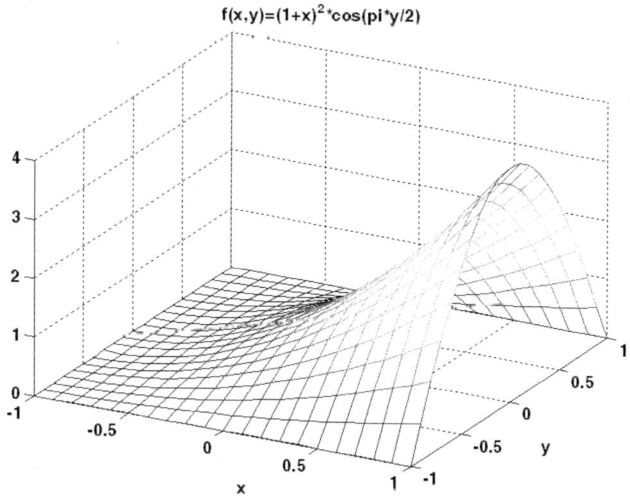

그림 5.6 $f(x,y)=(1+x)^2\cos(\pi y/2)$ 의 그래프

연습문제 PROBLEMS

1. 다음 식에 대해서 아래와 같은 가우스 적분법을 사용하여 적분하라. 또한 계산결과를 이론적인 적분값과 비교하여라.

$$\int_0^{\pi} \sin^2(x)dx$$

(a) 1 점 적분식
(b) 2 점 적분식
(c) 3 점 적분식
(d) 4 점 적분식

2. 고유값 문제에 관한 질량행렬 M 에서 (1, 1) 성분은 다음과 같다.

$$M_{11} = \int_{x_1}^{x_3} N_1 N_1 dx = \int_{-1}^{1} N_1(\xi) N_1(\xi) \frac{dx}{d\xi} d\xi$$

위의 식에서 형상함수는 2 차이며, 형상함수와 야코비안 (Jacobian) 계수는 각각 아래와 같다.

$$N_1(\xi) = -\frac{1}{2}\xi(1-\xi), \quad J(\xi) = \frac{dx}{d\xi} = \frac{(x_3 - x_1)}{2} = \frac{l}{2}$$

다음 가우스 적분식들을 사용하여 적분값을 계산하라.

(a) 2 점 적분식
(b) 3 점 적분식

CHAPTER 6

4 차 미분방정식

6.1 ▶ 에르미트 요소

이 절에서는 다음과 같은 형태의 일반적인 4 차 미분방정식에 대하여 에르미트 요소 (Hermitian element) 식을 유도하는 과정을 살펴보기로 한다. 에르미트 요소는 굽힘을 받는 보의 해석에 필요한 보요소 (beam element) 에 응용되기도 한다.

$$\frac{d^2}{dx^2}\left(a\frac{d^2u}{dx^2}\right)-f=0, \quad 0\le x\le L \tag{6.1}$$

위의 식에서 a 는 재료의 특성 그리고 f 는 강제함수 (forcing function) 로서, x 에 의존하는 함수이다. 식 (6.1) 은 앞 절에서와 마찬가지로 갤러킨 방법에 의하여 유한요소식으로 유도될 수 있다. 일반적인 유한요소방법과 마찬가지로 함수 $u(x)$ 를 근사치로 가정하고, 식 왼편의 모든 항에 대해 구간 $x_1\le x\le x_2$ 에 있는 특정한 요소에 대해 가중잔여방법을 적용하면 다음 식과 같다.

$$\int_{x_1}^{x_2}\{N\}\left[\frac{d^2}{dx^2}\left(a\frac{d^2u}{dx^2}\right)-f\right]dx=0 \tag{6.2}$$

위의 식에서 갤러킨식 접근법에 의하면 $u(x)=[N]\{u\}$ 이며, $[N]$ 은 형상함수, 그리고 $\{u\}$ 는 요소의 절점 자유도 (degree of freedom) 값이다.

식 (6.2) 로부터 대칭행렬을 얻을 수 있도록 4 차 미분항을 2 차에 걸쳐 부분적분 (integration by parts) 하면 다음 식과 같다.

$$\int_{x_1}^{x_2}\{N\}\left[\frac{d^2}{dx^2}\left(a\frac{d^2u}{dx^2}\right)\right]dx= \left[\{N\}\frac{d}{dx}\left(a\frac{d^2u}{dx^2}\right)\right]_{x_1}^{x_2}-\left[\frac{d}{dx}\{N\}a\frac{d^2u}{dx^2}\right]_{x_1}^{x_2}+\int_{x_1}^{x_2}\frac{d^2}{dx^2}\{N\}\left(a\frac{d^2u}{dx^2}\right)dx \tag{6.3}$$

식 (6.3) 을 정리하여 전체의 식을 다시 쓰면,

$$\int_{x_1}^{x_2}\frac{d^2}{dx^2}\{N\}\left(a\frac{d^2u}{dx^2}\right)dx=\int_{x_1}^{x_2}\{N\}f\,dx+\left[\frac{d}{dx}\{N\}a\frac{d^2u}{dx^2}\right]_{x_1}^{x_2}-\left[\{N\}\frac{d}{dx}\left(a\frac{d^2u}{dx^2}\right)\right]_{x_1}^{x_2} \tag{6.4}$$

와 같다. 식 (6.4) 의 우변에 있는 2 개의 자연조건 항들을 살펴보면 부분 적분에 의하여 요소의 어느 한쪽 끝에서 나타난 조건들이다. 자연조건 중 하나는 형상함수 N 을 포함한 항이고, 다른 하나는 dN/dx 을 포함한 항이다. 이와 같이 부분적분으로 나타난 dN/dx 항으로 인하여 형상함수는 1 차 변수인 u 의 1 차 도함수가 연속이 되어야 할 필요성이 있다. 그러므로 요소 사이에서 1 차 도함수가 연속인 형상함수를 선택하여야 한다. 이러한 이유로 각각의 절점에서 2 개의 자유도 (2 dof), 즉 u 와 du/dx 를 갖는 요소가 되어야 한다. 따라서 2 개 절점인 요소는 4 자유도 (4 dof) 이므로 u 는 x 에 대해 3차가 되며, 고유좌표계 ξ 의 국부요소에서 4 개의 미지상수를 갖는다.

$$u(\xi) = a_0 + a_1\xi + a_2\xi^2 + a_3\xi^3 \tag{6.5}$$

따라서

$$\frac{du}{dx} = \frac{du}{d\xi}\frac{d\xi}{dx} = \left(a_1 + 2a_2\xi + 3a_3\xi^2\right)\frac{2}{l} \tag{6.6}$$

가 된다. 좌표계에 대해서는 그림 6.1 을 참고하여라.

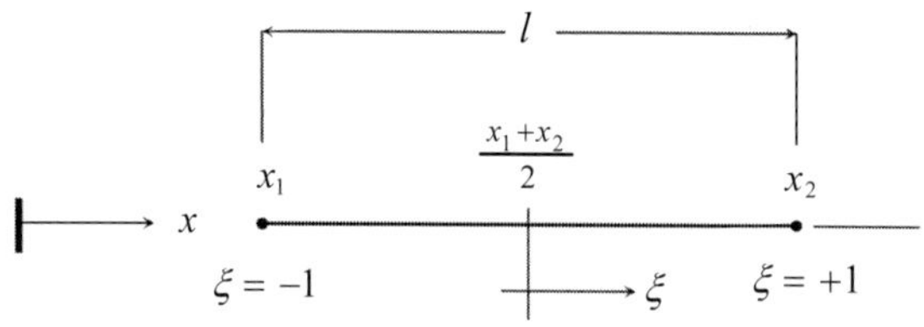

$$x = \frac{x_1 + x_2}{2} + \left(\frac{x_2 - x_1}{2}\right)\xi = x_c + \frac{l}{2}\xi$$

그림 6.1 고유좌표계

각 절점에서 자유도는 2 개이므로, 양쪽 절점의 자유도는 4 개의 자유도, 즉 u_1, u_1', u_2, 그리고 u_2' 이다. 따라서 식 (6.5) 와 (6.6) 의 두 식으로부터 4 개의 미지 상수 a_0, a_1, a_2, 그리고 a_3 를 아래와 같이 결정할 수 있다.

$$\begin{Bmatrix} u_1 \\ u_1' \\ u_2 \\ u_2' \end{Bmatrix} = \begin{bmatrix} 1 & -1 & 1 & -1 \\ 0 & 2/l & -4/l & 6/l \\ 1 & 1 & 1 & 1 \\ 0 & 2/l & 4/l & 6/l \end{bmatrix} \begin{Bmatrix} a_0 \\ a_1 \\ a_2 \\ a_3 \end{Bmatrix}$$

역행렬을 취하여 미지 상수값을 계산하면 다음과 같다.

$$\begin{Bmatrix} a_0 \\ a_1 \\ a_2 \\ a_3 \end{Bmatrix} = \begin{bmatrix} 1/2 & l/8 & 1/2 & -l/8 \\ -3/4 & -l/8 & 3/4 & -l/8 \\ 0 & -l/8 & 0 & l/8 \\ 1/4 & l/8 & -1/4 & l/8 \end{bmatrix} \begin{Bmatrix} u_1 \\ u_1' \\ u_2 \\ u_2' \end{Bmatrix} \tag{6.7}$$

앞에서와 같이 얻어진 상수값을 $u(\xi)$ 의 가정된 식 (6.5) 에 대입하면 다음과 같다.

$$\begin{aligned}u(\xi) &= a_0 + a_1\xi + a_2\xi^2 + a_3\xi^3 \\ &= \left(\frac{1}{2}u_1 + \frac{l}{8}u_1' + \frac{1}{2}u_2 - \frac{l}{8}u_2'\right) + \left(-\frac{3}{4}u_1 - \frac{l}{8}u_1' + \frac{3}{4}u_2 - \frac{l}{8}u_2'\right)\xi + \\ &\quad \left(0 - \frac{l}{8}u_1' + 0 + \frac{l}{8}u_2'\right)\xi^2 + \left(\frac{1}{4}u_1 + \frac{l}{8}u_1' - \frac{1}{4}u_2 + \frac{l}{8}u_2'\right)\xi^3\end{aligned}$$

또는

$$\begin{aligned}u(\xi) &= \left(\frac{1}{2} + \frac{3}{4}\xi + \frac{1}{4}\xi^3\right)u_1 + \frac{l}{8}\left(1 - \xi - \xi^2 + \xi^3\right)u_1' + \left(\frac{1}{2} + \frac{3}{4}\xi - \frac{1}{4}\xi^3\right)u_2 \\ &\quad + \frac{l}{8}\left(-1 - \xi + \xi^2 + \xi^3\right)u_2' \\ &= N_1(\xi)u_1 + N_2(\xi)u_1' + N_3(\xi)u_2 + N_4(\xi)u_2'\end{aligned}$$

위의 식을 행렬로 나타내면 다음과 같다.

$$u(\xi) = \begin{bmatrix} N_1(\xi) & N_2(\xi) & N_3(\xi) & N_4(\xi) \end{bmatrix} \begin{Bmatrix} u_1 \\ u_1' \\ u_2 \\ u_2' \end{Bmatrix} \tag{6.8}$$

식 (6.8) 에서 $N_i(\xi)$ $(i = 1,2,3,4)$는 형상함수이다. 각각의 형상함수를 인수 분해하여 간단한 형태로 나타내면 다음 식과 같다.

$$\begin{aligned}N_1(\xi) &= \frac{1}{4}(1-\xi)(1-\xi)(2+\xi) \\ N_2(\xi) &= \frac{l}{8}(1-\xi)(1-\xi)(1+\xi) \\ N_3(\xi) &= \frac{1}{4}(1+\xi)(1+\xi)(2-\xi) \\ N_4(\xi) &= -\frac{l}{8}(1-\xi)(1+\xi)(1+\xi)\end{aligned} \tag{6.9}$$

위의 식들을 3 차 에르미트 형상함수 (Hermitian shape function) 라 한다. 이를 그래프로 나타내면 그림 6.2(a) 와 같다. 위의 형상함수 중 N_1 과 N_3 은 무차원이나 N_2 와 N_4 는 길이 차원 (dimension of length) 을 갖는다.

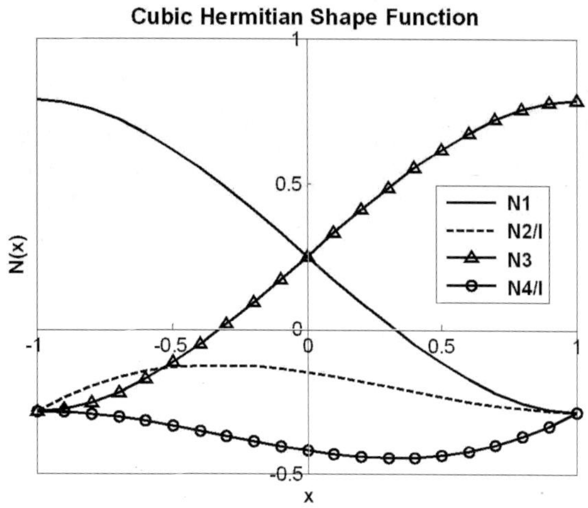

그림 6.2 (a) 3 차 에르미트 형상함수

나중에 사용할 목적으로 형상함수의 x 에 대한 도함수를 계산하면 아래와 같다.

$$\frac{dN_i}{dx} = \frac{dN_i}{d\xi}\frac{d\xi}{dx} = N_i'\frac{2}{l}$$

그리고,

$$\frac{d^2N_i}{dx^2} = \frac{d}{dx}\left(\frac{dN_i}{d\xi}\frac{2}{l}\right) = \frac{d}{d\xi}\left(N_i'\frac{2}{l}\right)\frac{d\xi}{dx} = N_i''\left(\frac{2}{l}\right)^2$$

형상함수 N_i' 의 ξ 에 관한 1 차 도함수 N_i' 을 인수형태로 나타내면,

$$\begin{aligned} N_1'(\xi) &= -\frac{3}{4}(1-\xi)(1+\xi) \\ N_2'(\xi) &= -\frac{l}{8}(1-\xi)(1+3\xi) \\ N_3'(\xi) &= \frac{3}{4}(1+\xi)(1-\xi) \\ N_4'(\xi) &= -\frac{l}{8}(1+\xi)(1-3\xi) \end{aligned} \tag{6.10}$$

1 차 도함수를 그래프로 나타내면 그림 6.2(b) 와 같다. 이 그래프로부터 함수 N_1 과 N_3 은 $\xi = \pm 1$에서 도함수가 0 이며, N_2 는 $\xi = +1$ 에서 그리고 N_4 는 $\xi = -1$ 에서 도함수가 0 이 됨을 알 수 있다. 이러한 특성은 요소 사이에서 $u(x)$ 의 1 차 도함수가 연속성을 유지할 수 있도록 한다.

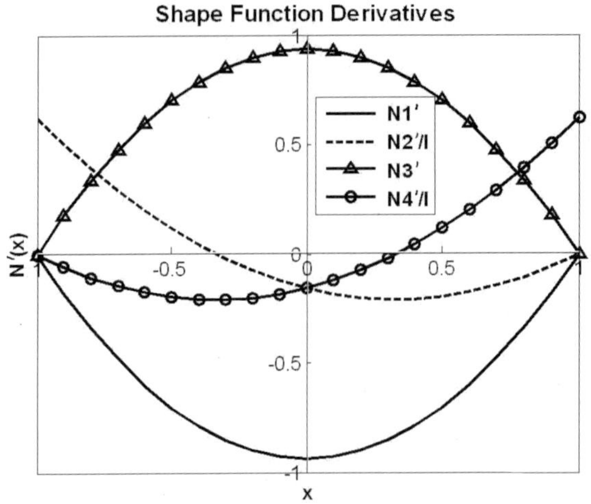

그림 6.2 (b) 에르미트 1 차 도함수

앞에서와 같이 2 차 도함수 N_i'' 를 인수형태로 나타내면 다음 식들과 같다.

$$\begin{aligned} N_1''(\xi) &= \frac{3}{2}\xi \\ N_2''(\xi) &= -\frac{l}{4}(1-3\xi) \\ N_3''(\xi) &= -\frac{3}{2}\xi \\ N_4''(\xi) &= \frac{l}{4}(1+3\xi) \end{aligned} \tag{6.11}$$

위의 2 차 도함수에 관한 식들을 그래프로 나타내면 그림 6.2(c) 와 같다.

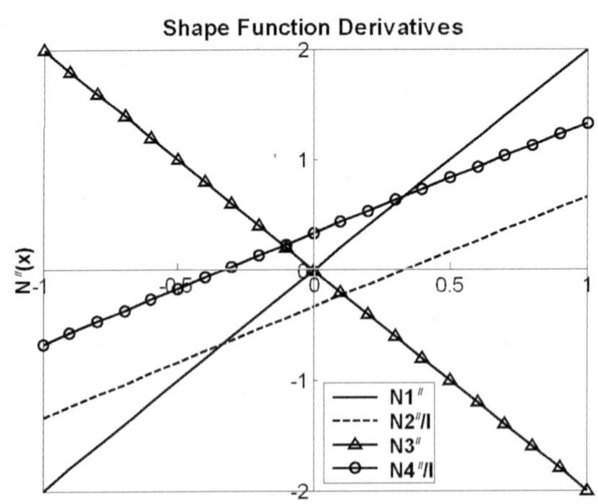

그림 6.2 (c) 에르미트 2 차 도함수

임의의 한 요소에서 변수 u 와 이에 대한 1, 2 차 도함수 u', u'' 을 양 절점 값들을 이용한 보간 식으로 나타내면 각각 다음 식과 같다.

$$u=\left[N_1(\xi) \quad N_2(\xi) \quad N_3(\xi) \quad N_4(\xi)\right]\begin{Bmatrix} u_1 \\ u_1' \\ u_2 \\ u_2' \end{Bmatrix} \tag{6.8}$$

$$\frac{du}{dx}=\frac{2}{l}\left[N_1'(\xi) \quad N_2'(\xi) \quad N_3'(\xi) \quad N_4'(\xi)\right]\begin{Bmatrix} u_1 \\ u_1' \\ u_2 \\ u_2' \end{Bmatrix} \tag{6.12}$$

$$\frac{d^2u}{dx^2}=\left(\frac{2}{l}\right)^2\left[N_1''(\xi) \quad N_2''(\xi) \quad N_3''(\xi) \quad N_4''(\xi)\right]\begin{Bmatrix} u_1 \\ u_1' \\ u_2 \\ u_2' \end{Bmatrix} \tag{6.13}$$

예제 6.1 간단한 예로 요소 길이가 단위 길이 ($l=1$) 이고, 각 절점에서 자유도가 그림 6.3 과 같은 두 개의 인접한 요소에 대해 고려해보자. 이 경우, 요소의 경계점인 절점 2 에서 적합조건, 즉 $u^1(x_2)=u^2(x_2)$ 와 $\frac{du^1}{dx}(x_2)=\frac{du^2}{dx}(x_2)$ 의 조건을 만족하는가 확인하여라.

위의 식에서 함수 u^i 의 위 첨자 'i' 는 요소번호를 나타낸다.

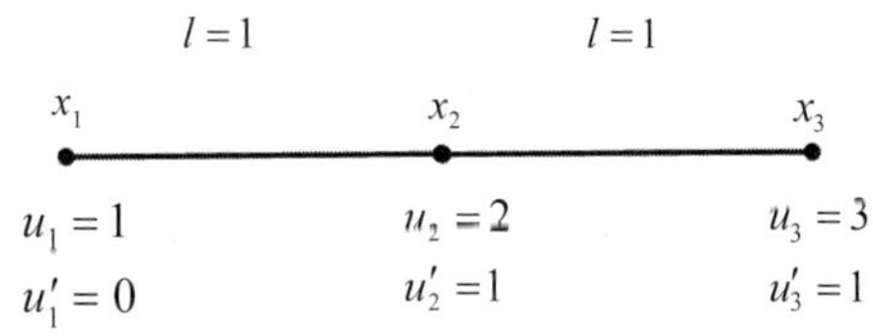

그림 6.3 길이 ($l=1$) 가 같은 두 개의 인접한 요소

풀이 양쪽 요소에 대한 함수 값 $u(x_2)$ 는 식 (6.8) 과 (6.9) 를 이용하여 다음과 같이 계산한다. 즉, $u^1(x_2)$ 를 계산하기 위한 각각의 형상함수 N_i ($i=1, 2, 3, 4$) 는 식 (6.9) 에 $\xi=1$, 그리고 $u^2(x_2)$ 에 대해서는 $\xi=-1$ 을 대입하여 구한다.

$$u^1(x_2)=\left[0 \quad 0 \quad 1 \quad 0\right]\begin{Bmatrix} 1 \\ 0 \\ 2 \\ 1 \end{Bmatrix}=2, \quad u^2(x_2)=\left[1 \quad 0 \quad 0 \quad 0\right]\begin{Bmatrix} 2 \\ 1 \\ 3 \\ 1 \end{Bmatrix}=2$$

앞의 결과로부터 $u^1(x_2) = u^2(x_2) = 2$ 가 됨을 확인할 수 있다.

1차 도함수 $\frac{du}{dx}(x_2)^1$ 와 $\frac{du}{dx}(x_2)^2$를 계산하기 위해서는 식 (6.10) 과 (6.12) 를 이용한다. $\frac{du}{dx}(x_2)^1$를 계산하기 위한 각각의 형상함수 1 차 도함수 $N_i'(i=1, 2, 3, 4)$는 식 (6.10) 에 $\xi=1$, 그리고 $\frac{du}{dx}(x_2)^2$에 대해서는 $\xi=-1$을 대입하여 구한다. 식 (6.12) 에서 요소의 길이는 $l=1$ 이다. 이와 같이 계산하면 다음과 같다.

$$\frac{du^1}{dx}(x_2) = \frac{2}{1}\begin{bmatrix} 0 & 0 & 0 & \frac{1}{2} \end{bmatrix}\begin{Bmatrix} 1 \\ 0 \\ 2 \\ 1 \end{Bmatrix} = 1, \quad \frac{du^2}{dx}(x_2) = \frac{2}{1}\begin{bmatrix} 0 & \frac{1}{2} & 0 & 0 \end{bmatrix}\begin{Bmatrix} 2 \\ 1 \\ 3 \\ 1 \end{Bmatrix} = 1$$

따라서 $\frac{du^1}{dx}(x_2) = \frac{du^2}{dx}(x_2) = 1$ 이 되어 연속조건을 만족한다.

마찬가지 방법으로 x_2 지점에서 2 차 도함수 $u''(x_2)$ 를 계산하면 다음과 같다.

$$\frac{d^2u^1}{dx^2}(x_2) = \left(\frac{2}{1}\right)^2\begin{bmatrix} \frac{3}{2} & \frac{1}{2} & -\frac{3}{2} & 1 \end{bmatrix}\begin{Bmatrix} 1 \\ 0 \\ 2 \\ 1 \end{Bmatrix} = -2$$

$$\frac{d^2u^2}{dx^2}(x_2) = \left(\frac{2}{1}\right)^2\begin{bmatrix} -\frac{3}{2} & -1 & \frac{3}{2} & -\frac{1}{2} \end{bmatrix}\begin{Bmatrix} 2 \\ 1 \\ 3 \\ 1 \end{Bmatrix} = 0$$

이 결과로부터 $\frac{d^2u^1}{dx^2}(x_2) \neq \frac{d^2u^2}{dx^2}(x_2)$ 이므로 2차 도함수 $u''(x_2)$ 는 적합조건을 만족하지 않는다.

위에서 계산한 것과 같이 요소 경계에서 함수 u 와 이에 대한 1 차 도함수 u' 은 연속조건을 만족하지만 2 차 도함수 u'' 은 그렇지 않다. 이러한 연속조건인 보간함수를 에르미트 함수 (Hermitian function) 라 한다. 이들을 다른 용어로 스플라인 함수 (spline function) 라고도 한다.

요소 식을 만들기 위해, 식 (6.4) 를 다시 쓰면 다음과 같다.

$$\int_{x_1}^{x_2}\frac{d^2}{dx^2}\{N_i\}\left(a\frac{d^2u}{dx^2}\right)dx = \int_{x_1}^{x_2}\{N_i\}f\,dx + \left[\frac{d}{dx}\{N_i\}a\frac{d^2u}{dx^2}\right]_{x_1}^{x_2} - \left[\{N_i\}\frac{d}{dx}\left(a\frac{d^2u}{dx^2}\right)\right]_{x_1}^{x_2} \quad (6.4)$$

$dx = (dx/d\xi)d\xi = (l/2)d\xi$ 인 관계를 대입하고 $N_i\ (i=1,2,3,4)$ 에 대한 식들을 고유

좌표계 ξ 에 대한 적분식으로 변환한 후, 위의 식을 정리하면 다음과 같다.

$$\frac{8a}{l^3}\int_{-1}^{1}\begin{bmatrix} N_1''N_1'' & N_1''N_2'' & N_1''N_3'' & N_1''N_4'' \\ & N_2''N_2'' & N_2''N_3'' & N_2''N_4'' \\ & & N_3''N_3'' & N_3''N_4'' \\ (sym) & & & N_4''N_4'' \end{bmatrix} d\xi \begin{Bmatrix} u_1 \\ u_1' \\ u_2 \\ u_2' \end{Bmatrix} = \frac{l}{2}\int_{-1}^{1}\begin{Bmatrix} N_1 \\ N_2 \\ N_3 \\ N_4 \end{Bmatrix} f\,d\xi + \begin{Bmatrix} a\dfrac{d^3u}{dx^3}(x_1) \\ -a\dfrac{d^2u}{dx^2}(x_1) \\ -a\dfrac{d^3u}{dx^3}(x_2) \\ a\dfrac{d^2u}{dx^2}(x_2) \end{Bmatrix} \tag{6.14}$$

위 식의 왼편에 있는 요소 강성행렬 성분 (matrix component) 을 각각에 대해 적분하면,

$$[k] = \frac{a}{l^3}\begin{bmatrix} 12 & 6l & -12 & 6l \\ & 4l^2 & -6l & 2l^2 \\ & & 12 & -6l \\ (sym) & & & 4l^2 \end{bmatrix} \tag{6.15}$$

이 된다. 이 식에서와 같이 행렬성분은 서로 다른 차원을 갖는다.

식 (6.15) 의 오른 편에 있는 강제함수 (forcing function) f 에 의한 벡터는 $f = f_0$ 인 상수로 가정하면, 다음과 같다.

$$\{f\} = \left(\frac{l}{2}\right) f_o \int_{-1}^{1}\begin{Bmatrix} N_1 \\ N_2 \\ N_3 \\ N_4 \end{Bmatrix} d\xi = \frac{f_o l}{2}\begin{Bmatrix} 1 \\ l/6 \\ 1 \\ -l/6 \end{Bmatrix} \tag{6.16}$$

이 된다. 그러나 강제함수 f 가 그림 6.4 와 같이 선형으로 분포할 경우, 이에 대한 f 는 다음 식과 같이 나타낼 수 있다.

$$f = \left[\tfrac{1}{2}(1-\xi) \quad \tfrac{1}{2}(1+\xi)\right]\begin{Bmatrix} f_1 \\ f_2 \end{Bmatrix}$$

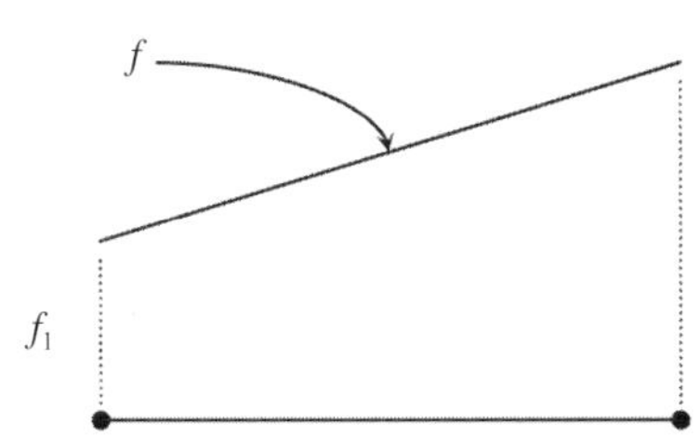

그림 6.4 요소 내의 강제함수 (하중) 가 선형으로 분포할 경우

그러므로 이 경우 강제함수 벡터 항은 다음 식과 같다.

$$\{f\}=\left(\frac{l}{2}\right)\int_{-1}^{1}\begin{Bmatrix}N_1\\N_2\\N_3\\N_4\end{Bmatrix}\left[\tfrac{1}{2}(1-\xi)\quad \tfrac{1}{2}(1+\xi)\right]\begin{Bmatrix}f_1\\f_2\end{Bmatrix}d\xi=\frac{l}{20}\begin{bmatrix}7 & 3\\ l & 2l/3\\ 3 & 7\\ -2l/3 & -l\end{bmatrix}\begin{Bmatrix}f_1\\f_2\end{Bmatrix}$$

위의 식을 정리하여 다시 쓰면 다음 식과 같다.

$$\{f\}=\frac{l}{20}\begin{Bmatrix}7f_1+3f_2\\ l(3f_1+2f_2)/3\\ 3f_1+7f_2\\ -l(2f_1+3f_2)/3\end{Bmatrix} \tag{6.17}$$

이 식으로부터 일관된 하중벡터 (consistent load vector) 에 의해 절점 끝에서 어떻게 하중이 분포되는지 살펴볼 수 있다. 위의 식으로부터 $f_1=f_2$ 일 경우에는 식 (6.17) 은 식 (6.16) 과 같아진다.

이 강제함수 벡터는 경계치 문제를 풀기 위해 요소 강성식에 사용될 수 있다. 만일 2 차 및 3 차 도함수가 요소 경계에서 연속조건을 만족할 경우, 자연경계조건 (natural boundary condition) 항들은 식의 결합과정에서 없어지게 된다. 그러나, 실제는 2 차 미분방정식에 대해서와 같이 항상 그런 것은 아니며, 집중하중 또는 이산값 (discrete value) f 가 문제에 어떻게 적용되는가에 따른다. 다음 절에서 이와 같은 사항을 살펴보기로 한다.

6.2 ▶ 응용: 보의 굽힘

탄성계수가 E 이고 단면 2 차 관성모멘트 (moment of inertia) 가 I 인 곧은 보의 측면방향 변형 (lateral deformation) 은 모멘트 / 곡률 미분방정식에 의해 다음 식과 같다.

$$EI\frac{d^2u}{dx^2} + M_y = 0 \tag{6.18}$$

이 식에서 M_y 는 합 굽힘 모멘트 (resultant moment) 이고, u 는 그림 6.5 와 같이 z 방향으로 발생되는 측면 변형 (lateral deformation), 또는 처짐을 의미한다. 참고로, 위의 식에서 $EI\,(d^2u\,/\,dx^2)$ 는 모멘트 곡률을 의미한다.

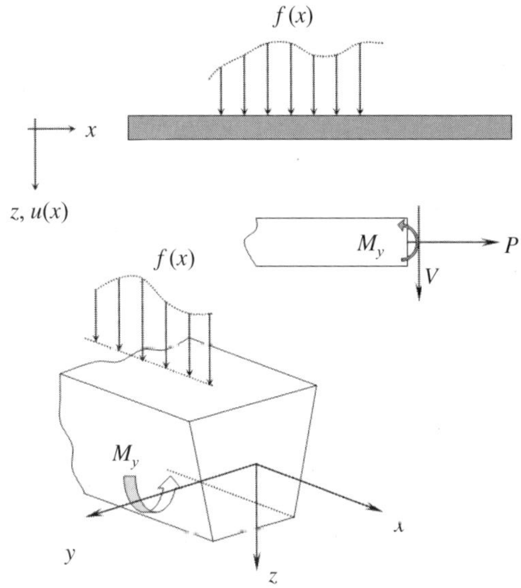

그림 6.5 보의 굽힘

모멘트 M_y 와 전단력 V 는 힘과 모멘트 식에서 측면으로 작용하는 힘 f 와 서로 관계된다. 힘 f 와 전단력 V 의 관계는 다음과 같다.

$$\frac{dV}{dx} + f = 0 \tag{6.19}$$

한편으로, 힘 f 와 모멘트 M_y 관계는 다음 식과 같다.

$$\frac{d^2 M_y}{dx^2} + f = 0 \tag{6.20}$$

위 식의 M_y 항에 식 (6.18) 의 관계를 대입하면 아래와 같이 4 차 미분방정식이 되며, 이 식은 식 (6.1) 과 같은 형식이 된다.

$$\frac{d^2}{dx^2}\left(EI \frac{d^2 u}{dx^2} \right) - f = 0 \tag{6.1}$$

이 식으로부터 측면 변위 u 는 측면으로 작용하는 강제함수 f 에 직접 관계됨을 알 수 있다. 보 문제에서 f 는 단위 길이당 작용하는 분포 하중을 의미한다.

보에 관계되는 위의 변수들을 사용하여, 앞 절에서 유도되었던 유한요소식을 쓰면 다음과 같다.

$$\frac{EI}{l^3}\begin{bmatrix} 12 & 6l & -12 & 6l \\ & 4l^2 & -6l & 2l^2 \\ & & 12 & -6l \\ (sym) & & & 4l^2 \end{bmatrix} \begin{Bmatrix} u_1 \\ u_1' \\ u_2 \\ u_2' \end{Bmatrix} = \{f\} + \begin{Bmatrix} -V_1 \\ M_1 \\ V_2 \\ -M_2 \end{Bmatrix} \tag{6.21}$$

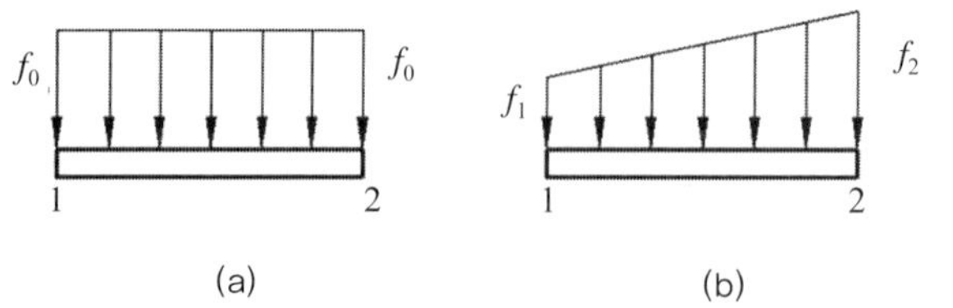

그림 6.6 보에서 (a) 분포하중이 일정한 경우, (b) 분포하중이 선형으로 분포할 경우

위의 식 (6.16) 에서 강제함수 벡터 $\{f\}$ 가 그림 6.6(a) 와 같이 분포하중이 $f = f_0$ 로 일정한 상수일 경우, 식 (6.16) 과 같다.

$$\{f\} = \left(\frac{l}{2}\right) f_o \int_{-1}^{1} \begin{Bmatrix} N_1 \\ N_2 \\ N_3 \\ N_4 \end{Bmatrix} d\xi = \frac{f_o l}{2} \begin{Bmatrix} 1 \\ l/6 \\ 1 \\ -l/6 \end{Bmatrix} \tag{6.16}$$

양 끝 절점에서 그림 6.6(b) 와 같이 f_1 과 f_2 로 선형으로 분포하는 하중일 경우에는 식 (6.17) 을 이용한다.

$$\{f\} = \frac{l}{20}\begin{Bmatrix} 7f_1 + 3f_2 \\ l(3f_1 + 2f_2)/3 \\ 3f_1 + 7f_2 \\ -l(2f_1 + 3f_2)/3 \end{Bmatrix} \tag{6.17}$$

위의 강성식으로부터 경계치 문제는 주어진 경계조건과 다른 요소들을 결합하여 식을 풀 수 있다. 요소의 1 차 변수가 결정될 경우, 요소 내에서 변위 (처짐) u , 기울기 du/dx , 2 변수인 모멘트 M 과 전단력 V 는 다음 식으로 계산한다.

$$u = \begin{bmatrix} N_1 & N_2 & N_3 & N_4 \end{bmatrix}\begin{Bmatrix} u_1 \\ u_1' \\ u_2 \\ u_2' \end{Bmatrix} \tag{6.8}$$

$$\frac{du}{dx} = \frac{2}{l}\begin{bmatrix} N_1' & N_2' & N_3' & N_4' \end{bmatrix}\begin{Bmatrix} u_1 \\ u_1' \\ u_2 \\ u_2' \end{Bmatrix} \tag{6.12}$$

$$M = -EI\frac{d^2u}{dx^2} = -EI\left(\frac{2}{l}\right)^2\begin{bmatrix} N_1'' & N_2'' & N_3'' & N_4'' \end{bmatrix}\begin{Bmatrix} u_1 \\ u_1' \\ u_2 \\ u_2' \end{Bmatrix} \tag{6.22}$$

$$V = -\frac{d}{dx}\left(EI\frac{d^2u}{dx^2}\right) = -EI\left(\frac{2}{l}\right)^3\begin{bmatrix} N_1''' & N_2''' & N_3''' & N_4''' \end{bmatrix}\begin{Bmatrix} u_1 \\ u_1' \\ u_2 \\ u_2' \end{Bmatrix} \tag{6.23}$$

보의 임의의 점에 측면 방향으로 작용하는 집중하중과 모멘트는 그림 6.7 과 같이 요소 사이에 평형을 만족하는 식으로부터 절점에 적용될 수 있다.

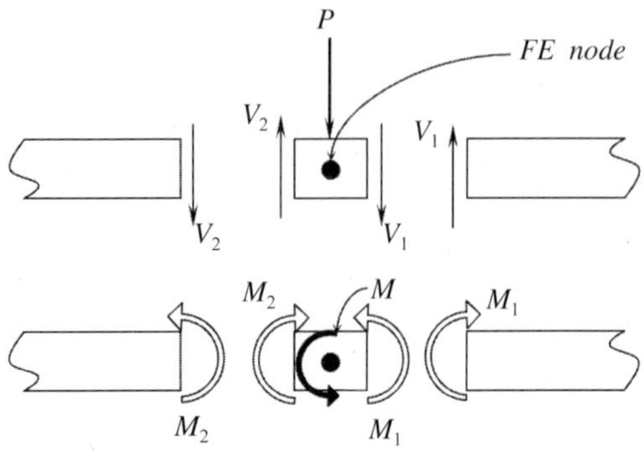

그림 6.7 보 요소 사이 전단력과 모멘트의 평형

힘이나 모멘트가 작용되는 지점이 요소의 경계가 되도록 하면, 절점의 평형방정식은 다음과 같다. 힘의 평형조건으로부터,

$$\sum F_z = 0: \quad -V_2 + V_1 + P = 0 \;\Rightarrow\; V_2 - V_1 = P \tag{6.24}$$

이 되고, 모멘트평형조건으로부터,

$$\sum M_y = 0: \quad -M_2 + M_1 + M = 0 \;\Rightarrow\; M_2 - M_1 = M \tag{6.25}$$

이 된다. 이러한 전단력과 굽힘모멘트 차이는 식을 결합하면 식의 우변에 나타나며, 절점에서 작용하는 집중 하중 P 나 집중 모멘트 M 이 없을 경우에는 V_1, V_2, M_1 그리고 M_2 가 제거될 수 있다. 그러나 집중 하중 P 나 집중 모멘트 M 이 절점에 작용할 경우, 이들 식과 같이 결합과정을 통하여 집중하중이나 모멘트를 유한요소법에 적용할 수 있다.

예제 6.2 그림 6.8 은 균일분포 하중 f_0 을 받고 있는 보이다. 계산을 간단히 하기 위해 $E = 1$, $I = 1$, $L = 3$, 그리고 $f_0 = 1$ 로 가정한다. 보를 다음과 같이 동일한 길이의 요소 수로 나누어 유한요소법으로 해석하여라. 단, 요소 수가 6 일 경우는 부록의 매트랩 프로그램 beamstatic 폴더의 beam.m 을 사용하여라.

(a) $n = 2$

(b) $n = 3$

(c) $n = 6$ (프로그램 beam.m 을 사용)

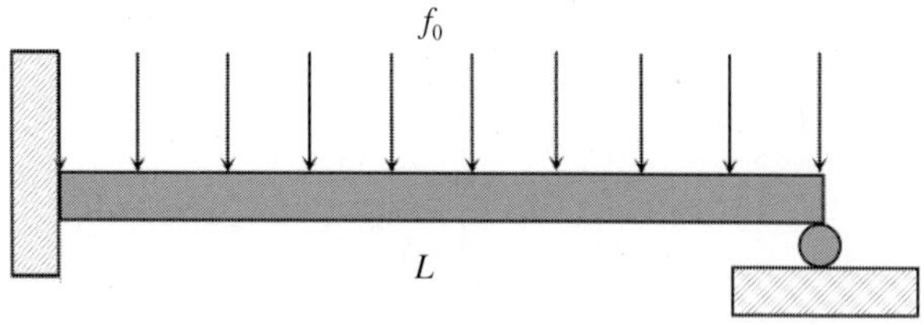

그림 6.8 일단 고정 일단 핀힌지 보

풀이 요소에 대한 식은 식 (6.21) 에 균일 분포하중에 관한 식 (6.16) 을 적용하면 다음과 같다.

$$\frac{EI}{l^3}\begin{bmatrix} 12 & 6l & -12 & 6l \\ & 4l^2 & -6l & 2l^2 \\ & & 12 & -6l \\ sym & & & 4l^2 \end{bmatrix}\begin{Bmatrix} u_1 \\ u_1' \\ u_2 \\ u_2' \end{Bmatrix} = \frac{f_o l}{2}\begin{Bmatrix} 1 \\ l/6 \\ 1 \\ -l/6 \end{Bmatrix} + \begin{Bmatrix} -V_1 \\ M_1 \\ V_2 \\ -M_2 \end{Bmatrix} \qquad ①$$

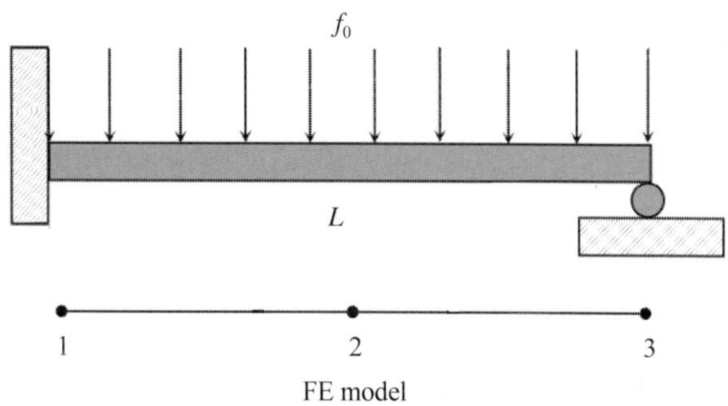

그림 6.8 (a)

(a) 요소 수가 $n = 2$ 이므로 두 개의 요소를 결합하면 다음과 같다. 요소 식을 결합하기 위해 각 요소의 자유도 (dof) 를 나타내는 접속행렬 (connectivity matrix) 은 아래의 표 6.1 과 같다.

표 6.1 (a) 자유도 번호 (dof number) 접속행렬 표

Element No.	u_1	u_1'	u_2	u_2'
1	1	2	3	4
2	3	4	5	6

$$\frac{EI}{l^3}\begin{bmatrix} 12 & 6l & -12 & 6l & 0 & 0 \\ 6l & 4l^2 & -6l & 2l^2 & 0 & 0 \\ -12 & -6l & (12+12) & (-6l+6l) & -12 & 6l \\ 6l & 2l^2 & (-6l+6l) & (4l^2+4l^2) & -6l & 2l^2 \\ 0 & 0 & -12 & -6l & 12 & -6l \\ 0 & 0 & 6l & 2l^2 & -6l & 4l^2 \end{bmatrix}\begin{Bmatrix} u_1 \\ u_1' \\ u_2 \\ u_2' \\ u_3 \\ u_3' \end{Bmatrix}$$

$$=\frac{f_o l}{2}\begin{Bmatrix} 1 \\ \frac{l}{6} \\ 1+1 \\ -\frac{l}{6}+\frac{l}{6} \\ 1 \\ -\frac{l}{6} \end{Bmatrix}+\begin{Bmatrix} -V_1^1 \\ M_1^1 \\ V_2^1-V_1^2 \\ -M_2^1+M_1^2 \\ V_2^2 \\ -M_2^2 \end{Bmatrix} \qquad ②$$

경계 조건은 $u_1 = 0, u_1' = 0, u_3 = 0$, 그리고 하중 조건은 $M_3 = 0$ 이다. 이 문제의 절점 2 에서는 집중하중과 모멘트 (우력) 가 없으므로 $V_2^1 - V_1^2 = 0$ 이고 $-M_2^1 + M_1^2 = 0$ 이 된다.

또한, $V_1^1 = V_1$, $M_1^1 = M_1$, $V_2^2 = V_3$, 그리고 $M_2^2 = M_3$ 로 놓고, 위의 경계 및 하중 조건들과 $E = 1, I = 1, L = 3$, $f_0 = 1$ 과 $l = L/2 = 1.5$ 를 적용하여 식 ② 를 다시 쓰면 다음과 같다.

$$\frac{1}{(1.5)^3}\begin{bmatrix} 12 & 9 & -12 & 9 & 0 & 0 \\ 9 & 9 & -9 & 4.5 & 0 & 0 \\ -12 & -9 & 24 & 0 & -12 & 9 \\ 9 & 4.5 & 0 & 18 & -9 & 4.5 \\ 0 & 0 & -12 & -9 & 12 & -9 \\ 0 & 0 & 9 & 4.5 & -9 & 9 \end{bmatrix}\begin{Bmatrix} 0 \\ 0 \\ u_2 \\ u_2' \\ 0 \\ u_3' \end{Bmatrix}=\begin{Bmatrix} 0.75 \\ 0.1875 \\ 1.5 \\ 0 \\ 0.75 \\ -0.1875 \end{Bmatrix}+\begin{Bmatrix} -V_1 \\ M_1 \\ 0 \\ 0 \\ V_3 \\ 0 \end{Bmatrix} \qquad ③$$

위의 식을 풀면 다음을 얻는다.

$$\begin{Bmatrix} V_1 \\ M_1 \\ u_2 \\ u_2' \\ V_3 \\ u_3' \end{Bmatrix}=\begin{Bmatrix} 1.8750 \\ -1.1250 \\ 0.4219 \\ 0.1406 \\ -1.1250 \\ -0.5626 \end{Bmatrix} \qquad ④$$

(b) 그림 6.8 (b) 와 같은 조건의 보에 대해, 3 개 요소와 4 개의 절점을 이용한 유한요소법으로 해석하면 다음과 같다. 단, 문제에서 가정된 데로 $E = 1, I = 1, l = 1$ $l = 1, L = 3$, 그리고 $f_0 = 1$ 을 사용한다.

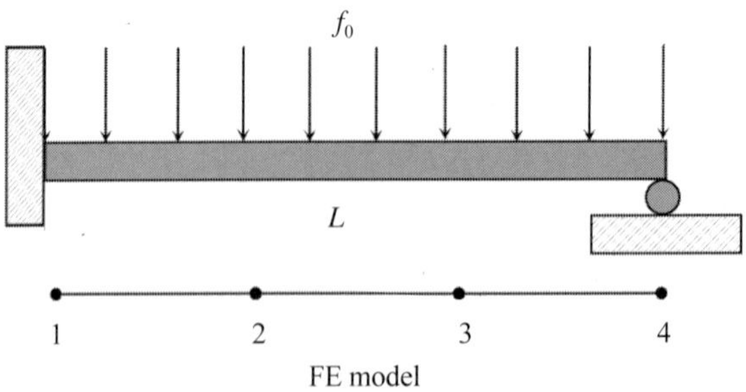

그림 6.8 (b)

요소의 식을 결합하기 위해 각 요소의 자유도 (dof) 를 나타내는 접속행렬 (connectivity matrix) 은 아래의 표 6.1 (b) 와 같다.

표 6.1 (b) 자유도 번호 (dof number) 접속행렬 표

Element No.	u_1	u_1'	u_2	u_2'
1	1*	2	3	4
2	3	4	5	6
3	5	6	7	8

* dof number

각각의 요소에 관한 식을 결합하면, 아래의 식을 얻을 수 있다.

$$\begin{bmatrix} 12 & 6 & -12 & 6 & 0 & 0 & 0 & 0 \\ & 4 & -6 & 2 & 0 & 0 & 0 & 0 \\ & & 24 & 0 & -12 & 6 & 0 & 0 \\ & & & 8 & -6 & 2 & 0 & 0 \\ & & & & 24 & 0 & -12 & 6 \\ & & & & & 8 & -6 & 2 \\ & & & & & & 12 & -6 \\ sym & & & & & & & 4 \end{bmatrix} \begin{Bmatrix} u_1 \\ u_1' \\ u_2 \\ u_2' \\ u_3 \\ u_3' \\ u_4 \\ u_4' \end{Bmatrix} = \begin{Bmatrix} 1/2 \\ 1/12 \\ 1 \\ 0 \\ 1 \\ 0 \\ 1/2 \\ -1/12 \end{Bmatrix} + \begin{Bmatrix} -V_1^1 \\ M_1^1 \\ V_2^1 - V_1^2 \\ -M_2^1 + M_1^2 \\ V_2^2 - V_1^3 \\ -M_2^2 + M_1^3 \\ V_2^3 \\ -M_2^3 \end{Bmatrix} \quad ⑤$$

위에서와 마찬가지로 결합된 식에서 기본경계조건 (essential boundary condition) 은 $u_1 = u_1' = u_4 = 0$ 이고, 자연경계조건 (하중조건) 은 $M_2^3 = 0$ 이다. 요소 사이에 집중하중이나 모멘트가 없으므로 평형조건에 의해 $V_2^1 - V_1^2 = 0$, $-M_2^1 + M_1^2 = 0$, $V_2^2 - V_1^3 = 0$, 그리고 $-M_2^2 + M_1^3 = 0$ 이므로 이들 경계조건을 위의 식에 적용하면 다음 식과 같다.

$$\begin{bmatrix} 12 & 6 & -12 & 6 & 0 & 0 & 0 & 0 \\ & 4 & -6 & 2 & 0 & 0 & 0 & 0 \\ & & 24 & 0 & -12 & 6 & 0 & 0 \\ & & & 8 & -6 & 2 & 0 & 0 \\ & & & & 24 & 0 & -12 & 6 \\ & & & & & 8 & -6 & 2 \\ & & & & & & 12 & -6 \\ sym & & & & & & & 4 \end{bmatrix} \begin{Bmatrix} 0 \\ 0 \\ u_2 \\ u_2' \\ u_3 \\ u_3' \\ 0 \\ u_4' \end{Bmatrix} = \begin{Bmatrix} 1/2 \\ 1/12 \\ 1 \\ 0 \\ 1 \\ 0 \\ 1/2 \\ -1/12 \end{Bmatrix} + \begin{Bmatrix} -V_1^1 \\ M_1^1 \\ 0 \\ 0 \\ 0 \\ 0 \\ V_2^3 \\ 0 \end{Bmatrix} \quad ⑥$$

이 식을 풀면

$$\begin{Bmatrix} V_1^1 \\ M_1^1 \\ u_2 \\ u_2' \\ u_3 \\ u_3' \\ V_2^2 \\ u_4' \end{Bmatrix} = \begin{Bmatrix} 15/8 \\ -9/8 \\ 7/24 \\ 17/48 \\ 5/12 \\ -1/6 \\ -9/8 \\ -9/16 \end{Bmatrix} \qquad ⑦$$

을 얻는다.

한편으로 2 차 변수인 모멘트 M 과 전단력 V 는 각 요소에서 2 차 및 3 차 도함수를 통하여 계산할 수 있다. 이 문제의 각 요소에 대해서 이들 2 차 변수는 요소 형상함수로부터 다음 식들에 의해 계산한다. 이들 결과로부터 요소 내에서 변위 (처짐), 기울기, 굽힘모멘트 및 전단력의 변화는 아래와 같은 식 (6.8), (6.12), (6.21) 및 (6.22) 를 이용하여 구할 수 있다. 이들 식을 이용하여 그래프로 나타내면 다음과 같다.

이와 같이 구한 변위, 굽힘 모멘트, 그리고 전단력 값들을 매트랩 프로그램 beam.m 을 이용하여 그래프로 나타내면 그림 6.9 (a) ~ 6.9 (d) 와 같다.

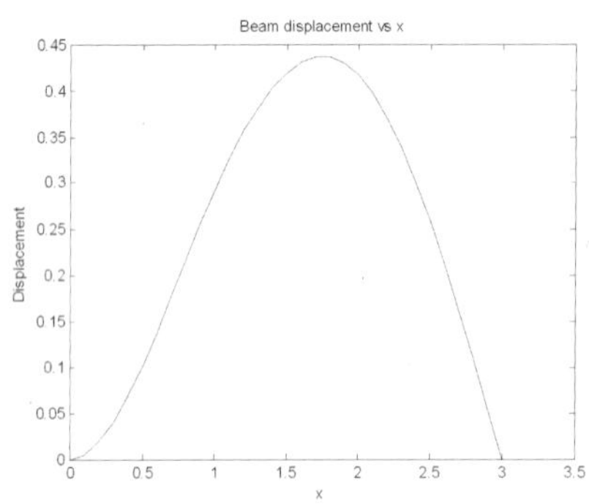

그림 6.9 (a)

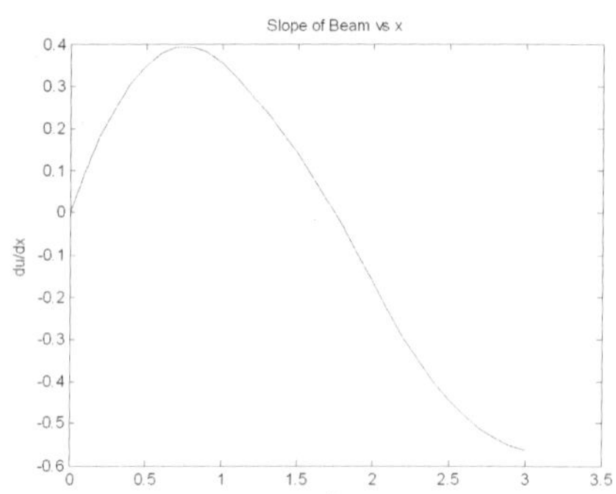

그림 6.9 (b)

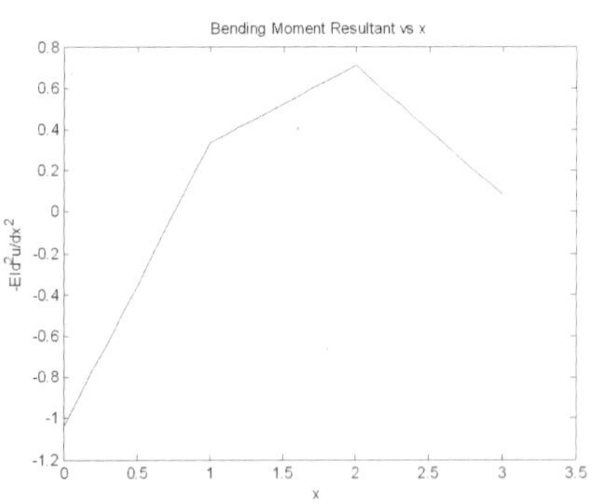

그림 6.9 (c)

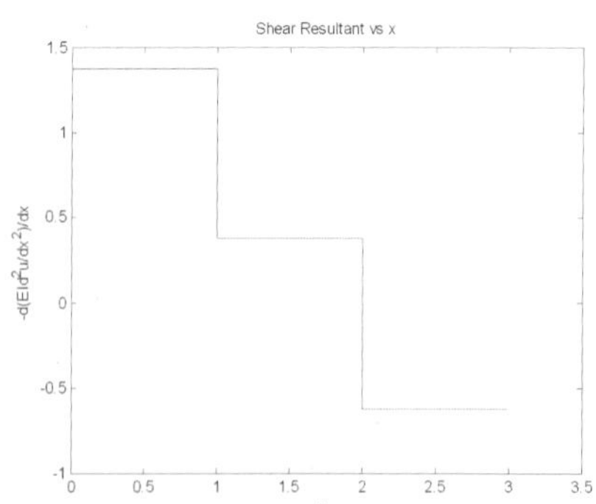

그림 6.9 (d)

(c) 요소 수 $n=6$ 에 대해 매트랩 유한요소 프로그램 beamstatic 폴더의 beam.m 을 사용하면 다음과 같다.

MATLAB TIP

beam.m 프로그램의 내용은 다음과 같으며, 이를 실행하면 아래의 결과를 얻을 수 있다.

```
%=================================================================
% Finite element solution of the equilibrium beam equation
%
%                          (EIu")" = f
%
% where
%   u = lateral displacement of the beam
%   E = the elastic modulus of the material of the beam
%   I = second moment of inertial w.r.t. the neutral surface
%   f = lateral force distribution on the beam
%
% Secondary variables include:
%   V = -(EIu")' = lateral shear force in the beam
%   M = -EIu" = bending moment in the beam
%
% Boundary conditions are as follows:
%
% At x = a,   u(a) or V(a) given AND u'(a) or M(a) given
% At x = b,   u(b) or V(b) given AND u'(b) or M(b) given
%
% The coefficients E and I are assumed to be constant and the
% force f is assumed to be linear on each element.  On each
% element the unknown function u (primary variable) is assumed
% to be a Hermitian cubic function.
%=================================================================
%

>> beam
 Number of elements: 6
 x at left end: 0
 x at right end: 3
 Coefficient E: 1
 Coefficient I: 1
 First  BC code at a (0 => V given, 1 => u given): 1
 First BC value at a: 0
 Second BC code at a (0 => M given, 1 => du/dx given): 1
 Second BC value at a: 0
 First  BC code at b (0 => V given, 1 => u given): 1
 First BC value at b: 0
 Second BC code at b (0 => M given, 1 => du/dx given): 0
 Second BC value at b: 0

 Are there distributed loads to be input? (y/n): y
 Terminate by entering element > number of elements in the model
 Element number where the load acts: 1
 Input value at beginning of the element: 1
 Input value at end of the element: 1
```

```
 Element number where the load acts: 2
 Input value at beginning of the element: 1
 Input value at end of the element: 1
 Element number where the load acts: 3
 Input value at beginning of the element: 1
 Input value at end of the element: 1
 Element number where the load acts: 4
 Input value at beginning of the element: 1
 Input value at end of the element: 1
 Element number where the load acts: 5
 Input value at beginning of the element: 1
 Input value at end of the element: 1
 Element number where the load acts: 6
 Input value at beginning of the element: 1
 Input value at end of the element: 1
 Element number where the load acts: 7

 Are there point loads to be input? (y/n): n
 Terminate by entering node > number of nodes in the model

 Are there concentrated moments to be input? (y/n): n
 Terminate by entering node > number of nodes in the model
>> u
u =
         0
         0
    0.1042
    0.3490
    0.2917
    0.3542
    0.4219
    0.1406
    0.4167
   -0.1667
    0.2604
   -0.4427
         0
   -0.5625
>>
```

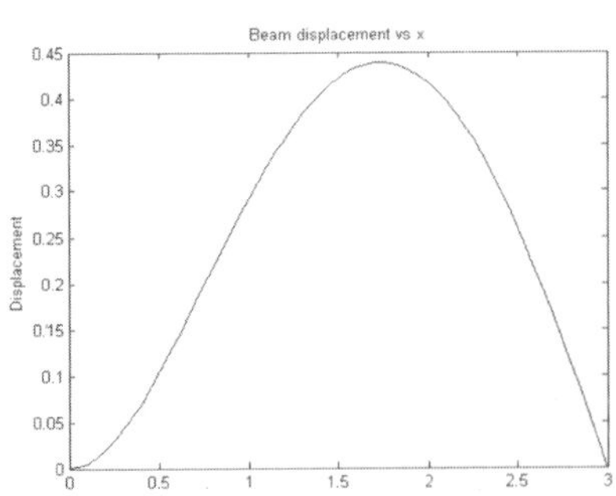

그림 6.9 (e)

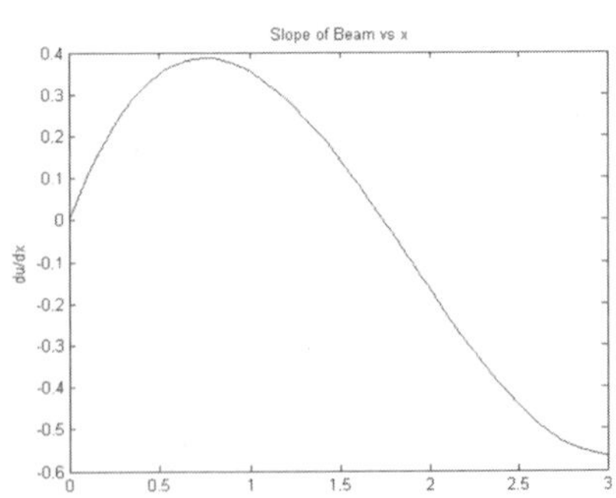

그림 6.9 (f)

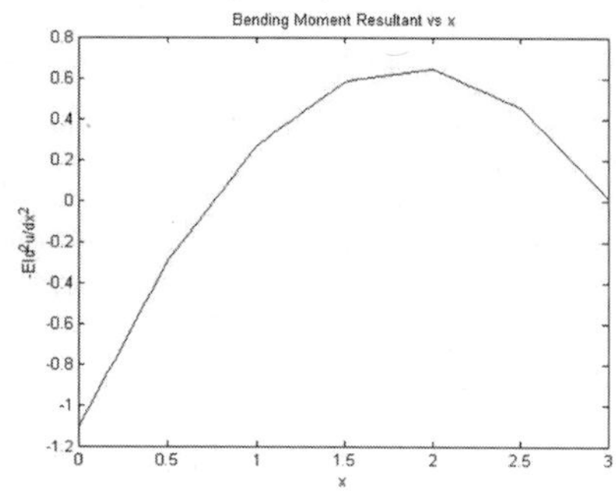

그림 6.9 (g)

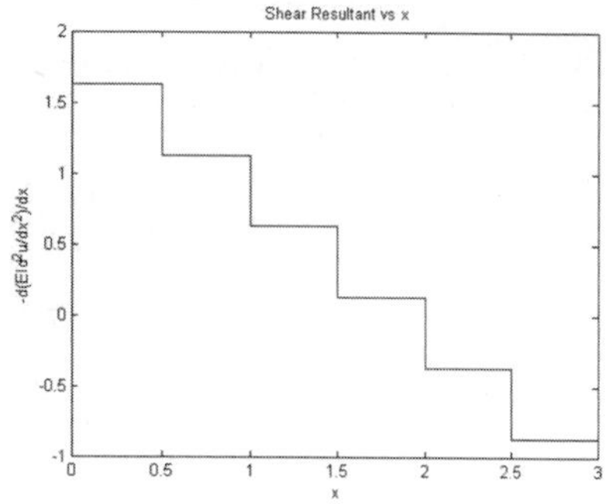

그림 6.9 (h)

요소 수 $n = 3, 6$ 에 관한 그림 6.9 (a) ~ (d) 와 그림 6.9 (e) ~ (h) 를 비교해 보아라. 무엇 서로 달라졌는가 살펴보아라.

참고로 이 예제에서 변위, 기울기, 모멘트 및 전단력에 관한 식은 다음과 같다.

$$y = \frac{1}{EI}\left(-\frac{1}{24}wx^4 + \frac{5}{48}wLx^3 - \frac{1}{16}wL^2x^2\right)$$

$$\frac{dy}{dx} = \frac{1}{EI}\left(-\frac{1}{6}wx^3 + \frac{5}{16}wLx^2 - \frac{1}{8}wL^2x\right)$$

$$M(x) = -EI\frac{d^2y}{dx^2} = -EI\left(-\frac{1}{2}wx^2 + \frac{5}{8}wLx - \frac{1}{8}wL^2\right)$$

$$V(x) = -EI\frac{d^3y}{dx^3} = -EI\left(-wx + \frac{5}{8}wL\right)$$

연습문제 PROBLEMS

1. 4차 식의 강성행렬 (1,2) 성분 k_{12} 와 (2,2) 성분 k_{22} 는 다음 식과 같다. 이 식들을 적분하여 해당되는 성분 값을 구하여라.

$$k_{12} = \frac{8k}{l^3}\int_{-1}^{1} N_1'' N_2'' d\xi$$

$$k_{22} = \frac{8k}{l^3}\int_{-1}^{1} N_2'' N_2'' d\xi$$

위의 식에서 l 은 요소의 길이이고, 각각의 형상함수는 아래와 같다.

$$\begin{aligned} N_1 &= \frac{1}{4}(1-\xi)(1-\xi)(2+\xi) \\ N_2 &= \frac{l}{8}(1-\xi)(1-\xi)(1+\xi) \\ N_3 &= \frac{1}{4}(1+\xi)(1+\xi)(2-\xi) \\ N_4 &= -\frac{l}{8}(1-\xi)(1+\xi)(1+\xi) \end{aligned}$$

2. 보 요소에서 하중이 상수일 경우와 선형으로 분포되어 있을 경우에 대해서 3차 에르미트 형상함수 (Cubic Hermitian shape function) 를 적분하여 보 요소의 하중벡터를 구하여라.

(a) 힘이 f_0 로 일정한 상수일 경우,

$$\{f\} = \int_{x_1}^{x_2} f_0\{N\}dx = \frac{l}{2}\int_{-1}^{1}\begin{Bmatrix} N_1 \\ N_2 \\ N_3 \\ N_4 \end{Bmatrix} f_0 d\xi$$

(b) 힘이 절점 1 에서는 f_1 이고 절점 2 에서는 f_2 로 다음과 같이 선형 분포되어 있을 경우,

$$f = [\frac{1}{2}(1-\xi) \quad \frac{1}{2}(1+\xi)]\begin{Bmatrix} f_1 \\ f_2 \end{Bmatrix}$$

이 경우의 하중벡터를 다음 식을 적분하여 구하여라.

$$\{f\} = \int_{x_1}^{x_2} f\{N\}dx = \frac{1}{2}\int_{-1}^{1}\begin{Bmatrix} N_1 \\ N_2 \\ N_3 \\ N_4 \end{Bmatrix}[\frac{1}{2}(1-\xi) \quad \frac{1}{2}(1+\xi)]d\xi\begin{Bmatrix} f_1 \\ f_2 \end{Bmatrix}$$

3. 그림과 같은 보에 대해 길이가 같은 두 개의 요소를 사용하여 유한요소법으로 1 차 변수인 $u(x)$, 그리고 2 차 변수인 $M(x)$ 와 $V(x)$ 의 분포를 구하여라. 계산을 간단히 할 수 있도록 단면계수는 $E = 1$, $I = 1$ 로 하고, 집중하중은 $P = 1$, 보 끝점의 분포하중의 크기는 $w_0 = 1$, 그리고 요소의 길이는 $l_1 = l_2 = L/2 = 1.0$ 으로 간주하여라.

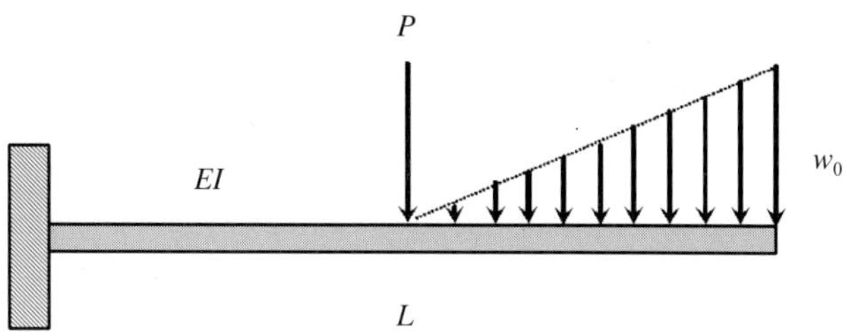

그림 E3

계산 결과로부터 다음 사항을 그래프로 나타내라.

(a) x 에 대한 측면 변위 $u(x)$ 의 분포

(b) x 에 대한 측면 굽힘모멘트 $M(x)$ 의 분포

(a) x 에 대한 측면 전단력 $V(x)$ 의 분포

위의 모든 그래프는 1 차 변수의 해와 요소의 형상함수, 그리고 적절한 도함수를 이용하여 계산 값으로 나타낼 수 있다.

4. 예제 6.2 에 대해 이론적인 변위, 기울기, 모멘트, 그리고 전단력 분포를 요소 수가 $n = 3$ 으로 분할한 유한요소법으로 계산한 결과와 비교하여 그래프로 나타내라.

CHAPTER 7

2 차원 문제

7.1 ▶ 서 론

2 차원 문제에 있어서 많은 물리적인 문제들은 다음과 같이 준조화방정식 (quasi-harmonic equation) 으로 나타낼 수 있다.

$$\frac{\partial}{\partial x}\left(k_x \frac{\partial u}{\partial x}\right)+\frac{\partial}{\partial y}\left(k_y \frac{\partial u}{\partial y}\right)+f(x,y)=0 \tag{7.1}$$

이 식에 대한 경계조건은 그림 7.1 에서와 같이

$$u=u_0(\mathrm{s}) \quad \text{on } S_1 \ \text{(기본경계조건)} \tag{7.1a}$$

이고, 그리고

$$k_x \frac{\partial u}{\partial x} n_x + k_y \frac{\partial u}{\partial y} n_y + \alpha(s)u = q_0(s) \quad \text{on } S_2 \ \text{(자연경계조건)} \tag{7.1b}$$

이다.

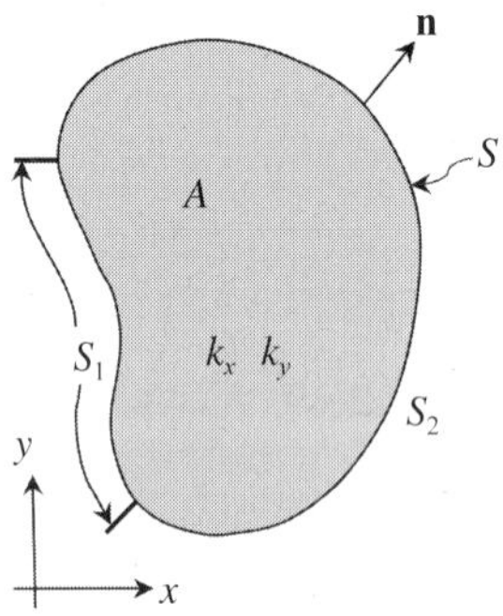

Generic problem domain in 2D

그림 7.1 이차원 문제

이러한 물리적인 문제들을 예로 들면

- 표면에서 대류를 동반한 정상상태 (steady state) 의 열전도
- 정전기 (electrostatic) 및 전자기 (electromagnetic) 문제
- 다공성매질 (porous media) 의 확산 (diffusion) 및 흐름
- 원형축의 비틀림 (torsion)
- 이상기체흐름 (비점성, 비압축성)

등등과 같다.

위의 식에서 그림 7.2 와 같이 특별한 경우로 $k_x = k_y \equiv k$ 에 대해서 편미분방정식은

$$\frac{\partial}{\partial x}\left(k\frac{\partial u}{\partial x}\right)+\frac{\partial}{\partial y}\left(k\frac{\partial u}{\partial y}\right)+f=0 \quad \text{또는} \quad \overline{\nabla}\cdot(k\overline{\nabla}u)+f=0 \tag{7.2}$$

이 되고, 경계조건은 S_1 에서

$$u=u_0(s) \tag{7.2a}$$

그리고, S_2 에서는

$$k\left(\frac{\partial u}{\partial x}n_x\right)+k\left(\frac{\partial u}{\partial y}n_y\right)+\alpha(s)u=q_0(s) \quad \text{또는} \quad k\overline{\nabla}u\cdot\overline{n}+\alpha\, u=q_0(s) \tag{7.2b}$$

으로 나타낼 수 있다.

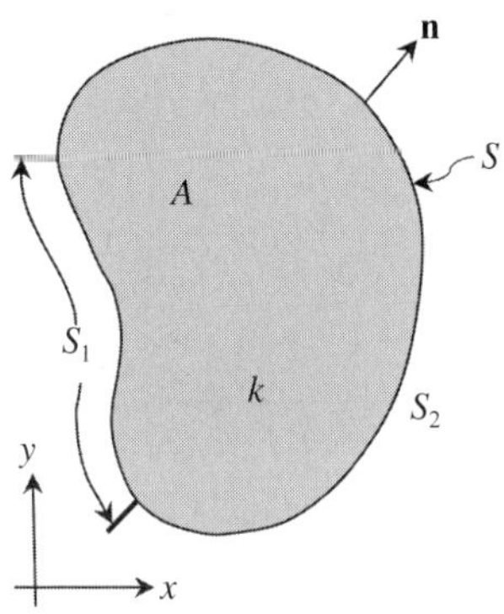

그림 7.2 $k_x = k_y \equiv k$ 의 경우

더 나아가 좀 더 일반적인, 예를 들면 이방성 (anisotropic) 경우에 앞서 이러한 특별한 경우의 미분방정식에 대한 유한요소식을 알아 보기로 한다. 주어진 식을 앞 절의 갤리긴빙법에 따라 변분형 (variational form) 이나 약화시킨 식 (weak form) 으로 나타낸다. 따라서 만일 $u(x, y)$ 가 정확한 해의 근사치이고 $w(x, y)$ 가 가중함수라고 가정하면

$$\int_A \left[\overline{\nabla}\cdot(k\overline{\nabla}u)+f\right]w\,dA=0 \tag{7.3}$$

또는

$$\int_A w(x,y)\left[\frac{\partial}{\partial x}\left(k\frac{\partial u}{\partial x}\right)+\frac{\partial}{\partial y}\left(k\frac{\partial u}{\partial y}\right)+f\right]dA=0 \tag{7.4}$$

이 되며, 이 식은 주어진 문제에 대한 가중잔여식 (weighted residual statement) 이 된다.

가중함수 $w(x, y)$ 는 1 차원 문제와 마찬가지로 문제의 경계조건을 만족해야 한다. 위의 식에서 만일 A 가 전체영역 (full domain) 이라 하면, 경계조건은 실제 문제의 조건과 같이 된다. 그러나 A 가 하나의 "요소"에서의 영역일 경우에는 가중함수는 요소사이의 양립조건 (compatibility condition) 을 만족해야 한다. 여기서 유한요소식을 유도하는 과정에서는 이러한 조건들을 뒤로 미루고, 문제의 실제 경계조건을 요소 식을 결합한 식에 적용하는 과정에서 다시 살펴보기로 한다. 왜냐하면 가중함수 $w(x, y)$ 는 갤러킨법에서 요소의 형상함수와 동일하기 때문에 형상함수에 필요한 조건들을 만족하도록 해야 한다.

이를 위하여 첫 단계로 가중잔여식의 도함수 항에 "부분적분" 의 개념을 적용하기로 한다. 부분적분 개념을 연속성 (continuity) 이 충분조건을 만족하는 두 개의 함수, 예를 들면 $u(x, y)$ 와 $v(x, y)$ 에 대한 발산정리 (divergence theorem) 에 의해 정의하면,

$$\int_A \frac{\partial}{\partial x}(uv)dA = \oint_S (uv)\, n_x dS \tag{7.5}$$

또는

$$\int_A u\frac{\partial v}{\partial x} dA = \oint_S (uv)\, n_x dS - \int_A v\frac{\partial u}{\partial x} dA \tag{7.6}$$

와 같이 쓸 수 있으며, y 에 대한 도함수도 위와 같은 절차로

$$\int_A u\frac{\partial v}{\partial y} dA = \oint_S (uv)\, n_y dS - \int_A v\frac{\partial u}{\partial y} dA \tag{7.7}$$

로 정의할 수 있다.

가중잔여식에 $u \to k(\partial u / \partial x)$ 와 $v \to w$ 로 하여 위의 항등식, 즉 아이덴티티 (identity) 를 사용하면

$$\int_A w(x, y)\left[\frac{\partial}{\partial x}\left(k\frac{\partial u}{\partial x}\right) + \frac{\partial}{\partial y}\left(k\frac{\partial u}{\partial y}\right) + f\right]dA = 0 \tag{7.8}$$

또는

$$\int_A \frac{\partial}{\partial x}\left(k\frac{\partial u}{\partial x}\right)w\, dA + \int_A \frac{\partial}{\partial y}\left(k\frac{\partial u}{\partial y}\right)w\, dA + \int_A f\, w\, dA = 0 \tag{7.9}$$

위의 식 (7.9) 에서

$$\int_A \frac{\partial}{\partial x}\left(k\frac{\partial u}{\partial x}\right)w\, dA = \oint_S w\, k\frac{\partial u}{\partial x} n_x ds - \int_A k\frac{\partial u}{\partial x}\frac{\partial w}{\partial x} dA \tag{7.9a}$$

$$\int_A \frac{\partial}{\partial y}\left(k\frac{\partial u}{\partial y}\right) w\, dA = \oint_S w k \frac{\partial u}{\partial y} n_y ds - \int_A k \frac{\partial u}{\partial y}\frac{\partial w}{\partial y} dA \tag{7.9b}$$

이므로 가중잔여식은 다음 식과 같다.

$$\left[\oint_S w k \frac{\partial u}{\partial x} n_x ds - \int_A k \frac{\partial u}{\partial x}\frac{\partial w}{\partial x} dA\right] + \left[\oint_S w k \frac{\partial u}{\partial y} n_y ds - \int_A k \frac{\partial u}{\partial y}\frac{\partial w}{\partial y} dA\right] + \int_A w f\, dA = 0 \tag{7.10}$$

이 식을 정리하면

$$\int_A \left[\frac{\partial w}{\partial x} k \frac{\partial u}{\partial x} + \frac{\partial w}{\partial y} k \frac{\partial u}{\partial y}\right] dA = \int_A w f dA + \oint_S w \left(k\frac{\partial u}{\partial x} n_x + k\frac{\partial u}{\partial y} n_y\right) dS \tag{7.11}$$

와 같다. 위의 식에서 오른편 항의 자연경계조건은 경계 S 에 따른 윤곽적분 (contour integral) 임을 유의하라.

이제 해석하려는 일반적인 영역에 대해 유한요소식을 전개해 나갈 수 있다. 만일 그림 7.3 과 같은 영역 A 에서 n 개의 절점으로 된 특정 요소의 함수 $u(x, y)$ 에 대해서

$$u(x, y) = \sum_{i=1}^{n} N_i(x, y) u_i \tag{7.12}$$

이며, $N_i(x, y)$ 는 요소의 보간함수 또는 형상함수이고 u_i 는 i 번째 절점에서 u 의 값이다.

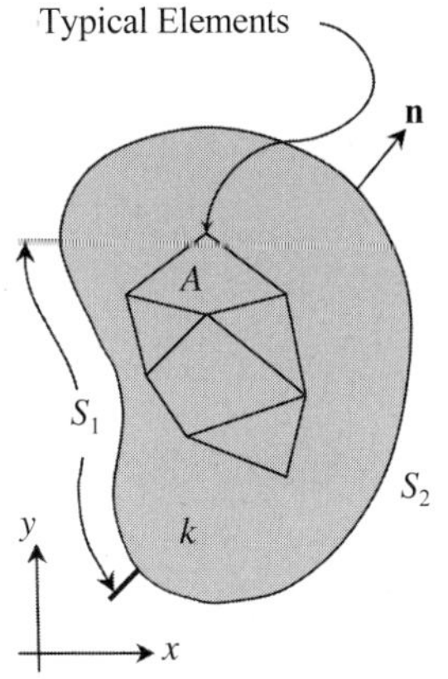

그림 7.3 2 차원문제 요소

앞의 관계를 행렬로 나타내면 다음과 같이 쓸 수 있다.

$$u(x,y)=\sum_{i=1}^{n}N_i(x,y)u_i=\left[N_1(x,y)\quad N_2(x,y)\quad\cdots\right]\begin{Bmatrix}u_1\\u_2\\\vdots\end{Bmatrix}=[N(x,y)]\{u\} \tag{7.13}$$

그리고, x 및 y 에 대한 도함수 항은 각각

$$\frac{\partial u}{\partial x}=\frac{\partial}{\partial x}\left[N_1(x,y)\quad N_2(x,y)\quad\cdots\right]\begin{Bmatrix}u_1\\u_2\\\vdots\end{Bmatrix}=\frac{\partial}{\partial x}[N(x,y)]\{u\}=\frac{\partial}{\partial x}[N]\{u\} \tag{7.14a}$$

$$\frac{\partial u}{\partial y}=\frac{\partial}{\partial y}[N]\{u\} \tag{7.14b}$$

과 같다. 위의 행렬식 관계와 $w\rightarrow[N]^T=\{N\}$ 을 가중잔여식에 적용하면 요소의 차수가 낮추어진 약화된 식 (weak statement) 이 되며, 다음 식과 같게 된다.

$$\int_A\left\{\left\{\frac{\partial N}{\partial x}\right\}k\left[\frac{\partial N}{\partial x}\right]\{u\}+\left\{\frac{\partial N}{\partial y}\right\}k\left[\frac{\partial N}{\partial y}\right]\{u\}\right\}dA=\int_A\{N\}f\,dA+\oint_S\{N\}\left(k\frac{\partial u}{\partial x}n_x+k\frac{\partial u}{\partial y}n_y\right)dS \tag{7.15}$$

이 식으로부터 그림 7.3 의 특정한 요소에 대한 n 개의 식을 구성할 수 있다.

1 차원 문제에 대해서와 마찬가지로 행렬 $[B]$ 를 정의하면

$$[B]=\begin{bmatrix}\frac{\partial N_1}{\partial x} & \frac{\partial N_2}{\partial x} & \cdots & \frac{\partial N_n}{\partial x}\\ \frac{\partial N_1}{\partial y} & \frac{\partial N_2}{\partial y} & \cdots & \frac{\partial N_n}{\partial y}\end{bmatrix} \tag{7.16}$$

와 같다. 따라서 2 차원 문제에 대한 유한요소식은

$$\int_A\left([B]^T k[B]\right)dA\{u\}=\int_A\{N\}f\,dA+\oint_S\{N\}\left(k\frac{\partial u}{\partial x}n_x+k\frac{\partial u}{\partial y}n_y\right)dS \tag{7.17}$$

이 되며, 간단한 형태의 식으로 쓰면

$$[k]\{u\}=\{f\}+\{q\} \tag{7.18}$$

이며, 앞의 식에서

$$[k] = \int_A \left([B]^T k [B] \right) dA \tag{7.18a}$$

$$\{f\} = \int_A \{N\} f dA \tag{7.18b}$$

$$\{q\} = \oint_S \{N\} \left(k \frac{\partial u}{\partial x} n_x + k \frac{\partial u}{\partial y} n_y \right) dS \tag{7.18c}$$

을 의미한다.

위의 식에서 $[K]$ 는 요소의 강성행렬이고 "$n \times n$" 행렬식을 구성한다. 특정한 요소와 형상함수에 대해서 요소의 강성행렬 $[K]$ 와 하중벡터 $\{f\}$ 는 수치적으로 또는 다른 방법의 적분에 의해 결정될 수 있다. 자연경계조건인 항 $\{q\}$ 는 1 차 변수 u 에 대한 보간 형태로 대치되지 않았음을 주목하라. 이 항은 S 가 두 개의 요소 사이에 있을 때는 서로 상쇄되며, 요소가 실제의 경계면에 있을 경우에는 주어진 문제의 자연경계조건과 같아지게 된다. 위의 전개된 식들을 이용하여 다음 절에서 3 절점 삼각형 요소에 대한 형상함수를 구하기 위한 방법을 살펴보기로 한다.

7.2 ▸ 삼각형 요소

2 차원에서 가장 작은 변의 수로 면적을 이루는 다각형은 삼각형이다. 만일 해석하려는 영역을 그림 7.4 와 같이 삼각형으로 분할한다면, 특정 요소의 함수 $u(x, y)$ 는 3 절점에서의 값 u_1, u_2 및 u_3 를 이용한 평면에 의해 결정될 수 있다. 즉, 면 좌표 함수 $u(x, y)$ 는 그림 7.5 와 같이 세 지점 값 $u_1 = u(x_1, y_1)$, $u_2 = u(x_2, y_2)$ 과 $u_3 = u(x_3, y_3)$ 의 항을 이용하여 다음 식으로 나타낼 수 있다.

$$u(x,y) = \begin{bmatrix} N_1(x,y) & N_2(x,y) & N_3(x,y) \end{bmatrix} \begin{Bmatrix} u_1 \\ u_2 \\ u_3 \end{Bmatrix} \tag{7.19}$$

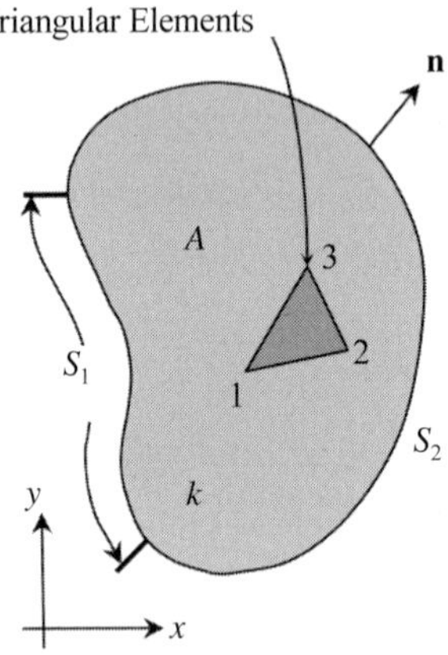

그림 7.4 삼각형 요소

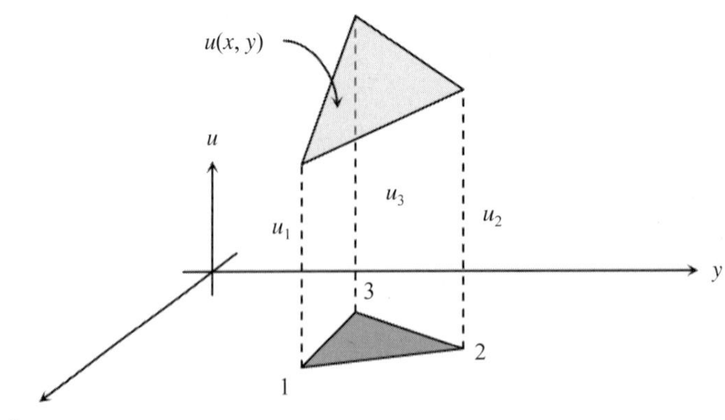

그림 7.5 삼각형 요소 3 절점

앞의 식에서

$$N_1(x,y)=\frac{1}{2A}\left[(x_2y_3-x_3y_2)+(y_2-y_3)x+(x_3-x_2)y\right]$$
$$N_2(x,y)=\frac{1}{2A}\left[(x_3y_1-x_1y_3)+(y_3-y_1)x+(x_1-x_3)y\right] \tag{7.20}$$
$$N_3(x,y)=\frac{1}{2A}\left[(x_1y_2-x_2y_1)+(y_1-y_2)x+(x_2-x_1)y\right]$$

이고, A 는 삼각형 요소의 면적으로 다음 식과 같다.

$$2A=\begin{vmatrix}1 & 1 & 1\\ x_1 & x_2 & x_3\\ y_1 & y_2 & y_3\end{vmatrix}=(x_2y_3-x_3y_2)+(x_3y_1-x_1y_3)+(x_1y_2-x_2y_1) \tag{7.21}$$

형상함수 $N_1(x, y)$, $N_2(x, y)$ 및 $N_3(x, y)$는 평면식 (equation of plane) 이다. 이들 형상함수 중 $N_1(x, y)$ 에 대해 살펴보면

$$N_1(x,y)=\frac{1}{2A}\left[(x_2y_3-x_3y_2)+(y_2-y_3)x+(x_3-x_2)y\right] \tag{7.22}$$

의 식으로 나타낼 수 있으며, 그림 7.6 과 같이 절점 1 에서 단일 값인 1 이고 절점 2 와 절점 3 에서는 0 이다. 다른 형상함수인 $N_2(x, y)$ 는 절점 2 에서 1 이고 다른 절점에서는 0 이며, 마찬가지로 $N_3(x, y)$ 는 절점 3 에서 1 이고 다른 절점에서는 0 이다.

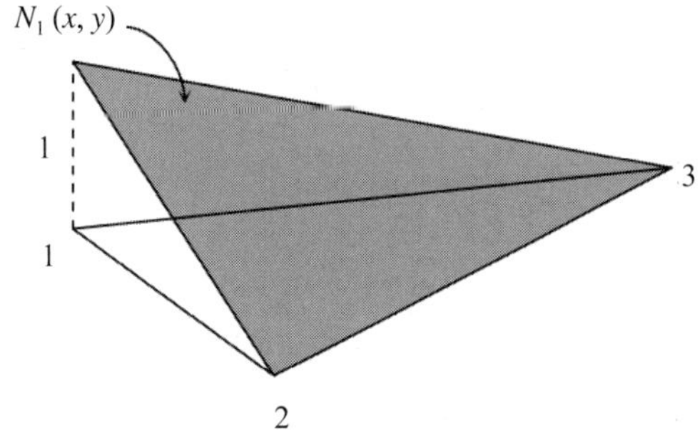

그림 7.6 형상함수 $N_1(x, y)$

계산에 필요한 형상함수의 도함수는 위와 같이 주어진 식으로부터 다음과 같은 식을 쉽게 얻을 수 있다.

$$\frac{\partial N_1}{\partial x}=\frac{y_2-y_3}{2A},\quad \frac{\partial N_1}{\partial y}=\frac{x_3-x_2}{2A}$$

$$\frac{\partial N_2}{\partial x}=\frac{y_3-y_1}{2A},\quad \frac{\partial N_2}{\partial y}=\frac{x_1-x_3}{2A}$$

$$\frac{\partial N_3}{\partial x}=\frac{y_1-y_2}{2A},\quad \frac{\partial N_3}{\partial y}=\frac{x_2-x_1}{2A}$$

위의 식들로부터 $[B]$ 행렬은

$$[B]=\begin{bmatrix}\frac{\partial N_1}{\partial x} & \frac{\partial N_2}{\partial x} & \frac{\partial N_3}{\partial x}\\ \frac{\partial N_1}{\partial y} & \frac{\partial N_2}{\partial y} & \frac{\partial N_3}{\partial y}\end{bmatrix} =\frac{1}{2A}\begin{bmatrix}y_2-y_3 & y_3-y_1 & y_1-y_2\\ x_3-x_2 & x_1-x_3 & x_2-x_1\end{bmatrix} \tag{7.23}$$

이 되며, 상수 값이고 단지 요소의 기하학적인 형상에 따른다.

삼각형요소의 형상함수를 유도하기 위하여 처음 시작 단계로 그림 7.7 과 같이 직선 $u(x)$ 선상의 1 차원 문제에 대해서 생각해보자.

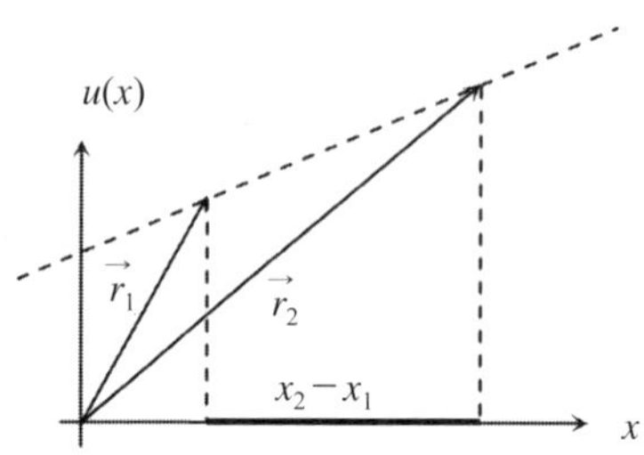

그림 7.7

일직선상을 향하는 특정한 위치벡터 $\vec{r}_1$ 과 $\vec{r}_2$, 그리고 일반 위치벡터 $\vec{r}$ 에 대해서 고려하자. 이러한 경우 $\vec{r}-\vec{r}_1$ 과 $\vec{r}-\vec{r}_2$ 는 평행이므로 다음 관계식을 만족하는 두 개의 상수 c_1 과 c_2 가 존재한다.

$$c_1(\vec{r}-\vec{r}_1)+c_2(\vec{r}-\vec{r}_2)=0$$

만일 $\vec{r}=x\vec{i}+u\vec{j},\quad \vec{r}_1=x_1\vec{i}+u_1\vec{j},\quad \vec{r}_2=x_2\vec{i}+u_2\vec{j}$ 와 같은 관계일 경우,

$$(c_1+c_2)\vec{r}-c_1\vec{r}_1-c_2\vec{r}_2=0$$

또는

$$(c_1 + c_2)(x\vec{i} + u\vec{j}) - c_1(x_1\vec{i} + u_1\vec{j}) - c_2(x_2\vec{i} + u_2\vec{j}) = 0$$

이 된다. 이 식을 각각의 상수에 대해서 정리한 후, 이를 행렬로 나타내면 아래의 식과 같다.

$$\begin{bmatrix} x - x_1 & x - x_2 \\ u - u_1 & u - u_2 \end{bmatrix} \begin{Bmatrix} c_1 \\ c_2 \end{Bmatrix} = \begin{Bmatrix} 0 \\ 0 \end{Bmatrix}$$

위의 식에 대한 비자명해 (non-trivial solution) 는

$$\begin{vmatrix} x - x_1 & x - x_2 \\ u - u_1 & u - u_2 \end{vmatrix} = 0$$

이며, 이 관계로부터 아래와 같은 식을 얻을 수 있다.

$$(x - x_1)(u - u_2) - (x - x_2)(u - u_1) = 0$$

위의 식을 u 에 대해서 풀면 다음 관계식을 얻을 수 있다.

$$u = \left(\frac{x_2 - x}{x_2 - x_1}\right)u_1 + \left(\frac{x - x_1}{x_2 - x_1}\right)u_2 \equiv [N_1(x) \quad N_2(x)]\begin{Bmatrix} u_1 \\ u_2 \end{Bmatrix} \tag{7.24}$$

2 차원 문제를 고려하기 위해 $u(x, y)$ 를 그림 7.8 에서와 같은 평면이라 생각한다. 3 개의 벡터 $\vec{r}_1$, $\vec{r}_2$, 및 $\vec{r}_3$ 를 삼각형 꼭지점을 향하는 위치벡디라 하고, $\vec{r}$ 를 삼각형 내부의 임의의 점을 향하는 하나의 벡터라 하면, 다음 식을 만족하는 세 개의 상수 c_1, c_2 및 c_3 가 존재한다.

$$c_1(\vec{r} - \vec{r}_1) + c_2(\vec{r} - \vec{r}_2) + c_3(\vec{r} - \vec{r}_3) = 0$$

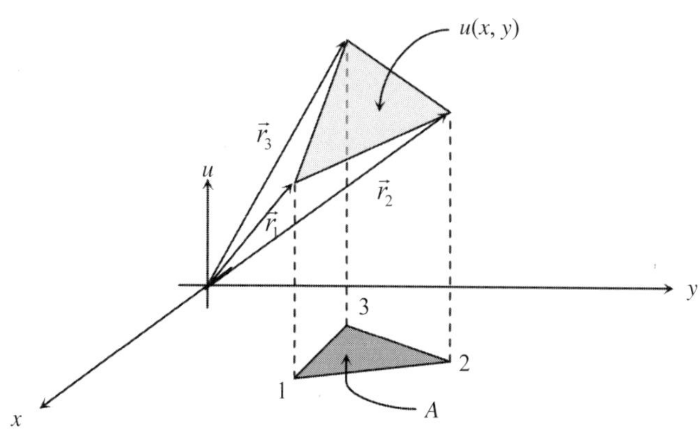

그림 7.8

그리고 각각의 위치벡터는 아래의 식과 같은 관계를 갖는다.

$$\vec{r} = x\vec{i} + y\vec{j} + u\vec{k}$$

또한

$$\vec{r_1} = x_1\vec{i} + y_1\vec{j} + u_1\vec{k}$$
$$\vec{r_2} = x_2\vec{i} + y_2\vec{j} + u_2\vec{k}$$
$$\vec{r_3} = x_3\vec{i} + y_3\vec{j} + u_3\vec{k}$$

위 식들의 관계를 이용하여 세 개의 상수를 결정할 수 있도록 식을 정리하면 다음 식을 얻을 수 있다.

$$\begin{vmatrix} x-x_1 & x-x_2 & x-x_3 \\ y-y_1 & y-y_2 & y-y_3 \\ u-u_1 & u-u_2 & u-u_3 \end{vmatrix} = 0$$

또는

$$(x-x_1)\begin{vmatrix} y-y_2 & y-y_3 \\ u-u_2 & u-u_3 \end{vmatrix} - (x-x_2)\begin{vmatrix} y-y_1 & y-y_3 \\ u-u_1 & u-u_3 \end{vmatrix} + (x-x_3)\begin{vmatrix} y-y_1 & y-y_2 \\ u-u_1 & u-u_2 \end{vmatrix} = 0$$

위의 식을 u 에 대해서 풀면 다음과 같다.

$$u(x,y) = [N_1(x,y) \quad N_2(x,y) \quad N_3(x,y)]\begin{Bmatrix} u_1 \\ u_2 \\ u_3 \end{Bmatrix} \tag{7.25}$$

위의 식에 포함된 형상함수 $N_1(x, y)$, $N_2(x, y)$ 및 $N_3(x, y)$ 는 앞에서 구한 식 (7.20) 과 같아진다.

예제 7.1 매트랩을 이용하여 3개의 형상함수 $N_1(x, y)$, $N_2(x, y)$ 및 $N_3(x, y)$를 구하여라.

풀이 아래의 매트랩 스크립트 파일은 세 개의 형상함수 $N_1(x, y)$, $N_2(x, y)$ 및 $N_3(x, y)$를 구하는 프로그램이다. 스크립트 파일에서 행렬식 기호 D와 $A2$는 각각 다음을 의미한다.

$$D = \begin{vmatrix} x - x_1 & x - x_2 & x - x_3 \\ y - y_1 & y - y_2 & y - y_3 \\ u - u_1 & u - u_2 & u - u_3 \end{vmatrix}, \qquad A2 = \begin{vmatrix} 1 & 1 & 1 \\ x_1 & x_2 & x_3 \\ y_1 & y_2 & y_3 \end{vmatrix}$$

MATLAB TIP

```
% shape_triangle.m

% edited by thb, May 29, 2008 at ISU
% copied from T. R. Rudolphi's lecture note
% A matlab script file to determine the three shape functions
% outlined on the power point slide(p.10-11)

syms x x1 x2 x3 y y1 y2 y3 u u1 u2 u3
D = det([x-x1 x-x2 x-x3;y-y1 y-y2 y-y3;u-u1 u-u2 u-u3]);
A2 = det([1 1 1;x1 x2 x3;y1 y2 y3]);
[u] = solve(D,'u');
u = simple(u*A2);
u = collect(u,[u1,u2,u3]);
N1 = subs(u,[u1,u2,u3],[1,0,0])
N2 = subs(u,[u1,u2,u3],[0,1,0])
N3 = subs(u,[u1,u2,u3],[0,0,1])
```

매트랩 명령창에서 위의 프로그램을 실행시키면 다음 결과를 얻을 수 있다.
스크립트 파일에 쓰인 기호와 매트랩 명령어들의 의미를 살펴보아리.

```
>> shape_triangle
N1 =
x3*y+(-y3+y2)*x-x2*y+x2*y3-x3*y2

N2 =
(y3-y1)*x+x1*y-x3*y+y1*x3-x1*y3

N3 =
(-y2+y1)*x-x1*y+x1*y2-y1*x2+x2*y
```

삼각형 요소의 형상함수를 다른 방법으로도 구할 수 있다. 이 방법은 면적좌표계 (area coordinates) 를 이용한 선형삼각형 (linear triangle) 법이다. 그림 7.9 에 나타낸 좌표계의 3 절점 삼각형에 대해서 꼭지점 (vertex) 을 향하는 위치좌표는 다음과 같다.

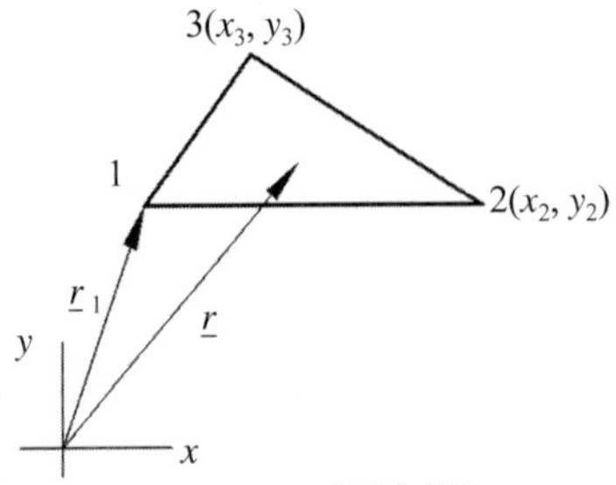

그림 7.9

$$\underline{r}_1 = x_1\underline{i} + y_1\underline{j}$$
$$\underline{r}_2 = x_2\underline{i} + y_2\underline{j} \quad (7.26)$$
$$\underline{r}_3 = x_3\underline{i} + y_3\underline{j}$$

만일 삼각형 내부의 임의의 점의 좌표를 (x, y) 라 하면, 그 지점을 향하는 위치벡터는

$$\underline{r} = x\underline{i} + y\underline{j}$$

이며, 각각의 꼭지점에 대한 (x, y) 좌표의 상대적인 위치벡터는 그림 7.10 과 같이 $\underline{r}-\underline{r}_1$, $\underline{r}-\underline{r}_2$, 그리고 $\underline{r}-\underline{r}_3$이다.

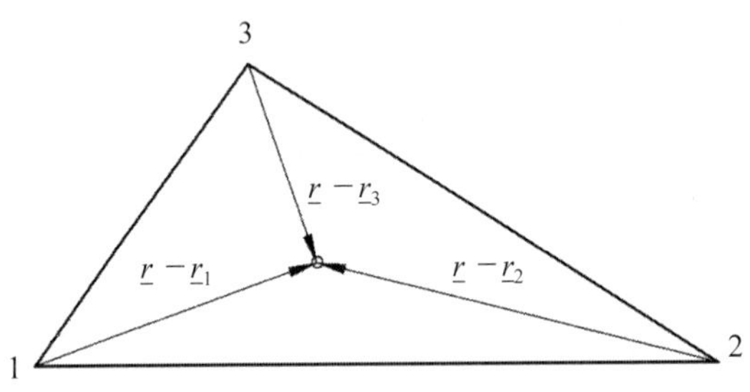

그림 7.10

삼각형 내부의 임의의 점은 기하학적으로 다음 관계식을 만족하는 상수 c_1, c_2 및 c_3 가 존재한다.

$$c_1(\underline{r}-\underline{r}_1) + c_2(\underline{r}-\underline{r}_2) + c_3(\underline{r}-\underline{r}_3) = 0$$

또는

$$(c_1 + c_2 + c_3)\underline{r} = c_1\underline{r}_1 + c_2\underline{r}_2 + c_3\underline{r}_3$$

여기서 $c = c_1 + c_2 + c_3$ 라 하면, 위의 식은

$$\underline{r} = \left(\frac{c_1}{c}\right)\underline{r}_1 + \left(\frac{c_2}{c}\right)\underline{r}_2 + \left(\frac{c_3}{c}\right)\underline{r}_3$$

이 된다. 따라서 주어진 좌표계로 다시 쓰면,

$$x\,\underline{i} + y\,\underline{j} = \left(\frac{c_1}{c}\right)\left(x_1\,\underline{i} + y_1\,\underline{j}\right) + \left(\frac{c_2}{c}\right)\left(x_2\,\underline{i} + y_2\,\underline{j}\right) + \left(\frac{c_3}{c}\right)\left(x_3\,\underline{i} + y_3\,\underline{j}\right)$$

이 되므로 좌표 x 와 y 는 다음 식들과 같다.

$$x - \begin{bmatrix} \dfrac{c_1}{c} & \dfrac{c_2}{c} & \dfrac{c_3}{c} \end{bmatrix} \begin{Bmatrix} x_1 \\ x_2 \\ x_3 \end{Bmatrix}$$

$$y = \begin{bmatrix} \dfrac{c_1}{c} & \dfrac{c_2}{c} & \dfrac{c_3}{c} \end{bmatrix} \begin{Bmatrix} y_1 \\ y_2 \\ y_3 \end{Bmatrix}$$

이 식을 살펴보면 x 와 y 에 대한 절점 값 또는 꼭지점 값으로부터 x 와 y 값을 결정할 수 있다. 또한, 상수행렬은 단지 보간함수이다. 이 경우에 이들 상수는 삼각형 내부 지점이 위치하는 지점에 따라 결정된다. 위 식들은 x 와 y 에 대해서 선형임을 쉽게 알 수 있다. 이러한 관계를 보이기 위하여 $N_1 = c_1 / c$, $N_2 = c_2 / c$, 그리고 $N_3 = c_3 / c$ 이고 $c = c_1 + c_2 + c_3$ 이라 하면, 위의 식들은 다음과 같이 간단히 나타낼 수 있다.

$$x = \begin{bmatrix} N_1 & N_2 & N_3 \end{bmatrix} \begin{Bmatrix} x_1 \\ x_2 \\ x_3 \end{Bmatrix}$$
$$y = \begin{bmatrix} N_1 & N_2 & N_3 \end{bmatrix} \begin{Bmatrix} y_1 \\ y_2 \\ y_3 \end{Bmatrix} \quad (7.27)$$

앞의 관계를 행렬식으로 풀어 쓰면

$$\begin{Bmatrix} 1 \\ x \\ y \end{Bmatrix} = \begin{bmatrix} 1 & 1 & 1 \\ x_1 & x_2 & x_3 \\ y_1 & y_2 & y_3 \end{bmatrix} \begin{Bmatrix} N_1 \\ N_2 \\ N_3 \end{Bmatrix} \tag{7.28}$$

또는

$$\begin{Bmatrix} N_1 \\ N_2 \\ N_3 \end{Bmatrix} = \frac{1}{2A} \begin{bmatrix} x_2 y_3 - x_3 y_2 & y_2 - y_3 & x_3 - x_2 \\ x_3 y_1 - x_1 y_3 & y_3 - y_1 & x_1 - x_3 \\ x_1 y_2 - x_2 y_1 & y_1 - y_2 & x_2 - x_1 \end{bmatrix} \begin{Bmatrix} 1 \\ x \\ y \end{Bmatrix} \tag{7.29}$$

이 되며, 이 식에서

$$2A = (x_2 y_3 - x_3 y_2) + (x_3 y_1 - x_1 y_3) + (x_1 y_2 - x_2 y_1) \tag{7.30}$$

를 의미하며, A는 꼭지점이 (x_1, y_1), (x_2, y_2) 그리고 (x_3, y_3) 인 삼각형 면적이다. 이러한 관계를 이용하여 $N_1(x, y)$, $N_2(x, y)$ 및 $N_3(x, y)$ 를 양함수 (explicit expression) 로 나타낼 수 있다. 예를 들면,

$$\begin{aligned} N_1(x, y) &= \frac{1}{2A}\{(x_2 y_3 - x_3 y_2) + (y_2 - y_3)x + (x_3 - x_2)y\} \\ &= \frac{1}{2A}\{(x_2 y_3 - x_3 y_2) + (x_3 y - x y_3) + (x y_2 - x_2 y)\} \\ &= \frac{2A_1}{2A} \\ &= \frac{A_1}{A} \end{aligned}$$

과 같으며, A_1 은 그림 7.11 과 같이 내부지점과 꼭지점 2 와 3 으로 둘러싸인 면적이다.

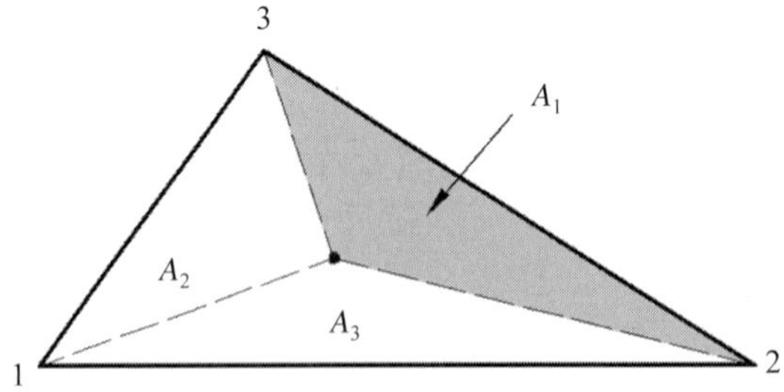

그림 7.11

마찬가지로 $N_2(x, y) = A_2 / A$ 이고, $N_3(x, y) = A_3 / A$ 이다. 따라서 형상함수 N_1, N_2 및 N_3 를 흔히 면적좌표 (area coordinates) 라고 한다.

각각의 면적은 그림 7.12 에서와 같이 다음과 같다.

$$A_1 = \frac{1}{2} S_{23} S_1$$

$$A_2 = \frac{1}{2} S_{31} S_2$$

$$A_3 = \frac{1}{2} S_{12} S_3$$

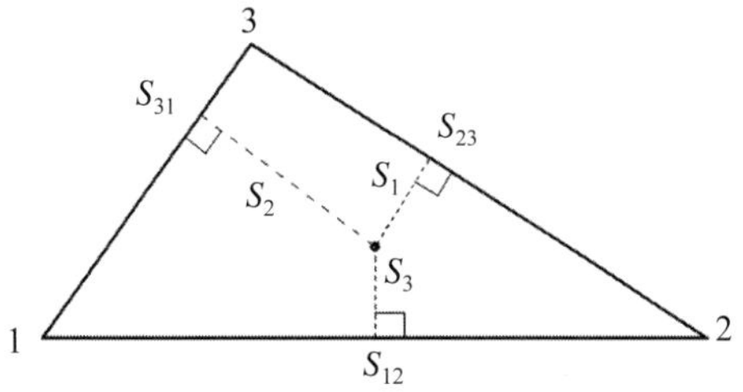

그림 7.12

그리고 삼각형 전체의 면적은 그림 7.13 으로부터 다음과 같다.

$$A = \frac{1}{2} S_{12} h_3 = \frac{1}{2} S_{23} h_1 = \frac{1}{2} S_{31} h_2$$

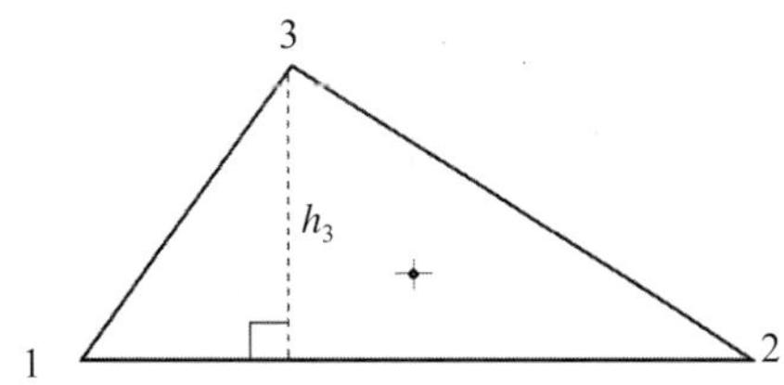

그림 7.13

따라서, 형상함수 N_1 을 그림 7.14 에서 나타낸 것처럼 거리의 비율로 해석할 수 있다.

$$\frac{S_1}{h_1} = \frac{2A_1 / S_{23}}{2A / S_{23}} = \frac{A_1}{A} = N_1$$

따라서

$$N_1 = \frac{S_1}{h_1} = \frac{A_1}{A}$$

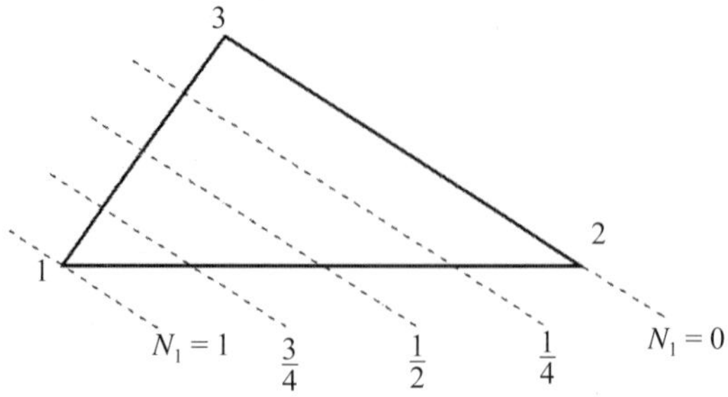

그림 7.14

앞과 같은 절차를 거쳐

$$N_2 = \frac{S_2}{h_2} = \frac{A_2}{A}$$

$$N_3 = \frac{S_3}{h_3} = \frac{A_3}{A}$$

이 된다.

삼각형 요소 위에 선형함수 $N_1(x, y)$ 를 그래프로 나타내면 그림 7.15 와 같으며, 절점 1 에서는 단위 값 (unit value) 인 1 이고 절점 2 와 3 에서는 0 이며 선형으로 분포된 지붕모양과 같다. 형상함수 $N_1(x, y)$ 은 그림 7.15 에서와 같이 변 S_{23} 에서는 모두 0 이다.

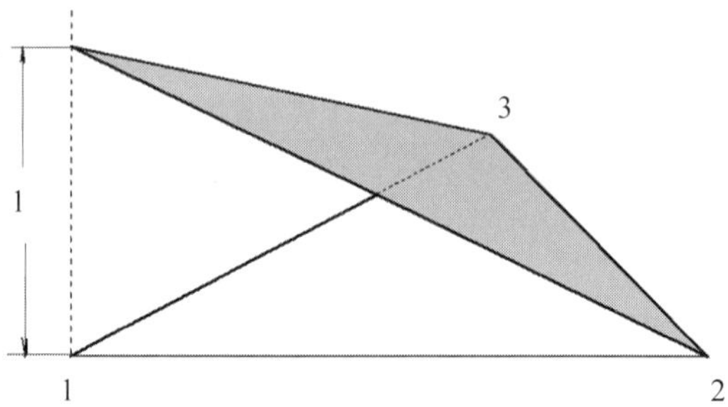

그림 7.15 선형함수 $N_1(x, y)$의 분포

형상함수 N 은 보간함수이므로 어떠한 함수를 보간하기 위해서도 이들 형상함수를 사용할 수 있다. 특히 형상함수 N 을 사용하여 요소의 1 차 함수인 $u(x, y)$ 를 보간하기 위해 사용될 수 있으며, 관계식은 아래와 같다.

$$u(x,y) = \left[N_1(x,y) \quad N_2(x,y) \quad N_3(x,y)\right]\begin{Bmatrix} u_1 \\ u_2 \\ u_3 \end{Bmatrix} \tag{7.31}$$

이들 식을 요소 식에 대입하여 선형삼각형 (linear triangle) 에 대한 강성행렬 $[k]$ 와 하중벡터 $\{f\}$ 를 얻을 수 있다.

7.3 ▸ 고유 좌표계

선형 삼각형의 형상함수는 단위삼각형 (unit triangle), 고유요소 (intrinsic element) 또는 모요소 (parent element) 로부터 간편하게 유도할 수 있다. 일반 삼각형 요소의 모요소 역할을 하는 단위삼각형은 그림 7.16 과 ξ, η 좌표로 나타낸 삼각형과 같다.

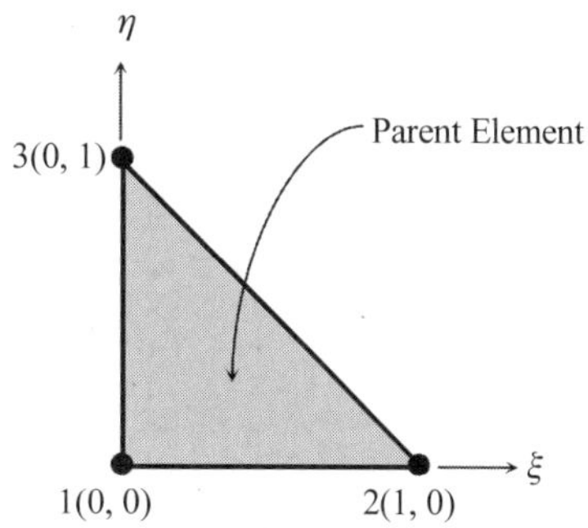

그림 7.16 단위삼각형

어떠한 함수라도 아래의 식을 사용하여 단위삼각형에 보간 또는 사상 (mapping) 시킬 수 있다.

$$u(\xi,\eta) = a_0 + a_1\xi + a_2\eta \tag{7.32}$$

위의 식에서 a_0, a_1, 그리고 a_2 는 임의의 상수이며, 이들을 결정하기 위하여 다음 소건식을 사용한다.

$$\begin{aligned} u_1 &\equiv u(0,0) = a_0 \\ u_2 &\equiv u(1,0) = a_0 + a_1 \\ u_3 &\equiv u(0,1) = a_0 + a_2 \end{aligned} \tag{7.32a}$$

위의 관계를 행렬로 나타내면

$$\begin{bmatrix} 1 & 0 & 0 \\ 1 & 1 & 0 \\ 1 & 0 & 1 \end{bmatrix} \begin{Bmatrix} a_0 \\ a_1 \\ a_2 \end{Bmatrix} = \begin{Bmatrix} u_1 \\ u_2 \\ u_3 \end{Bmatrix} \tag{7.32b}$$

이 되며, 이 식을 각각의 상수에 대해서 풀면 다음과 같다.

$$\begin{Bmatrix} a_0 \\ a_1 \\ a_2 \end{Bmatrix} = \begin{bmatrix} 1 & 0 & 0 \\ -1 & 1 & 0 \\ -1 & 0 & 1 \end{bmatrix} \begin{Bmatrix} u_1 \\ u_2 \\ u_3 \end{Bmatrix} \tag{7.32c}$$

따라서 주어진 식은

$$\begin{aligned} u(\xi,\eta) &= a_0 + a_1\xi + a_2\eta \\ &= u_1 + (-u_1 + u_2)\xi + (-u_1 + u_3)\eta \end{aligned} \tag{7.32d}$$

와 같다. 이 식을 절점값 u_1, u_2, 그리고 u_3 에 대해서 정리한 후 행렬로 나타내면 다음 식과 같다.

$$u(\xi,\eta) = [(1-\xi-\eta) \quad \xi \quad \eta]\begin{Bmatrix} u_1 \\ u_2 \\ u_3 \end{Bmatrix} \tag{7.33}$$

또는

$$u(\xi,\eta) = [N_1(\xi,\eta) \quad N_2(\xi,\eta) \quad N_3(\xi,\eta)]\begin{Bmatrix} u_1 \\ u_2 \\ u_3 \end{Bmatrix} \tag{7.34}$$

위의 식에서 각각의 형상함수는

$$\begin{aligned} N_1(\xi,\eta) &= 1-\xi-\eta \\ N_2(\xi,\eta) &= \xi \\ N_3(\xi,\eta) &= \eta \end{aligned} \tag{7.35}$$

을 의미한다.

또한 좌표도 동일한 형상함수를 사용하여 보간 또는 변환시킬 수 있다. 즉, 좌표변환 (coordinate transformation) 에 필요한 식은 다음 식과 같다.

$$x(\xi,\eta) = [N_1(\xi,\eta) \quad N_2(\xi,\eta) \quad N_3(\xi,\eta)]\begin{Bmatrix} x_1 \\ x_2 \\ x_3 \end{Bmatrix} \tag{7.36a}$$

$$y(\xi,\eta) = [N_1(\xi,\eta) \quad N_2(\xi,\eta) \quad N_3(\xi,\eta)]\begin{Bmatrix} y_1 \\ y_2 \\ y_3 \end{Bmatrix} \tag{7.36b}$$

앞의 두 식들을 하나의 식으로 나타내면

$$[x \quad y]=[N_1(\xi,\eta) \quad N_2(\xi,\eta) \quad N_3(\xi,\eta)]\begin{Bmatrix} x_1 & y_1 \\ x_2 & y_2 \\ x_3 & y_3 \end{Bmatrix} \tag{7.37}$$

와 같으며, 이들 관계는 그림 7.17 과 같다.

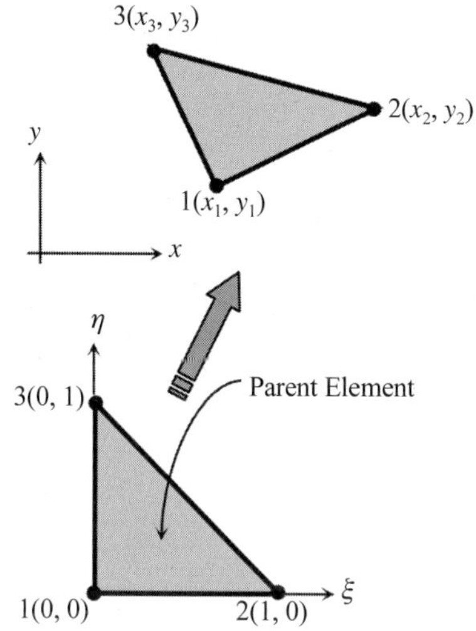

그림 7.17

한편으로 $[B]$ 행렬도 고유좌표계로 변환시켜 나타낼 수 있다. $[B]$ 행렬의 일반식은 다음과 같다.

$$[B]=\begin{bmatrix} \dfrac{\partial N_1}{\partial x} & \dfrac{\partial N_2}{\partial x} & \cdots & \dfrac{\partial N_n}{\partial x} \\ \dfrac{\partial N_1}{\partial y} & \dfrac{\partial N_2}{\partial y} & \cdots & \dfrac{\partial N_n}{\partial y} \end{bmatrix} \tag{7.38}$$

위의 행렬 성분을 알기 위해서는 형상함수를 x 및 y 에 대해 미분하여야 한다. 연쇄법칙 (chain rule) 에 따라,

$$\begin{Bmatrix} \partial N_1/\partial \xi \\ \partial N_1/\partial \eta \end{Bmatrix}=\begin{bmatrix} \partial x/\partial \xi & \partial y/\partial \xi \\ \partial x/\partial \eta & \partial y/\partial \eta \end{bmatrix}\begin{Bmatrix} \partial N_1/\partial x \\ \partial N_1/\partial y \end{Bmatrix}=J\begin{Bmatrix} \partial N_1/\partial x \\ \partial N_1/\partial y \end{Bmatrix} \tag{7.39}$$

이며, 위의 식에서 2 × 2 행렬은 야코비안 (Jacobian matrix) 행렬이다. 위의 식으로부터

$$\begin{Bmatrix} \partial N_1/\partial x \\ \partial N_1/\partial y \end{Bmatrix} = J^{-1} \begin{Bmatrix} \partial N_1/\partial \xi \\ \partial N_1/\partial \eta \end{Bmatrix} = \begin{bmatrix} \partial x/\partial \xi & \partial y/\partial \xi \\ \partial x/\partial \eta & \partial y/\partial \eta \end{bmatrix}^{-1} \begin{Bmatrix} \partial N_1/\partial \xi \\ \partial N_1/\partial \eta \end{Bmatrix} \tag{7.40}$$

이 된다. 그러므로, 야코비안 행렬의 성분은

$$J = \begin{bmatrix} \partial x/\partial \xi & \partial y/\partial \xi \\ \partial x/\partial \eta & \partial y/\partial \eta \end{bmatrix} \tag{7.41}$$

이 되며, 형상함수와 절점좌표에 의해 결정된다. 예를 들면,

$$\begin{aligned} \frac{\partial x}{\partial \xi} &= \begin{bmatrix} \frac{\partial N_1}{\partial \xi} & \frac{\partial N_2}{\partial \xi} & \frac{\partial N_3}{\partial \xi} \end{bmatrix} \begin{Bmatrix} x_1 \\ x_2 \\ x_3 \end{Bmatrix} \\ &= \begin{bmatrix} -1 & 1 & 0 \end{bmatrix} \begin{Bmatrix} x_1 \\ x_2 \\ x_3 \end{Bmatrix} \\ &= x_2 - x_1 \end{aligned} \tag{7.42}$$

이 되며, 다른 성분들에 대해서도 같은 절차를 거쳐 계산할 수 있다. 따라서 삼각형요소의 야코비안 행렬은 다음 식과 같다.

$$J = \begin{bmatrix} \partial x/\partial \xi & \partial y/\partial \xi \\ \partial x/\partial \eta & \partial y/\partial \eta \end{bmatrix} = \begin{bmatrix} x_2 - x_1 & y_2 - y_1 \\ x_3 - x_1 & y_3 - y_1 \end{bmatrix} \tag{7.43}$$

삼각형요소의 요소행렬을 적분하기 위해서는 삼각형 면적과 면에 대해서 형상함수 $N_1(x, y)$, $N_2(x, y)$ 및 $N_3(x, y)$ 의 곱들을 적분해야 한다. 면적 좌표계를 사용하면 1 차원의 경우와 마찬가지로 관계되는 적분공식을 사용하여 적분할 수 있는 장점이 있다. 삼각형의 면적과 길이에 따른 적분은 다음 공식을 사용하여 계산할 수 있다.

$$\int_A N_1^\alpha N_2^\beta N_3^\gamma dA = 2A \frac{\alpha!\beta!\gamma!}{(\alpha+\beta+\gamma+2)!} \tag{7.44}$$

$$\int_{S_{ij}} N_i^\alpha N_j^\beta dS = S_{ij} \frac{\alpha!\beta!}{(\alpha+\beta+1)!} \tag{7.45}$$

위의 식에서 A 는 삼각형의 면적이고, S_{ij} 는 절점 i 와 j 사이의 거리이다.

예제 7.2 다음 식을 면적 좌표계에 의한 적분공식을 사용하여 적분하여라.

(a) $\int_A N_1 N_2 dA$

(b) $\int_{S_{12}} N_1^2 dS$

풀이 위에 주어진 공식 (7.44) 와 (7.45) 를 사용하여 적분하면 다음과 같다.

(a) $\int_A N_1 N_2 dA = \int_A N_1^1 N_2^1 N_3^0 dA = 2A \dfrac{1!\,1!\,0!}{(1+1+0+2)!} = 2A\left(\dfrac{1}{24}\right) = \dfrac{A}{12}$

(b) $\int_{S_{12}} N_1^2 dS = \int_{S_{12}} N_1^2 N_2^0 dS = S_{12} \dfrac{2!\,0!}{(2+0+1)!} = \dfrac{S_{12}}{3}$

7.4 ▸ 삼각형 요소식

삼각형 요소식은 형상함수와 이들에 대한 도함수, 그리고 적분공식을 사용하여 만들 수 있다. 요소의 강성행렬 [k] 는 다음과 같다.

$$[k] = \int_A \left([B]^T k [B]\right) dA \tag{7.46}$$

삼각형에서 [B] 행렬은 앞 절의 식 (7.23) 에서 유도된 대로

$$[B] = \frac{1}{2A}\begin{bmatrix} y_2 - y_3 & y_3 - y_1 & y_1 - y_2 \\ x_3 - x_2 & x_1 - x_3 & x_2 - x_1 \end{bmatrix} \tag{7.23}$$

이 되며, 이 식을 요소 강성행렬식 [k] 에 대입하면 아래와 같다.

$$\begin{aligned}[k] &= \int_A \left([B]^T k [B]\right) dA \\ &= \int_A \left(\frac{1}{2A}\begin{bmatrix} y_2 - y_3 & x_3 - x_2 \\ y_3 - y_1 & x_1 - x_3 \\ y_1 - y_2 & x_2 - x_1 \end{bmatrix} k \frac{1}{2A}\begin{bmatrix} y_2 - y_3 & y_3 - y_1 & y_1 - y_2 \\ x_3 - x_2 & x_1 - x_3 & x_2 - x_1 \end{bmatrix} \right) dA \end{aligned} \tag{7.47}$$

따라서

$$[k] = \frac{k}{4A}\begin{bmatrix} a_1a_1 + b_1b_1 & a_1a_2 + b_1b_2 & a_1a_3 + b_1b_3 \\ a_2a_1 + b_2b_1 & a_2a_2 + b_2b_2 & a_2a_3 + b_2b_3 \\ a_3a_1 + b_3b_1 & a_3a_2 + b_3b_2 & a_3a_3 + b_3b_3 \end{bmatrix} \tag{7.48}$$

위의 식에서 각각의 기호는 다음 관계와 같다.

$$\begin{Bmatrix} a_1 \\ a_2 \\ a_3 \end{Bmatrix} = \begin{Bmatrix} x_3 - x_2 \\ x_1 - x_3 \\ x_2 - x_1 \end{Bmatrix} \quad \text{그리고} \quad \begin{Bmatrix} b_1 \\ b_2 \\ b_3 \end{Bmatrix} = \begin{Bmatrix} y_2 - y_3 \\ y_3 - y_1 \\ y_1 - y_2 \end{Bmatrix} \tag{7.48a}$$

만일 분포력 $f(x, y)$ 가 상수, 즉 $f(x, y) = f_0$ 일 경우는 요소의 힘벡터 (force vector) 는

$$\{f\} = \int_A \{N\} f\, dA = f_0 \int_A \{N\} dA = \frac{Af_0}{3}\begin{Bmatrix} 1 \\ 1 \\ 1 \end{Bmatrix} \tag{7.49}$$

와 같으며, 요소에 하중이 작용할 경우 요소의 형상에는 관계없이 힘은 세 절점에 균

등하게 힘의 1/3 씩 분포한다.

또한 자연경계조건, 즉 요소의 경계조건을 힘벡터에 적용하기로 한다. 경계면 S 에서의 힘벡터는 아래의 식과 같다.

$$\{q\} = \oint_S \{N\}\left(k\frac{\partial u}{\partial x}n_x + k\frac{\partial u}{\partial y}n_y\right)dS = \oint_S \{N\}k\frac{\partial u}{\partial n}dS \qquad (7.50)$$

삼각형은 그림 7.18 과 같이 세 변으로 되어 있으므로 전체 변의 길이는 $S = S_{12} + S_{23} + S_{31}$ 이다.

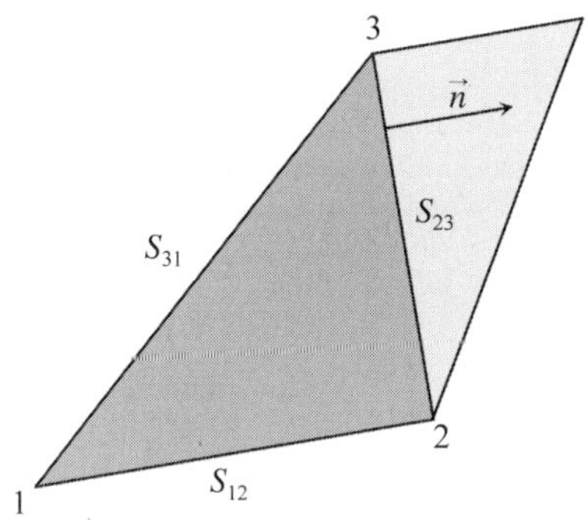

그림 7.18

따라서 경계면 S 에서의 하중벡터는 아래의 식과 같다.

$$\{q\} = \oint_{S_{12}} \{N\}k\frac{\partial u}{\partial n}dS + \oint_{S_{23}} \{N\}k\frac{\partial u}{\partial n}dS + \oint_{S_{31}} \{N\}k\frac{\partial u}{\partial n}dS$$

$$= \oint_{S_{12}} \begin{Bmatrix} N_1 \\ N_2 \\ N_3 \end{Bmatrix} k\frac{\partial u}{\partial n}dS + \oint_{S_{23}} \begin{Bmatrix} N_1 \\ N_2 \\ N_3 \end{Bmatrix} k\frac{\partial u}{\partial n}dS + \oint_{S_{31}} \begin{Bmatrix} N_1 \\ N_2 \\ N_3 \end{Bmatrix} k\frac{\partial u}{\partial n}dS$$

또는

$$\{q\} \equiv \begin{Bmatrix} q_1^{12} + q_1^{23} + q_1^{31} \\ q_2^{12} + q_2^{23} + q_2^{31} \\ q_3^{12} + q_3^{23} + q_3^{31} \end{Bmatrix} \equiv \begin{Bmatrix} q_1 \\ q_2 \\ q_3 \end{Bmatrix} \qquad (7.51)$$

위의 식에서, 각각의 기호는 예를 들면

$$q_1^{12} = \oint_{S_{12}} N_1 k\frac{\partial u}{\partial n}dS, \quad q_1^{23} = \oint_{S_{23}} N_1 k\frac{\partial u}{\partial n}dS, \quad q_1^{31} = \oint_{S_{31}} N_1 k\frac{\partial u}{\partial n}dS \qquad (7.51a)$$

등과 같다. 위의 식에서 주목할 점은 S_{23} 면에서 $N_1 = 0$ 이므로 $q_1^{23} = 0$ 이 된다. 같은 이유로 $q_2^{31} = 0$ 이고 $q_3^{12} = 0$ 이다. 따라서 플럭스 (flux) 항을 포함한 하중벡터는 다음 식과 같이 쓸 수 있다.

$$\{q\}=\begin{Bmatrix} q_1^{12}+q_1^{31} \\ q_2^{12}+q_2^{23} \\ q_3^{23}+q_3^{31} \end{Bmatrix} \equiv \begin{Bmatrix} q_1 \\ q_2 \\ q_3 \end{Bmatrix} \tag{7.52}$$

삼각형의 한 면에 플럭스 (flux) 항 $k(\partial u/\partial n)$이 주어질 경우 경계조건에 대한 값을 적용하여 적분한다. 만일 그림 7.18 과 같이 두 개의 요소의 면이 같을 경우, 즉 공통일 경우에는 플럭스 항은 식의 결합과정에서 서로 상쇄된다. 왜냐하면 서로 다른 두 방형의 경로적분 (path integral) 시 법선벡터 (normal vector) 는 반대 방향이 되기 때문이다.

예제 7.3 그림과 같이 1 개의 요소에 대한 경계치 문제에서 $k=1.0$ 일 경우에 u_2 와 플럭스항 q_1^{31} 및 q_3^{31} 을 결정하라.

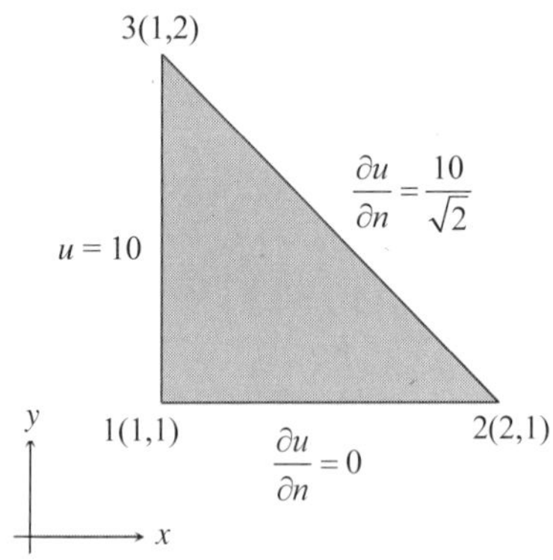

그림 7.19

풀이 요소의 강성행렬을 결정하기 위한 기하학적인 매개변수 값은 각각 다음과 같다.

$$b_1=y_2-y_3=1-2=-1$$
$$b_2=y_3-y_1=2-1=1$$
$$b_3=y_1-y_2=1-1=0$$

그리고,

$$a_1=x_3-x_2=1-2=-1$$
$$a_2=x_1-x_3=1-1=0$$
$$a_3=x_2-x_1=2-1=1$$

따라서, 식 (7.48) 을 이용하면

$$[k]=\frac{k}{4A}\begin{bmatrix} a_1a_1+b_1b_1 & a_1a_2+b_1b_2 & a_1a_3+b_1b_3 \\ a_2a_1+b_2b_1 & a_2a_2+b_2b_2 & a_2a_3+b_2b_3 \\ a_3a_1+b_3b_1 & a_3a_2+b_3b_2 & a_3a_3+b_3b_3 \end{bmatrix}$$
$$=\frac{1}{2}\begin{bmatrix} 2 & -1 & -1 \\ -1 & 1 & 0 \\ -1 & 0 & 1 \end{bmatrix}$$

위의 식에서 삼각형 면적은 주어진 좌표로부터 다음과 같이 계산한다.

$$2A=\begin{vmatrix} 1 & 1 & 1 \\ x_1 & x_2 & x_3 \\ y_1 & y_2 & y_3 \end{vmatrix}=\begin{vmatrix} 1 & 1 & 1 \\ 1 & 2 & 1 \\ 1 & 1 & 1 \end{vmatrix}=1$$

따라서 삼각형의 면적 $A=1/2$ 이며, $4A=2$ 이다.

위에서 결정된 요소의 강성행렬식 $[K]$ 를 이용하여 주어진 경계치 문제의 근사 계산을 하기 위한 유한요소 시스템 식을 쓰면 다음과 같다.

$$\frac{1}{2}\begin{bmatrix} 2 & -1 & -1 \\ -1 & 1 & 0 \\ -1 & 0 & 1 \end{bmatrix}\begin{Bmatrix} u_1 \\ u_2 \\ u_3 \end{Bmatrix}=\begin{Bmatrix} q_1 \\ q_2 \\ q_3 \end{Bmatrix} \qquad ①$$

문제에 주어진 경계조건들은 다음과 같다.

$$u_1=10, \quad u_3=10$$

$$\begin{aligned} q_1 &= q_1^{12}+q_1^{31} \\ &= \oint_{S_{12}} N_1k\frac{\partial u}{\partial n}dS+\oint_{S_{31}} N_1k\frac{\partial u}{\partial n}dS \\ &= 0+q_1^{31} \end{aligned}$$

$$\begin{aligned} q_2 &= q_2^{12}+q_2^{23} \\ &= \oint_{S_{12}} N_2k\frac{\partial u}{\partial n}dS+\oint_{S_{23}} N_2k\frac{\partial u}{\partial n}dS \\ &= 0+\frac{10}{\sqrt{2}}\left(\frac{\sqrt{2}}{2}\right) \\ &= 5 \end{aligned}$$

$$\begin{aligned} q_3 &= q_3^{23}+q_3^{31} \\ &= \oint_{S_{23}} N_3k\frac{\partial u}{\partial n}dS+\oint_{S_{31}} N_3k\frac{\partial u}{\partial n}dS \\ &= 5+q_3^{31} \end{aligned}$$

앞의 경계조건들을 시스템 식 ① 에 대입하면,

$$\frac{1}{2}\begin{bmatrix} 2 & -1 & -1 \\ -1 & 1 & 0 \\ -1 & 0 & 1 \end{bmatrix}\begin{Bmatrix} 10 \\ u_2 \\ 10 \end{Bmatrix} = \begin{Bmatrix} q_1^{31} \\ 5 \\ 5+q_3^{31} \end{Bmatrix} \qquad ②$$

와 같다. 이 시스템 식은 세 개의 식과 세 개의 미지수로 구성되어 있으므로 풀 수 있으며, 다음 결과를 얻을 수 있다.

$$u_2 = 20, \quad q_1^{31} = -5, \quad q_3^{31} = -5$$ ◀

위의 결과로부터 q_1^{31} 와 q_3^{31} 은 u 값이 주어진 절점 1 과 3 에서 반력 (reaction) 에 해당되며, 그 면에 u 값이 일정하게 유지되도록 한다. 이들 값은 다음 식에서와 같이 삼각형 요소의 면에 걸친 "플럭스 (flux)" 또는 "흐름 (flow)"의 절점합력 (nodal resultant)이다.

$$q_1^{31} = \oint_{S_{31}} N_1 k \frac{\partial u}{\partial n} dS = -5$$

$$q_3^{31} = \oint_{S_{31}} N_3 k \frac{\partial u}{\partial n} dS = -5$$

또한 요소의 플럭스 값은 다음 식으로도 계산할 수 있다.

$$\begin{Bmatrix} \dfrac{\partial u}{\partial x} \\ \dfrac{\partial u}{\partial y} \end{Bmatrix} = [B]\{u\}$$

$$= \begin{bmatrix} \dfrac{\partial N_1}{\partial x} & \dfrac{\partial N_2}{\partial x} & \dfrac{\partial N_3}{\partial x} \\ \dfrac{\partial N_1}{\partial y} & \dfrac{\partial N_2}{\partial y} & \dfrac{\partial N_3}{\partial y} \end{bmatrix}\begin{Bmatrix} u_1 \\ u_2 \\ u_3 \end{Bmatrix}$$

$$= \begin{bmatrix} -1 & 1 & 0 \\ -1 & 0 & 1 \end{bmatrix}\begin{Bmatrix} 10 \\ 20 \\ 10 \end{Bmatrix}$$

$$= \begin{Bmatrix} 10 \\ 0 \end{Bmatrix}$$

따라서, 이 예제에서 흐름 또는 플럭스는 그림 7.20 에서 보인 바와 같이 단지 $x-$방향으로 10 이다.

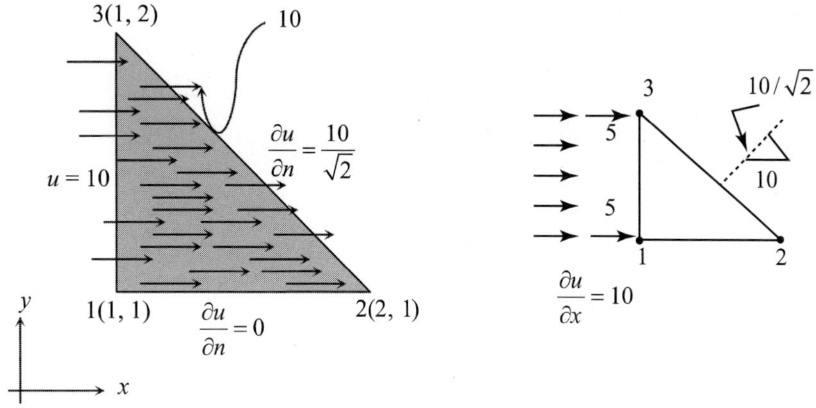
3(1, 2)
10
$\frac{\partial u}{\partial n} = \frac{10}{\sqrt{2}}$
u = 10
1(1, 1)
$\frac{\partial u}{\partial n} = 0$
2(2, 1)
y
x
3
$10/\sqrt{2}$
5
10
5
1
2
$\frac{\partial u}{\partial x} = 10$

그림 7.20 플럭스 방향

7.5 ▶ 응용: 박막변형 해석

푸와송식의 물리적인 응용 예는 아래의 그림 7.21 과 같이 팽팽히 당겨진 박막 또는 필름이 측면의 압력에 의해 변형되는 현상에서 찾아 볼 수 있다.

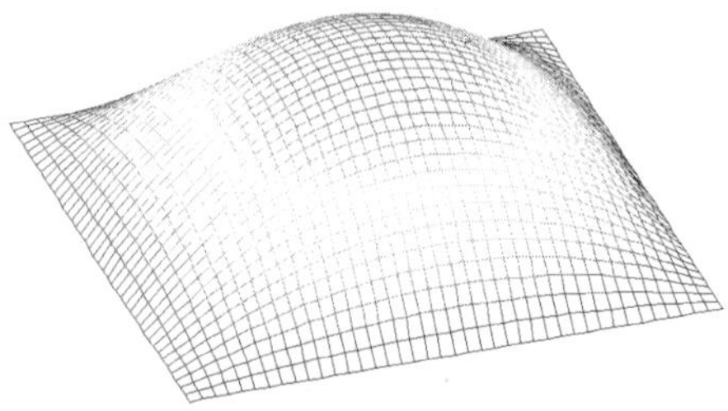

그림 7.21

횡방향 변형에 대한 식은 그림 7.22 에서와 같이 요소에 대한 평형조건 식으로부터 구할 수 있다.

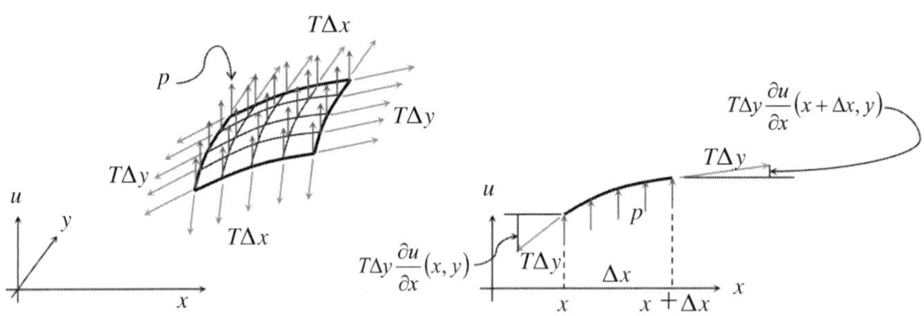

그림 7.22

미소요소 Δx 와 Δy 에 대해서 T 를 박막의 인장력, P 를 횡방향 압력이라 하면 힘의 평형방정식은 아래의 식과 같다.

$$\begin{aligned}\sum F_z &= p\Delta x\Delta y + T\Delta y\frac{\partial u}{\partial x}(x+\Delta x, y) - T\Delta y\frac{\partial u}{\partial x}(x, y)\\ &+ T\Delta x\frac{\partial u}{\partial y}(x, y+\Delta y) - T\Delta y\frac{\partial u}{\partial y}(x, y)\\ &= 0\end{aligned}$$

위의 식을 $\Delta x\Delta y$ 로 나눈 후, $\Delta x\Delta y \to 0$ 으로 극한을 취하면 다음 식을 얻는다.

$$p + T\left(\frac{\partial^2 u}{\partial x^2}(x, y) + \frac{\partial^2 u}{\partial y^2}(x, y)\right) = 0$$

앞의 식을 더 간단히 나타내면

$$\left(\frac{\partial^2 u}{\partial x^2}+\frac{\partial^2 u}{\partial y^2}\right)+\frac{p}{T}=0 \qquad (7.53)$$

이다. 이 식에서 T 는 박막의 인장력 (힘/단위길이), p 는 측면방향 압력 (힘/단위면적), 그리고 u 는 측면방향 변위 (처짐) 이다. 이와 같은 지배방정식 (governing equation) 을 푸와송식 (Poisson equation) 이라 하며, 물리적인 현상에 많이 나타나는 식이다. 이 식에서 T 는 상수일 수 있으나, p 는 x 와 y 의 함수일 수 있다. 다음 예제에서와 같이 적합한 변수에 대해 유한 요소식을 적용할 수 있다.

예제 7.4 네 변이 고정된 사각형 박막에 그림 7.23 과 같이 균일한 압력 p 가 작용하고 있다. 각 변의 길이는 2 단위 (unit) 이고, $p/T=1.0$ 으로 가정한다. 삼각형 요소를 사용한 유한요소법으로 박막변형을 계산하여라. 또한, 매트랩 유한요소 프로그램 poisson2d 폴더의 poisson.m 프로그램을 이용하여 이 문제를 해석하여라.

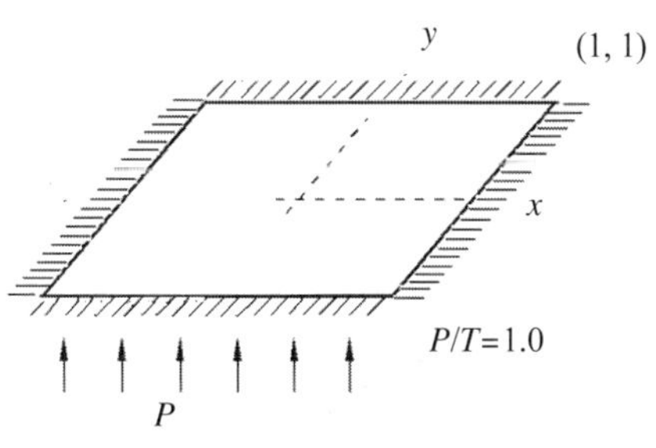

그림 7.23 4 변이 고정된 박막 모델

풀이 사각형 박막은 x 및 y 축에 대하여 대칭이므로 그림 7.24 와 같이 1/4 부분만 모델링하여 해석한다. 사분면 (quadrant) 을 네 개의 삼각형 요소로 분할한다. 이 경우 경계 조건은 사각형의 바깥 변에서는 $u=0$ 이고, 대칭선 (line of symmetry) 에서는 $\partial u/\partial n=0$ 이 된다. 요소의 접속행렬 (connectivity matrix) 은 그림 7.24 의 표와 같다.

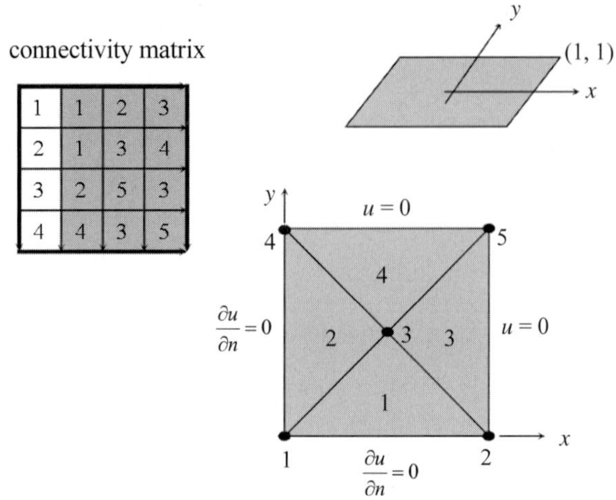

그림 7.24

삼각형 요소 식의 세부적인 계산절차에 따라 각 요소에 대한 식을 구하면 다음과 같다.

1 번 요소식 :

$$\frac{1}{2}\begin{bmatrix} 1 & 0 & -1 \\ 0 & 1 & -1 \\ -1 & -1 & 2 \end{bmatrix}\begin{Bmatrix} u_1 \\ u_2 \\ u_3 \end{Bmatrix} = \frac{1}{12}\begin{Bmatrix} 1 \\ 1 \\ 1 \end{Bmatrix} + \begin{Bmatrix} q_1^{12} + q_1^{31} \\ q_2^{12} + q_2^{23} \\ q_3^{23} + q_3^{31} \end{Bmatrix}$$

2 번 요소식 :

$$\frac{1}{2}\begin{bmatrix} 1 & -1 & 0 \\ -1 & 2 & -1 \\ 0 & -1 & 1 \end{bmatrix}\begin{Bmatrix} u_1 \\ u_3 \\ u_4 \end{Bmatrix} = \frac{1}{12}\begin{Bmatrix} 1 \\ 1 \\ 1 \end{Bmatrix} + \begin{Bmatrix} q_1^{13} + q_1^{41} \\ q_3^{13} + q_3^{34} \\ q_4^{34} + q_4^{41} \end{Bmatrix}$$

3 번 요소식 :

$$\frac{1}{2}\begin{bmatrix} 1 & 0 & -1 \\ 0 & 1 & -1 \\ -1 & -1 & 2 \end{bmatrix}\begin{Bmatrix} u_2 \\ u_5 \\ u_3 \end{Bmatrix} = \frac{1}{12}\begin{Bmatrix} 1 \\ 1 \\ 1 \end{Bmatrix} + \begin{Bmatrix} q_2^{25} + q_2^{32} \\ q_5^{25} + q_5^{53} \\ q_3^{53} + q_3^{32} \end{Bmatrix}$$

4번 요소식 :

$$\frac{1}{2}\begin{bmatrix} 1 & -1 & 0 \\ -1 & 2 & -1 \\ 0 & -1 & 1 \end{bmatrix}\begin{Bmatrix} u_4 \\ u_3 \\ u_5 \end{Bmatrix} = \frac{1}{12}\begin{Bmatrix} 1 \\ 1 \\ 1 \end{Bmatrix} + \begin{Bmatrix} q_4^{43} + q_4^{54} \\ q_3^{43} + q_3^{35} \\ q_5^{35} + q_5^{54} \end{Bmatrix}$$

이 문제에서 기본경계조건 (essential boundary condition) 은 $u_2 = u_4 = u_5 = 0$ 이고, 자연경계조건 (natural boundary condition) 은 $q_1^{12} = q_2^{12} = 0$ 과 $q_4^{41} = q_1^{41} = 0$ 이다. 그리고 식의 결합과정에서 $q_2^{23} + q_2^{32} = 0$, $q_3^{23} + q_3^{32} = 0$, ... 등등으로 요소 사이의 평형조건에 따라 플럭스항이 서로 상쇄된다.

$$\begin{bmatrix} 1 & 0 & -1 & 0 & 0 \\ & 1 & -1 & 0 & 0 \\ & & 4 & -1 & -1 \\ & & & 1 & 0 \\ (sym) & & & & 1 \end{bmatrix} \begin{Bmatrix} u_1 \\ u_2 \\ u_3 \\ u_4 \\ u_5 \end{Bmatrix} = \begin{Bmatrix} 1/6 \\ 1/6 \\ 1/3 \\ 1/6 \\ 1/6 \end{Bmatrix} + \begin{Bmatrix} 0 \\ q_2^{25} \\ 0 \\ q_4^{54} \\ q_5^{25} + q_5^{54} \end{Bmatrix}$$

위의 식에서 경계조건은 $u_2 = 0$, $u_4 = 0$, 그리고 $u_5 = 0$ 이다. u 에 관한 기본 경계조건을 만족하도록 식을 변형시키면

$$\begin{bmatrix} 1 & 0 & -1 & 0 & 0 \\ 0 & 1 & 0 & 0 & 0 \\ -1 & 0 & 4 & 0 & 0 \\ 0 & 0 & 0 & 1 & 0 \\ 0 & 0 & 0 & 0 & 1 \end{bmatrix} \begin{Bmatrix} u_1 \\ u_2 \\ u_3 \\ u_4 \\ u_5 \end{Bmatrix} = \begin{Bmatrix} 1/6 \\ 0 \\ 1/3 \\ 0 \\ 0 \end{Bmatrix}$$

이 된다. 위의 식을 풀면 다음 결과를 얻는다.

$$\begin{Bmatrix} u_1 \\ u_2 \\ u_3 \\ u_4 \\ u_5 \end{Bmatrix} = \begin{Bmatrix} 1/3 \\ 0 \\ 1/6 \\ 0 \\ 0 \end{Bmatrix}$$ ◀

계산된 값들을 변형시키기 이전의 원래의 식에 대입하여 나머지 미지수를 구하면 다음과 같다.

$$q_2^{25} = -1/3, \quad q_4^{54} = -1/3, \quad q_5^{25} + q_5^{54} = -1/3$$

계산결과를 그래프로 나타내면 그림 7.25 와 같다. 삼각형으로 분할된 육면체 밑면은 계산에 사용된 메쉬 (mesh) 이며, 메쉬위의 지붕형상은 계산결과에 의한 $u(x, y)$ 면이다. 계산된 각각의 요소면은 단지 평평한 삼각형 (plane triangle) 이며, 이는 형상함수를 통한 선형삼각형 요소함수 특성에서 가정된 바와 같다.

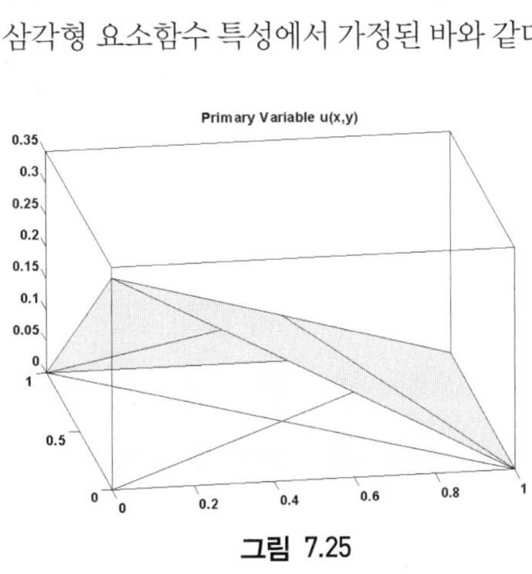

그림 7.25

다음으로 매트랩 유한요소 프로그램을 이용하여 이 문제를 해석해 보기로 하자.

MATLAB TIP

매트랩 유한요소 프로그램 poisson.m 은 아래와 같다.

```
% ======================================================================
% Finite element solution of Poisson's equation in two dimensions
%
%      d(c du/dx)/dx + d(c du/dy)/dy + f(x,y) = 0
%
% with boundary conditions of the type
%
%      u or c(du/dn) given on the boundary
%
% The coefficient c and force term f are assumed to be constant
% on each element.  This program uses both the  3 node triangular
% and the 4 node quadralateral element.
% ======================================================================
%
```

이 예제에 대한 데이터 파일은 square_ex1.dat이며 다음과 같은 형식이다.

```
Example problem for Poisson program - square example
 5
 1 0 0.0  0.0
 2 1 1.0  0.0  0.0
 3 0 0.5  0.5
 4 1 0.0  1.0  0.0
 5 1 1.0  1.0  0.0
 4
 1 3  1 2 3 1.0 1.0
 2 3  1 3 4 1.0 1.0
 3 3  2 5 3 1.0 1.0
 4 3  4 3 5 1.0 1.0
 0
```

매트랩 명령창에서 다음과 같이 실행하면 아래의 결과와 그래프를 얻을 수 있다.

```
>> poisson
Input file containing data: square_ex1.dat
Current plot held
Current plot held
>> u

u =

    0.3333
         0
    0.1667
         0
         0
```

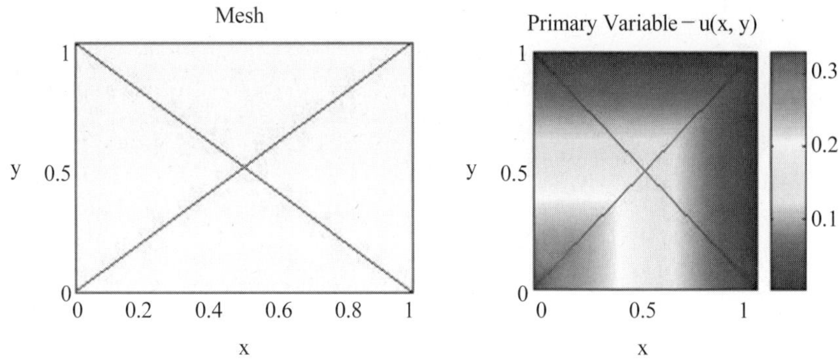

그림 7.25 (a) 메쉬 및 1 차 변수 $u(x, y)$

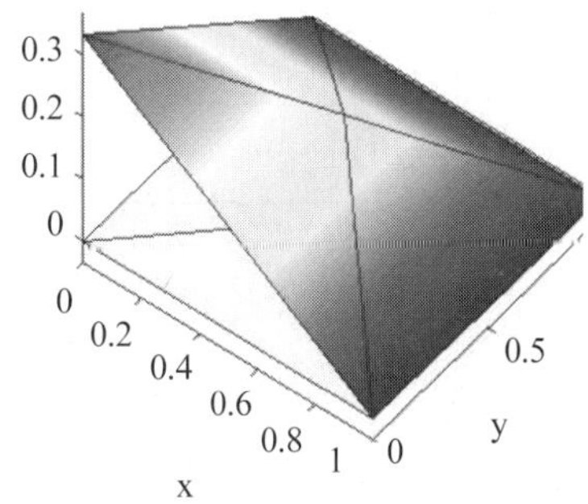

그림 7.25 (b) 변형된 형상

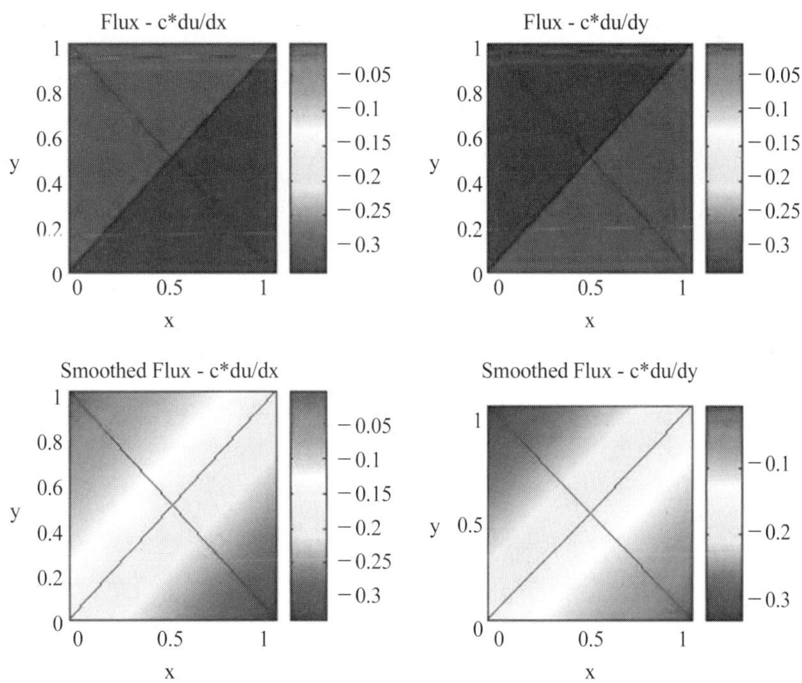

그림 7.25 (c) 플럭스

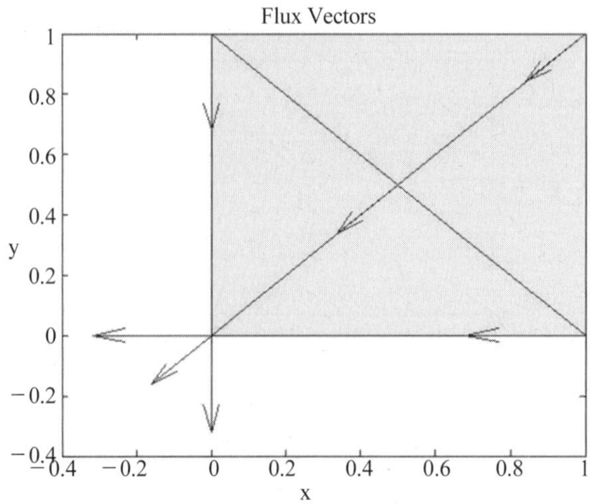

그림 7.25 (d) 플럭스 벡터

이 절에서, 마지막으로 주목할 만한 점은 식의 결합과정에서 서로 상쇄되거나 함수 u 가 규정된 지점에서는 미지수로 그대로 남아 있는 도함수 항 (q) 또는 플럭스 항들에 관한 사항이다. 그림 7.26 과 같이 절점 i 와 j 를 잇는 두 개의 요소 m 과 n 에 대해서 살펴보기로 하자.

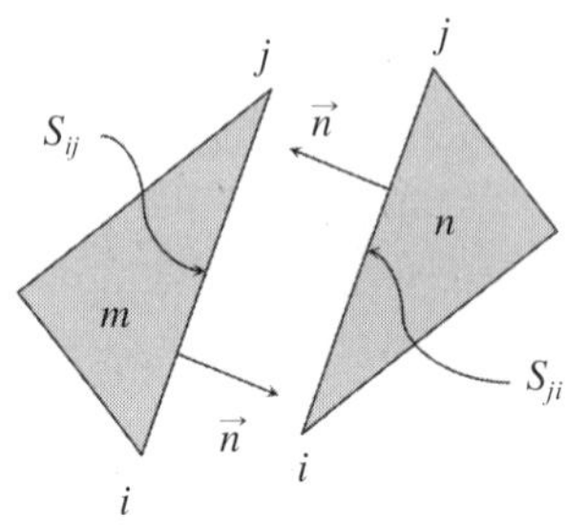

그림 7.26

정의에 의하여, 요소 m 에서는

$$q_i = \int_{S_{ij}} N_i k \frac{\partial u}{\partial n} dS$$

그리고 요소 n 에서는

$$q_i = \int_{S_{ji}} N_i k \frac{\partial u}{\partial n} dS$$

이다. 요소의 공통변 (common side) 에 대해서 형상함수 $N(x, y)$ 는 요소의 양립조건

정의에 의하여 서로 같다. 그리고 법선방향 벡터는 정확히 서로 반대가 되므로 두 개의 q에 대한 적분은 공통변에 따른 플럭스, $k(\partial u / \partial n) = k\{(\partial u / \partial x)n_x + (\partial u / \partial y)n_y\}$, 가 같을 경우 동일한 값이 된다. 이러한 사항은 유한요소법의 가정으로, 오차 발생의 원인이 된다. 이 가정은 정확한 해가 이러한 연속성 수준을 만족해야 한다는 논리에 근거하며, 이는 요소가 공통으로 하는 선상에 어떠한 "힘" 도 작용하지 않으며 재료 특성의 불연속도 없다는 가정을 전제로 한다. 물론 이러한 가정은 유한요소 근사해에서 요소의 도함수가 필연적으로 같아야 한다는 것을 의미하는 것은 아니다. 이러한 현상은 1 차원 문제에서도 나타났으며, 후처리 계산에서 유한요소 해의 도함수가 집중력이 작용하는 지점에서나 요소 사이에서 점프가 일어 났다. 실제로 1 차원 선형요소에 대해서 2 차 미분방정식 해의 도함수가 계단함수 (stair step like function) 와 같거나 또는 요소 사이에 불연속이 나타난 결과를 얻게 되었다. 삼각형 요소를 사용하는 유한요소 해에서도 이러한 현상이 명백히 나타난다. 1 차원 문제의 4 차 미분 방정식에 관해서도 유한요소 해의 2 차 도함수는 불연속이 되었다. 이는 요소 사이에서 1 차 도함수의 연속조건을 만족하는 형상함수를 택하였기 때문이며, 요소 함수의 특성으로 이러한 현상이 나타난다.

연습문제 PROBLEMS

1. 선형삼각형 요소에서 절점 좌표는 그림 E1 에 표시되어 있으며, 함수 u 의 절점값은 아래와 같다.

$$\begin{Bmatrix} u_1 \\ u_2 \\ u_3 \end{Bmatrix} = \begin{Bmatrix} 3 \\ 4 \\ 1 \end{Bmatrix}$$

이 요소에 대한 형상함수와 도함수를 사용하여 다음을 계산하여라.

(a) 좌표 (1.5, 1.8) 에서 함수 u 값을 계산하고, 요소 위에 함수 형상을 그림으로 나타내라.

(b) 요소에서 도함수 du/dx 및 du/dy 를 결정하라.

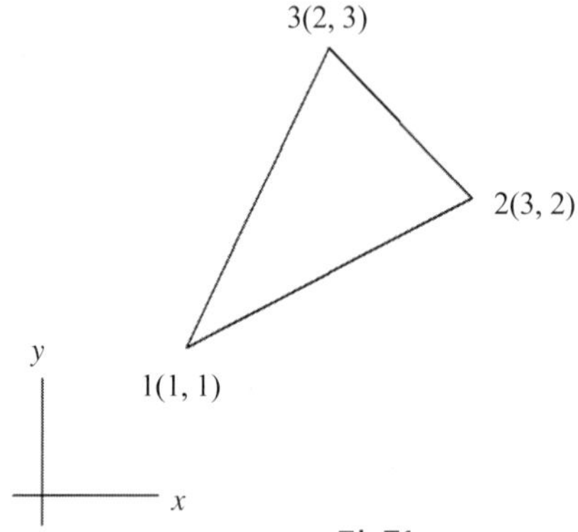

그림 E1

2. 그림 E2에 나타낸 박막모델에 대하여 6 인 절점 4 개의 요소를 사용하여 다음 경계치 문제를 풀어라.

$$\left(\frac{\partial^2 u}{\partial x^2} + \frac{\partial^2 u}{\partial y^2}\right) + 1 = 0 \text{ (경계조건: 모든 외곽 경계변에서는 } u = 0\text{)}$$

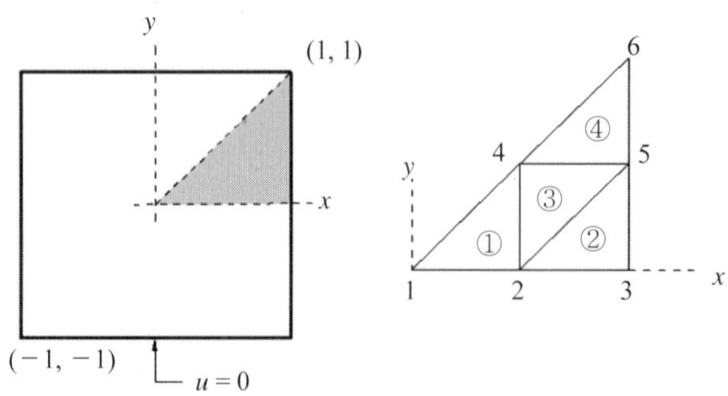

그림 E2

경계값은 모든 외곽 경계변에서 $u=0$ 이다. 모델에서 변 1−2−3 과 1−4−6 에서는 $\partial u/\partial n=0$ 임을 유의하라. 또한, 요소 1, 2 와 4 는 정확히 서로 같고 그들의 형상함수도 동일하다. 더 나아가 요소 3 은 절점 순서가 다른 요소에서와 같을 경우 동일한 형상함수를 갖게 된다. 주어진 문제로부터 u_1, u_2 및 u_4 를 계산하고, 매트랩 프로그램 poisson.m 을 사용하여 해석하라. 이들 값을 예제 7.4 의 4 분면에 대한 결과와 비교하여라.

3. 등방성 (isotropic) 특성에 대한 강성 행렬을 구한 절차를 응용하여 이방성 (anisotropic) 경우 강성식을 결정하는 과정은 다음과 같다. 아래 식의 전개과정 단계에 대해서 구체적인 의미를 설명하라.

$$\int_A \left(\frac{\partial w}{\partial x} k_x \frac{\partial u}{\partial x} + \frac{\partial w}{\partial y} k_y \frac{\partial u}{\partial y} \right) dA \rightarrow \int_A \begin{Bmatrix} \frac{\partial N_1}{\partial x} \\ \frac{\partial N_2}{\partial x} \\ \frac{\partial N_3}{\partial x} \end{Bmatrix} k_x \frac{\partial u}{\partial x} dA + \int_A \begin{Bmatrix} \frac{\partial N_1}{\partial x} \\ \frac{\partial N_2}{\partial x} \\ \frac{\partial N_3}{\partial x} \end{Bmatrix} k_y \frac{\partial u}{\partial y} dA$$

위의 식으로부터

$$\int_A \begin{Bmatrix} \frac{\partial N_1}{\partial x} \\ \frac{\partial N_2}{\partial x} \\ \frac{\partial N_3}{\partial x} \end{Bmatrix} k_x \begin{bmatrix} \frac{\partial N_1}{\partial x} & \frac{\partial N_2}{\partial x} & \frac{\partial N_3}{\partial x} \end{bmatrix} \begin{Bmatrix} u_1 \\ u_2 \\ u_3 \end{Bmatrix} dA + \int_A \begin{Bmatrix} \frac{\partial N_1}{\partial y} \\ \frac{\partial N_2}{\partial y} \\ \frac{\partial N_3}{\partial y} \end{Bmatrix} k_y \begin{bmatrix} \frac{\partial N_1}{\partial y} & \frac{\partial N_2}{\partial y} & \frac{\partial N_3}{\partial y} \end{bmatrix} \begin{Bmatrix} u_1 \\ u_2 \\ u_3 \end{Bmatrix} dA \qquad ①$$

$$= \int_A \begin{Bmatrix} \frac{\partial N_1}{\partial x} & \frac{\partial N_1}{\partial y} \\ \frac{\partial N_2}{\partial x} & \frac{\partial N_2}{\partial y} \\ \frac{\partial N_3}{\partial x} & \frac{\partial N_3}{\partial y} \end{Bmatrix} \begin{bmatrix} k_x & 0 \\ 0 & k_y \end{bmatrix} \begin{bmatrix} \frac{\partial N_1}{\partial x} & \frac{\partial N_2}{\partial x} & \frac{\partial N_3}{\partial x} \\ \frac{\partial N_1}{\partial y} & \frac{\partial N_2}{\partial y} & \frac{\partial N_3}{\partial y} \end{bmatrix} \begin{Bmatrix} u_1 \\ u_2 \\ u_3 \end{Bmatrix} dA$$

또는 식 ① 로부터

$$\int_A \begin{bmatrix} \frac{\partial N_1}{\partial x} k_x \frac{\partial N_1}{\partial x} + \frac{\partial N_1}{\partial y} k_y \frac{\partial N_1}{\partial y} & \frac{\partial N_1}{\partial x} k_x \frac{\partial N_2}{\partial x} + \frac{\partial N_1}{\partial y} k_y \frac{\partial N_2}{\partial y} & \frac{\partial N_1}{\partial x} k_x \frac{\partial N_3}{\partial x} + \frac{\partial N_1}{\partial y} k_y \frac{\partial N_3}{\partial y} \\ \frac{\partial N_2}{\partial x} k_x \frac{\partial N_1}{\partial x} + \frac{\partial N_2}{\partial y} k_y \frac{\partial N_1}{\partial y} & \frac{\partial N_2}{\partial x} k_x \frac{\partial N_2}{\partial x} + \frac{\partial N_2}{\partial y} k_y \frac{\partial N_2}{\partial y} & \frac{\partial N_2}{\partial x} k_x \frac{\partial N_3}{\partial x} + \frac{\partial N_2}{\partial y} k_y \frac{\partial N_3}{\partial y} \\ \frac{\partial N_3}{\partial x} k_x \frac{\partial N_1}{\partial x} + \frac{\partial N_3}{\partial y} k_y \frac{\partial N_1}{\partial y} & \frac{\partial N_3}{\partial x} k_x \frac{\partial N_2}{\partial x} + \frac{\partial N_3}{\partial y} k_y \frac{\partial N_2}{\partial y} & \frac{\partial N_3}{\partial x} k_x \frac{\partial N_3}{\partial x} + \frac{\partial N_3}{\partial y} k_y \frac{\partial N_3}{\partial y} \end{bmatrix} dA \begin{Bmatrix} u_1 \\ u_2 \\ u_3 \end{Bmatrix} \qquad ②$$

$$= \int_A [B]^T [k][B] dA \{u\}$$

식 ② 에서

$$[B]=\begin{bmatrix}\dfrac{\partial N_1}{\partial x} & \dfrac{\partial N_2}{\partial x} & \dfrac{\partial N_3}{\partial x}\\ \dfrac{\partial N_1}{\partial y} & \dfrac{\partial N_2}{\partial y} & \dfrac{\partial N_3}{\partial y}\end{bmatrix} \quad ③$$

$$[k]=\begin{bmatrix}k_x & 0\\ 0 & k_y\end{bmatrix} \quad ④$$

4. 그림 E4 와 같은 선형삼각형 요소에 대하여 형상함수 $[N_1(x, y)\ N_2(x, y)\ N_3(x, y)]$ 와 삼각형 적분공식을 사용하여 질량행렬 $[M] = \int_A [N]^T p[N]dA$ 의 성분을 구하여라. 단, $p = p_0$ 로 상수이다. 계산결과를 요소면적 A 의 항으로 나타내라. 형상함수를 양함수 형태로 나타내면 다음 식과 같다.

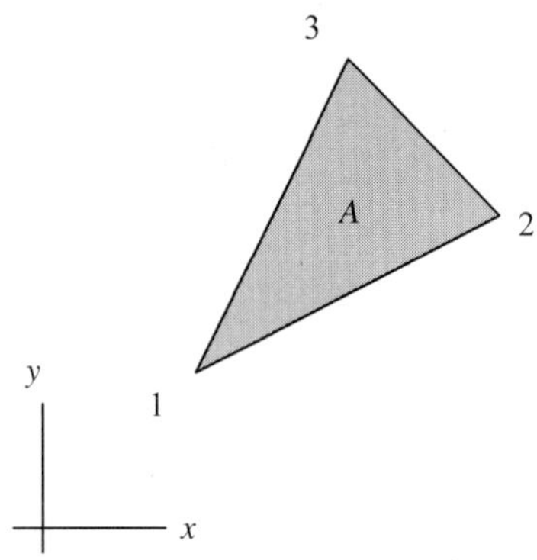

그림 E4

$$N_1(x,y)=\frac{1}{2A}\left[(x_2y_3-x_3y_2)+(y_2-y_3)x+(x_2-x_3)y\right]$$
$$N_2(x,y)=\frac{1}{2A}\left[(x_3y_1-x_1y_3)+(y_3-y_1)x+(x_3-x_1)y\right]$$
$$N_3(x,y)=\frac{1}{2A}\left[(x_1y_2-x_2y_1)+(y_1-y_2)x+(x_1-x_2)y\right]$$

주기: 이 문제에서 형상함수를 직접 적분할 필요는 없으며, 단지 적분공식을 사용하여 계산하여라.

CHAPTER 8

푸와송식

8.1 ▸ 경계 대류 열전도

열전도 기구에 의한 2 차원 열흐름 문제는 푸와송식 (Poisson equation) 을 사용하여 모델링할 수 있다. 그림 8.1 과 같은 열전도 매체 요소에 대해 고려해 보자.

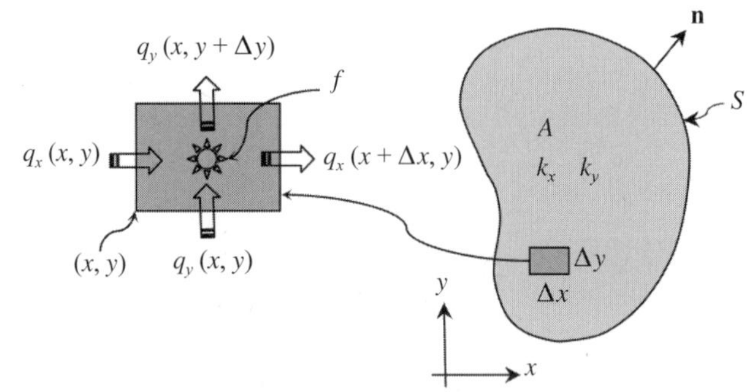

Heat flow in 2D

그림 8.1 2 차원 열흐름

x 및 y 방향으로 발생하는 열흐름, 또는 플럭스를 q_x 와 q_y 로 나타내면, 크기가 Δx 와 Δy 인 재료 요소에 대한 열평형 (heat balance) 은 다음 식과 같다.

$$-q_x(\mathrm{x}+\Delta\mathrm{x},\mathrm{y})\Delta y + q_x(\mathrm{x},\mathrm{y})\Delta y - q_y(\mathrm{x},\mathrm{y}+\Delta\mathrm{y})\Delta x + q_y(\mathrm{x},\mathrm{y})\Delta x + f\,\Delta x\Delta y = 0$$

위의 식에서 f 는 단위면적당 열원 (heat source) 이며, 단위는 Watts/cm^2 이다. 식을 $\Delta x\,\Delta y$ 로 나눈 후 $\Delta x\,\Delta y \to 0$ 으로 극한을 취하면 아래의 식을 얻는다.

$$-\left(\frac{\partial q_x}{\partial x} + \frac{\partial q_y}{\partial y}\right) + f = 0 \tag{8.1}$$

한편으로 열전달에 관한 푸리에 법칙 (Fourier's law) 은 다음 식과 같다.

$$q_x = -k_x \frac{\partial u}{\partial x}, \quad q_y = -k_y \frac{\partial u}{\partial y} \tag{8.1a}$$

위의 식에서 u 는 온도 (℃) 이고, k_x 와 k_y 는 각각 x 및 y 방향의 재료의 열전도율이며 단위는 Watts/cm · $^{\circ}$C 이다. 열평형식에 푸리에 법칙을 대입하면 다음 식을 얻는다.

$$\frac{\partial}{\partial x}\left(k_x \frac{\partial u}{\partial x}\right) + \frac{\partial}{\partial y}\left(k_y \frac{\partial u}{\partial y}\right) + f = 0 \tag{8.2}$$

위의 식에서 k_x 와 k_y 가 서로 다를 경우는 이방성 재료에 대한 푸와송식 (Poisson

equation) 이 된다. 만일 양쪽 재료 전도율이 x, y 에 대해서 서로 독립적 (동차) 일 경우, 위의 식은 다음 식과 같다.

$$k_x \frac{\partial^2 u}{\partial x^2} + k_y \frac{\partial^2 u}{\partial y^2} + f = 0 \tag{8.3}$$

열전도 문제에 대한 경계조건은 그림 8.2 와 같은 경계의 각 지점에서 온도 u 또는 열흐름 값 중에서 하나의 조건이 규정되어야 한다.

$$u(x, y) = u_0 \quad \text{또는} \quad q \equiv k_x \frac{\partial u}{\partial x} n_x + k_y \frac{\partial u}{\partial y} n_y \tag{8.3a}$$

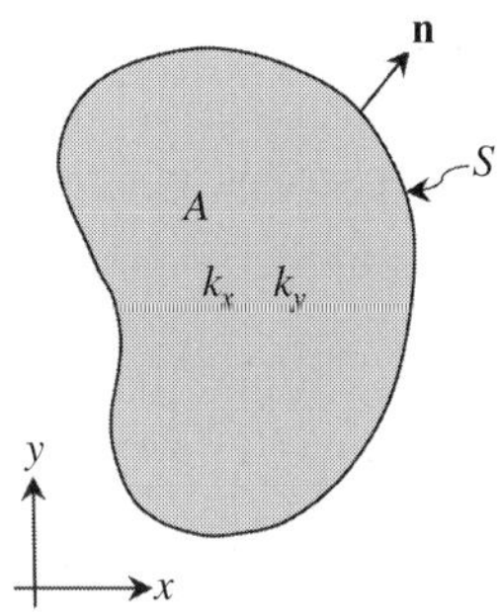

Heat Flow Domain in 2D

그림 8.2 2 차원 열흐름 도메인

만일 경계에서 그림 8.3 과 같이 대류현상이 일어날 경우 경계조건은 다음 식과 같다.

$$k_x \frac{\partial u}{\partial x} n_x + k_y \frac{\partial u}{\partial y} n_y + \alpha(u - u_0) = q_S \tag{8.4}$$

위의 식에서 α 는 대류계수 (단위: Watts/cm^2 · ℃), u_0 는 경계 S 에서 주위 매체의 온도, 그리고 q_s 는 규정된 열흐름 (단위: Watts/cm^2) 이다.

요소 식은 여기에서 살펴볼 자연경계조건을 제외하면 앞 절에서 살펴본 2 차원 문제에 대한 아래의 유한요소 식과 같다.

$$\int_A \left([B]^T k [B]\right) dA \{u\} = \int_A \{N\} f dA + \oint_S \{N\} \left(k \frac{\partial u}{\partial x} n_x + k \frac{\partial u}{\partial y} n_y \right) dS \tag{8.5}$$

또는 간단한 형태의 식으로 쓰면 다음과 같다.

$$[k]\{u\} = \{f\} + \{q\} \tag{8.6}$$

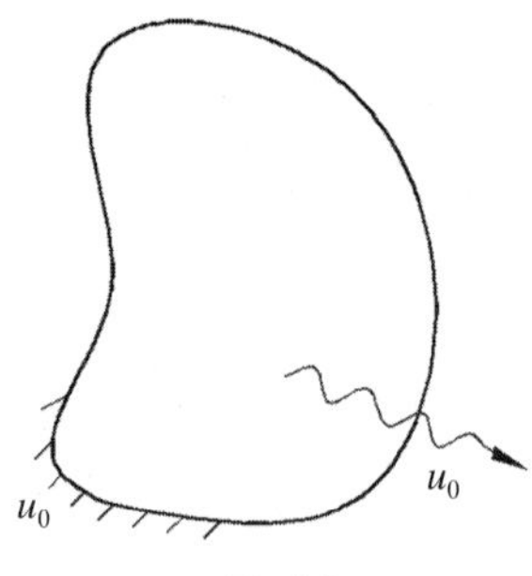

그림 8.3

플럭스 조건이 명시된 경계의 가장자리에서는 다음과 같다.

$$q = \oint_S [N]^T \left(k_x \frac{\partial u}{\partial x} n_x + k_y \frac{\partial u}{\partial y} n_y \right) dS \tag{8.7}$$

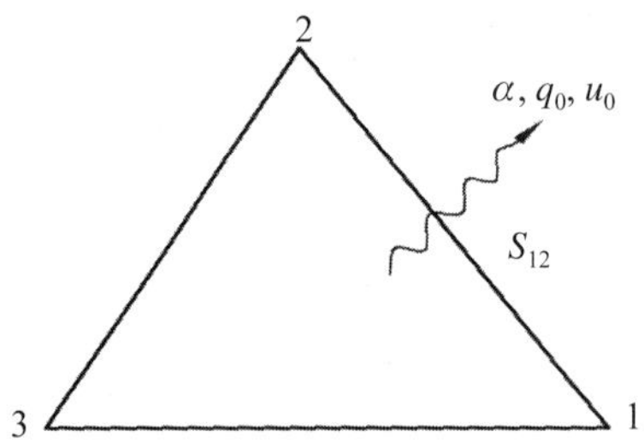

그림 8.4

만일 그림 8.4 와 같이 S_{12} 변에 대류현상이 일어난다면

$$\begin{aligned} q_1^{12} &= \int_{S_{12}} N_1 [q_0 - \alpha(u - u_0)] dS \\ &= \int_{S_{12}} N_1 (q_0 + \alpha\, u_0) dS + \int_{S_{12}} -\alpha\, u\, N_1 dS \end{aligned} \tag{8.8}$$

와 같다. 위 마지막 식의 2 번째 항을 살펴보면, 1 차원 문제에서와 마찬가지로 형상함수에 의해 u 를 근사화시킬 수 있으므로 다음과 같게 된다.

$$-\int_{S_{12}} \alpha\, N_1 [N_1 \quad N_2 \quad N_3] dS \begin{Bmatrix} u_1 \\ u_2 \\ u_3 \end{Bmatrix} \tag{8.8a}$$

위의 식에서 $N_3 = 0$ 이다. 이 식에서 α 가 상수일 경우, 쉽게 적분하여 u_1 과 u_2 의 계수를 얻을 수 있다. q_0, u_0 및 α 가 주어질 경우 위의 식으로부터 q_1^{12} 가 결정될 수 있다. 그러나, 두 번째 항은 식의 결합과정에서 좌변의 강성식 항으로 이항되어 새로운 강성행렬을 이루게 된다. q_2^{12} 와 같은 다른 항들도 비슷한 절차로 구할 수 있다. 다음 예제에서 자세한 사항을 살펴보기로 하자.

예제 8.1 다음 조건들과 같이 열전달이 일어나고 있는 하나의 삼각형 요소 그림 8.5 에 대해 유한요소식을 세우고 u_3 , q_1^{12} 및 q_2^{12} 항을 구하여라.

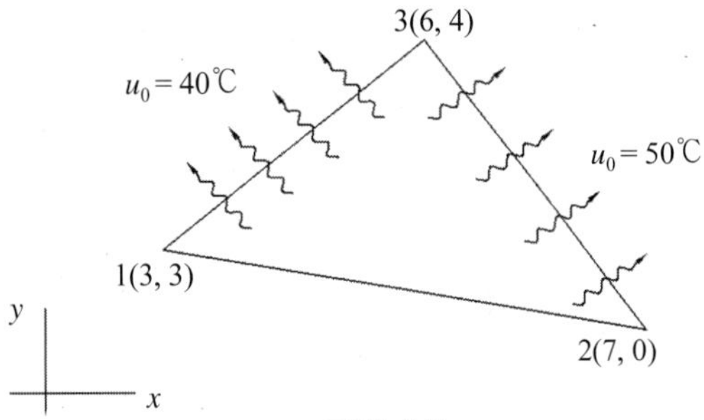

그림 8.5

$$f = 0, \quad \alpha = 5 \text{ W/cm}^2 \text{ °C}, \quad q_0 = 0$$
$$k_x = k_y = 30 \text{ W/cm}^2 \text{ °C}$$
$$u_1 = 100 \text{ °C}, \quad u_1 = 100 \text{ °C}$$

풀이 주어진 좌표로부터 (식 7.48a) 로 주어진 요소행렬 계산에 필요한 계수와 삼각형 면적 A 는 다음과 같다.

$$\begin{aligned} a_1 &= -1, & b_1 &= -4 \\ a_2 &= -3, & b_2 &= 1 \\ a_3 &= 4, & b_1 &= -4 \end{aligned}$$

따라서

$$2A = \begin{vmatrix} 1 & x_1 & y_1 \\ 1 & x_2 & y_2 \\ 1 & x_3 & y_3 \end{vmatrix} = \begin{vmatrix} 1 & 3 & 3 \\ 1 & 7 & 0 \\ 1 & 6 & 4 \end{vmatrix} = 13$$

따라서 식 (7.23) 의 $[B]$ 행렬을 이용하여 요소의 강성행렬 $[k]$ 를 계산하면 다음과 같다.

$$\begin{aligned} [k] &= [B]^T \kappa [B] A \\ &= \frac{1}{13}\begin{bmatrix} -4 & -1 \\ 1 & -3 \\ 3 & 4 \end{bmatrix} \frac{30}{13}\begin{bmatrix} -4 & 1 & 3 \\ -1 & -3 & 4 \end{bmatrix} \frac{13}{2} \end{aligned}$$

따라서,

$$[k]=\begin{bmatrix}19.62 & -1.154 & -18.46\\ & 11.54 & -10.39\\ (sym) & & 28.85\end{bmatrix}\ (\mathrm{W/cm\ ^oC})$$

이 되며, 요소에 대한 전체의 식은 아래와 같다.

$$[k]\{u\}=\int_A [N]^T f\,dA+\oint_S k\frac{\partial u}{\partial n}[N]^T dS$$

$$=\int_{S_{12}} k\frac{\partial u}{\partial n}\begin{Bmatrix}N_1\\N_2\\N_3\end{Bmatrix}dS+\int_{S_{23}}[q_0-\alpha(u-u_0)]\begin{Bmatrix}N_1\\N_2\\N_3\end{Bmatrix}dS+\int_{S_{31}}[q_0-\alpha(u-u_0)]\begin{Bmatrix}N_1\\N_2\\N_3\end{Bmatrix}dS$$

위 식의 첫 행에서 $f=0$ 이다. 둘째 행의 첫 항에서 $N_3=0$, 그리고 두 번째 항에서는 $q_0=0$ 이고 $N_1=0$ 이다. 또한 세 번째 항에서는 $q_0=0$ 이고 $N_2=0$ 이다. 그러므로 위의 식을 다시 쓰면 다음과 같게 된다.

$$[k]\{u\}=\int_{S_{12}} k\frac{\partial u}{\partial n}\begin{Bmatrix}N_1\\N_2\\0\end{Bmatrix}dS-\int_{S_{23}}\alpha\,u\begin{Bmatrix}0\\N_2\\N_3\end{Bmatrix}dS-\int_{S_{23}}\alpha\,u_0\begin{Bmatrix}0\\N_2\\N_3\end{Bmatrix}-\cdots$$

또한, 위의 식을 정리해서 다시 쓰면 아래와 같다.

$$[k]\{u\}=\begin{Bmatrix}q_1^{12}\\q_2^{12}\\0\end{Bmatrix}-\alpha\int_{S_{23}}\begin{Bmatrix}0\\N_2\\N_3\end{Bmatrix}[N_1\quad N_2\quad N_3]dS\begin{Bmatrix}u_1\\u_2\\u_3\end{Bmatrix}+\int_{S_{23}}\alpha\,u_0\begin{Bmatrix}0\\N_2\\N_3\end{Bmatrix}-\cdots$$

위의 식 우변의 둘째 항에서 $N_1=0$ 이다. 각각에 대해서 계산한 후, 위의 식을 다시 쓰면 다음과 같다.

$$[k]\{u\}=\begin{Bmatrix}q_1^{12}\\q_2^{12}\\0\end{Bmatrix}-\frac{\alpha S_{23}}{6}\begin{bmatrix}0&0&0\\0&2&1\\0&1&2\end{bmatrix}\begin{Bmatrix}u_1\\u_2\\u_3\end{Bmatrix}+\frac{\alpha\,u_0^{23}S_{23}}{2}\begin{Bmatrix}0\\1\\1\end{Bmatrix}$$

$$-\frac{\alpha S_{31}}{6}\begin{bmatrix}2&0&1\\0&0&0\\1&0&2\end{bmatrix}\begin{Bmatrix}u_1\\u_2\\u_3\end{Bmatrix}+\frac{\alpha\,u_0^{31}S_{31}}{2}\begin{Bmatrix}1\\0\\1\end{Bmatrix}$$

위의 식에 $u_0^{23}=50$, $u_0^{31}=40$, $S_{23}=\sqrt{17}$, $S_{31}=\sqrt{10}$, 그리고 $\alpha=5$를 대입하여 정리하면 다음 식을 얻을 수 있다.

$$\begin{bmatrix} 19.62 & -1.154 & -18.46 \\ & 11.54 & -10.39 \\ (sym) & & 28.85 \end{bmatrix} \begin{Bmatrix} u_1 \\ u_2 \\ u_3 \end{Bmatrix} = \begin{Bmatrix} q_1^{12} \\ q_2^{12} \\ 0 \end{Bmatrix} - \frac{5\sqrt{17}}{6} \begin{bmatrix} 0 & 0 & 0 \\ 0 & 2 & 1 \\ 0 & 1 & 2 \end{bmatrix} \begin{Bmatrix} u_1 \\ u_2 \\ u_3 \end{Bmatrix} - \frac{5\sqrt{10}}{6} \begin{bmatrix} 2 & 0 & 1 \\ 0 & 0 & 0 \\ 1 & 0 & 2 \end{bmatrix} \begin{Bmatrix} u_1 \\ u_2 \\ u_3 \end{Bmatrix} +$$

$$\frac{250\sqrt{17}}{2} \begin{Bmatrix} 0 \\ 1 \\ 1 \end{Bmatrix} + \frac{250\sqrt{10}}{2} \begin{Bmatrix} 1 \\ 0 \\ 1 \end{Bmatrix}$$

위 식의 우변의 행렬을 좌변으로 이항하여 정리하면 아래의 식과 같다.

$$\begin{bmatrix} 24.89 & -1.154 & -15.83 \\ & 18.41 & -6.954 \\ (sym) & & 40.99 \end{bmatrix} \begin{Bmatrix} u_1 \\ u_2 \\ u_3 \end{Bmatrix} = \begin{Bmatrix} 316.2 \\ 515.4 \\ 831.6 \end{Bmatrix} + \begin{Bmatrix} q_1^{12} \\ q_2^{12} \\ 0 \end{Bmatrix}$$

경계조건의 값 $u_1 = 100$ 과 $u_2 = 120$ 을 대입한 후, 나머지 미지수에 대해 풀면 아래의 값을 얻을 수 있다.

$$u_3 = 79.2\ ^{\circ}\mathrm{C}$$
$$q_1^{12} = -780.0\ \mathrm{W/cm}$$
$$q_1^{12} = -1027.7\ \mathrm{W/cm}$$ ◀

이들 결과값과 더불어 주어진 문제를 더 해석하면 요소내에서 도함수 또는 열흐름 등을 구할 수 있으나 여기서는 그러한 목적이 아니므로 생략하기로 한다. 이 예제에서 중요한 점은 자연경계조건에서 온도 u 를 포함하는 대류 항이 주어진 경계조건에서 어떻게 값이 계산되고, 식의 좌변에 있는 요소의 강성행렬을 구성하게 되는가 하는 점이다. 이러한 예는 경계조건이 함수 u 자체 또는 u 의 도함수를 포함하는 경우에 발생한다.

8.2 ▶ 사변형 등매개변수 요소

이 절에서는 그림 8.6 과 같이 변이 직선인 평면 사변형요소의 형상함수를 살펴보기로 한다. 절점 번호는 반시계 방향으로 부여되었으며, 형상함수의 유도는 각 절점의 좌표가 고유좌표계인 ξ 와 η 로 표시된 단위 사변형 (사각형) 으로 된 모요소 (parent element) 를 사용하면 편리하다.

임의의 일반 사각형 요소는 다음의 쌍일차함수 (bilinear form) 를 사용하여 단위 사각형으로 변환시킬 수 있다.

$$u(\xi,\eta)=a_1+a_2\xi+a_3\eta+a_4\xi\eta \tag{8.9}$$

위의 식에서 a_1, ⋯, a_4 는 결정되어야 할 미지의 상수이다. 다항식에서 4 개의 항은 그림 8.7 과 같은 파스칼삼각형 (Pascal triangle) 으로부터 택하였으며, 보간함수가 1 차가 되도록 하였으며, 그리고 2 차항 행으로부터 $\xi\eta$ 항이 포함되도록 하였다. 이러한 2 차항은 요소가 ξ 또는 η 에 대해서 편형되지 않은, 즉 불편함수 (unbiased function) 가 되도록 선택되었다.

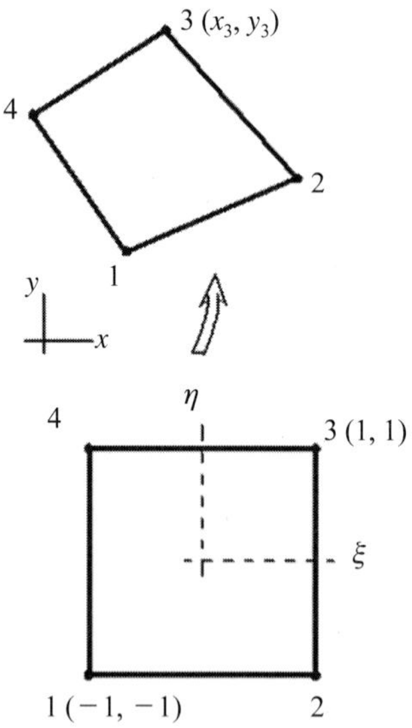

그림 8.6

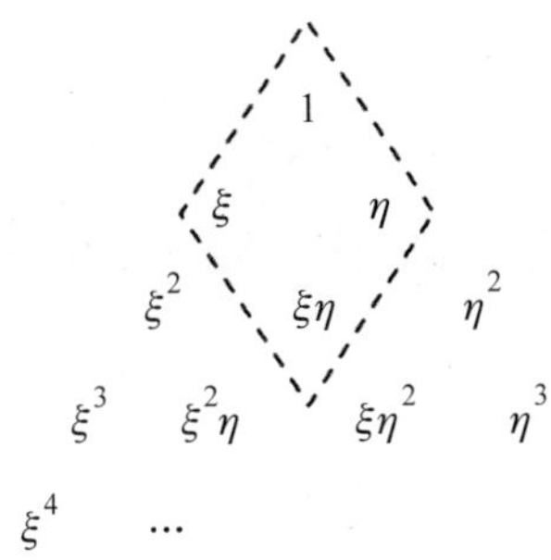

Pascal's triangle

그림 8.7

4 개의 상수를 결정하기 위하여 다음과 같은 4 개의 조건이 필요하다.

$$u_1 \equiv u(-1,-1),\ u_2 \equiv u(+1,-1),\ \ u_3 \equiv u(+1,+1),\ u_4 \equiv u(-1,+1) \tag{8.9a}$$

위의 조건으로부터 다음 식을 세울 수 있다.

$$\begin{bmatrix} 1 & -1 & -1 & 1 \\ 1 & 1 & -1 & -1 \\ 1 & 1 & 1 & 1 \\ 1 & -1 & 1 & -1 \end{bmatrix} \begin{Bmatrix} a_1 \\ a_2 \\ a_3 \\ a_4 \end{Bmatrix} = \begin{Bmatrix} u_1 \\ u_2 \\ u_3 \\ u_4 \end{Bmatrix} \tag{8.9b}$$

위의 식을 풀면 각각의 미지 상수는 다음과 같이 결정된다.

$$\begin{Bmatrix} a_1 \\ a_2 \\ a_3 \\ a_4 \end{Bmatrix} = \frac{1}{4} \begin{bmatrix} 1 & 1 & 1 & 1 \\ -1 & 1 & 1 & -1 \\ -1 & -1 & 1 & 1 \\ 1 & -1 & 1 & -1 \end{bmatrix} \begin{Bmatrix} u_1 \\ u_2 \\ u_3 \\ u_4 \end{Bmatrix} \tag{8.9c}$$

위에서 결정된 상수를 u 에 관한 식의 상수 항들에 대입하면

$$\begin{aligned} u(\xi,\eta) = {} & \frac{1}{4}(u_1 + u_2 + u_3 + u_4) + \frac{1}{4}(-u_1 + u_2 + u_3 - u_4)\xi + \frac{1}{4}(-u_1 - u_2 + u_3 + u_4)\eta \\ & + \frac{1}{4}(u_1 - u_2 + u_3 - u_4)\xi\eta \end{aligned} \tag{8.10a}$$

이 된다. 다시 이 식을 u_1, u_2, u_3, 그리고 u_4 에 대해서 인수로 묶어 정리하면 아래의 식과 같다.

$$u(\xi,\eta) = \frac{1}{4}(1-\xi)(1-\eta)u_1 + \frac{1}{4}(1+\xi)(1-\eta)u_2 + \frac{1}{4}(1+\xi)(1+\eta)u_3 + \frac{1}{4}(1-\xi)(1+\eta)u_4 \tag{8.10b}$$

앞 식을 간략히 표시하면,

$$u(\xi,\eta)=\left[N_1(\xi,\eta)\quad N_2(\xi,\eta)\quad N_2(\xi,\eta)\quad N_4(\xi,\eta)\right]\begin{Bmatrix}u_1\\u_2\\u_3\\u_4\end{Bmatrix} \\ =[N]\{u\} \tag{8.11}$$

와 같으며, N 은 형상함수 또는 보간함수를 의미한다. 각각의 N 에 대해서 다시 쓰면 다음 식들과 같다.

$$\begin{aligned} N_1(\xi,\eta)&=\frac{1}{4}(1-\xi)(1-\eta)\\ N_2(\xi,\eta)&=\frac{1}{4}(1+\xi)(1-\eta)\\ N_3(\xi,\eta)&=\frac{1}{4}(1+\xi)(1+\eta)\\ N_4(\xi,\eta)&=\frac{1}{4}(1-\xi)(1+\eta) \end{aligned} \tag{8.12}$$

형상함수 $N_1(\xi,\eta)$ 을 그래프로 나타내면 그림 8.8 과 같으며, N_1 은 절점 1 (−1, −1) 에서는 단위 크기인 1 이고, 다른 절점에서는 0 이다.

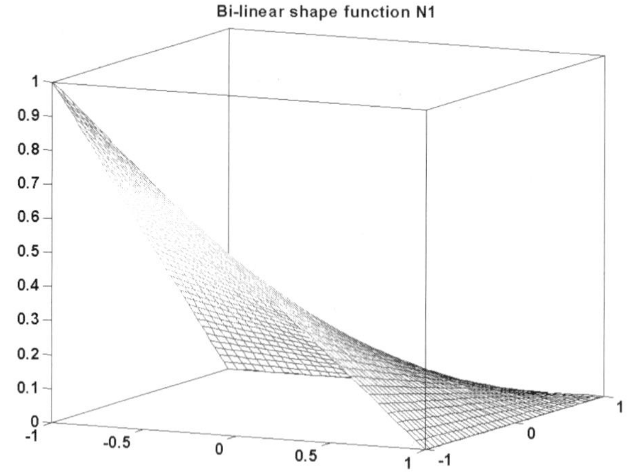

그림 8.8

각각의 형상함수를 고유좌표계의 모요소 (단위사각형) 위에 나타내면 그림 8.9 와 같다.

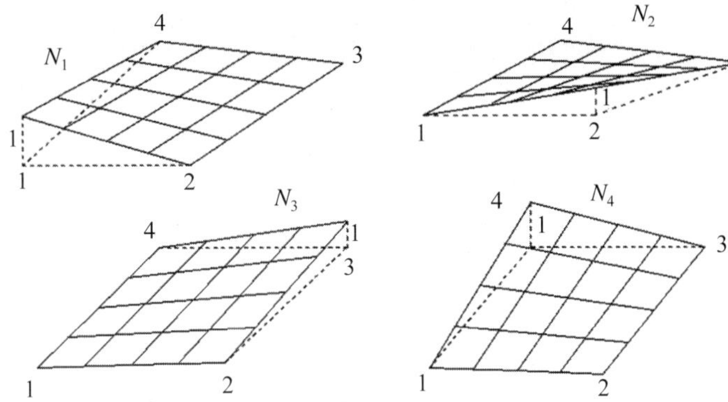

그림 8.9

각각의 형상함수는 상응하는 절점에서는 단위 크기인 "1" 이나, 다른 절점에서는 "0" 임을 유의하라. 그림 8.9 에서와 같이 일정한 ξ 와 η 의 방향으로는 직선이나, 일반적으로 이들에 의해 형성된 면은 곡면을 이룬다. 좌표의 기하학적인 변환을 통하여 그림 8.10 과 같이 $\xi - \eta$ 의 원점이 일반 요소의 변을 이등분하는 지점에 있다는 것을 나타낼 수 있다.

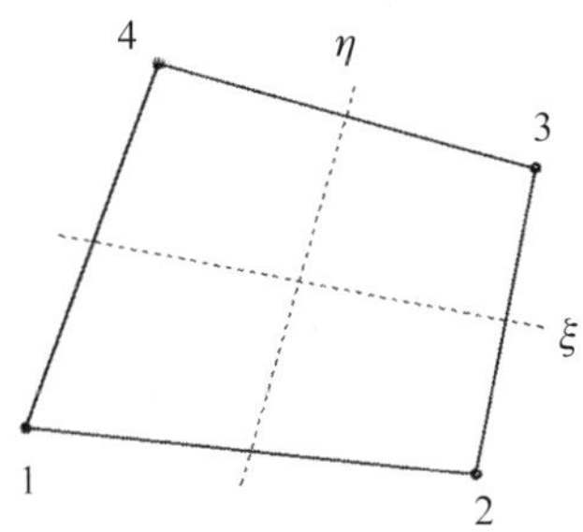

그림 8.10

앞에서 임의의 함수 u 에 대한 보간함수를 살펴보았다. 동일한 형상함수를 사용하여 그림 8.11 과 같이 (ξ, η) 좌표계의 모요소를 (x, y) 좌표계의 일반 요소로 변환 또는 맵핑 (mapping) 시킬 수 있다.

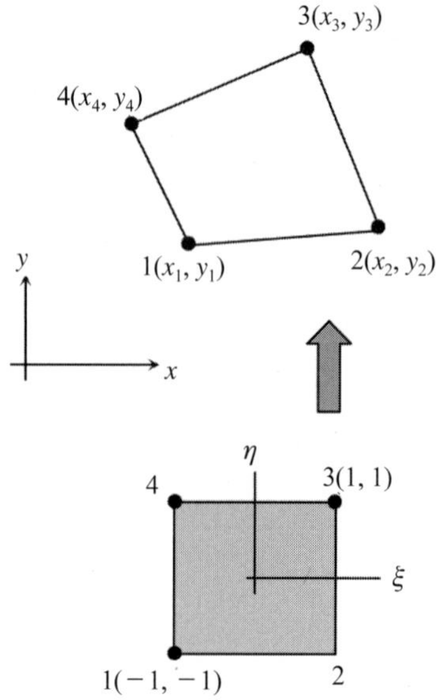

그림 8.11

각각의 x 및 y 에 대해서 절점 좌표의 항으로 나타내면 다음 식과 같다.

$$x(\xi,\eta)=\begin{bmatrix}N_1 & N_2 & N_2 & N_4\end{bmatrix}\begin{Bmatrix}x_1\\x_2\\x_3\\x_4\end{Bmatrix}=[N]\{x\}$$

$$y(\xi,\eta)=\begin{bmatrix}N_1 & N_2 & N_2 & N_4\end{bmatrix}\begin{Bmatrix}y_1\\y_2\\y_3\\y_4\end{Bmatrix}=[N]\{y\} \qquad (8.13)$$

임의의 함수 u 와 x, y 좌표를 보간 또는 변환시키기 위해서 동일한 형상함수를 사용하며, 이를 등매개변수 요소라 한다. 따라서,

$$u(x,y)=u[x(\xi,\eta),y(\xi,\eta)]=[N]\{u\}$$

와 같이 쓸 수 있으며, ξ 와 η 의 매개 변수의 식으로 $u(x, y)$ 는 다음 식을 이용하여 계산하여야 한다.

$$u(x,y) \equiv u[x(\xi,\eta), y(\xi,\eta)]$$

$$= [N_1(\xi,\eta) \quad N_2(\xi,\eta) \quad N_3(\xi,\eta) \quad N_4(\xi,\eta)] \begin{Bmatrix} u_1 \\ u_2 \\ u_3 \\ u_4 \end{Bmatrix} \tag{8.14}$$

$$\equiv [N(\xi,\eta)]\{u\}$$

임의의 지점에서 u 를 계산하기 위해서는 그림 8.12 와 같이 (x, y) 좌표계가 아닌 (ξ, η) 좌표계의 점이 선택되어야 한다. 해당되는 ξ 와 η 에서 $x = [N(\xi, \eta)]\{x\}$ 및 $y = [N(\xi, \eta)]\{y\}$ 를 계산한다. 그리고 또한 같은 ξ 와 η 의 지점에서 $u[N(\xi, \eta)]\{x\}$ 값을 결정한다. 이러한 절차에 따라 $u(x, y)$ 를 결정한다.

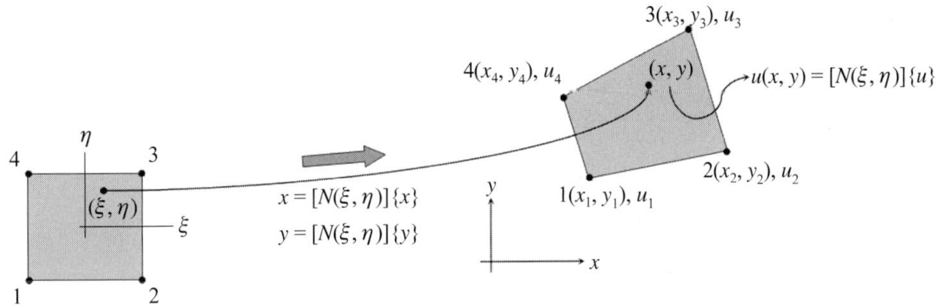

그림 8.12

사변형 요소에 대한 $[B]$ 행렬은 삼각형 요소와 비슷하나, 아래의 식과 같이 한 개의 형상함수를 더 포함한다.

$$[B] = \begin{bmatrix} \dfrac{\partial N_1}{\partial x} & \dfrac{\partial N_2}{\partial x} & \dfrac{\partial N_3}{\partial x} & \dfrac{\partial N_4}{\partial x} \\ \dfrac{\partial N_1}{\partial y} & \dfrac{\partial N_2}{\partial y} & \dfrac{\partial N_3}{\partial y} & \dfrac{\partial N_4}{\partial y} \end{bmatrix} \tag{8.15}$$

따라서 $[B]$ 행렬을 구하기 위해서는 형상함수의 x 와 y 에 대한 도함수가 필요하다. 형상함수는 ξ 와 η 의 양함수이므로 연쇄법칙을 적용하면 다음 식과 같으며

$$\begin{Bmatrix} \dfrac{\partial N_i}{\partial \xi} \\ \dfrac{\partial N_i}{\partial \eta} \end{Bmatrix} = \begin{bmatrix} \dfrac{\partial x}{\partial \xi} & \dfrac{\partial y}{\partial \xi} \\ \dfrac{\partial x}{\partial \eta} & \dfrac{\partial y}{\partial \eta} \end{bmatrix} \begin{Bmatrix} \dfrac{\partial N_i}{\partial x} \\ \dfrac{\partial N_i}{\partial y} \end{Bmatrix} = [J] \begin{Bmatrix} \dfrac{\partial N_i}{\partial x} \\ \dfrac{\partial N_i}{\partial y} \end{Bmatrix}, \qquad i = 1, 2, 3, \text{ 또는 } 4 \tag{8.16}$$

위의 식에서 정방행렬 (square matrix) 인 $[J]$ 를 야코비행렬 (Jacobian matrix) 이라 부르며, 각 성분은 형상함수와 그에 대한 도함수로 결정된다. 예를 들면,

$$\frac{\partial x}{\partial \xi} = \frac{\partial}{\partial \xi}\begin{bmatrix} N_1 & N_2 & N_3 & N_4 \end{bmatrix} \begin{Bmatrix} x_1 \\ x_2 \\ x_3 \\ x_4 \end{Bmatrix} = \begin{bmatrix} \dfrac{\partial N_1}{\partial \xi} & \dfrac{\partial N_2}{\partial \xi} & \dfrac{\partial N_3}{\partial \xi} & \dfrac{\partial N_4}{\partial \xi} \end{bmatrix} \begin{Bmatrix} x_1 \\ x_2 \\ x_3 \\ x_4 \end{Bmatrix} \tag{8.17}$$

이 되며, $\partial x / \partial \eta$, $\partial y / \partial \xi$, 그리고 $\partial y / \partial \eta$ 에 대해서도 같은 절차로 계산한다. 일단 야코비행렬 성분이 결정되면, 역행렬을 취하여 다음 식을 구한다.

$$\begin{Bmatrix} \dfrac{\partial N_i}{\partial x} \\ \dfrac{\partial N_i}{\partial y} \end{Bmatrix} = [J]^{-1} \begin{bmatrix} \dfrac{\partial x}{\partial \xi} & \dfrac{\partial y}{\partial \xi} \\ \dfrac{\partial x}{\partial \eta} & \dfrac{\partial N_i}{\partial \eta} \end{bmatrix} \begin{Bmatrix} \dfrac{\partial N_i}{\partial x} \\ \dfrac{\partial N_i}{\partial y} \end{Bmatrix} \tag{8.18}$$

위의 식에서 야코비행렬은 다음과 같다.

$$[J] = \begin{bmatrix} \dfrac{\partial x}{\partial \xi} & \dfrac{\partial y}{\partial \xi} \\ \dfrac{\partial x}{\partial \eta} & \dfrac{\partial y}{\partial \eta} \end{bmatrix} = \begin{bmatrix} \dfrac{\partial N_1}{\partial \xi} & \dfrac{\partial N_2}{\partial \xi} & \dfrac{\partial N_3}{\partial \xi} & \dfrac{\partial N_4}{\partial \xi} \\ \dfrac{\partial N_1}{\partial \eta} & \dfrac{\partial N_2}{\partial \eta} & \dfrac{\partial N_3}{\partial \eta} & \dfrac{\partial N_4}{\partial \eta} \end{bmatrix} \begin{bmatrix} x_1 & y_1 \\ x_2 & y_2 \\ x_3 & y_3 \\ x_4 & y_4 \end{bmatrix} \tag{8.19}$$

또는

$$[J]=\frac{1}{4}\begin{bmatrix} -(1-\eta) & (1-\eta) & (1+\eta) & -(1+\eta) \\ -(1-\xi) & -(1+\xi) & (1+\xi) & (1-\xi) \end{bmatrix}\begin{bmatrix} x_1 & y_1 \\ x_2 & y_2 \\ x_3 & y_3 \\ x_4 & y_4 \end{bmatrix} = \begin{bmatrix} J_{11} & J_{12} \\ J_{21} & J_{22} \end{bmatrix} \tag{8.20}$$

그러므로, 야코비 역행렬은 아래의 식과 같다.

$$[J]^{-1}=\frac{1}{|J_{11}J_{22}-J_{12}J_{21}|}\begin{bmatrix} J_{22} & -J_{12} \\ -J_{21} & J_{11} \end{bmatrix} \tag{8.21}$$

따라서, 야코비행렬 $[J]$ 의 성분과 역야코비 행렬 $[J]^{-1}$ 을 위의 식으로부터 결정할 수 있다.

기하학적으로 야코비행렬식 (Jacobian matrix determinant) $|J|=|J_{11}J_{22}-J_{12}J_{21}|$ 는 그림 8.13 과 같이 모요소에 대한 실제요소의 면적의 비율을 나타낸다. 즉, 아래 식의 관계를 의미한다.

$$dA = dx\,dy = |J|\,d\xi\,d\eta$$

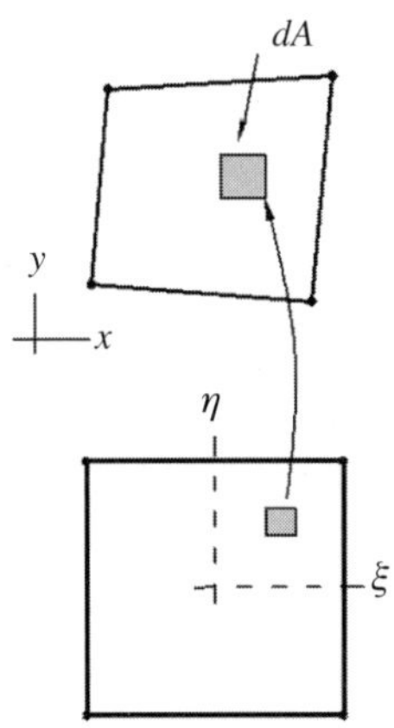

그림 8.13

예제 8.2 그림 8.14 와 같이 절점 1, 2 및 4 의 세 개의 절점은 고정되어 있고, 한 절점 (절점 3)의 좌표가 변수인 사각형 요소에 관해 뒤틀림 (distortion) 효과를 검토하여라.

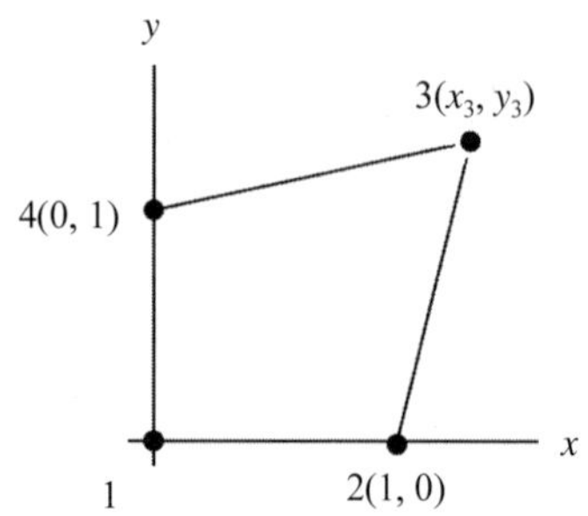

그림 8.14

풀이 사각형 요소에 대한 형상함수는 다음 식과 같다.

$$
\begin{aligned}
N_1(\xi,\eta) &= \frac{1}{4}(1-\xi)(1-\eta) \\
N_2(\xi,\eta) &= \frac{1}{4}(1+\xi)(1-\eta) \\
N_3(\xi,\eta) &= \frac{1}{4}(1+\xi)(1+\eta) \\
N_4(\xi,\eta) &= \frac{1}{4}(1-\xi)(1+\eta)
\end{aligned}
\quad ①
$$

야코비 행렬 성분을 계산하기 위하여 다음 식과 같이 도함수를 계산한다.

$$
\begin{aligned}
\frac{\partial x}{\partial \xi} &= \begin{bmatrix} \frac{\partial N_1}{\partial \xi} & \frac{\partial N_2}{\partial \xi} & \frac{\partial N_3}{\partial \xi} & \frac{\partial N_4}{\partial \xi} \end{bmatrix} \begin{Bmatrix} x_1 \\ x_2 \\ x_3 \\ x_4 \end{Bmatrix} \\
&= \frac{1}{4}\begin{bmatrix} -(1-\eta) & (1-\eta) & (1+\eta) & -(1-\eta) \end{bmatrix} \begin{Bmatrix} 0 \\ 1 \\ x_3 \\ 0 \end{Bmatrix} \\
&= \frac{1}{4}\left[(1-\eta)+(1+\eta)x_3\right] = \frac{1}{4}\left[1+x_3-\eta(1+x_3)\right]
\end{aligned}
\quad ②
$$

같은 절차를 거쳐 다음 식들을 얻을 수 있다.

$$\frac{\partial x}{\partial \eta} = \frac{1}{4}(1+\xi)(x_3 - 1)$$
$$\frac{\partial y}{\partial \xi} = \frac{1}{4}(1+\eta)(y_3 - 1) \qquad ③$$
$$\frac{\partial y}{\partial \eta} = \frac{1}{4}[1 + y_3 + \xi(y_3 - 1)]$$

위의 식들을 이용하여 야코비 행렬식을 계산하면 아래와 같다.

$$|J| = \frac{\partial x}{\partial \xi}\frac{\partial y}{\partial \eta} - \frac{\partial y}{\partial \xi}\frac{\partial x}{\partial \eta} = \frac{1}{8}[(x_3 + y_3) + (x_3 - 1)\eta + (y_3 - 1)\xi] \qquad ④$$

좌표 (x, y) 에 대해 특별한 경우, 예로서 $x_3 = y_3 = 2$ 에 대해 살펴보면,

$$x = \frac{1}{4}(1+\xi)(3+\eta)$$
$$y = \frac{1}{4}(1+\eta)(3+\xi) \qquad ⑤$$

가 되고, 야코비 행렬식은

$$|J| = \frac{1}{8}(4+\xi+\eta) \qquad ⑥$$

이 된다. 이와 같은 요소 형상에 대해서는 야코비 행렬식 $|J|$ 는 모든 ξ 와 η 에 대해서 명백히 양의 값이므로 변환은 그림 8.15 에서와 같이 요소내의 모든 지점에서 잘 규정 (well-behave) 된다.

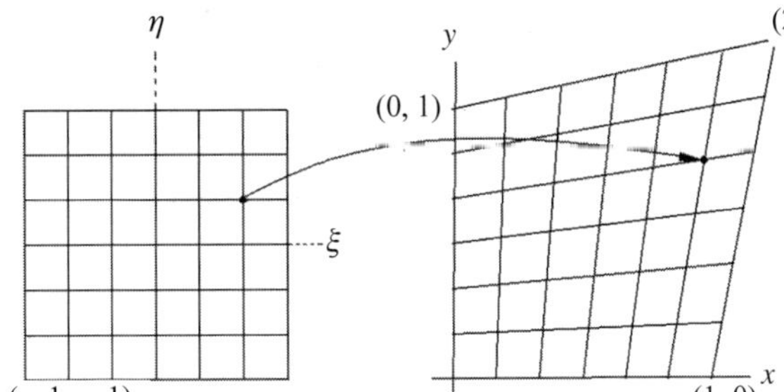

그림 8.15

이 요소의 적분은 요소의 면적 A 와 같으며, 다음 식과 같다.

$$A = \iint dxdy = \int_{-1}^{1}\int_{-1}^{1}|J|d\xi d\eta \qquad ⑦$$

따라서 다음의 결과와 같다.

$$
\begin{aligned}
A &= \int_{-1}^{1}\int_{-1}^{1}\frac{1}{8}(4+\xi+\eta)d\xi d\eta \\
&= \frac{1}{8}\int_{-1}^{1}\left[4\xi+\frac{1}{2}\xi^2+\eta\xi\right]_{\xi=-1}^{\xi=1} d\eta \qquad (8) \\
&= 2
\end{aligned}
$$

다음으로 그림 8.16 과 같이 $x_3 = y_3 = 0.4$ 에 대해 고려해보자. 이 경우에 요소는 절점 3 부근에서 상당한 뒤틀림 (distortion) 이 일어 난다. 이 좌표에서 야코비 행렬식은 다음과 같다.

$$
|J| = \frac{1}{8}\left[0.8 - 0.6(\xi+\eta)\right]
$$

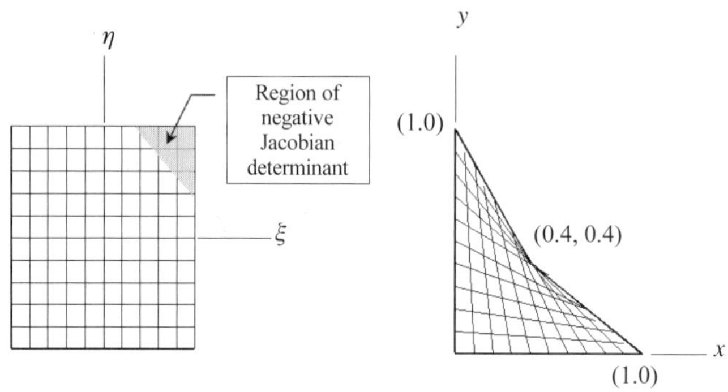

그림 8.16

이 경우 어떤 (ξ,η) 의 값에 대해서는 야코비 행렬식은 음의 값이 될 수 있으며, 이 조건은 $\xi+\eta > 4/3$ 이다. 기학학적으로 이러한 조건은 실제요소에서 연결하는 점들이 요소의 바깥을 통과함을 의미한다. 달리 말하면, 모요소에서 그러한 점들은 변환 시 실제요소의 바깥에서 끝난다. 일반적으로 이러한 경우는 그림 8.17 과 같이 사변형 꼭지점의 내부각이 π 보다 클 경우에 발생한다. 유한요소 메쉬를 만들 때 이러한 형태의 요소를 만들지 않도록 주의해야 한다.

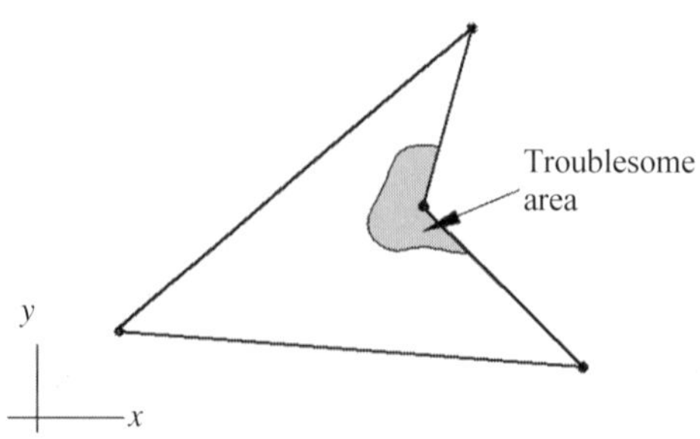

그림 8.17

8.3 ▸ 요소 행렬식

그림 8.18 과 같은 4 절점 사변형 요소식은 3 절점 삼각형의 요소식과 동일하다. 일반 준조화 미분방정식에 대한 요소식은 다음과 같다.

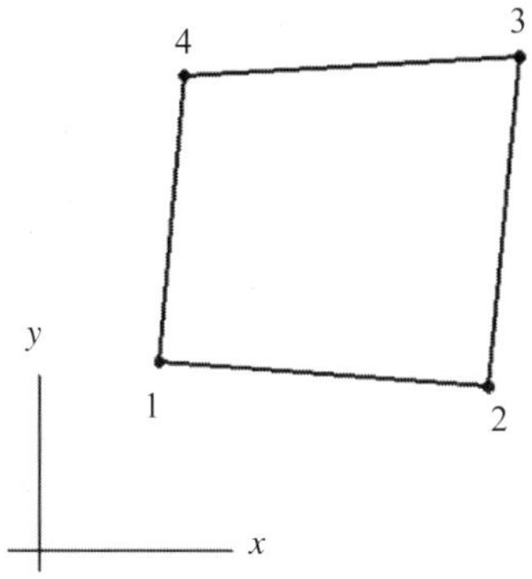

그림 8.18

$$[k]\{u\}-[m]\{u\}=\{f\}+\{q\} \tag{8.22}$$

위의 식에서 $[k]$ 는 강성행렬, $[m]$ 은 질량행렬, $\{f\}$ 는 힘벡터, 그리고 $\{q\}$는 하중벡터를 의미하며 각각은 다음과 같다.

$$[k]=\int_A [B]^T k[B]dA \tag{8.22a}$$

$$[m]=\int_A [N]^T \rho[N]dA, \quad \rho=\text{mass per unit area} \tag{8.22b}$$

$$\{f\}=\int_A \{N\}f dA \tag{8.22c}$$

$$\{q\}=\oint_S \{N\}k\left(\frac{\partial u}{\partial x}n_x+\frac{\partial u}{\partial y}n_y\right)dA \tag{8.22d}$$

$$[B]=\begin{bmatrix} \frac{\partial N_1}{\partial x} & \frac{\partial N_2}{\partial x} & \frac{\partial N_3}{\partial x} & \frac{\partial N_4}{\partial x} \\ \frac{\partial N_1}{\partial y} & \frac{\partial N_2}{\partial y} & \frac{\partial N_3}{\partial y} & \frac{\partial N_4}{\partial y} \end{bmatrix} \tag{8.22e}$$

일반 요소식을 얻기 위해서는 이들 행렬과 벡터를 적분해야 한다. $[B]$ 행렬은 3 절점 삼각형 요소와는 달리 아주 단순한 경우를 제외하고는 상수가 아니기 때문에 $[k]$, $[m]$, 그리고 $[f]$ 의 적분에 대한 이론해 (closed form) 를 얻는다는 것은 불가능한 것은 아니나 복잡하고 곤란하다. 이러한 이유로, 이들 항을 적분하기 위하여 수치적분법을 사용한다. 예를 들면, 강성행렬에 대해서 $x-$ 적분은 차수 n, 그리고 $y-$ 적분은 차수 m 의 가우스 구적법을 사용하면 다음 결과를 얻는다.

$$\begin{aligned}[k] &= \int_A [B]^T k [B] dA \\ &= \int_{\xi=-1}^{1} \int_{\eta=-1}^{1} [B(x(\xi,\eta), y(\xi,\eta))]^T k [B(x(\xi,\eta), y(\xi,\eta))] |J(\xi,\eta)| d\xi d\eta \\ &= \sum_{i=1}^{n} \sum_{j=1}^{m} [B(x(\xi_i,\eta_j), y(\xi_i,\eta_j))]^T k [B(x(\xi_i,\eta_j), y(\xi_i,\eta_j))] |J(\xi_i,\eta_j)| w_i w_j \end{aligned} \tag{8.23}$$

위의 식에서 앞에서와 마찬가지로 ξ_i 와 η_j 는 가우스 절점 (Guassian node) 또는 적분점이고, w_i 와 w_j 는 가중치 (weight) 이다. 4 개 절점 사변형요소에 대한 $[k]$ 는 (4×4) 행렬이며, 따라서 위의 적분법에서는 16 개의 성분을 적분하여야 한다. 만일 양쪽 합에 대해 $n=m=2$, 즉 4 점 공식 (four point formula) 을 사용하면 모요소 (parent element) 와 실제요소 (actual element) 의 가우스절점 형상은 그림 8.19 와 같다.

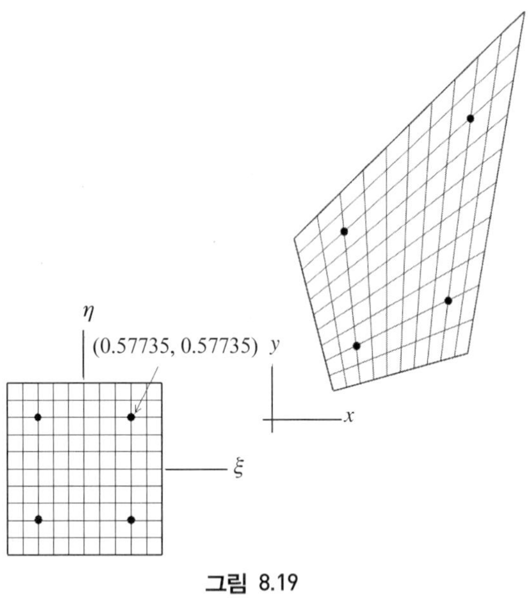

그림 8.19

또한 요소의 질량행렬 $[m]$ 과 힘벡터 $\{f\}$ 의 적분도 강성행렬 $[k]$ 와 같은 방법으로 적분한다. 하중벡터 $\{f\}$ 의 적분식은 $f=f_0$ 로 상수일 경우 다음과 같다.

$$\begin{aligned}\{f\} &= \iint_A [N]^T f_0 \, dA \\ &= \int_{\xi=-1}^{1} \int_{\eta=-1}^{1} [N(\xi,\eta)]^T f_0 |J(\xi,\eta)| d\xi d\eta \\ &= \sum_{i=1}^{n}\sum_{j=1}^{m} [N(\xi,\eta)]^T f_0 \left|J(\xi_i,\eta_j)\right| w_i w_j\end{aligned} \tag{8.24}$$

예로서, 그림 8.20 의 좌표계에 나타낸 사변형요소에서 $k = 1$, 그리고 $f_0 = 1$ 일 경우, $n = m = 2$ 를 사용하여 요소의 $[k]$ 와 $\{f\}$ 에 대해서 적분하여 얻은 결과는 다음과 같다.

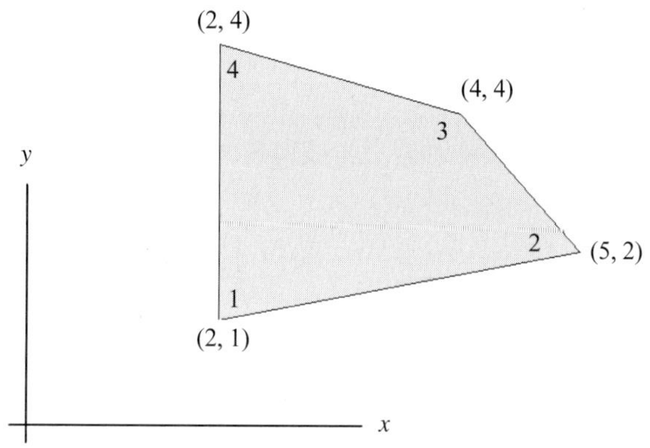

그림 8.20

$$[k] = \begin{bmatrix} 0.6298 & -0.1793 & -0.4810 & 0.0306 \\ & 0.6449 & -0.2174 & -0.2482 \\ & & 1.0761 & -0.3777 \\ (sym) & & & 0.5953 \end{bmatrix} \tag{8.25a}$$

$$\{f\} = \begin{Bmatrix} 2.2500 \\ 1.8333 \\ 1.5000 \\ 1.9167 \end{Bmatrix} \tag{8.25b}$$

위에서 세부적인 계산 절차는 생략하였으나 가우스 1 점 공식을 사용하면 개략적인 값만을 얻을 수 있다. 그러나 4 점 공식 ($n = 2$) 을 사용하면 좀더 세밀한 적분법, 즉 $n = 3$ 과 4 를 사용하여 얻게 되는 적분값과 거의 같다. 일반적으로 원활한 함수 (smooth function) 와 등변등각 형상 (regular shape) 인 4 절점 사변형에 대한 강성식을 적분하기 위해서는 2×2 적분식을 사용하면 충분하다.

4 절점 사변형에 관한 사항을 마치기 전에 그림 8.21 과 같이 요소의 한 변이 외곽 경계에 걸쳐있는 경우, 자연경계조건을 검토하기로 하자.

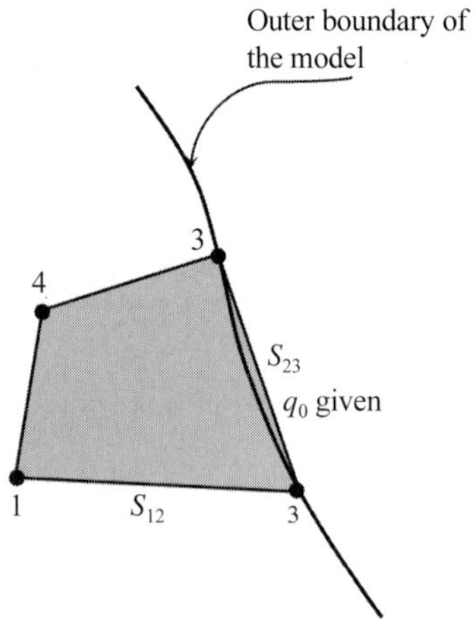

그림 8.21

플럭스항에 관한 식은 정의에 의해 다음 식과 같다.

$$\{q\} = \oint_S \{N\} k \left(\frac{\partial u}{\partial x} n_x + \frac{\partial u}{\partial y} n_y \right) dS \tag{8.26}$$

만일 요소가 그림 8.21 에서와 같이 절점 2 와 3 사이의 변이 외곽경계에 걸쳐있으며, q_0 가 주어진 경우에 관계되는 식은

$$\oint_{S_{23}} \{N\} q_0 dS = \oint_{S_{23}} \begin{Bmatrix} N_1 \\ N_2 \\ N_3 \\ N_4 \end{Bmatrix} q_0 dS = \oint_{S_{23}} \begin{Bmatrix} 0 \\ N_2 \\ N_3 \\ 0 \end{Bmatrix} q_0 dS \tag{8.27}$$

와 같으며, 이 식에서 경계변 S_{23} 에서는 $N_1 = N_4 = 0$ 임을 유의하라. 만일 q_0 가 주어질 경우 필요에 따라 수치적분에 의하여 선적분 (line integral) 으로 계산한다. 일반적으로 경계조건이 아래의 식과 같이 1 차원 선형보간 함수를 사용하여 변 S_{23}에서 q_0 를 선형 보간할 경우가 있다. 이 경우,

$$q_0 = [N_1 \quad N_2] \begin{Bmatrix} q_0^2 \\ q_0^3 \end{Bmatrix} \tag{8.28}$$

이며, 위의 식에서 q_0^2 와 q_0^3 는 절점 2 와 3 에서 다음 식과 같은 값들이다.

$$q_0 = k_x \frac{\partial u}{\partial x} + k_y \frac{\partial u}{\partial y} \tag{8.29}$$

그리고, N_1 과 N_2 는 선형형상함수로서 고유좌표의 값 $-1 \le \xi \le 1$ 을 S_{23} 변에 사상 (mapping) 시킨다.

8.4 ▸ 응용: 실린더 비틀림

독일의 물리학자인 프란틀 (Ludwig Prandtl) 은 일찌기 19 세기 초에 그림 8.22 와 같이 토크 T 를 받는 균질한 등방성 재료로 된 각기둥 형상 보 (prismatic bar) 의 비틀림 문제를 해석하여 다음의 미분방정식으로 나타낼 수 있음을 보였다.

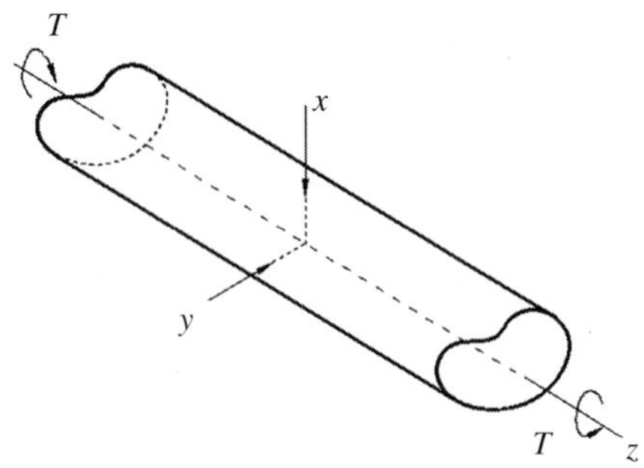

그림 8.22

$$\frac{1}{2G}\left(\frac{\partial^2 \phi}{\partial x^2}+\frac{\partial^2 \phi}{\partial y^2}\right)+\theta=0 \tag{8.30}$$

위의 식에서 ϕ 는 프란틀 응력함수 (stress function) 라 하며, G 는 재료의 전단 탄성계수 (shear modulus), θ 는 보의 단위길이당 비틀림각 (twist angle) 이다. 열린 난면에 대해 함수 $\phi(x, y)$ 는 단면의 외곽 경계에서 임의의 상수로 일정하며, 보편적으로 0 으로 취할 수 있다. 특정한 기하학적 형상에 대해 해당되는 θ 값을 선택한다. 이 식을 풀기 위해 유한요소법을 이용한다.

이 경우 그림 8.23 에 나타낸 응력성분은 $\phi(x, y)$ 의 도함수와 관계되며, 다음 식으로 나타낸다.

$$\tau_{zx}=\frac{\partial \phi}{\partial y} \qquad \tau_{zy}=-\frac{\partial \phi}{\partial x} \qquad \tau_{eff}=\sqrt{\tau_{zx}^2+\tau_{zy}^2} \tag{8.31}$$

위의 식에서 τ_{eff} 는 유효 또는 합성 전단력 (effective or resultant shear stress) 이다.

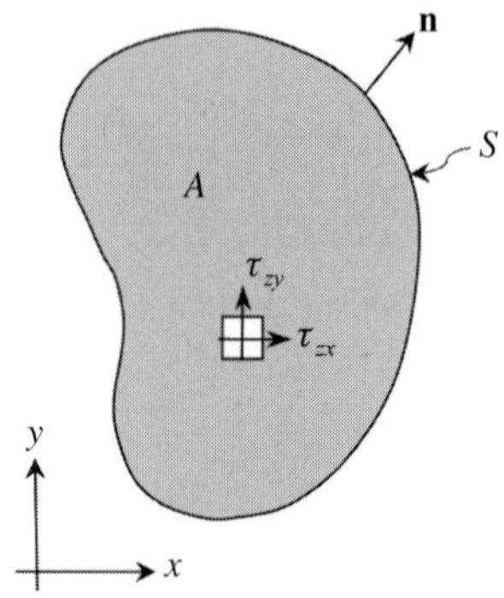

In-plane stress components in a shaft

그림 8.23

보에 의하여 전달된 토크 T 는 응력함수 $\phi(x, y)$ 와 관계되며, 다음 식과 같다.

$$T = 2\int_A \phi(x,y)\,dA \tag{8.32}$$

위의 식에서 A 는 단면적을 나타낸다.

예제 8.3 강재로 된 정사각형 단면인 축에 그림 8.24 와 같이 사각형 노치가 나 있다. 단면의 크기는 1 in × 1 in 이고, 노치의 크기는 0.2 in × 0.2 in 이다. 이 축이 단위 길이당 비틀림각이 $\theta = 0.01$ rad/in 이 되도록 토크를 받는다. 단, 강재의 영탄성 계수는 $E = 30 \times 10^6$ lb / in^2 이고, 푸와송비는 $\nu = 0.3$ 이다. 이 축에 이러한 비틀림을 일으킬 수 있는 토크와 최대전단응력을 유한요소법으로 결정하라. 매트랩 유한요소 프로그램 poisson2d 폴더의 torsion.m 을 사용을 하기 위한 데이터 파일을 작성하고 이를 실행하여라.

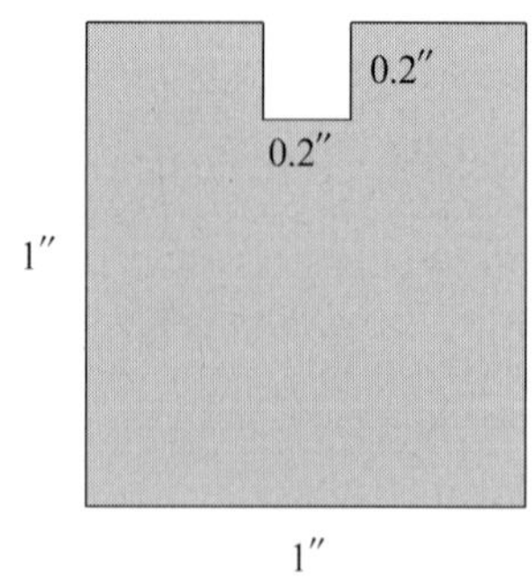

그림 8.24

풀이 전단탄성 계수, 영탄성 계수, 그리고 푸와송 비의 관계에 의해 $1/2G$ 값을 계산하면 다음과 같다.

$$\frac{1}{2G} = \frac{(1+\nu)}{E} = 4.33 \times 10^{-8}\ \text{in}^2/\text{lb}$$

단면이 대칭이므로 반쪽에 대해서 모델링한 후, 해석하면 아래 그림 8.25 와 같은 유효 전단응력 (effective shear stress) 에 대한 결과를 얻는다. 반쪽모델에 대하여 프로그램은 다음 결과를 출력한다.

$$T_{half} = 2\int_A \phi(x,y)\,dA = 5{,}761\ \text{lb-in}$$

따라서, 봉에 의해 전달되는 전체 토크는 아래와 같다.

$$T = 2T_{half} = 2(5{,}761) = 11{,}522\ \text{lb-in}$$ ◀

MATLAB TIP

poisson2d 폴더의 torsion.m 은 다음과 같은 프로그램이다.

```
%
%=====================================================================
% Finite element solution of Poisson's equation in two dimensions
%
%      d(c du/dx)/dx + d(c du/dy)/dy + f(x,y) = 0
%
% with boundary conditions of the type
%
%      u or c(du/dn) given on the boundary
%
% The coefficient c and force term f are assumed to be constant
% on each element.  This program uses both the  3 node triangular
% and the 4 node quadralateral element.
%=====================================================================
%
```

데이터 파일은 이름은 NotchedSquare.dat 으로 다음과 같다.

```
Example problem for lecture notes - torsion of a square shaft with
a notch.
43
1   1   0      0  0.0
2   1   0.20  0   0.0
3   1   0.36  0   0.0
4   1   0.5   0   0.0
5   1   0.0   0.16  0.0
```

```
6  0  0.20 0.16
7  0  0.36 0.16
8  0  0.5  0.16
9  1  0.0  0.32  0.0
10 0  0.20 0.32
11 0  0.36 0.32
12 0  0.5  0.32
13 1  0.0  0.48  0.0
14 0  0.21 0.48
15 0  0.36 0.48
16 0  0.5  0.48
17 1  0.0  0.60 0.0
18 0  0.24 0.62
19 0  0.37 0.60
20 0  0.5  0.60
21 1  0.0  0.7  0.0
22 0  0.17 0.71
23 0  0.31 0.71
24 0  0.40 0.68
25 0  0.5  0.68
26 0  0.36 0.76
27 0  0.42 0.74
28 0  0.5  0.74
29 1  0.4  0.8  0.0
30 1  0.45 0.8  0.0
31 1  0.50 0.8  0.0
32 1  0.0  0.8  0.0
33 0  0.22 0.8
34 0  0.33 0.83
35 1  0.4  0.84  0.0
36 1  0.0  0.9   0.0
37 0  0.2  0.9
38 0  0.32 0.9
39 1  0.4  0.9  0.0
40 1  0.0  1.0  0.0
41 1  0.2  1.0  0.0
42 1  0.32 1.0  0.0
43 1  0.4  1.0  0.0
29
1  4  1 2 6 5 4.33e-8  0.01
2  4  2 3 7 6 4.33e-8  0.01
3  4  3 4 8 7 4.33e-8  0.01
4  4  5 6 10 9 4.33e-8  0.01
5  4  6 7 11 10 4.33e-8  0.01
6  4  7 8 12 11 4.33e-8  0.01
7  4  9 10 14 13 4.33e-8  0.01
8  4  10 11 15 14 4.33e-8  0.01
9  4  11 12 16 15 4.33e-8  0.01
10 4  13 14 18 17 4.33e-8  0.01
11 4  14 15 19 18 4.33e-8  0.01
```

```
12 4  15 16 20 19 4.33e-8  0.01
13 4  17 18 22 21 4.33e-8  0.01
14 4  21 22 33 32 4.33e-8  0.01
15 4  18 23 33 22 4.33e-8  0.01
16 4  18 19 24 23 4.33e-8  0.01
17 4  19 20 25 24 4.33e-8  0.01
18 4  23 26 34 33 4.33e-8  0.01
19 4  23 24 27 26 4.33e-8  0.01
20 4  24 25 28 27 4.33e-8  0.01
21 4  26 29 35 34 4.33e-8  0.01
22 4  26 27 30 29 4.33e-8  0.01
23 4  27 28 31 30 4.33e-8  0.01
24 4  32 33 37 36 4.33e-8  0.01
25 4  33 34 38 37 4.33e-8  0.01
26 4  34 35 39 38 4.33e-8  0.01
27 4  36 37 41 40 4.33e-8  0.01
28 4  37 38 42 41 4.33e-8  0.01
29 4  38 39 43 42 4.33e-8  0.01
0
```

명령창에서 이 프로그램을 실행시키면 다음 결과를 얻는다.

```
>> torsion
Input file containing data:NotchedSquare.dat
Current plot held
Current plot held
Current plot held
Torque =
  5.7610e+003
>> tau
tau =
  1.0e+004 *
  Columns 1 through 9
  0.0269 4.1876 5.4398 3.3511 3.7567 4.0922  4.7586 3.5566 1.9636
  4.1876 5.4398 5.7528 3.7567 4.0922 4.2862  3.5566 1.9636 1.6248
  3.7567 4.0922 4.2862 3.5566 1.9636 1.6248  3.4880 1.4975 1.0607
  3.3511 3.7567 4.0922 4.7586 3.5566 1.9636  4.8616 3.4880 1.4975
  Columns 10 through 18
  4.8616 3.4880 1.4975 4.1245 3.6633 2.7986  2.7986 2.7198 3.2964
  3.4880 1.4975 1.0607 2.7986 3.8971 3.2964  2.7198 3.1409 6.5144
  2.7986 2.7198 3.1409 3.8971 2.3180 2.3180  4.5712 5.1022 4.1295
  4.1245 2.7986 2.7198 3.6633 2.6892 3.8971  3.2964 4.5712 2.3180
  Columns 19 through 27
  3.2964 4.5712 6.5144 6.5144 6.6360 2.6892  2.3180 4.1295 1.6851
  4.5712 5.1022 8.9584 6.6360 6.8453 2.3180  4.1295 5.0760 2.9386
  6.6360 6.8453 5.0760 8.2180 7.6569 2.9386  2.8769 3.0127 3.3622
  6.5144 6.6360 4.1295 8.9584 8.2180 1.6851  2.9386 2.8769 0.0189
  Columns 28 through 29
    2.9386    2.8769
    2.8769    3.0127
```

```
    2.4089    0.0193
    3.3622    2.4089
```

위의 출력 결과로부터 Torque = 5.7610e+003 이고, 최대 유효전단응력은 22 번 요소의 4 번째 행의 값으로 8.9584 이다.

또한 이 프로그램을 실행시키면 그림 8.25 와 같이 5 개의 그래프를 출력한다.

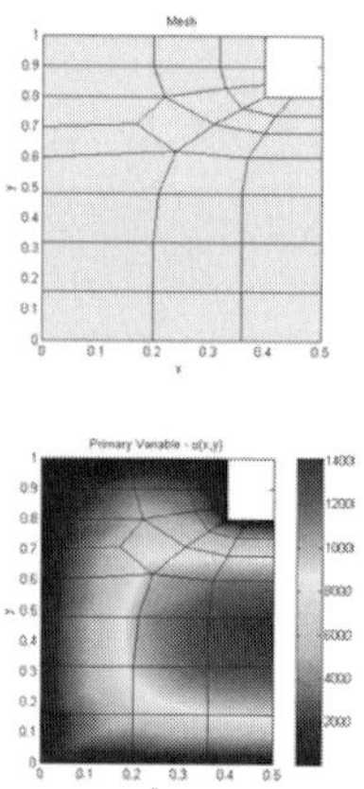

Figure 1

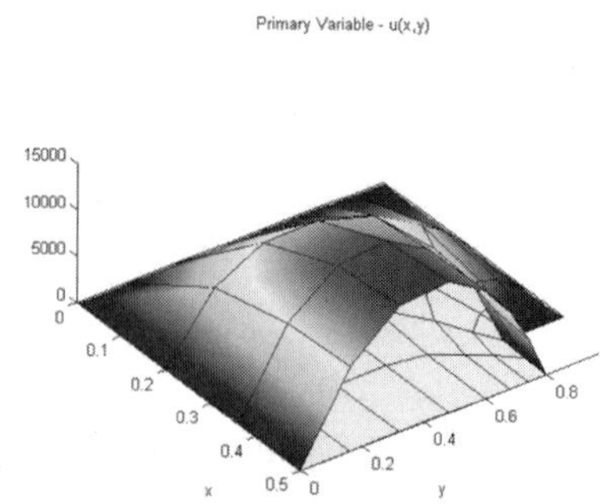

Figure 2

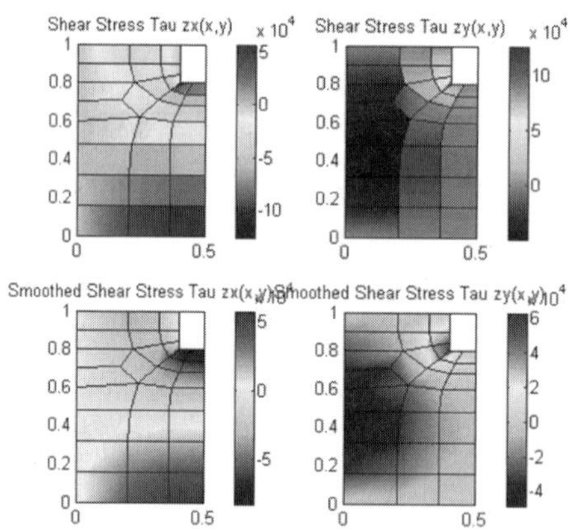

Figure 3

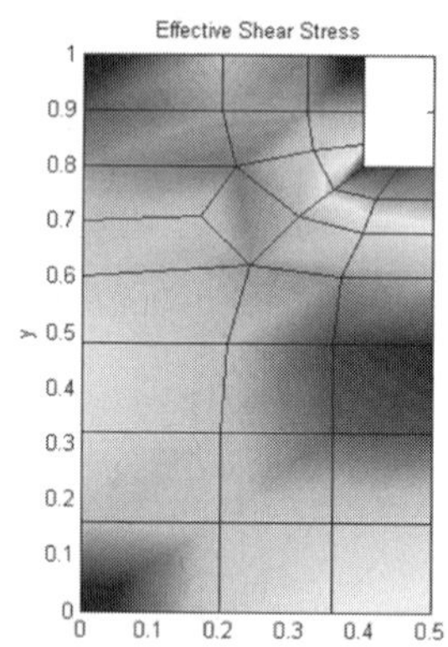

Figure 4

그림 8.25 (계속)

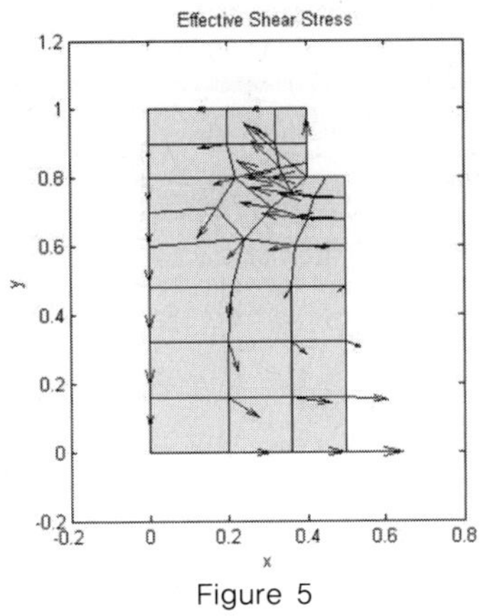
Effective Shear Stress
1.2
1
0.8
0.6
0.4
0.2
0
-0.2
y
-0.2
0
0.2
0.4
0.6
0.8
x
Figure 5

그림 8.25

연습문제 PROBLEMS

1. 사변형요소의 한 변에 그림 E1 과 같이 벡터 q_0 가 선형적으로 분포되어 있다. 가우스 2 점 적분식을 사용하여 벡터 q 를 계산하라. 그림에 나타낸 그래프는 절점 2 에서 $q_0 = 2$ 이고 절점 3 에서 $q_0 = 3$ 으로 q_0 가 선형적으로 변화됨을 의미한다.

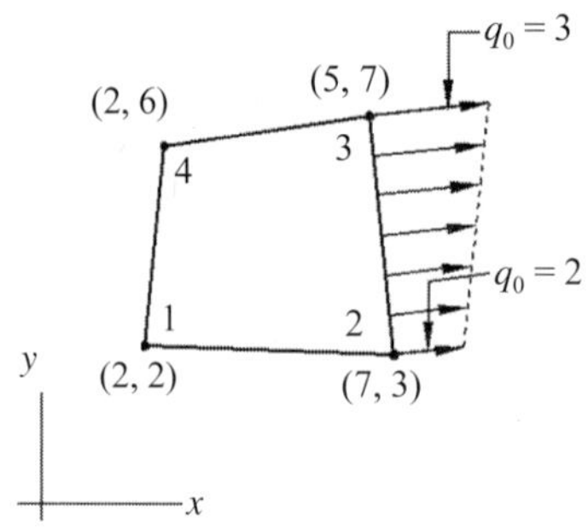

그림 E1

2. 그림 E2 와 같이 요소의 변이 $x-y$ 축에 평행한 4 절점 사변형 요소 면적의 행렬값 (determinant) 을 계산하여라.

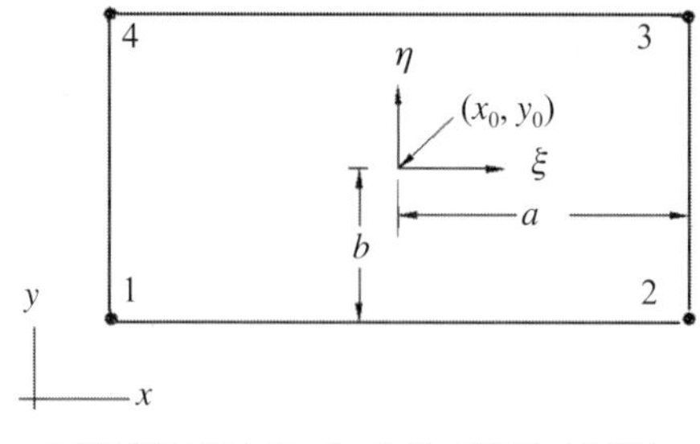

그림 E2 변이 $x-y$ 축에 평행한 사변형

3. 요소의 강성식은 $[k] = \iint_A \left(B_{11}^2 + B_{21}^2\right) dxdy$ 이다. 그림 E3 와 같이 4 절점 4 변형 요소에 대하여 4 절점 가우스 구적법을 사용하여 $[k_{11}]$을 계산하여라.

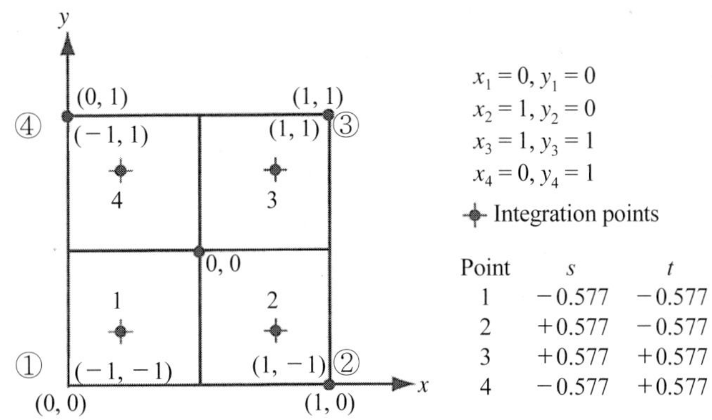

그림 E3 변이 x−y 축에 평행한 사변형

4. 그림 E4 와 같은 4 변형 요소에 대하여 $N = 1, 2, 3$, 그리고 4 의 가우스 구적법을 사용하여 요소의 강성 행렬값을 계산하여라.

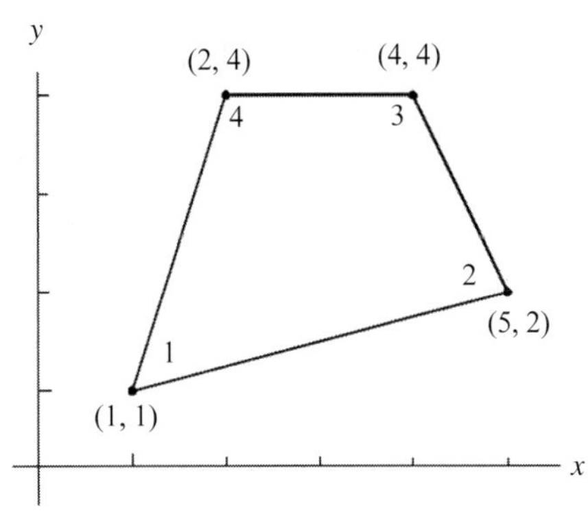

그림 E4 사변형 요소

5. 일반적인 하중행렬은 다음 식과 같다.

$$\{f\} = \int_A N(x, y) f(x, y) dxdy$$

그림 E5 에서 $f = xy$ 로 주어질 경우, N = 1, 2, 3, 그리고 4 의 가우스 구적법을 이용하여 요소의 힘 행렬을 계산하여라.

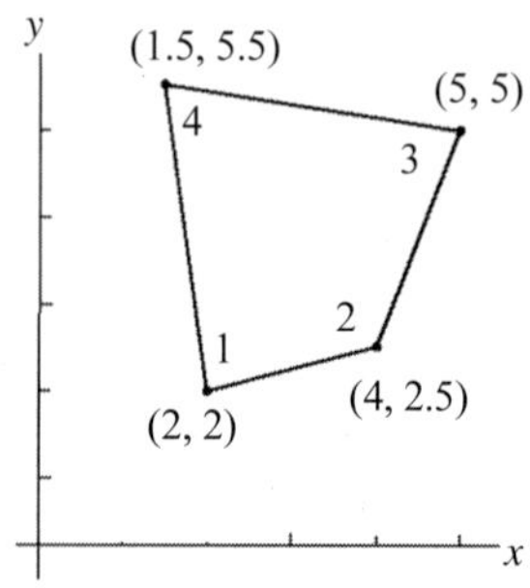

$$\{f\}_n = \begin{Bmatrix} (2)(2) \\ (4)(2.5) \\ (5)(5) \\ (1.5)(5.5) \end{Bmatrix} = \begin{Bmatrix} 4.0 \\ 10.0 \\ 25.0 \\ 8.25 \end{Bmatrix}$$

그림 E5

6. 그림 E6 의 좌표계에 나타낸 사변형 요소에 대하여 $k = 1$, 그리고 $f_0 = 1$ 일 경우, $n = m = 1$ 에서 $n = m = 4$ 를 사용하여 가우스 적분식으로 요소의 $[k]$ 와 $\{f\}$ 를 계산하고, 결과값의 변화를 검토하여라.

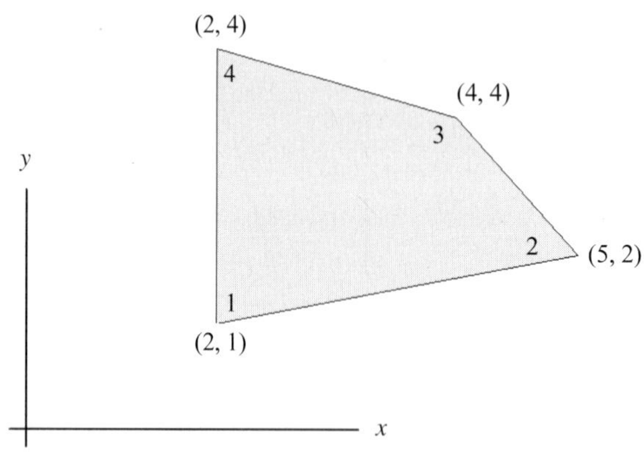

그림 E6

CHAPTER 9

평면탄성

9.1 ▸ 응력 – 변형률 관계

탄성재료 물체에서 응력과 변위를 결정하는 문제는 논의할 여지없이 유한요소법이 가장 많이 적용되고, 널리 사용되는 분야이다. 평면 탄성에 관한 식은 일반적으로 변위 (displacement) 성분, $u(x, y)$ 와 $v(x, y)$ 의 항을 포함하며, 물체가 하중을 받을 때 재료의 입자나 점의 움직임을 나타낸다. 유한요소식을 유도하기 이전, 기본식에 대한 개념을 살펴보기로 하자.

동역학 (kinetics) 에 의해 정적인 문제나 동적인 문제를 평형 (equilibrium), 더 구체적인 의미로 운동량 평형 (momentum balance) 식으로 기술할 수 있다. 그림 9.1 에 나타낸 응력 성분항으로 이들 식을 나타내면 다음과 같다.

$$\begin{aligned}\frac{\partial\sigma_{xx}}{\partial x}+\frac{\partial\tau_{xy}}{\partial y}+f_x=\rho\ddot{u}_x\\ \frac{\partial\tau_{yx}}{\partial x}+\frac{\partial\sigma_{yy}}{\partial y}+f_y=\rho\ddot{u}_y\end{aligned} \tag{9.1}$$

위의 식에서 f_x 와 f_y 는 단위체적당 물체력 (body force) 이며, ρ 는 밀도, σ_{xx}, σ_{yy}, τ_{xy} 와 τ_{yx} 는 각각의 응력성분 (stress component), 그리고 $\ddot{u}_x$ 와 $\ddot{u}_y$ 는 가속도 성분이다.

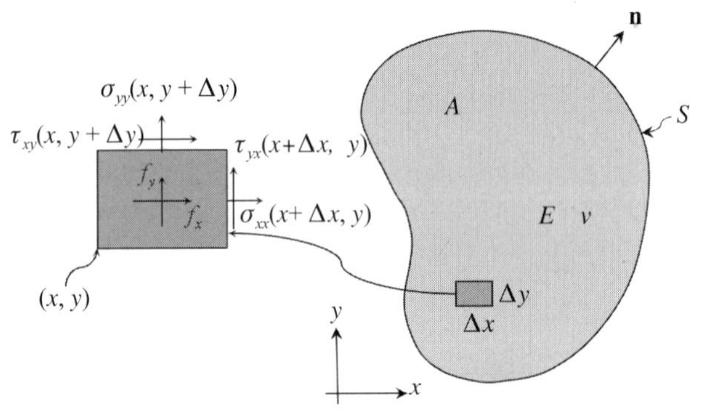

그림 9.1 탄성체의 응력과 변형

위의 식은 재료의 각 질점 (material point) 에서 운동량 평형을 나타낸다. 이 식들은 서로 연관 (couple) 되어 있으며, 이들 편미분방정식은 응력과 변위를 결정하기 위하여 사용된다. 정적인 문제에 대해서는 양쪽 식의 우변 (가속도항) 은 0 이 되며, 이 경우를 단순히 평형방정식이라고 한다.

각운동량 (angular momentum) 의 평형 또는 모멘트 평형에 의해 $\tau_{xy}=\tau_{yx}$ 의 관계이므로 응력행렬 (stress matrix) 또는 응력텐서 (stress tensor) 는 다음의 식과 같으며 대칭 행렬이다.

$$[\sigma]=\begin{bmatrix}\sigma_{xx} & \tau_{xy}\\ \tau_{yx} & \sigma_{yy}\end{bmatrix}=\begin{bmatrix}\sigma_{xx} & \tau_{xy}\\ \tau_{xy} & \sigma_{yy}\end{bmatrix} \tag{9.2}$$

또한, 임의 평면에서 외부 법선방향 (normal direction) $\vec{n}=n_x\vec{i}+n_y\vec{j}$ 의 응력벡터 (stress vector) 는 그림 9.2 와 같으며, 다음 식으로 정의한다.

$$\vec{t}(\vec{n})=\left(\sigma_{xx}n_x+\tau_{xy}n_y\right)\vec{i}+\left(\tau_{yx}n_x+\sigma_{yy}n_y\right)\vec{j} \tag{9.3}$$

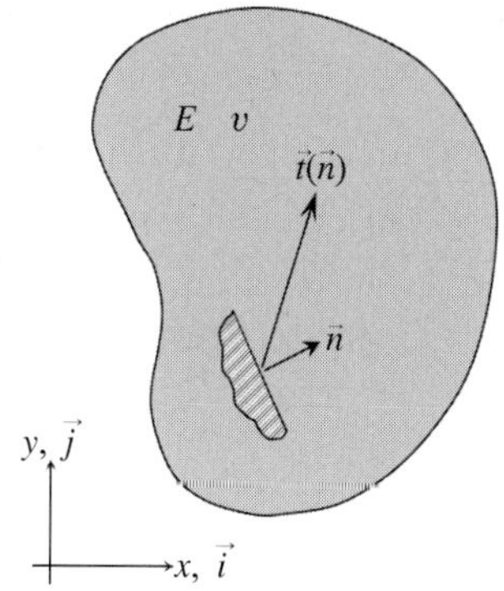

그림 9.2

응력벡터는 평면에 법선벡터 (normal vector) $\vec{n}$ 방향으로 단위 면적당 힘으로 규정하며, 선택된 $\vec{n}$ 방향에 따라 결정된다. 또한 응력벡터 성분을 (*x*, *y*) 좌표에 대하여 다음 식으로 나타내는 것이 편리하다.

$$\begin{aligned} t_x &= \vec{i}\cdot\vec{t}(\vec{n})=\sigma_{xx}n_x+\tau_{xy}n_y \\ t_y &= \vec{j}\cdot\vec{t}(\vec{n})=\tau_{yx}n_x+\sigma_{yy}n_y \end{aligned} \tag{9.4}$$

이들 성분은 그림 9.3 과 같이 법선방향이 좌표축에 일치하는 평면에 표시된다.

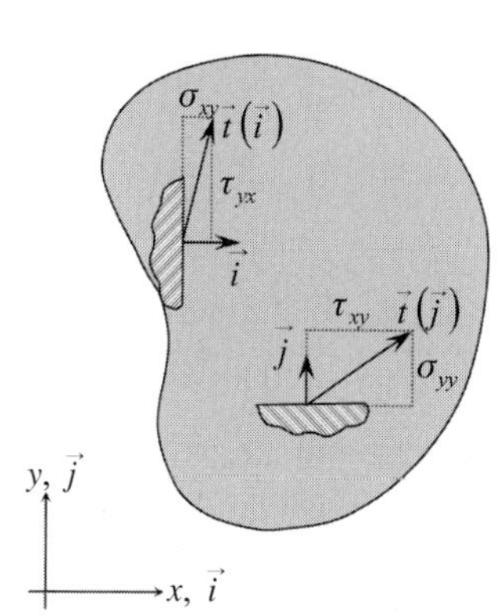

그림 9.3

탄성변형 (elastic deformation) 운동학 (kinematics) 을 이용하여 질점운동을 기하학적으로 나타낼 수 있다. 재료요소에서 질점의 변위 또는 비틀림 값을 관례적으로 변형률 (strain) 성분이라 하며, 다음 식으로 정의한다.

$$\varepsilon_{xx} = \frac{\partial u}{\partial x}$$
$$\varepsilon_{yy} = \frac{\partial v}{\partial y} \tag{9.5}$$
$$\varepsilon_{xy} = \frac{\gamma_{xy}}{2} = \frac{1}{2}\left(\frac{\partial u}{\partial y} + \frac{\partial v}{\partial x}\right)$$

위의 식에서 ε_{xx} 와 ε_{yy} 는 인장 또는 법선변형률 (extensional, normal strain) 이고, γ_{xy} 는 전단변형률 (shear strain) 이다. 행렬로 표시하면,

$$[\varepsilon] = \begin{bmatrix} \varepsilon_{xx} & \varepsilon_{xy} \\ \varepsilon_{yx} & \varepsilon_{yy} \end{bmatrix} \tag{9.6}$$

이 되며, 변형률행렬 (strain matrix) 또는 변형률텐서 (strain tensor) 라 한다.

구성방정식 (constitutive equation) 또는 상태방정식 (state equation) 은 관련 사항들과 같이 탄성식 (elasticity) 을 구성한다. 탄성식은 재료에 힘을 가할 때 어떻게 재료가 응답 또는 변형되는가를 실험적으로 결정하며, 응력과 변형 (deformation) 또는 변형률의 관계식이다. 변형이 작을 경우, 대부분 재료는 가한 힘에 비례하여 선형적으로 변화하며, 응력과 변형률은 선형관계이다. 이러한 관계를 훅법칙 (Hooke's law) 이라 하며, 2 차원인 경우 이들 선형관계식을 다음 식으로 나타낸다.

$$\begin{Bmatrix} \sigma_{xx} \\ \sigma_{yy} \\ \tau_{xy} \end{Bmatrix} = \begin{bmatrix} c_{11} & c_{12} & c_{13} \\ c_{21} & c_{22} & c_{23} \\ c_{31} & c_{32} & c_{33} \end{bmatrix} \begin{Bmatrix} \varepsilon_{xx} \\ \varepsilon_{yy} \\ \gamma_{xy} \end{Bmatrix} \tag{9.7}$$

또는, 간단히 표시하면

$$\{\sigma\} = [C]\{\varepsilon\} \tag{9.8}$$

이 되며, 재료 상수 행렬 $[C]$ 는 6 개의 독립적인 상수를 포함하고 있다. 직교 이방성 재료 (orthotropic material) 의 경우는 $c_{13} = c_{23} = 0$ 이 되고, 완전 등방성재료 (isotropic material) 에서는 $c_{11} = c_{22}$ 이고 c_{12} 는 $c_{11} = c_{33}$ 에 관계되므로 두 개의 독립적인 재료의 매개변수 또는 특성상수로 줄어든다.

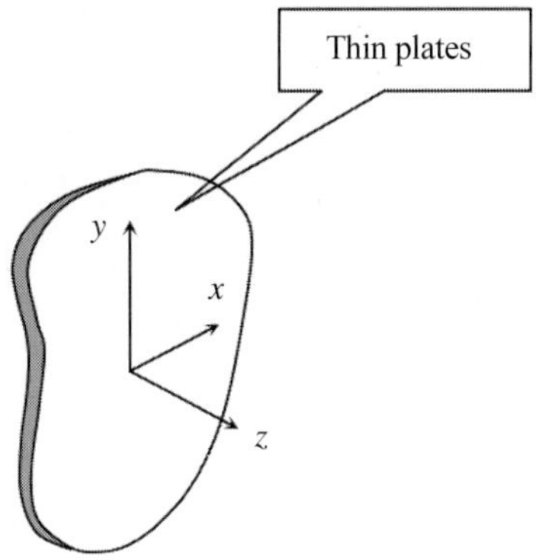

그림 9.4 평면응력

평면응력 (plane stress) 은 그림 9.4 와 같이 박판 (thin plate) 의 경우에 해당되며, 이 경우 상수행렬은

$$\begin{bmatrix} c_{11} & c_{12} & c_{13} \\ c_{21} & c_{22} & c_{23} \\ c_{31} & c_{32} & c_{33} \end{bmatrix} = \frac{E}{1-\upsilon^2}\begin{bmatrix} 1 & \upsilon & 0 \\ \upsilon & 1 & 0 \\ 0 & 0 & (1 \quad \upsilon)/2 \end{bmatrix} \tag{9.8a}$$

와 같다. 이 식에서 E 는 영탄성 계수 (Young's elastic modulus) 또는 영계수, υ 는 푸와송비 (Poisson's ratio) 라 한다.

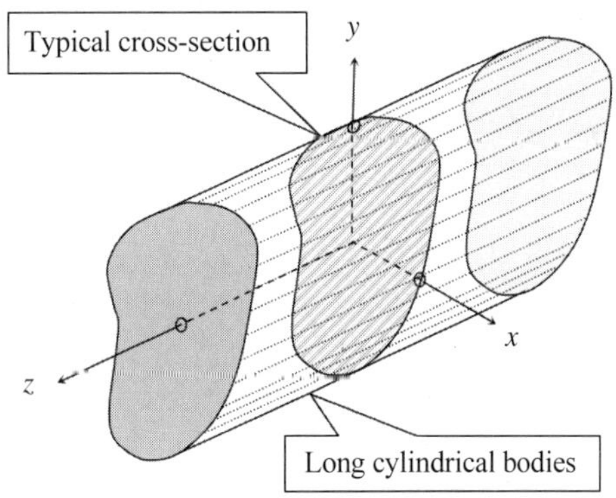

그림 9.5 평면변형률

평면변형률 (plane strain) 은 그림 9.5 와 같이 모든 평면이 $z = 0$ 인 평면과 동일한 3 차원 형상에 해당되며, 이 경우 상수 행렬은 다음 식과 같다.

$$\begin{bmatrix} c_{11} & c_{12} & c_{13} \\ c_{21} & c_{22} & c_{23} \\ c_{31} & c_{32} & c_{33} \end{bmatrix} = \frac{E(1-\upsilon)}{(1+\upsilon)(1-2\upsilon)}\begin{bmatrix} 1 & \frac{\upsilon}{1-\upsilon} & 0 \\ \frac{\upsilon}{1-\upsilon} & 1 & 0 \\ 0 & 0 & \frac{1-2\upsilon}{2(1-\upsilon)} \end{bmatrix} \tag{9.8b}$$

9.2 ▶ 요소 행렬식

평면탄성 문제에 관한 가중 잔여식의 약화시킨 식을 얻기 위하여 우선 다음의 응력에 관한 평형방정식 ($\ddot{u} = \ddot{v} = 0$) 을 기본으로 한다.

$$\begin{aligned} \frac{\partial \sigma_x}{\partial x} + \frac{\partial \tau_{xy}}{\partial y} + f_x = 0 \\ \frac{\partial \tau_{xy}}{\partial x} + \frac{\partial \sigma_y}{\partial y} + f_y = 0 \end{aligned} \tag{9.9}$$

위의 식에 응력－변형률 관계식을 적용하면 다음과 같다.

$$\begin{aligned} \frac{\partial}{\partial x}\left(c_{11}\varepsilon_x + c_{12}\varepsilon_y\right) + \frac{\partial}{\partial y}\left(c_{33}\gamma_{xy}\right) + f_x = 0 \\ \frac{\partial}{\partial x}\left(c_{33}\gamma_{xy}\right) + \frac{\partial}{\partial y}\left(c_{12}\varepsilon_x + c_{22}\varepsilon_y\right) + f_y = 0 \end{aligned} \tag{9.10}$$

변위와 변형률의 관계에서 $\varepsilon_x = \partial u/\partial x$, $\varepsilon_y = \partial v/\partial y$, 그리고 $\gamma_{xy} = \partial v/\partial x + \partial u/\partial y$ 이므로 이들을 위의 식에 대입하면 아래의 식을 얻는다.

$$\begin{aligned} \frac{\partial}{\partial x}\left(c_{11}\frac{\partial u}{\partial x} + c_{12}\frac{\partial v}{\partial y}\right) + \frac{\partial}{\partial y}\left[c_{33}\left(\frac{\partial v}{\partial x} + \frac{\partial u}{\partial y}\right)\right] + f_x = 0 \\ \frac{\partial}{\partial x}\left[c_{33}\left(\frac{\partial v}{\partial x} + \frac{\partial u}{\partial y}\right)\right] + \frac{\partial}{\partial y}\left(c_{12}\frac{\partial u}{\partial x} + c_{22}\frac{\partial v}{\partial y}\right) + f_y = 0 \end{aligned} \tag{9.10a}$$

각 항에 서로 다른 가중함수 w_x 와 w_y 를 곱한 후, 임의의 체적에 대하여 적분하면,

$$\begin{aligned} \int_A \left\{\frac{\partial}{\partial x}\left(c_{11}\frac{\partial u}{\partial x} + c_{12}\frac{\partial v}{\partial y}\right) + \frac{\partial}{\partial y}\left[c_{33}\left(\frac{\partial v}{\partial x} + \frac{\partial u}{\partial y}\right)\right] + f_x\right\} w_x t\, dA = 0 \\ \int_A \left\{\frac{\partial}{\partial x}\left[c_{33}\left(\frac{\partial v}{\partial x} + \frac{\partial u}{\partial y}\right)\right] + \frac{\partial}{\partial y}\left(c_{12}\frac{\partial u}{\partial x} + c_{22}\frac{\partial v}{\partial y}\right) + f_y\right\} w_y t\, dA = 0 \end{aligned} \tag{9.10b}$$

이 되며, 이들 t 는 두께의 치수이고 평면변형률의 경우는 단위 길이, 즉 1 로 계산한다.

앞 절에서와 마찬가지로 도함수 항을 발산정리 (divergence theorem) 를 사용, 부분적분하면 다음 식과 같다.

$$\oint_S \left[\left(c_{11}\frac{\partial u}{\partial x} + c_{12}\frac{\partial v}{\partial y} \right) n_x + c_{33}\left(\frac{\partial v}{\partial x} + \frac{\partial u}{\partial y} \right) n_y \right] w_x \, dS$$
$$- \int_A \left\{ \frac{\partial w_x}{\partial x}\left(c_{11}\frac{\partial u}{\partial x} + c_{12}\frac{\partial v}{\partial y} \right) + \frac{\partial w_x}{\partial y}\left[c_{33}\left(\frac{\partial v}{\partial x} + \frac{\partial u}{\partial y} \right) \right] \right\} dA + \int_A w_x f_x \, dA = 0 \tag{9.10c}$$

그리고

$$\oint_S \left[c_{33}\left(\frac{\partial v}{\partial x} + \frac{\partial u}{\partial y} \right) n_x + \left(c_{12}\frac{\partial u}{\partial x} + c_{22}\frac{\partial v}{\partial y} \right) n_y \right] w_y \, dS$$
$$- \int_A \left\{ \frac{\partial w_y}{\partial x} c_{33}\left(\frac{\partial v}{\partial x} + \frac{\partial u}{\partial y} \right) + \frac{\partial w_x}{\partial y}\left(c_{12}\frac{\partial u}{\partial x} + c_{22}\frac{\partial v}{\partial y} \right) \right\} dA + \int_A w_y f_y \, dA = 0 \tag{9.10d}$$

이 된다. 한편으로 응력벡터 성분은 다음 관계와 같다.

$$t_x = \sigma_{xx} n_x + \tau_{xy} n_y = \left(c_{11}\frac{\partial u}{\partial x} + c_{12}\frac{\partial v}{\partial y} \right) n_x + c_{33}\left(\frac{\partial v}{\partial x} + \frac{\partial u}{\partial y} \right) n_y$$
$$t_y = \tau_{xy} n_x + \sigma_{yy} n_y = c_{33}\left(\frac{\partial v}{\partial x} + \frac{\partial u}{\partial y} \right) n_x + \left(c_{12}\frac{\partial u}{\partial x} + c_{22}\frac{\partial v}{\partial y} \right) n_y \tag{9.10e}$$

위의 두 식을 정리하여 다시 쓰면,

$$\int_A \left\{ \frac{\partial w_x}{\partial x}\left(c_{11}\frac{\partial u}{\partial x} + c_{12}\frac{\partial v}{\partial y} \right) + \frac{\partial w_x}{\partial y}\left[c_{33}\left(\frac{\partial v}{\partial x} + \frac{\partial u}{\partial y} \right) \right] \right\} dA + \int_A w_x f_x \, dA + \oint_S w_x t_x \, dS = 0$$
$$\int_A \left\{ \frac{\partial w_y}{\partial x} c_{33}\left(\frac{\partial v}{\partial x} + \frac{\partial u}{\partial y} \right) + \frac{\partial w_y}{\partial y}\left(c_{12}\frac{\partial u}{\partial x} + c_{22}\frac{\partial v}{\partial y} \right) \right\} dA + \int_A w_y f_y \, dA + \oint_S w_y t_y \, dS = 0 \tag{9.11}$$

위의 두 식들은 **평형방정식을 약화시킨 식** (weak form of equilibrium equation) 이며, 변위의 항으로 표시되어 있다. 위의 식들이 유한요소식을 전개할 수 있는 기본식이 된다.

일반 요소에 대한 2 개의 변위성분, 즉 u 와 v 는 다음 식과 같이 일반 형상함수로 보간된다.

$$u = [N]\{u\}, \text{ 그리고 } v = [N]\{v\} \tag{9.12}$$

두 식을 하나의 행렬로 나타내면 다음과 같다.

$$\begin{Bmatrix} u \\ v \end{Bmatrix} = \begin{bmatrix} N_1 & 0 & N_2 & 0 & \cdots & N_n & 0 \\ 0 & N_1 & 0 & N_2 & \cdots & 0 & N_n \end{bmatrix} \begin{Bmatrix} u_1 \\ v_1 \\ u_2 \\ v_2 \\ \vdots \\ u_n \\ v_n \end{Bmatrix} \tag{9.13}$$

위의 식에서 n 은 요소의 절점 수를 나타낸다. 다음으로 변형률－변위의 관계식에 의해 절점 변위에 따른 변형률에 관한 식은 다음과 같다.

$$\begin{Bmatrix} \varepsilon_x \\ \varepsilon_y \\ \gamma_{xy} \end{Bmatrix} = \begin{bmatrix} \partial/\partial x & 0 \\ 0 & \partial/\partial y \\ \partial/\partial y & \partial/\partial x \end{bmatrix} \begin{Bmatrix} u \\ v \end{Bmatrix} \tag{9.14a}$$

또는

$$\begin{Bmatrix} \varepsilon_x \\ \varepsilon_y \\ \gamma_{xy} \end{Bmatrix} = \begin{bmatrix} \partial/\partial x & 0 \\ 0 & \partial/\partial y \\ \partial/\partial y & \partial/\partial x \end{bmatrix} \begin{bmatrix} N_1 & 0 & N_2 & 0 & \cdots & N_n & 0 \\ 0 & N_1 & 0 & N_2 & \cdots & 0 & N_n \end{bmatrix} \begin{Bmatrix} u_1 \\ v_1 \\ u_2 \\ v_2 \\ \vdots \\ u_n \\ v_n \end{Bmatrix} \tag{9.14b}$$

위 식을 다시 쓰면,

$$\begin{Bmatrix} \varepsilon_x \\ \varepsilon_y \\ \gamma_{xy} \end{Bmatrix} = \begin{bmatrix} \partial N_1/\partial x & 0 & \partial N_2/\partial x & 0 & \cdots & \partial N_n/\partial x & 0 \\ 0 & \partial N_1/\partial y & 0 & \partial N_2/\partial y & \cdots & 0 & \partial N_n/\partial y \\ \partial N_1/\partial y & \partial N_1/\partial x & \partial N_2/\partial y & \partial N_2/\partial x & \cdots & \partial N_n/\partial y & \partial N_n/\partial x \end{bmatrix} \begin{Bmatrix} u_1 \\ v_1 \\ u_1 \\ v_1 \\ \vdots \\ u_n \\ v_n \end{Bmatrix} \tag{9.15}$$

와 같이 되고, 더욱 간단히 나타내면 아래의 식과 같다.

$$\{\varepsilon\} = [B]\{u\} \tag{9.16}$$

다음으로, 위의 유한요소식을 전개할 수 있는 **위의 평형방정식을 약화시킨 식** (weak form of equilibrium equation) 에서 $w_x \rightarrow [N]^T$ 와 $w_y \rightarrow [N]^T$ 로 취한 후 갤러킨절차에 따르면 약화된 가중잔여식은 다음과 같다.

$$\iint_A [B]^T [C][B]\,dA\{u\} = \iint_A \begin{Bmatrix} f_x N_1 \\ f_y N_1 \\ f_x N_2 \\ f_y N_2 \\ \vdots \\ f_x N_n \\ f_y N_n \end{Bmatrix} dA + \oint_S \begin{Bmatrix} t_x N_1 \\ t_y N_1 \\ t_x N_2 \\ t_y N_2 \\ \vdots \\ t_x N_n \\ t_y N_n \end{Bmatrix} dS \tag{9.17a}$$

또는 아래의 식으로 나타낼 수 있다.

$$\iint_A [B]^T [C][B]\,dA\{u\} = \iint_A \begin{bmatrix} N_1 & 0 \\ 0 & N_1 \\ N_2 & 0 \\ 0 & N_2 \\ \vdots & \vdots \\ N_n & 0 \\ 0 & N_n \end{bmatrix} \begin{Bmatrix} f_x \\ f_y \end{Bmatrix} dA + \oint_S \begin{bmatrix} N_1 & 0 \\ 0 & N_1 \\ N_2 & 0 \\ 0 & N_2 \\ \vdots & \vdots \\ N_n & 0 \\ 0 & N_n \end{bmatrix} \begin{Bmatrix} t_x \\ t_y \end{Bmatrix} dS \tag{9.17b}$$

위의 식을 간단히 나타내면,

$$[k]\{u\} = \{f\} + \{t\} \tag{9.18}$$

와 같다. 이 식은 임의의 요소에 대한 요소강성식이다. 특정한 요소에 대해서는 거기에 적합한 특정한 형상함수를 필요로 한다. 아래 첨자 n 으로 나타낸 숫자는 각 요소에 따라 다를 수 있으며, $[k]$, $\{f\}$ 그리고 $\{t\}$ 의 크기를 결정한다. 그러나 형식은 모든 요소에 대하여 동일하다.

위의 절차에 따라 요소의 절점 변위 $\{u\}$ 가 결정되면 요소의 변형률 $\{\varepsilon\}$ 과 응력 $\{\sigma\}$ 은 다음 관계식으로 계산한다.

$$\{\varepsilon\} = [B]\{u\} \tag{9.19}$$

$$\{\sigma\} = [C]\{\varepsilon\} = [C][B]\{u\} \tag{9.20}$$

9.3 ▸ 선형 삼각형 요소

선형삼각형 요소에 대해서는 앞에서 유도된 동일한 형상함수를 사용하며, [*B*] 행렬은 다음과 같다.

$$[B]=\begin{bmatrix} \partial N_1/\partial x & 0 & \partial N_2/\partial x & 0 & \partial N_3/\partial x & 0 \\ 0 & \partial N_1/\partial y & 0 & \partial N_2/\partial y & 0 & \partial N_3/\partial x \\ \partial N_1/\partial y & \partial N_1/\partial x & \partial N_2/\partial y & \partial N_2/\partial x & \partial N_3/\partial y & \partial N_3/\partial x \end{bmatrix} \quad (9.21)$$

또는

$$[B]=\frac{1}{2A}\begin{bmatrix} b_1 & 0 & b_2 & 0 & b_3 & 0 \\ 0 & a_1 & 0 & a_2 & 0 & a_3 \\ a_1 & b_1 & a_2 & b_2 & a_3 & b_3 \end{bmatrix} \quad (9.22)$$

따라서 강성행렬은 다음 식과 같이 된다.

$$\begin{aligned}[k] &= \int_A [B]^T [C][B]\, dA \\ &= [B]^T [C][B] A\end{aligned} \quad (9.23)$$

또는

$$[k]=\frac{1}{4A}\begin{bmatrix} b_1 & 0 & a_1 \\ 0 & a_1 & b_1 \\ b_2 & 0 & a_2 \\ 0 & a_2 & b_2 \\ b_3 & 0 & a_3 \\ 0 & a_3 & b_3 \end{bmatrix}\begin{bmatrix} c_{11} & c_{12} & 0 \\ c_{12} & c_{22} & 0 \\ 0 & 0 & c_{11} \end{bmatrix}\begin{bmatrix} b_1 & 0 & b_2 & 0 & b_3 & 0 \\ 0 & a_1 & 0 & a_2 & 0 & a_3 \\ a_1 & b_1 & a_2 & b_2 & a_3 & b_3 \end{bmatrix} \quad (9.24)$$

따라서, 삼각형요소에 대한 강성행렬은 **이론해** 또는 완전해 (closed form) 로 나타낼 수 있다.

등방성 (isotropy) 평면응력의 경우에 관계되는 상수는 다음과 같다.

$$c_{11}=c_{22}=\frac{E}{1-\upsilon^2},\quad c_{12}=\frac{\upsilon E}{1-\upsilon^2},\quad c_{33}=\frac{E(1-\upsilon)}{1-\upsilon^2} \quad (9.24a)$$

또한, 평면변형률 경우는

$$c_{11} = c_{22} = \frac{E(1-\upsilon)}{1-\upsilon^2}, \quad c_{12} = \frac{E(1-\upsilon)\upsilon}{1-\upsilon^2}, \qquad c_{33} = \frac{E(1-\upsilon)^2}{1-\upsilon^2} \tag{9.24b}$$

와 같다. 따라서 각각의 경우에 계수행렬은 다음 식과 같다.

- 평면응력 (plane stress)

$$[\mathrm{C}] = \frac{E}{1-\upsilon^2}\begin{bmatrix} 1 & \upsilon & 0 \\ \upsilon & 1 & 0 \\ 0 & 0 & 1-\upsilon \end{bmatrix} \tag{9.25a}$$

- 평면변형률 (plain strain)

$$[\mathrm{C}] = \frac{E(1-\upsilon)}{1-\upsilon^2}\begin{bmatrix} 1 & \upsilon & 0 \\ \upsilon & 1 & 0 \\ 0 & 0 & 1-\upsilon \end{bmatrix} \tag{9.25b}$$

위의 식에서 E 는 영탄성계수이고 υ 는 푸와송비이다.

예제 9.1 그림 9.6 과 같이 크기가 10 in × 10 in 이고 두께가 1 in 인 강재의 정사각형 판이 균일한 응력 σ_0 를 받는다. 이 판을 2 개의 삼각형요소를 사용한 유한요소법으로 해석하여 각 절점에서의 변위와 요소에서의 응력, 그리고 변형률을 계산하라. 응력과 재료 상수는 다음 값을 사용하여라. 또한 이 문제를 유한요소 매트랩 프로그램 elasticity2d 폴더의 elasticity.m 을 사용하여 해석한 결과와 비교하여라.

$$\sigma_0 = 10^4 \text{ psi}, \quad E = 30\times10^6 \text{ psi}, \quad \upsilon = 0.30$$

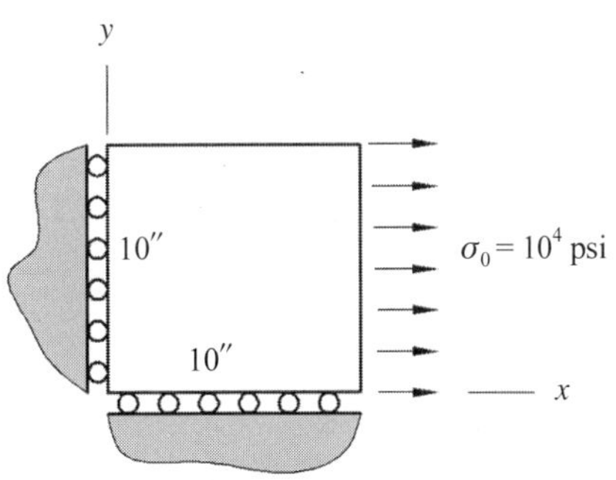

그림 9.6

풀이 문제를 2 개의 삼각형으로 분할하여 모델링하면 아래의 그림 9.7 과 같으며, 요소에 대한 절점 순서는 그림에 나타낸 표와 같다.

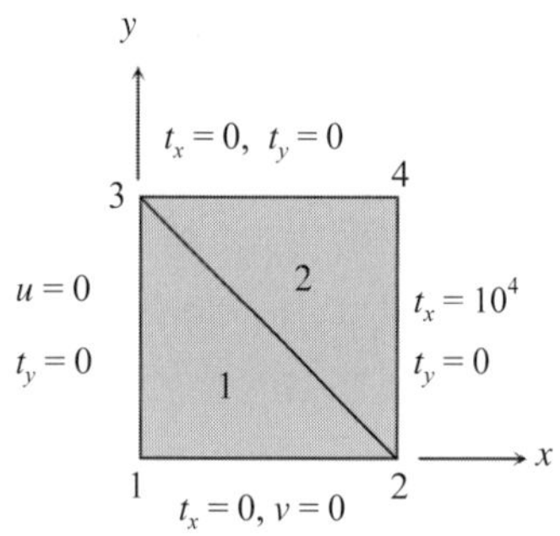

Node order on elements

	1	2	3
1	1	2	3
2	3	2	4

그림 9.7

이 문제를 등방성 평면응력이라고 간주하면 관계되는 식으로부터 각각의 상수는 다음과 같다.

$$c_{11} = c_{22} = \frac{E}{1-\upsilon^2} = 32.7\times 10^6 \text{ psi}$$

$$c_{33} = \frac{E(1-\upsilon)}{2(1-\upsilon^2)} = 11.54\times 10^6 \text{ psi}$$

$$c_{12} = \frac{\upsilon E}{1-\upsilon^2} = 9.89\times 10^6 \text{ psi}$$

따라서, 2 개의 선형삼각형 요소에 대한 요소의 강성행렬은 아래의 식과 같다.

$$[k]^{(1)} = 10^7 \begin{bmatrix} 2.23 & 1.07 & -1.65 & -0.577 & -0.577 & -0.495 \\ & 2.23 & -0.495 & -0.577 & -0.577 & -1.65 \\ & & 1.65 & 0 & 0 & 0.495 \\ & & & 0.577 & 0.577 & 0 \\ & (sym) & & & 0.577 & 0 \\ & & & & & 1.65 \end{bmatrix}$$

$$[k]^{(2)} = 10^7 \begin{bmatrix} 1.65 & 0 & 0 & 0.495 & -1.65 & -0.495 \\ & 0.577 & 0.577 & 0 & -0.577 & -0.577 \\ & & 0.577 & 0 & -0.577 & -0.577 \\ & & & 1.65 & -0.495 & -1.65 \\ & (sym) & & & 2.23 & 1.07 \\ & & & & & 2.23 \end{bmatrix}$$

각 요소에서 힘벡터 $\{f\}$ 는 물체력을 간주하지 않으면 0 이며, 그림 9.7 또는 그림 9.7(a) 의 요소 2 에 대한 견인벡터 또는 트랙션벡터 (traction vector) $\{t\}^{(2)}$ 는 다음과 같다.

$$\{t\}^{(2)} = \oint_{S_{24}} \begin{bmatrix} N_1 & 0 \\ 0 & N_1 \\ N_2 & 0 \\ 0 & N_2 \\ N_3 & 0 \\ 0 & N_3 \end{bmatrix} \begin{Bmatrix} \sigma_0 \\ 0 \end{Bmatrix} dS = \oint_{S_{24}} \begin{bmatrix} 0 & 0 \\ 0 & 0 \\ N_2 & 0 \\ 0 & N_2 \\ N_3 & 0 \\ 0 & N_3 \end{bmatrix} \begin{Bmatrix} 10^4 \\ 0 \end{Bmatrix} dS = 10^4 \begin{Bmatrix} 0 \\ 0 \\ 10/2 \\ 0 \\ 10/2 \\ 0 \end{Bmatrix}$$

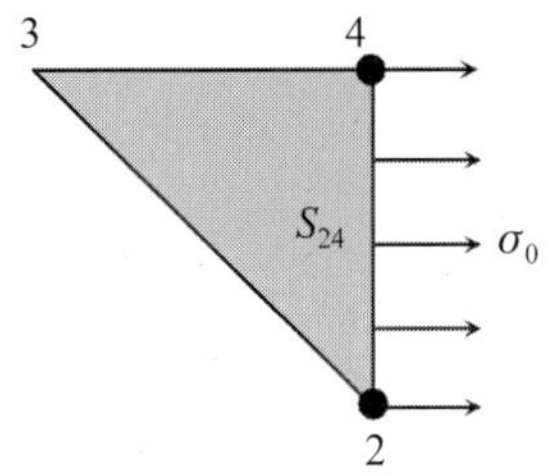

그림 9.7 (a)

요소식을 결합하기 위한 접속행렬 표는 그림 9.7 (b) 와 같다.

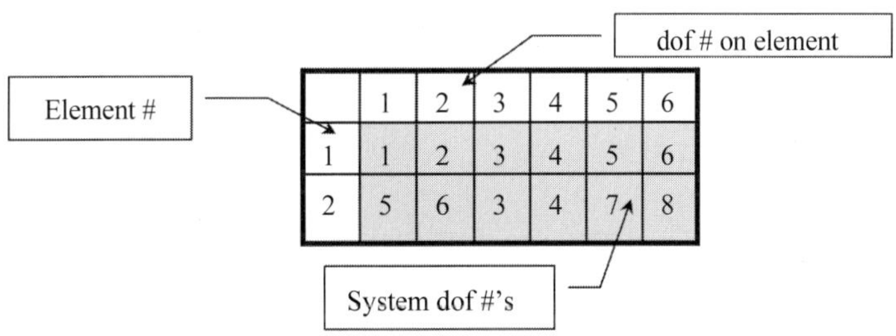

그림 9.7 (b)

위의 접속행렬 표의 절차에 따라 식을 결합하면 다음과 같다.

$$10^7 \begin{bmatrix} 2.23 & 1.07 & -1.65 & -.577 & -.577 & -.495 & 0 & 0 \\ & 2.23 & -.459 & -.577 & -.577 & -1.65 & 0 & 0 \\ & & 2.23 & 0 & 0 & 1.07 & -.577 & -.577 \\ & & & 2.23 & 1.07 & 0 & -.495 & -1.65 \\ & & & & 2.23 & 0 & -1.65 & -.495 \\ & (sym) & & & & 2.23 & -.577 & -.577 \\ & & & & & & 2.23 & 1.07 \\ & & & & & & & 2.23 \end{bmatrix} \begin{Bmatrix} u_1 \\ v_1 \\ u_2 \\ v_2 \\ u_3 \\ v_3 \\ u_4 \\ v_4 \end{Bmatrix} = \begin{Bmatrix} R_x^1 \\ R_y^1 \\ 5.0\times10^4 \\ R_y^2 \\ R_x^3 \\ 0 \\ 5.0\times10^4 \\ 0 \end{Bmatrix}$$

위의 식에서 R_x^1 와 R_y^1 는 각각 절점 1 에서 x 방향, 그리고 y 방향의 견인력 합력 (resultant traction) 또는 반력을 나타내며, 다른 기호들도 비슷한 의미이다. 문제로부터 경계조건은 다음과 같다.

$$u_1 = v_1 = v_2 = u_3 = 0$$

위의 경계조건을 식에 대입하여 절점 변위에 대한 해를 구하면 다음과 같다.

$$u_2 = 3.33\times10^{-3}\ \text{in},\ \ v_2 = -1.00\times10^{-3}\ \text{in}$$
$$u_4 = 3.33\times10^{-3}\ \text{in},\ \ v_2 = -1.00\times10^{-3}\ \text{in}$$

마지막으로 요소 변형률과 응력은 위와 같이 계산된 절점변위와 행렬 [B] 및 [C]를 통하여 결정될 수 있다. 변형률과 응력에 관한 관계 식은 다음과 같다.

$$\{\varepsilon\} = [B]\{u\}$$
$$\{\sigma\} = [C]\{\varepsilon\} = [C][B]\{u\}$$

이 문제에서 주어진 값들과 결정된 절점변위 값들을 사용하여 각 요소에 대한 변형률과 응력을 계산하면 다음 결과를 얻을 수 있다.

$$\{\varepsilon\}^{(1)} = \begin{Bmatrix}\varepsilon_x\\ \varepsilon_y\\ \gamma_{xy}\end{Bmatrix} = \begin{Bmatrix}3.33\times10^{-4}\\ -1.00\times10^{-4}\\ 0\end{Bmatrix},\quad \{\varepsilon\}^{(2)} = \begin{Bmatrix}\varepsilon_x\\ \varepsilon_y\\ \gamma_{xy}\end{Bmatrix} = \begin{Bmatrix}3.33\times10^{-4}\\ -1.00\times10^{-4}\\ 0\end{Bmatrix}$$

$$\{\sigma\}^{(1)} = \begin{Bmatrix}\sigma_{xx}\\ \sigma_{yy}\\ \tau_{xy}\end{Bmatrix} = \begin{Bmatrix}1.00\times10^{4}\\ 0\\ 0\end{Bmatrix},\quad \{\sigma\}^{(2)} = \begin{Bmatrix}\sigma_{xx}\\ \sigma_{yy}\\ \tau_{xy}\end{Bmatrix} = \begin{Bmatrix}1.00\times10^{4}\\ 0\\ 0\end{Bmatrix}$$

이 문제에서 유한요소법에 의한 결과는 정확한 해와 일치함을 관찰할 수 있다. 이러한 이유는 변형률이나 응력이 이론적으로 정확히 상수이며, 변위장 (displacement field) 도 선형이고 삼각형요소도 변위에 대해 선형이기 때문이다. 따라서, 이 문제에 대해서는 유한요소법으로 정확한 결과를 얻을 수 있다.

MATLAB TIP

매트랩 유한요소 프로그램 elasticity.m 은 다음과 같다.

```
%
%=====================================================================
% Finite element solution of the equations of elasticity in two
% dimensions:
% The material properties E and nu are presumed to be constants on
% each element as are the element thickness t and the body force
% components fx and fy. This program uses both the 3 node triangular
% and the 4 node quadralateral elements.
%=====================================================================
%
```

이 예제에 대한 데이터 파일은 square_3.dat 으로 다음과 같은 형식이다.

```
4
```

```
1 1 1  0.0  0.0 0.0 0.0
2 0 1 10.0  0.0 0.0
3 1 0  0.0 10.0 0.0
4 0 0 10.0 10.0
2
1 3 1 2 3  1.0 30e+6 0.3 0.0 0.0
2 3 3 2 4  1.0 30e+6 0.3 0.0 0.0
1
2 4 10000.0 0.0 10000.0 0.0
```

명령창에서 이 프로그램을 실행시키면 아래와 같이 출력과 4 개의 그래프를 나타낸다.

```
>> elasticity
Input file containing data: square_3.dat
Solution mode - plane stress or plane strain(input STRESS or
STRAIN): stress
Current plot held
strain 1:  0.000333333 -0.0001 0
stress 1:  10000 5.90639e-013 0
strain 2:  0.000333333 -0.0001 -4.3384e-020
stress 2:  10000 5.44009e-014 -5.00584e-013
>>
```

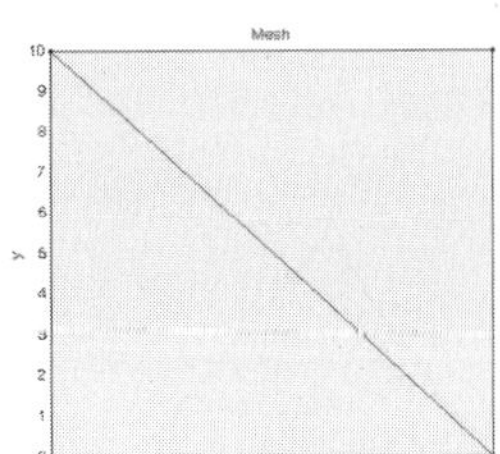
Figure 1

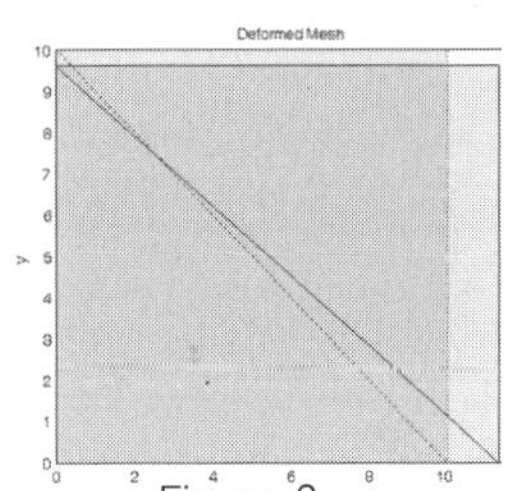
Figure 2

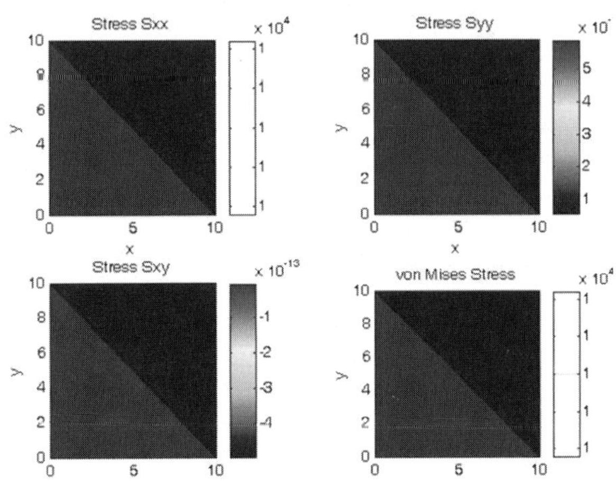

Figure 3

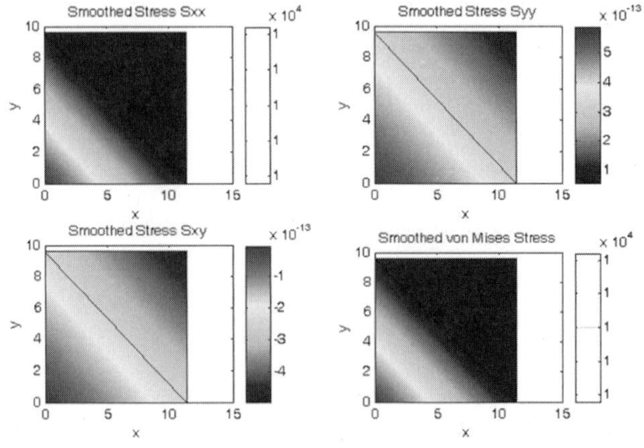

그림 9.7 (c) 프로그램 elasticity.m 으로부터 출력된 그래프

여기서 3 절점 삼각형요소의 하중벡터에 대해서 살펴보기로 한다. 2 차원 탄성변형에 적용할 수 있는 일반적인 하중벡터에 대해서 고려하자.

우선 그림 9.8(a) 와 같이 일반적인 요소에 대하여 무게로 인한 균일한 물체력, 예를 들면 γ (단위 : force / unit volume) 를 고려하면 하중벡터는 다음과 같다.

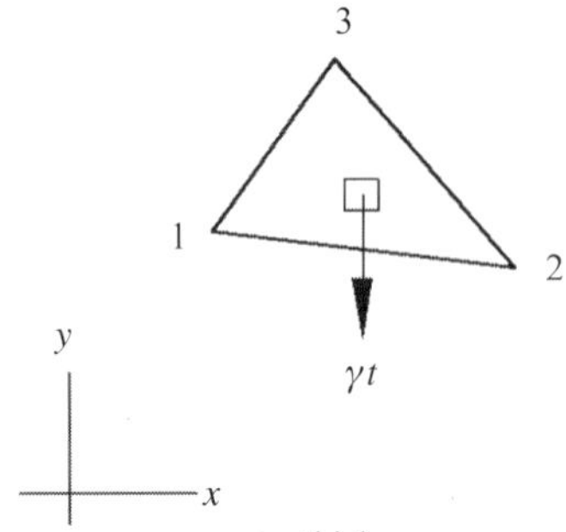

그림 9.8 (a)

$$\{f\} = \int_A \begin{bmatrix} N_1 & 0 \\ 0 & N_1 \\ N_2 & 0 \\ 0 & N_2 \\ N_3 & 0 \\ 0 & N_3 \end{bmatrix} \begin{Bmatrix} 0 \\ -\gamma \end{Bmatrix} dA \tag{9.26a}$$

또는

$$\{f\} = -\frac{\gamma A}{3}\begin{Bmatrix} 0 \\ 1 \\ 0 \\ 1 \\ 0 \\ 1 \end{Bmatrix} \tag{9.26b}$$

따라서 요소의 전체무게 (γA) 는 세 절점들 사이에 균일하게 분포한다. 이번에는 그림 9.8(b) 와 같이 요소의 한 변에 균일한 압력 p_0 가 작용하는 경우를 고려하면, 견인력성분 (traction component) 은 다음과 같다.

$$\begin{aligned} t_x &= -p_0 n_x \\ t_y &= -p_0 n_y \end{aligned} \tag{9.27}$$

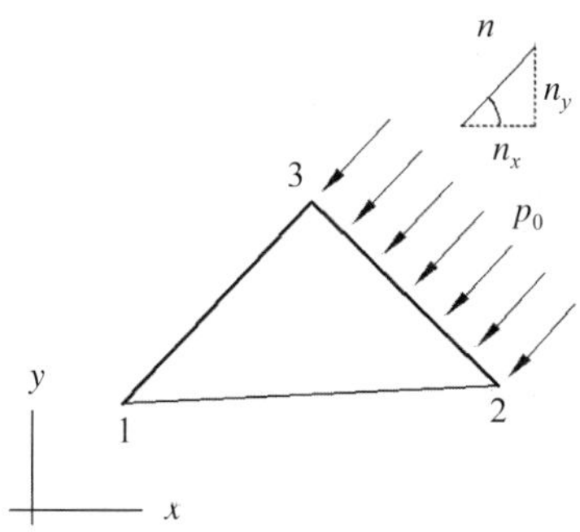

그림 9.8 (b)

그러므로 하중 (load) 에 관한 식은 다음과 같다.

$$\{t\} = \oint_{S_{23}} \begin{bmatrix} N_1 & 0 \\ 0 & N_1 \\ N_2 & 0 \\ 0 & N_2 \\ N_3 & 0 \\ 0 & N_3 \end{bmatrix} \begin{Bmatrix} -p_0 n_x \\ -p_0 n_y \end{Bmatrix} dS = \oint_{S_{23}} \begin{bmatrix} 0 & 0 \\ 0 & 0 \\ N_2 & 0 \\ 0 & N_2 \\ N_3 & 0 \\ 0 & N_3 \end{bmatrix} dS \begin{Bmatrix} -p_0 n_x \\ -p_0 n_y \end{Bmatrix} \tag{9.27a}$$

앞의 식에서 $N_1 = 0$이며, 다시 쓰면 다음과 같다.

$$\{t\} = -\frac{p_0 S_{23}}{2}\begin{Bmatrix} 0 \\ 0 \\ n_x \\ n_y \\ n_x \\ n_y \end{Bmatrix} \tag{9.27b}$$

따라서, 전체 압력분포 (p_0S_{23}) 의 절반이 그림 9.8(c) 에서와 같이 끝 절점 2 와 3 에 집중된다. 힘의 방향은 변에 수직임을 유의하여라.

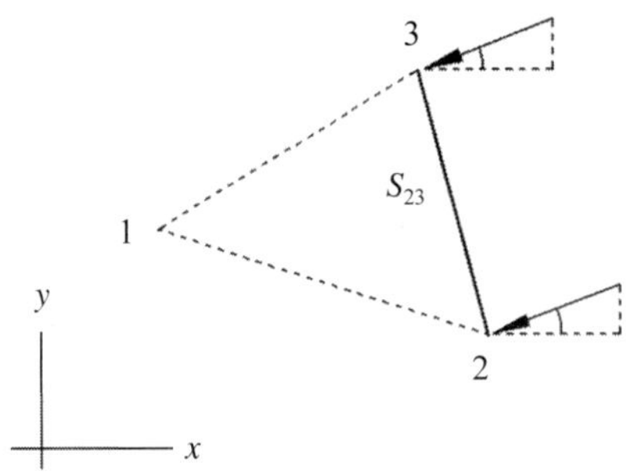

그림 9.8 (c)

그림 9.8(d) 와 같이 $x-$방향으로 선형으로 분포된 견인력에 대해서는 다음과 같다.

$$\{t\} = \oint_{S_{23}} \begin{bmatrix} 0 & 0 \\ 0 & 0 \\ N_2 & 0 \\ 0 & N_2 \\ N_3 & 0 \\ 0 & N_3 \end{bmatrix} \begin{Bmatrix} N_2 t_x^2 + N_3 t_x^3 \\ 0 \end{Bmatrix} dS \tag{9.28a}$$

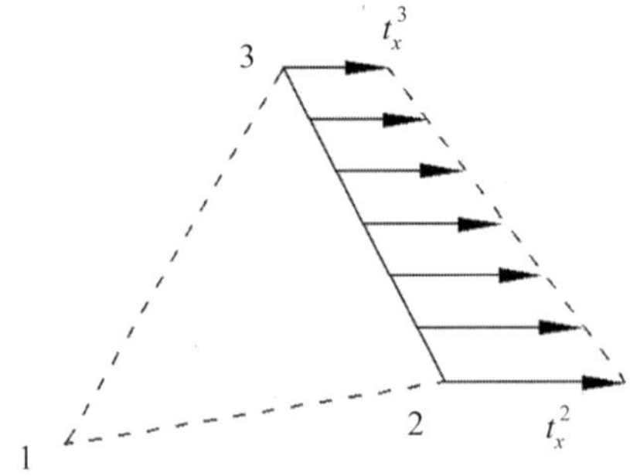

그림 9.8 (d)

왜냐하면 아래와 같은 관계식에 의해

$$\oint_{S_{23}} N_2 N_2 dS = \frac{S_{23}}{3}, \qquad \oint_{S_{23}} N_2 N_3 dS = \frac{S_{23}}{6} \tag{9.28b}$$

다음 결과를 얻을 수 있다.

$$\{t\} = \frac{S_{23}}{6}\begin{Bmatrix} 0 \\ 0 \\ 2t_x^2 + t_x^3 \\ 0 \\ t_x^2 + 2t_x^3 \\ 0 \end{Bmatrix} = \begin{Bmatrix} 0 \\ 0 \\ f_2 \\ 0 \\ f_3 \\ 0 \end{Bmatrix} \tag{9.28c}$$

이 경우, 분포력의 전체 합력은 그림 9.8(e) 와 같이 절점에서의 절점값에 비례하여 절점위치에 분포한다.

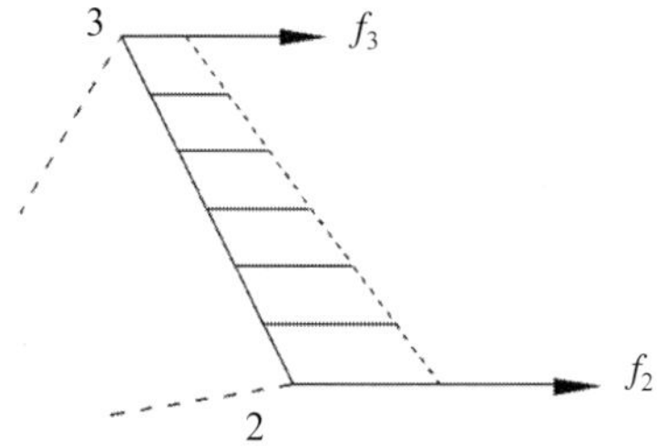

그림 9.8 (e)

예제 9.2 그림 9.9 와 같은 응력분포에 대해서 절점에서의 힘, 즉 절점력을 구하여라.

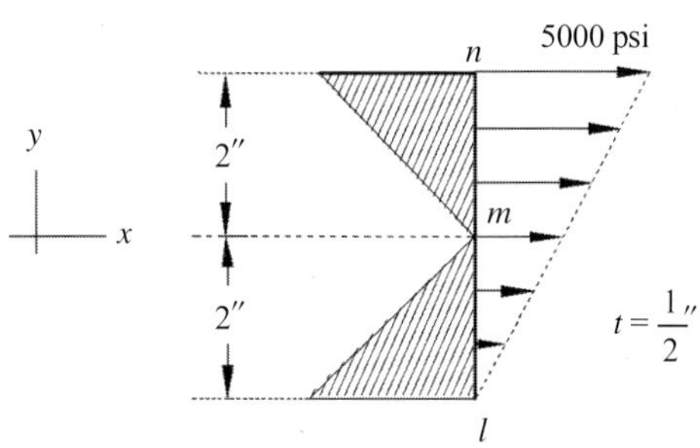

그림 9.9

풀이 절점 l, m, 그리고 n 에서 절점력을 계산하면 다음과 같으며, 절점에서의 힘은 그림 9.9(a) 와 같다.

$$f_l = \frac{2}{6}[0 + 1(2500)] = 833.3 \text{ lb}$$

$$f_m = \frac{2}{6}[0 + 2(2500)] + \frac{2}{6}[2(2500) + 5000] = 5000 \text{ lb}$$

$$f_l = \frac{2}{6}[2500 + 2(5000)] = 4{,}166.7 \text{ lb}$$

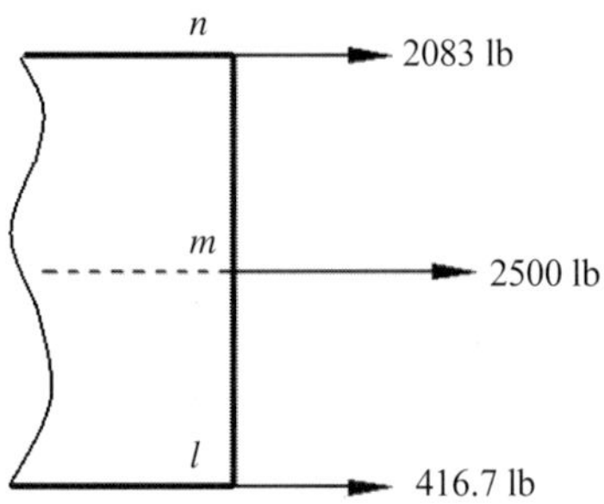

그림 9.9 (a)

전체 하중은 $833.3 + 5000 + 4166.7 = 10{,}000$ lb 이며, 이 값은 분포의 합력 5000(4)(1/2) = 10,000 lb 와 같다.

예제 9.3 그림 9.10 과 같이 두꺼운 벽두께의 실린더에 관하여 유한요소 프로그램을 이용하여 그림 9.10(a) 와 같이 두 종류의 메쉬, Mesh 1 과 Mesh 2 로 분할하여 해석하라. 단, 압력용기의 치수, 작용된 압력, 그리고 재료의 물성치는 다음과 같다.

$$p_0 = 2{,}000 \text{ lb/in}^2, \quad t = 1.0 \text{ in}$$
$$a = 2.0 \text{ in}, \quad b = 4.0 \text{ in}$$
$$E = 30 \times 10^6 \text{ lb/in}^2, \quad \upsilon = 0.3$$

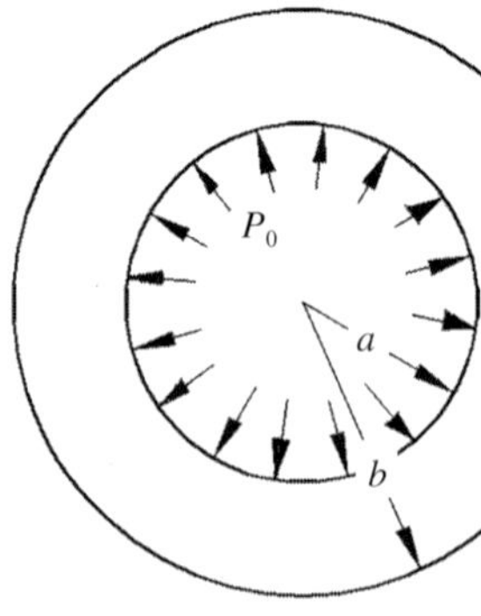

그림 9.10

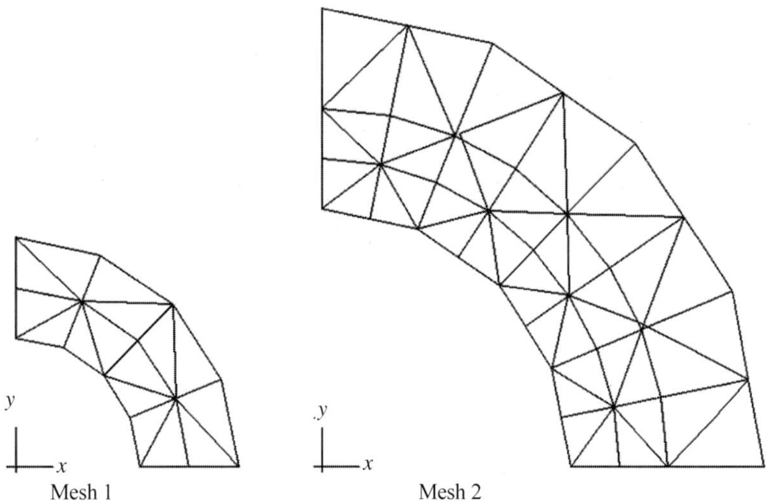

그림 9.10 (a)

풀이 대칭 조건에 의하여 실린더 단면의 1/4 에 대해 해석한다. 실린더는 평면변형률 상태이며, 이는 면외방향 (out-of-plane) 의 변형이 구속되어 있음을 의미한다. 이 문제의 이론적인 해는 다음과 같으며, 이 식에 사용된 좌표계는 그림 9.10(b) 와 같다.

$$u_r = p_0\left(\frac{a^2 r}{b^2 - a^2}\right)\left(\frac{1+\upsilon}{E}\right)\left[(1-2\upsilon)+\frac{b^2}{r^2}\right]$$

$$\sigma_r = -p_0\left(\frac{a^2}{b^2 - a^2}\right)\left[\frac{b^2}{r^2}-1\right]$$

$$\sigma_\theta = p_0\left(\frac{a^2}{b^2 - a^2}\right)\left[\frac{b^2}{r^2}+1\right]$$

$$\sigma_z = \upsilon(\sigma_r + \sigma_\theta) = 2\upsilon p_0\left(\frac{a^2}{b^2 - a^2}\right)$$

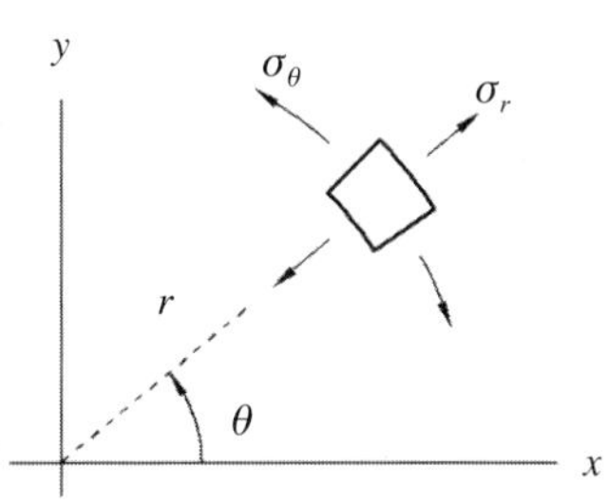

그림 9.10 (b)

각 모델의 안쪽 면에 가해진 힘들은 다음과 같다.

$$\text{Mesh 1}: \quad \text{Radial force} = 2000\left(\frac{\pi}{180}\right)(22.5)(2) = 1570.1 \text{ lb}$$

$$\text{at end nodes}: \frac{1570.1}{2} = 785.4 \text{ lb}$$

$$\text{Mesh 2}: \quad \text{Radial force} = 2000\left(\frac{\pi}{180}\right)(11.25)(2) = 785.4 \text{ lb}$$

$$\text{at end nodes}: \frac{785.4}{2} = 392.7 \text{ lb}$$

Mesh 1에서 위 값들은 그림 9.10(c) 와 같다.

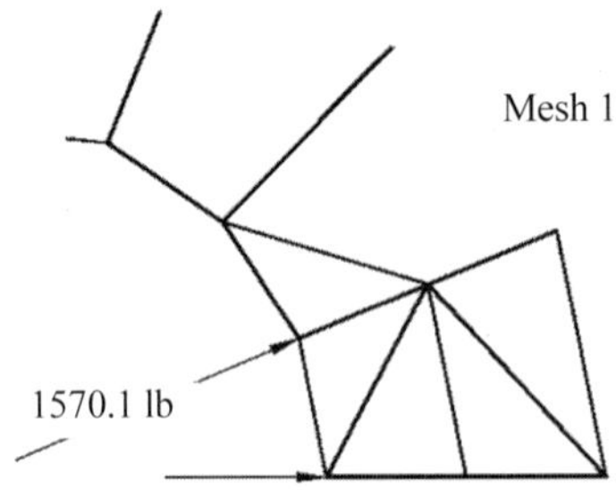

그림 9.10 (c)

변위 경계조건은 수평 및 수직인 경계면에 법선방향 (normal direction) 의 변위는 0 이다. x−방향의 변위 및 y−방향의 응력성분에 대한 유한요소 해석결과는 다음 표와 같다.

	x	Mesh 1	Mesh 2	Exact
$u_x(x,0)\times 10^3$	2.0	0.216	0.230	0.254
	2.5	-	0.203	0.213
	3.0	0.181	0.182	0.189
	4.0	0.161	0.167	0.162

	x	Mesh 1	Mesh 2	Exact
$\sigma_y(x,0)$	2.17	Not very accurate	3121	2932
	2.33		1883	2632
	2.83		2090	1999
	3.67		1185	1459

위의 표의 값들과 같이 변위는 예상했던 대로 상당히 정확하다. 그러나, 응력은 그렇지가 않다. 요소를 세분하여 분할한 Mesh 2 모델에 대해서 선형삼각형 (일정응력) 에 의해 계산된 결과도 이론 값과 상당한 차이가 있다. 요소 내에서 필드 (field) 의 구배 (gradient) 가 심할 경우, 필드의 급격한 변화를 계산할 수 있도록 요소를 더 작게 분할해야 한다.

연습문제 PROBLEMS

1. 아래의 식들은 요소강성행렬 적분식이다. 다음에 대하여 답하라.

$$\int_A \left\{ \frac{\partial w_x}{\partial x}\left(c_{11}\frac{\partial u}{\partial x} + c_{12}\frac{\partial v}{\partial y}\right) + \frac{\partial w_x}{\partial y}\left[c_{33}\left(\frac{\partial v}{\partial x} + \frac{\partial u}{\partial y}\right)\right]\right\} dA + \int_A w_x f_x \, dA + \oint_S w_x t_x \, dS = 0$$

$$\int_A \left\{ \frac{\partial w_y}{\partial x} c_{33}\left(\frac{\partial v}{\partial x} + \frac{\partial u}{\partial y}\right) + \frac{\partial w_x}{\partial y}\left(c_{12}\frac{\partial u}{\partial x} + c_{22}\frac{\partial v}{\partial y}\right)\right\} dA + \int_A w_y f_y \, dA + \oint_S w_y t_y \, dS = 0$$

(a) 위 식의 두 개의 첫 번째 항을 다음 식과 같이 나타낼 수 있음을 보여라.

$$\int_A [w][D]^T[c][D][u]dA = \int_A [w]\{f\}dA + \oint_S [w]\{t\}dS$$

위의 식에서 각각의 행렬 기호는 다음과 같다.

$$[w] = \begin{bmatrix} w_x & 0 \\ 0 & w_y \end{bmatrix},\ [D] = \begin{bmatrix} \frac{\partial}{\partial x} & 0 \\ 0 & \frac{\partial}{\partial y} \\ \frac{\partial}{\partial y} & \frac{\partial}{\partial x} \end{bmatrix},\ [c] = \begin{bmatrix} c_{11} & c_{12} & 0 \\ c_{21} & c_{22} & 0 \\ 0 & 0 & c_{33} \end{bmatrix},\ [u] = \begin{bmatrix} u & 0 \\ 0 & v \end{bmatrix}$$

$$\{f\} - \begin{Bmatrix} f_x \\ f_y \end{Bmatrix},\ \{t\} = \begin{Bmatrix} t_x \\ t_y \end{Bmatrix}$$

(b) 또한 요소강성 행렬 적분식 $\int_A [w][D]^T[c][D][u]dA$ 을 아래와 같이 $\int_A [B]^T[C][B]dA\{u\}$ 으로 나타낼 수 있음을 보여라.

$$\int_A [B]^T[C][B]dA\{u\} = \int_A \begin{Bmatrix} f_x N_1 \\ f_y N_1 \\ f_x N_2 \\ f_y N_2 \\ \vdots \\ f_x N_n \\ f_y N_n \end{Bmatrix} dA + \oint_S \begin{Bmatrix} t_x N_1 \\ t_y N_1 \\ t_x N_2 \\ t_y N_2 \\ \vdots \\ t_x N_n \\ t_y N_n \end{Bmatrix} dS$$

또는

$$\int_A [B]^T[C][B]\,dA\{u\} = \int_A \begin{bmatrix} N_1 & 0 \\ 0 & N_1 \\ N_2 & 0 \\ 0 & N_2 \\ \vdots & \vdots \\ N_n & 0 \\ 0 & N_n \end{bmatrix} \begin{Bmatrix} f_x \\ f_y \end{Bmatrix} dA + \oint_S \begin{bmatrix} N_1 & 0 \\ 0 & N_1 \\ N_2 & 0 \\ 0 & N_2 \\ \vdots & \vdots \\ N_n & 0 \\ 0 & N_n \end{bmatrix} \begin{Bmatrix} t_x \\ t_y \end{Bmatrix} dS$$

2. 그림 E2(a) 와 같이 두께가 t =1.0 in 인 균질 판이 양면에 일정한 응력을 받고 있다. 판은 등방성 재료로 영탄성계수가 $E = 30\times10^6$ psi 이고, 푸와송비는 $v = 0.3$ 이다. 다음 사항을 손으로 계산으로 한 다음, 매트랩 프로그램 elasticity.m 을 이용한 결과와 비교하여라.

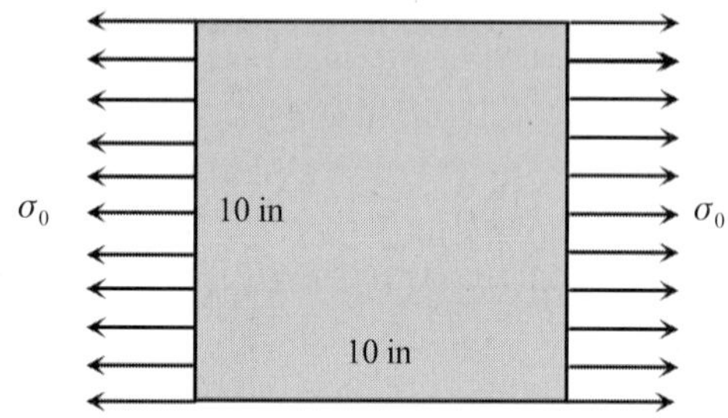

그림 E2 (a)

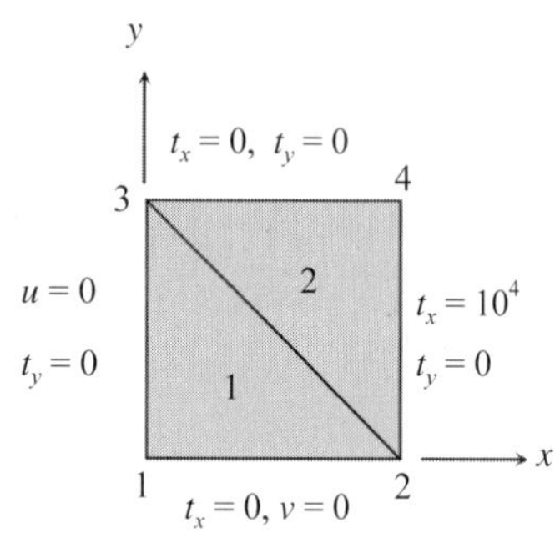

그림 E2 (b)

(a) 이 문제의 판을 그림 E2(b) 와 같이 일정 변형률 삼각형요소로 분할한 후, 요소 1 과 2 에 대한 $[k]^{(1)}$ 과 $[k]^{(2)}$ 를 계산하여라. 이들로부터 판 전체의 강성행렬 $[K]$ 를 구하여라.

(b) 경계조건을 적용하여 각 절점에서 변위를 구하여라.

(c) 각 요소의 변형률과 응력을 계산하여라.

3. 그림 E3 과 같이 균일한 사각형 판이 모멘트를 받고 있다. 판은 등방성 강재로 영탄성계수가 $E = 30 \times 10^6$ psi, 두께는 $t = 0.25$ in 그리고 푸와송비는 $\nu = 0.3$ 이다. 유한요소 프로그램 elasticity.m 또는 다른 프로그램을 사용하여 판을 그림 E3 (a) ~ (c) 와 같이 요소를 분할한 후, 최대 및 최소 응력을 구하여라. 이 결과로부터 무엇을 알 수 있는가?

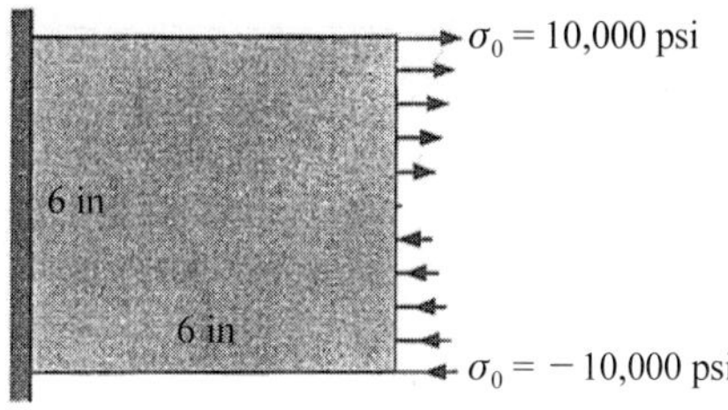

그림 E3 멘트를 받는 판

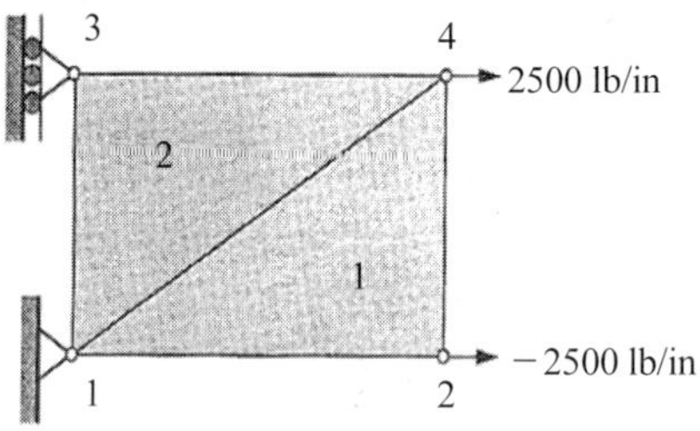

그림 E3 (a) Mesh I

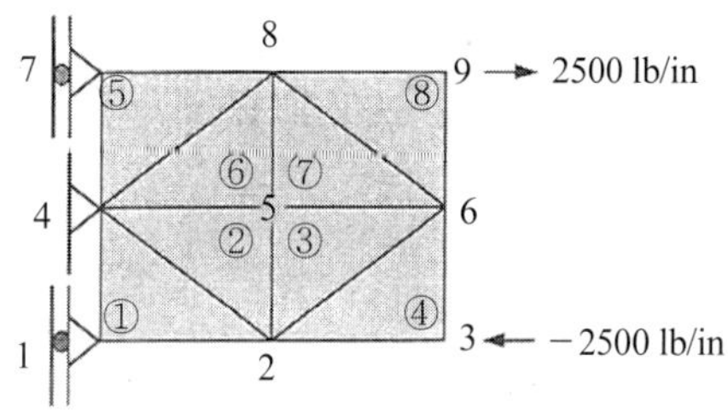

그림 E3 (b) Mesh II

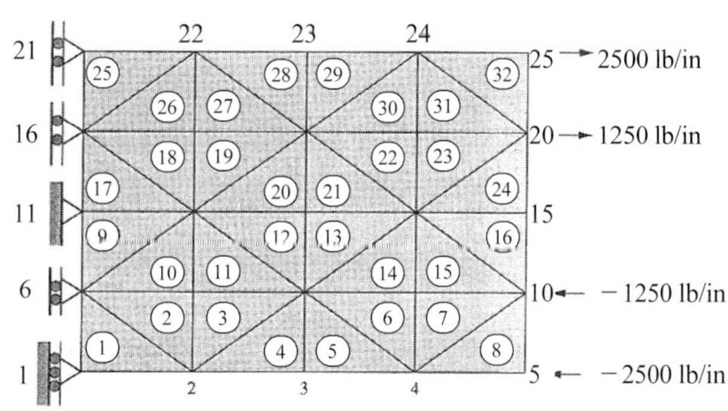

그림 E3 (c) Mesh III

4. 그림 E4(a) 와 같이 균일한 응력을 받는 원형 구멍이 있는 판재의 응력집중계수는 3.0 으로 알려져 있다. 즉, $(\sigma_x)_A = 3.0\,\sigma_0$ 이 됨을 의미한다.

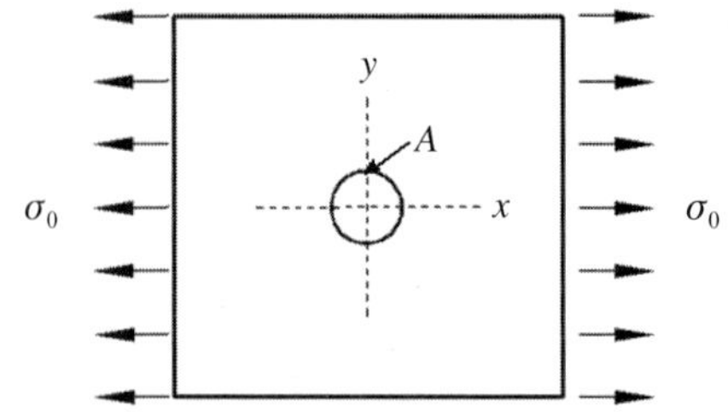

그림 E4 (a)

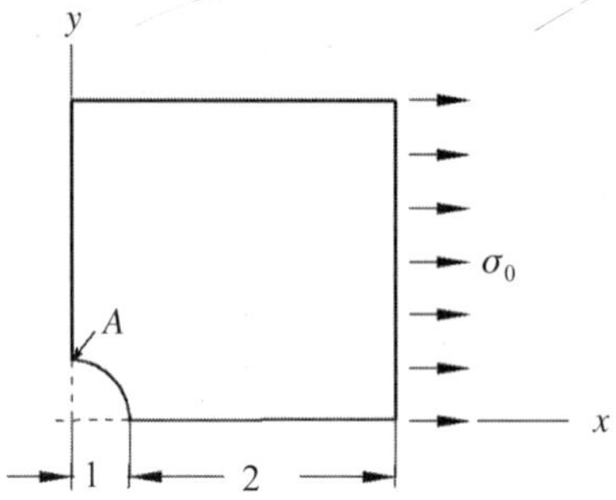

그림 E4 (b)

그림 E4(b) 와 같이 판의 1/4 에 대하여 매트랩 유한요소 프로그램 elasticity.m 또는 다른 프로그램을 사용하여 응력집중계수를 구하여라. 요소의 수를 가능한 한 많이 사용하여라. 이 경우 해는 재료에 가해진 응력과 구멍 반지름과는 무관함을 유의하여라.

CHAPTER 10

시간함수 문제

10.1 ▸ 1 차원 시간함수 문제 유한요소식

이 장에서는 1 차원 시간함수 문제 (time dependent problem) 를 풀기 위한 유한요소법의 구성 절차를 살펴보기로 하자. 우선, 문제의 해가 시간에 관계되며 포물선 편미분 방정식 (parabolic differential equation) 의 지배를 받는 확산과정 (diffusion process) 에 대해 고려해 보자. 이러한 일반적인 문제로서 소위 확산 열전달 (diffusive heat transfer) 을 예로 들 수 있으며, 관계식은 다음과 같다.

$$\frac{\partial}{\partial x}\left(\kappa A\frac{\partial u}{\partial x}\right)+Q=A\rho c\frac{\partial u}{\partial t}$$

위의 식에서 u 는 온도, t 는 시간, ρ 는 밀도, C 는 비열 (specific heat), Q 는 열원 (heat source), 그리고 A 는 전도가 일어나는 영역에서의 단면적을 나타내며 1 차원인 경우는 단지 선 (line) 으로 표시한다.

일반적인 경우를 고려하여 위의 식을 아래와 같이 쓸 수 있다.

$$\frac{\partial}{\partial x}\left(k\frac{\partial u}{\partial x}\right)+f=c\frac{\partial u}{\partial t}$$

이 문제에서 대류는 고려하지 않으며, 경계조건 및 초기조건은 다음과 같다.

$$\begin{aligned}&u(a,t)=u_a(t)\\&\frac{\partial u}{\partial x}(b,t)=u_b'(t)\\&u(x,0)=u_0(x)\end{aligned}$$

위에서 마지막 식은 초기조건이고, 처음 두 식들은 경계조건이다. 각각의 변수와 상수에 대한 단위는 다음과 같다.

$$u=[^\circ\mathrm{C}],\quad t=[\mathrm{s}],\quad \rho=[\mathrm{lbs^2/in^4}],\quad \kappa=[\mathrm{lb/^\circ C\cdot s}],\quad c=[\mathrm{in^2/^\circ C\cdot s^2}]$$

임의의 일반적인 요소, 예를 들면 선형요소에 대해서는 앞에서와 마찬가지로 함수 u 를 절점값의 항으로 보간할 수 있으며, 이 경우 u 는 시간의 함수이다. 따라서 절점값은 시간으로 표시되며, 다음 식과 같다.

$$\begin{aligned}u(x,t)&=\begin{bmatrix}N_1(x) & N_2(x)\end{bmatrix}\begin{Bmatrix}u_1(t)\\u_2(t)\end{Bmatrix}\\&\equiv[N(x)]\{u(t)\}\end{aligned}$$

앞의 보간식에서 공간 (space) 과 시간의 변수가 2 개의 함수로 분리되어 있으며, u 의 절점값은 시간 t 의 항으로 표시되어 있다.

정적인 문제에서와 마찬가지로 위의 미분방정식에 갤러킨 기법을 적용하면 아래와 같이 쓸 수 있다.

$$\int_{x_1}^{x_2}\left[\frac{\partial}{\partial x}\left(k\frac{\partial u}{\partial x}\right)+f-c\frac{\partial u}{\partial t}\right]N_i dx=0,\quad i=1,2$$

다시 풀어 쓰면

$$\int_{x_1}^{x_2}\frac{\partial}{\partial x}\left(k\frac{\partial u}{\partial x}\right)N_i dx+\int_{x_1}^{x_2}f\,N_i dx-\int_{x_1}^{x_2}c\frac{\partial u}{\partial t}N_i dx=0$$

첫째 항에 부분적분을 적용하면

$$k\frac{\partial u}{\partial x}N_i\Big|_{x_1}^{x_2}-\int_{x_1}^{x_2}k\frac{\partial u}{\partial x}\frac{\partial N_i}{\partial x}dx+\int_{x_1}^{x_2}f\,N_i dx-\int_{x_1}^{x_2}c\frac{\partial u}{\partial t}N_i dx=0$$

따라서 위의 식은 아래와 같다.

$$\int_{x_1}^{x_2}k\frac{\partial u}{\partial x}\frac{\partial N_i}{\partial x}dx=\int_{x_1}^{x_2}f\,N_i dx-\int_{x_1}^{x_2}c\frac{\partial u}{\partial t}N_i dx+k\frac{\partial u}{\partial x}N_i\Big|_{x_1}^{x_2}$$

위의 식을 이산형요소 (discrete element) 식으로 쓰면 다음과 같다.

$$\int_{x_1}^{x_2}\frac{d}{dx}[N]^T\kappa\frac{d}{dx}[N]dx\{u(t)\}=\int_{x_1}^{x_2}[N]^T f\,dx-\int_{x_1}^{x_2}[N]^T c\frac{\partial u}{\partial t}dx+\{q\}$$

위의 이산형요소 식에서 $\{q\}$는 앞에서와 같이 자연경계조건이나, 여기서는 아래의 식과 같이 시간의 함수로 표시된다.

$$\{q\}=\left\{\begin{matrix}\left[N_1\kappa\dfrac{\partial u}{\partial x}(x,t)\right]_{x_1}^{x_2}\\ \left[N_2\kappa\dfrac{\partial u}{\partial x}(x,t)\right]_{x_1}^{x_2}\end{matrix}\right\}=\left\{\begin{matrix}N_1(x_2)\kappa\dfrac{\partial u}{\partial x}(x_2,t)-N_1(x_1)\kappa\dfrac{\partial u}{\partial x}(x_1,t)\\ N_2(x_2)\kappa\dfrac{\partial u}{\partial x}(x_2,t)-N_2(x_1)\kappa\dfrac{\partial u}{\partial x}(x_1,t)\end{matrix}\right\}=\left\{\begin{matrix}-\kappa\dfrac{\partial u}{\partial x}(x_1,t)\\ \kappa\dfrac{\partial u}{\partial x}(x_2,t)\end{matrix}\right\}$$

위의 식에서 형상함수 N_1 , N_2 는 특성에 의하여 다음과 같다.

$$N_1(x_1)=1,\qquad N_1(x_2)=0$$
$$N_2(x_1)=0,\qquad N_2(x_2)=1$$

앞의 이산형요소에 관한 식의 우변 중앙에 있는 다음 항을 고려하여 살펴보기로 하자.

$$\int_{x_1}^{x_2} [N]^T c \frac{\partial u}{\partial t} dx$$

여기서는 $\partial u / \partial t$ 를 보간해야 할 필요가 있다. 왜냐하면 아래와 같이

$$u(x,t) = [N(x)]\{u(t)\}$$

이므로, $\partial u / \partial t$ 는 다음과 같다.

$$\frac{\partial u}{\partial t}(x,t) = [N(x)]\frac{\partial}{\partial t}\{u(t)\} = [N(x)]\begin{Bmatrix} \partial u_1/\partial t \\ \partial u_2/\partial t \end{Bmatrix}$$

다음으로 u_1 과 u_2 에 대한 시간도함수 (time derivative) 를 구하기 위해서는 이 값들이 시간변화가 어떻게 되는가를 가정해야 할 필요가 있다.

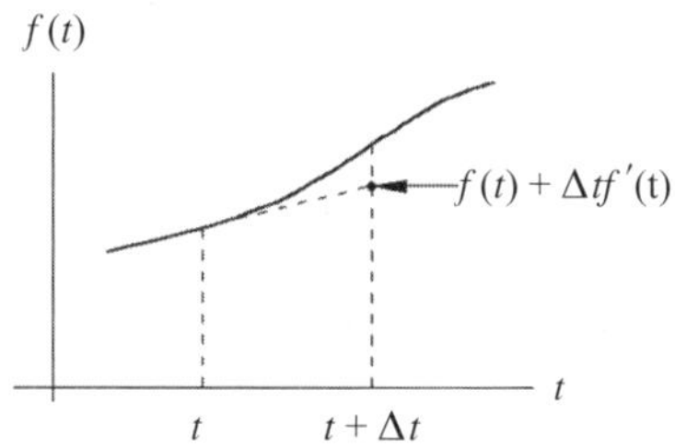

그림 10.1

예를 들면 그림 10.1 과 같이 나타낸 함수 $f(t)$ 에 관해 점 t 에 대한 테일러급수 (Taylor series) 전개식은

$$f(t+\Delta t) = f(t) + \Delta t\, f'(t) + \frac{1}{2!}(\Delta t)^2 f''(t) + \cdots$$

이며, 이 식은 전방예측 (forward prediction) 방법이다. 다음으로 후방예측 (backward prediction) 법에 의한 전개식은 아래 식과 같다.

$$f(t-\Delta t) = f(t) - \Delta t\, f'(t) + \frac{1}{2!}(\Delta t)^2 f''(t) - \cdots$$

2 차 이상의 고차수 항 (higher order term) 을 무시하고 식을 정리하면, 아래와 같이 전향차분식 (forward difference formula) 과 후향차분식 (backward difference formula) 에 관한 식을 얻는다.

$$f'(t) \approx \frac{f(t+\Delta t) - f(t)}{\Delta t} \qquad \text{(forward difference)}$$

$$f'(t) \approx \frac{f(t) - f(t-\Delta t)}{\Delta t} \qquad \text{(backward difference)}$$

후향차분식을 이용하면 시간 $(t + \Delta t)$ 에서 다음의 식과 같다.

$$f'(t+\Delta t) \approx \frac{f(t+\Delta t) - f(t)}{\Delta t}$$

따라서, 시간 $(t + \Delta t)$ 에서 절점 도함수 (nodal derivative) 는

$$\frac{du_1}{dt}(t+\Delta t) \approx \frac{u_1(t+\Delta t) - u_1(t)}{\Delta t}$$

$$\frac{du_2}{dt}(t+\Delta t) \approx \frac{u_2(t+\Delta t) - u_2(t)}{\Delta t}$$

와 같다. 다음으로 시간 $(t + \Delta t)$ 에서 요소행렬식의 시간 도함수 항은 다음과 같다.

$$\int_{x_1}^{x_2} [N]^T c \frac{\partial u}{\partial t} dx = \int_{x_1}^{x_2} [N]^T c [N] dx \frac{1}{\Delta t} \begin{Bmatrix} u_1(t+\Delta t) - u_1(t) \\ u_2(t+\Delta t) - u_2(t) \end{Bmatrix}$$

$$= [M] \frac{1}{\Delta t} [\{u(t+\Delta t)\} - \{u(t)\}]$$

따라서, $(t + \Delta t)$ 에서 요소행렬식은

$$[K]\{u(t+\Delta t)\} = \{f(t+\Delta t)\} - \frac{1}{\Delta t}[M][\{u(t+\Delta t)\} - \{u(t)\}] + \{q(t+\Delta t)\}$$

또는

$$\left[[K] + \frac{1}{\Delta t}[M]\right]\{u(t+\Delta t)\} = \{f(t+\Delta t)\} + \frac{1}{\Delta t}[M]\{u(t)\} + \{q(t+\Delta t)\}$$

이 된다. 선형요소에 대해서는 강성행렬과 질량행렬은 각각 다음 식들과 같다.

$$[K] = \frac{k}{l}\begin{bmatrix} 1 & -1 \\ -1 & 1 \end{bmatrix}, \qquad [M] = c\frac{l}{6}\begin{bmatrix} 2 & 1 \\ 1 & 2 \end{bmatrix}$$

만일 $f(x, t)$ 가 요소에서 $f_0(t)$ 의 값으로 상수일 경우,

$$\{f(t+\Delta t)\} = \frac{f_0(t+\Delta t)}{2}\begin{Bmatrix}1\\1\end{Bmatrix}$$

이 된다.

초기조건이 주어졌을 경우 $t = 0$ 또는 초기순간에서 해를 구하기 위해서는 요소식의 우변항을 결정해야 한다. 다음으로 $\underline{u}(t+\Delta t)$ 를 결정하고, 이 값을 이용하여 다음 단계를 계산하며 이러한 과정을 반복한다.

예제 10.1 아래의 그림과 같이 초기 조건 $T(x, 0) = 0$ 에서 한쪽 끝이 10℃ 이고 다른 끝은 0℃ 로 유지된 절연봉 (insulated rod) 이 있다. 3 개의 요소를 사용하여 유한요소법으로 $T(x, t)$ 를 결정하라. 단, $l = 1$ 로 하고 시간간격 (time step) 은 $(\kappa/Apc)\Delta t = 1/6$ 로 가정하라.

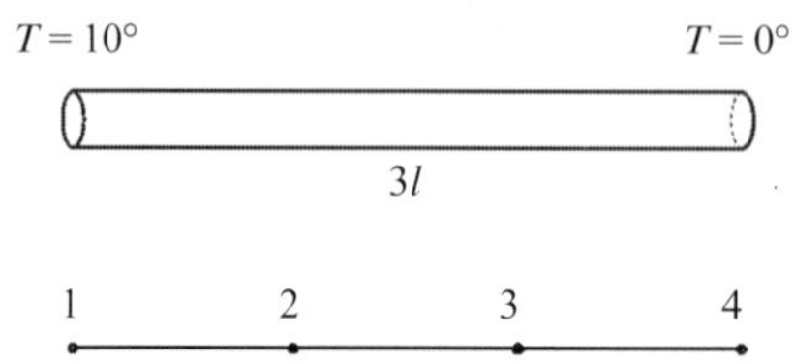

그림 10.2

풀이 각 요소에 대한 2 개의 식은 다음과 같다.

$$[K] = \frac{\kappa A}{l}\begin{bmatrix}1 & -1\\-1 & 1\end{bmatrix}\frac{1}{\Delta t}[M] = \frac{1}{\Delta t}A\rho c\frac{1}{6}\begin{bmatrix}2 & 1\\1 & 2\end{bmatrix} = \kappa l\begin{bmatrix}2 & 1\\1 & 2\end{bmatrix}$$

(*여기서부터 $A/l^2 = 1$ 로 사용)

$$\kappa A\begin{bmatrix}3 & 0\\0 & 3\end{bmatrix}\begin{Bmatrix}T_1(t+\Delta t)\\T_2(t+\Delta t)\end{Bmatrix} = \kappa A\begin{bmatrix}2 & 1\\1 & 2\end{bmatrix}\begin{Bmatrix}T_1(t)\\T_2(t)\end{Bmatrix} + \kappa A\begin{Bmatrix}-\dfrac{\partial T}{\partial x}(x_1, t+\Delta t)\\ \dfrac{\partial T}{\partial x}(x_2, t+\Delta t)\end{Bmatrix}$$

따라서, 각각의 요소에 대한 식들을 결합하면

$$\begin{bmatrix}3 & 0 & 0 & 0\\0 & 6 & 0 & 0\\0 & 0 & 6 & 0\\0 & 0 & 0 & 3\end{bmatrix}\begin{Bmatrix}T_1^+\\T_2^+\\T_3^+\\T_4^+\end{Bmatrix} = \begin{bmatrix}2 & 1 & 0 & 0\\1 & 4 & 1 & 0\\0 & 1 & 4 & 1\\0 & 0 & 1 & 2\end{bmatrix}\begin{Bmatrix}T_1\\T_2\\T_3\\T_4\end{Bmatrix} + \begin{Bmatrix}-T_1'^+\\0\\0\\T_4'^+\end{Bmatrix}$$

와 같으며, 위의 식에서 T_1^+ 는 $T_1(t+\Delta t)$, 그리고 $T_1'^+ = \partial T/\partial x\,(x_1, t+\Delta t)$ 등을 의미한다. 이 문제에서 주어진 경계조건은 다음과 같다.

$$\begin{aligned} T(0,t) &= 10^\circ, \quad t \ge 0 \\ T(3l,t) &= 0^\circ, \quad t \ge 0 \end{aligned} \quad \Rightarrow \quad \begin{aligned} T_1 &= T_1^+ = 10^\circ \\ T_1 &= T_4^+ = 0^\circ \end{aligned}$$

그리고, $t = 0$ 에서 초기조건은 $T(x,0) = 0$ 이므로 시작 순간 초기에는 $T_1 = 10^\circ\text{C}$, $T_2 = T_3 = T_4 = 0$ 이다. 따라서,

1 단계

$$\begin{bmatrix} 3 & 0 & 0 & 0 \\ 0 & 6 & 0 & 0 \\ 0 & 0 & 6 & 0 \\ 0 & 0 & 0 & 3 \end{bmatrix} \begin{Bmatrix} 10 \\ T_2^+ \\ T_3^+ \\ 0 \end{Bmatrix} = \begin{Bmatrix} 20 - T_1'^+ \\ 10 \\ 0 \\ T_4'^+ \end{Bmatrix}$$

이 되며, 이 식을 풀면 다음을 얻는다.

$$T_1'^+ = -10, \quad T_2'^+ = 1.667, \quad T_3'^+ = 0, \quad T_4'^+ = 0$$

2 단계

$$\begin{bmatrix} 3 & 0 & 0 & 0 \\ 0 & 6 & 0 & 0 \\ 0 & 0 & 6 & 0 \\ 0 & 0 & 0 & 3 \end{bmatrix} \begin{Bmatrix} 10 \\ T_2^+ \\ T_3^+ \\ 0 \end{Bmatrix} = \begin{Bmatrix} 21.67 - T_1'^+ \\ 16.67 \\ 1.67 \\ T_4'^+ \end{Bmatrix}$$

위의 식을 풀면 다음 결과를 얻는다.

$$T_1'^+ = 8.333, \quad T_2'^+ = 2.778, \quad T_3'^+ = 0.2778, \quad T_4'^+ = 0$$

이 같은 절차를 반복하면 다음 표의 결과를 얻을 수 있으며, 그래프로 나타내면 그림 10.3 과 같다.

표 10.1

$T(x,t)$	0	1/6	1/3	1/2	2/3	5/6	1	2
0.0	10	10	10	10	10	10	10	10
1.0	0	1.667	2.778	3.565	4.151	4.605	4.996	6.051
2.0	0	0	0.278	0.648	1.026	1.376	1.685	2.719
3.0	0	0	0	0	0	0	0	0

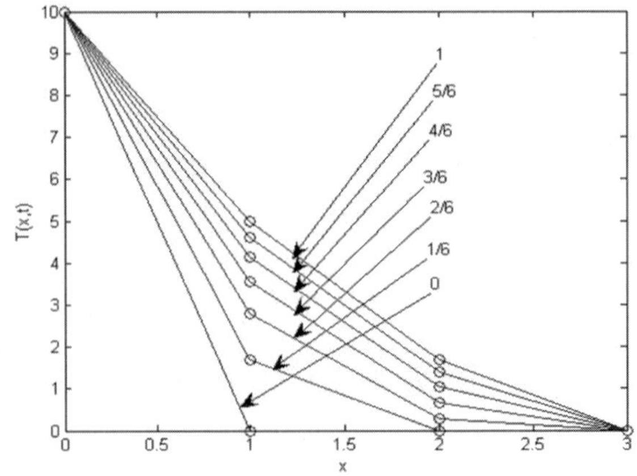

그림 10.3

여기서, 수식 전개를 일반적인 형태로 더 편리하게 할 수 있도록 시간적분과정에 대해서 다시 살펴보기로 하자. 앞에서 설명한 바와 같이 요소식은 다음과 같이 쓸 수 있다.

$$[K]\{u\}+[M]\{\dot{u}\}=\{f\}+\{q\}$$

위의 식에서 모든 벡터나 행렬은 전과 동일하다. 요소의 식을 결합하면 시스템에 관한 식은 유사한 형태로 나타내면 아래와 같다.

$$[K]\{u\}+[M]\{\dot{u}\}=\{f\}$$

위의 식은 $\{q\}$ 에 의한 "반력" 항이 없고 $\{f\}$ 에 이미 포함되어 $\{u\}$ 에 0 이 아닌 주어진 값들에 의해 구속된 식 (constrained equation) 이라는 것을 알 수 있다.

f' 에 대해 후향차분법을 사용하면

$$f_n{}'=\frac{(f_{n+1}-f_n)}{h}$$

이 되며, $h=\Delta t$, $t=n\Delta t$, $n=0, 1, 2, \cdots$ 의 관계이므로 $t+\Delta t=h(n+1)$ 이고, f_{n+1} 은 $f(t+\Delta t)$ 등을 의미한다. 따라서, $\dot{u}$ 에 대한 후향차분식은 아래의 식과 같다.

$$\{\dot{u}_{n+1}\}=\frac{\{u_{n+1}\}-\{u_n\}}{h}$$

따라서, 구속된 시스템식은

$$[K]\{u_{n+1}\}+[M]\frac{\{u_{n+1}\}-\{u_n\}}{h}=\{f_{n+1}\}$$

또는

$$\left([K]+\frac{1}{h}[M]\right)\{u_{n+1}\}=\frac{1}{h}[M]\{u_n\}+\{f_{n+1}\}$$

이 되며, 이 식은 요소식에 대응하는 시스템식이다. 반복절차 (iteration algorithm) 는 다음과 같다.

- $[M]$ 과 $[K]$ 를 계산하여 저장
- 주어진 조건 $\{u_0\}=u(0)$ 와 $\{f\}$ 를 대입
- $\left([K]+\frac{1}{h}[M]\right)\{u_1\}=\frac{1}{h}[M]\{u_0\}+\{f_1\}$ 로부터 $\{u_1\}$ 을 계산
- $\left([K]+\frac{1}{h}[M]\right)\{u_2\}=\frac{1}{h}[M]\{u_1\}+\{f_2\}$ 로부터 $\{u_2\}$ 을 계산
- 위의 절차를 반복

이러한 과정에서 시스템식을 계속하여 풀어, $[k]+[M]/h$ 로 계산된 식은 저장공간을 확보하여 항상 저장될 수 있어야 한다.

후향차분법 대신 전향차분법을 사용하면 또 다른 알고리듬 (algorithm) 을 유도해 낼 수 있다. 전향차분법으로부터

$$\{\dot{u}_n\}=\frac{\{u_{n+1}\}-\{u_n\}}{h}$$

따라서

$$[K]\{u_n\}+[M]\frac{\{u_{n+1}\}-\{u_n\}}{h}=\{f_n\}$$

또는

$$[M]\{u_{n+1}\}=([M]-h[K])\{u_n\}+h\{f_n\}$$

이 된다. 위와 같이 전향차분법을 이용한 식은 후향차분식으로부터 유도된 식과 다르며, 가장 두드러지게 다른 점은 좌변의 행렬항이 오로지 질량행렬 $[M]$ 을 포함하고 있다. 이러한 특징은 질량행렬이 대각행렬 또는 비슷한 형태일 경우, 반복 알고리듬이 효율적이 이루어 질 수 있다. 일반적인 알고리듬은 다음과 같다.

- $[M]$ 과 $[k]$ 를 계산하여 저장
- 주어진 조건 $\{u_0\}=u(0)$ 와 $\{f\}$ 를 대입

- $[M]\{u_1\}=([M]-h[K])\{u_0\}+h\{f_0\}$ 으로부터 $\{u_1\}$ 을 계산
- $[M]\{u_2\}=([M]-h[K])\{u_1\}+h\{f_1\}$ 으로부터 $\{u_2\}$ 를 계산
- $\left([K]+\frac{1}{h}[M]\right)\{u_2\}=\frac{1}{h}[M]\{u_1\}+\{f_2\}$ 로부터 $\{u_2\}$ 를 계산
- 위의 절차를 반복

10.2 ▸ 집중 질량법

전향차분법을 기초로 한 시간스텝 (time step) 알고리듬은 질량행렬 $[M]$ 이 어느 시간에서나 미지의 계수로 나타나는 매력적인 특징이 있다. 따라서 단지 $[M]$ 행렬만 역으로 취해야 할 필요가 있다. 이러한 특징은 질량행렬이 대각선 행렬, 즉 대각선 성분이 0 이 아닐 경우 실제로 유리하다. 비록 일관된 식의 구성 (consistent formulation) 에서, 예를 들면 강성행렬과 같이 동일한 가중함수 (갤러킨법에서 형상함수) 를 통해 얻게 되는 질량행렬이 대각선행렬이 아닐 경우에는 유사 대각선 행렬을 집중질량 (mass lumping), 즉 대각선 요소에 집중시켜 얻을 수 있다. 여기서, 선형요소에 대한 일관된 질량행렬 (consistent mass matrix) 은

$$[M] = c\frac{l}{6}\begin{bmatrix} 2 & 1 \\ 1 & 2 \end{bmatrix}$$

이 되며, 집중질량행렬은 요소의 끝에 모든 질량 (mass) 을 집중시켜 얻으며 아래와 같다.

$$[M]_{lumped} = c\frac{l}{2}\begin{bmatrix} 1 & 0 \\ 0 & 1 \end{bmatrix}$$

2 차 요소에 대한 일관된 질량행렬은

$$[M]_{lumped} = c\frac{l}{3}\begin{bmatrix} 4 & 2 & -1 \\ 2 & 16 & 2 \\ -1 & 2 & 4 \end{bmatrix}$$

이며, 대각선화하기 위한 방법으로 전체의 질량을 그림 10.4(a) 와 같이 요소의 절점에 동일하게 분할한다. 즉,

$$[M]_{lumped} = c\frac{l}{3}\begin{bmatrix} 1 & 0 & 0 \\ 0 & 1 & 0 \\ 0 & 0 & 1 \end{bmatrix}$$

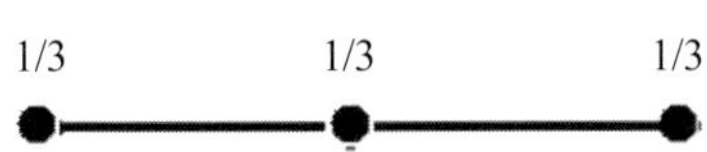

그림 10.4 (a)

이 된다. 그러나 결합된 행렬은 양 끝 절점에서는 가운데 요소 절점의 2 배의 질량이 된다. 이러한 점을 고려하여 개선된 분포로부터 다음의 식을 얻을 수 있다.

$$[M]_{lumped} = c\frac{l}{4}\begin{bmatrix}1 & 0 & 0\\0 & 2 & 0\\0 & 0 & 1\end{bmatrix}$$

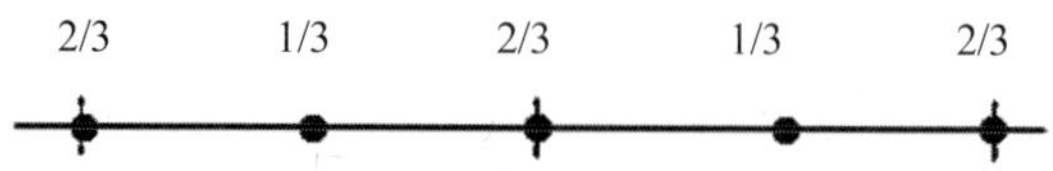

그림 10.4 (b)

요소시스템에 대한 균일한 분포를 얻을 수 있도록, 위의 식에서 그림 10.4(b) 와 같이 중앙에 요소질량의 절반을, 그리고 각각의 끝에 1/4 을 나누어서 분포시킨다.

E. Hilton, T. Rock 그리고 Zienkiewicz 이 제안한 다른 방법으로 일관된 행렬의 대각선 요소에 비례하여 집중 (lump) 시키는 법이 있으며, 이러한 방법을 HRZ 법이라 부른다. 2 차 원 요소에 대한 집중질량은 다음 식과 같다.

$$[M]_{lumped} = c\frac{l}{6}\begin{bmatrix}1 & 0 & 0\\0 & 4 & 0\\0 & 0 & 1\end{bmatrix}$$

시간간격 (time stepping) 알고리듬을 $\{\dot{u}\}$ 에 대한 중앙차분법 (central difference method) 을 이용하여 유도할 수 있다. 전향차분법과 후향차분법에 관한 식들을 서로 더하면 다음 식을 얻을 수 있다.

$$2f'(t) \approx \frac{f(t+\Delta t) - f(t-\Delta t)}{\Delta t}$$

따라서, 절점 값 $\{\dot{u}\}$ 은 아래의 식과 같다.

$$\{\dot{u}_n\} = \frac{1}{2h}\left[\{u_{n+1}\} - \{u_{n-1}\}\right]$$

위의 식을 구속된 시스템식에 적용하면

$$[K]\{u_n\} + [M]\frac{1}{2h}\left[\{u_{n+1}\} - \{u_{n-1}\}\right] = \{f_n\}$$

또는

$$[M]\{u_{n+1}\} = [M]\{u_{n-1}\} - 2h[K]\{u_n\} + 2h\{f_n\}$$

이 된다. 위의 식에서 다음 $(n+1)$ 단계는 현재 단계 (n) 과 전 단계 $(n-1)$ 에 의하여 결정된다. 이 식은 시작단계의 문제를 나타낸다. 1 단계에서는 일반적으로 $n = 0$,

$\{u_0\}=\{u(0)\}$, 그리고 $\{u_{-1}\}=\{u(0)\}$ 와 같이 현재와 전 단계에 대한 값을 단지 초기조건 값들을 적용하여 시작한다. 이와 같이 중앙차분식을 이용한 방법을 2 단계 방법이라고도 하며, 이는 $\{u_{n+1}\}$ 이 $\{u_n\}$과 $\{u_{n-1}\}$ 에 의해 결정되기 때문이다.

여기서 또 다른 크랭크－니콜슨 (Crank－Nicolson) 법에 대해서 살펴보기로 하자. 이 방법은 중앙차분법과 같은 2 단계과정을 피하기 위해 다음과 같이 후향차분법과 전향차분법을 이용한다.

$$\left(h[K]+[M]\right)\{u_{n+1}\}=[M]\{u_n\}+h\{f_{n+1}\} \qquad \text{(backward)}$$
$$[M]\{u_{n+1}\}=\left([M]-h[K]\right)\{u_n\}+h\{f_n\} \qquad \text{(forward)}$$

다음으로 각각의 식에 1/2 을 곱한 후, 서로 더하면 아래의 식을 얻을 수 있다.

$$\left([M]+\frac{h}{2}[K]\right)\{u_{n+1}\}=\left([M]-\frac{h}{2}[K]\right)\{u_n\}+\frac{h}{2}\left(\{f_n\}+\{f_{n+1}\}\right)$$

위의 식은 중앙차분법과 유사하나 2 단계과정을 피할 수 있다. 또한 정확성(accuracy)이 높아 가장 많이 쓰이는 시간 적분법 중의 한 방법이다. 그러나 $\{u_{n+1}\}$ 의 계수는 $[M]$ 과 $[K]$ 의 항을 모두 포함하고 있으므로 집중, 즉 럼핑 (lumping) 시키는 데는 유리하지는 않다.

10.3 ▸ 응용: 파동 방정식

시간 의존 함수로 앞에서 살펴본 첫 번째 문제는 확산 (diffusion) 또는 포물선방정식 (parabolic equation) 에 관한 사항이었다. 여기서는 쌍곡선함수 (hyperbolic function), 즉 파동 방정식 (wave equation) 에 관해 검토해보기로 하자. 이러한 형태의 식에 지배되는 일반적인 문제는 관성효과가 포함된 탄성봉에 관한 사항을 들 수 있다. 이에 관한 평형 방정식은 아래와 같이 쓸 수 있다.

$$\frac{\partial}{\partial x}\left(AE\frac{\partial u}{\partial x}\right)+f=A\rho\frac{\partial^2 u}{\partial t^2}$$

위 식에서 ρ 는 재료의 비중 (density) 을 뜻한다. 이에 관한 일반식 (generic equation) 은 다음 식과 같다.

$$\frac{\partial}{\partial x}\left(k\frac{\partial u}{\partial x}\right)+f=c\frac{\partial^2 u}{\partial t^2}$$

위 식에서도 경계 및 초기조건은 포물선방정식에 관한 사항과 같다. 그러나 초기 속도, 즉 아래에서

$$\dot{u}(x,0)=\dot{u}_0(x)$$

와 같이 모든 지점에서 속도가 규정되어야 한다. 보통의 경우에 $\dot{u}_0(x)=0$ 일 때에는 정지 상태에서 운동이 시작되는 경우이다.

갤러킨법에 의한 유한요소식의 유도는 앞에서와 같은 절차에 따르며 다음 식과 같이 된다.

$$[K]\{u\}+[M]\{\ddot{u}\}=\{f\}+\{q\}$$

위 식에서 $[K]$, $[M]$, $\{f\}$ 그리고 $\{q\}$는 포물선방정식에 관한 사항과 동일하다. 일반 요소에 관한 각각은 다음 식들과 같다.

$$[K]=\int_{x_1}^{x_e}\frac{d}{dx}[N]^T k\frac{d}{dx}[N]dx$$

$$[M]=\int_{x_1}^{x_e}[N]^T c\,[N]dx$$

$$\{f\} = \int_{x_1}^{x_e} [N]^T \{f\} dx$$

$$\{q\} = \begin{Bmatrix} -k\dfrac{\partial u}{\partial x}(x_1, t) \\ 0 \\ 0 \\ \vdots \\ -k\dfrac{\partial u}{\partial x}(x_e, t) \end{Bmatrix}$$

여기서 알아야 할 새로운 항은 단지 $\{\ddot{u}\}$ 이며 절점 가속도 (nodal acceleration) 항이다. 이를 위하여 중앙차분법을 이용하며, 속도를 구하기 위한 식에서와 마찬가지로 $\{\ddot{u}\}$ 을 $\{u(t+\Delta t)\}$, $\{u(t)\}$, 그리고 $\{u(t-\Delta t)\}$ 항으로 나타낸다. 앞에서 언급한 전향차분 및 후향차분식을 서로 더하여 2 차 미분항을 포함한 식을 구하면 아래와 같다.

$$\{u(t+\Delta t)\} + \{u(t-\Delta t)\} = 2\{u(t)\} + 2\left(\frac{1}{2!}\right)(\Delta t)^2 \{\ddot{u}(t)\}$$

위의 식으로부터

$$\{\ddot{u}(t)\} = \frac{\{u(t+\Delta t)\} - 2\{u(t)\} + \{u(t+\Delta t)\}}{(\Delta t)^2}$$

또는 위의 식에서 기호를 $h = \Delta t$, $t = n\Delta t$ 로 대체하면 다음 식과 같다.

$$\{\ddot{u}_n\} = \frac{\{u_{n+1}\} - 2\{u_n\} + \{u_{n-1}\}}{h^2}$$

위의 결과 식을 아래의 구속된 시스템 식에 적용한다.

$$[K]\{u\} + [M]\{\ddot{u}\} = \{f\}$$

시간 t 또는 간격 n 에서 계산식은 아래와 같다.

$$[K]\{u_n\} + [M][\{u_{n+1}\} - 2\{u_n\} + \{u_{n-1}\}]\frac{1}{h^2} = \{f_n\}$$

또는

$$[M]\{u_{n+1}\} = (2[M] - h^2[K])\{u_n\} - [M]\{u_{n-1}\} + h^2\{f_n\}$$

위의 식은 알고 있는 $\{u_n\}$, $\{u_{n-1}\}$ 과 $\{f_n\}$ 으로부터 $\{u_{n+1}\}$ 을 구하기 위한 반복식 (iteration formula) 이다. 이 식은 포물선미분방정식에 대한 중앙차분법식과 다소 유사하다. 그리고 이 식은 또한 2 단계 공식으로 다음 단계의 값을 구하기 위하여 언제나 u_n 과 u_{n-1} 을 이용해야 한다.

이와 같은 식은 시작단계에서 항상 문제점이 있다. 왜냐하면 $n=0$ 에서 $\{u_{-1}\}$ 을 알 수 없기 때문이다. 이러한 문제점을 해결하기 위하여, 초기 데이터로부터 $\{u_{-1}\}$ 을 얻기 위해 $t=0$ 에서 후향으로 전개하여 근사값을 계산한다. 즉, $t=0$ 에서 후향차분식은 다음 식과 같이 쓸 수 있다.

$$\{u_{-1}\}=\{u_0\}-h\{\dot{u}_0\}+\frac{1}{2!}h^2\{\ddot{u}_0\}-\cdots$$

위의 식과 같이 절단하여 나타내면 $\{u_0\}$ 나 $\{\dot{u}_0\}$ 은 주어질 수 있지만 $\{\ddot{u}_0\}$은 알 수 없다. 이 항은 아래와 같이 원래의 식으로부터 $t=0$ 을 계산하여 얻을 수 있다.

$$[K]\{u\}+[M]\{\ddot{u}\}=\{f\}$$

$t=0$ 에 관한 식은

$$[M]\{\ddot{u}_0\}=\{f_0\}-[K]\{u_0\}$$

또는

$$\{u_{-1}\}=\{u_0\}-h\{\dot{u}_0\}+\frac{h^2}{2}[M]^{-1}(\{f_0\}-[K]\{u_0\})$$

이와 같은 $\{u_{-1}\}$ 에 대한 초기값 (initiation value) 을 이용하여 $\{u_1\}$을 구하기 위한 반복식을 시작한다. 즉, $n=0$ 에 대한 식은

$$\begin{aligned}[M]\{u_1\}&=(2[M]-h^2[K])\{u_0\}-[M]\left[\{u_0\}-h\{\dot{u}_0\}+\frac{h^2}{2}[M]^{-1}(\{f_0\}-[K]\{u_0\})\right]+h^2\{f_0\}\\&=[M]\{u_0\}+h[M]\{\dot{u}_0\}-\frac{h^2}{2}[K]\{u_0\}+\frac{h^2}{2}\{f_0\}\\&=\left([M]-\frac{h^2}{2}[K]\right)\{u_0\}+h[M]\{\dot{u}_0\}+\frac{h^2}{2}\{f_0\}\end{aligned}$$

다음으로 $n=1, 2, \cdots$ 에 관해 반복식을 계속할 수 있다.

예제 10.2 그림과 같이 길이가 L, 단면적이 A, 그리고 탄성계수가 E 인 탄성봉의 왼쪽 끝이 벽면에 고정되어 있다. 봉의 오른 쪽 끝에 순간적으로 하중 P_0 가 가해진다. 봉을 길이가 $l=L/3$ 인 세 개의 선형요소로 분할하여 유한요소법으로 해석하여라. 특히, 유한요소 해석시 시간스텝 (time step) 을 얼마로 하는 것이 적절한지 결정하여라.

단, 탄성봉의 재질은 강재이며 $A = 10\text{ in}^2$, $L = 20\text{ in}$, $E = 30 \times 10^6\text{ lb/in}^2$, $\rho = 7.5 \times 10^{-4}\text{ lb}-\text{s}^2/\text{in}^4$ 이고 $P_0 = 1000\text{ lb}$ 로 계산하라.

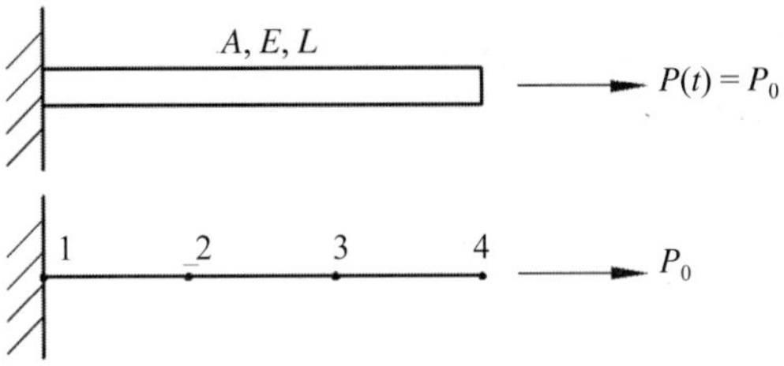

그림 10.5

풀이 각 요소에 대한 강성 및 질량행렬은 다음과 같다.

$$[k] = \frac{AE}{(L/3)}\begin{bmatrix} 1 & -1 \\ -1 & 1 \end{bmatrix}$$

$$[m] = \frac{\rho A(L/3)}{6}\begin{bmatrix} 2 & 1 \\ 1 & 2 \end{bmatrix}$$

$$\{f\} = \{0\} \text{ 그리고 } AE\frac{\partial u(L,t)}{\partial x} = P_0$$

간략화 또는 구속된 결합식 (reduced and/or constrained assembled equations) 은

$$\frac{3AE}{L}\begin{bmatrix} 2 & -1 & 0 \\ -1 & 2 & -1 \\ 0 & -1 & 1 \end{bmatrix}\begin{Bmatrix} u_2 \\ u_3 \\ u_4 \end{Bmatrix} + \frac{\rho AL}{18}\begin{bmatrix} 4 & 1 & 0 \\ 1 & 4 & 1 \\ 0 & 1 & 2 \end{bmatrix}\begin{Bmatrix} \ddot{u}_2 \\ \ddot{u}_3 \\ \ddot{u}_4 \end{Bmatrix} = \begin{Bmatrix} 0 \\ 0 \\ P_0 \end{Bmatrix}$$

또는

$$[K]\{u\} + [M]\{\ddot{u}\} = \{f\}$$

로 나타낼 수 있다. 위의 식에서

$$[K] = \frac{3AE}{L}\begin{bmatrix} 2 & -1 & 0 \\ -1 & 2 & -1 \\ 0 & -1 & 1 \end{bmatrix}, \quad \{u\} = \begin{Bmatrix} u_2 \\ u_3 \\ u_4 \end{Bmatrix}$$

$$[M] = \frac{\rho AL}{18}\begin{bmatrix} 4 & 1 & 0 \\ 1 & 4 & 1 \\ 0 & 1 & 2 \end{bmatrix}, \quad \{\ddot{u}\} = \begin{Bmatrix} \ddot{u}_2 \\ \ddot{u}_3 \\ \ddot{u}_4 \end{Bmatrix}, \text{ 그리고 } \{f\} = \begin{Bmatrix} 0 \\ 0 \\ P_0 \end{Bmatrix}$$

를 나타낸다.

위의 식은 반복식에 관한 알고리듬이 아니며, 단지 이산화된 지배방정식 (discretized governing equation) 임을 유의해야 한다. 그러나 식의 좌변에 있는 [K] 와 [M] 에 관한 두 개의 행렬은 반복식에 사용된다.

시간 스텝에 대한 계산을 시작하기 위해 시간스텝 h 를 선택해야 한다. 이렇게 하기 위해서는 시스템이 순간적인 작용하중 (impulsively applied load) 에 대해 어떻게 응답 (response) 하는가를 개략적으로 알고 있을 필요성이 있다. 추정치로서 응답이 봉의 고유진동수 (natural frequency) 와 거의 비슷할 것으로 예측할 수 있다. 좀 더 정확히 말하자면 봉의 유한요소 모델의 고유진동수와 같이 추정할 수 있다.

3 자유도 모델에 대해서는 3 개의 고유진동수가 있으며, 이전에 설명한 절차에 따라 이들을 구할 수 있다. 즉, 3 개의 고유진동수를 구하기 위해 위의 식으로부터 다음의 동차형 식을 고려할 수 있다.

$$[K]\{u\}+[M]\{\ddot{u}\}=\{0\}$$

여기서 $\{u\}=\{U\}e^{i\omega t}$ 로 놓으면 $\{\ddot{u}\}=-\omega^2\{U\}e^{i\omega t}$ 가 되며, 이들 관계로부터 다음 식을 얻을 수 있다.

$$([K]-\omega^2[M])\{U\}=\{0\}$$

고유값을 구하기 위해 위의 식의 각항에 $[M]^{-1}$ 을 곱해주면 다음과 같다.

$$([M]^{-1}[K]-\omega^2[M]^{-1}[M])\{U\}=\{0\}$$

위의 식에서 $[A]=[M]^{-1}[K]$, $[I]=[M]^{-1}[M]$, 그리고 $\lambda=\omega^2$ 으로 놓으면 아래의 식과 같다.

$$([A]-\lambda[I])\{U\}=\{0\}$$

일단 위의 식과 같이 정리되면 행렬 $[A]$ 로부터 고유값과 고유벡터를 얻을 수 있다. 여기서는 매트랩 프로그램을 이용하여 각각을 구하면 다음과 같다.

MATLAB TIP

```
% program <chap10_1.m>
% Example problem in chapter 10(wave equation)
% This program calculates eigenvalues and eigenvectors from the
% given [A] matrix.

A=1; E=30e+6; L=20; rho=7.5e-4;

K=[2 -1 0; -1 2 -1; 0 -1 1]*(3*A*E)/L;
M=[4  1 0;  1 4  1; 0  1 2]*(rho*A*L)/18;

A=inv(M)*K;
[v d]=eig(A)

>> chap10_1
v =
```

```
   -0.3536    0.7071    0.3536
    0.6124    0.0000    0.6124
   -0.7071   -0.7071    0.7071

d =
  1.0e+009 *
    8.8860         0         0
         0    2.7000         0
         0         0    0.2524
```

위로부터 3 개의 고유값은

$$\lambda_1 = 8.8860 \times 10^9,\ \lambda_2 = 2.7000 \times 10^9,\ \lambda_3 = 0.2524 \times 10^9$$

이다. 이들로부터 3 개의 고유진동수는 다음과 같다.

$$\omega_1 = \sqrt{\lambda_1} = 94{,}266 \quad \omega_2 = \sqrt{\lambda_2} = 51{,}962,\ \omega_3 = \sqrt{\lambda_3} = 15{,}887$$

위의 결과로부터 유한요소모델이 응답할 수 있는 가장 높은 진동수는 $\omega_3 = 94{,}266$ 이다. 이제, 이 진동수에서 조화운동 (harmonic motion) 을 정확히 예측하기 위해서는 분명히 그림 10.6 에 나타낸 파장 (wavelength) 또는 주기 (period) 에 대해 여러 시간스텝 또는 시간단계가 필요하다. 경험에 의하면 주기 $\tau = 2\pi/\omega$ 에 대해 20 개의 시간스텝을 사용하면 좋은 결과를 얻을 수 있다. 즉, 반복식에서 시간스텝은 다음 값을 사용한다.

$$h = \frac{\tau}{20} = \frac{2\pi}{20\omega_3} = \frac{2\pi}{(20)(94{,}266)} = 3.33 \times 10^{-6}\ \text{sec}$$

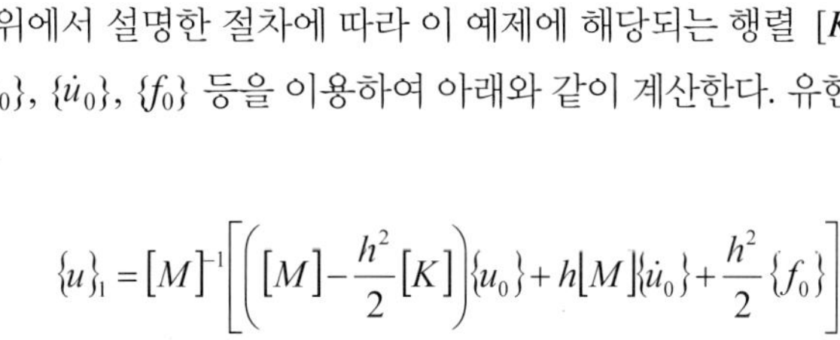

그림 10.6 조화운동에서의 주기

반복식은 위에서 설명한 절차에 따라 이 예제에 해당되는 행렬 $[K]$ 와 $[M]$, 그리고 초기값 $\{u_0\}$, $\{\dot{u}_0\}$, $\{f_0\}$ 등을 이용하여 아래와 같이 계산한다. 유한요소법에 의한 첫 번째 값은

$$\{u\}_1 = [M]^{-1}\left[\left([M] - \frac{h^2}{2}[K]\right)\{u_0\} + h[M]\{\dot{u}_0\} + \frac{h^2}{2}\{f_0\}\right]$$

으로 계산하고, 두 번째부터는 다음의 식에 따라 값을 순차적으로 결정할 수 있다.

$$\{u_{n+1}\} = [M]^{-1}[(2[M] - h^2[K])\{u_n\} - [M]\{u_{n-1}\} + h^2\{f_n\}]$$

이 예제에 대해 매트랩 프로그램을 이용하여 4 단계까지 계산하면 아래와 같다.

MATLAB TIP

```
% hwp10_3.m   - exercise problem [10-3] by thb(Oct. 12, 2008)
%
A=1; L=20; E=30e+6; rho=7.5e-4; P=1000;
h=3.33e-6;

K=[2 -1  0; -1  2 -1; 0 -1  1]*(A*E)/(L/3);
M=[4  1  0;  1  4  1; 0  1  2]*(rho*A*(L/3))/6;

u(:,1)=zeros(3,1); ut(:,1)=zeros(3,1); f=[0; 0; 1000];
u0=u(:,1) ; ut0=ut(:,1)

u1 = inv(M) *((M-(h^2/2)*K)*u0 + h*M*ut0 +(h^2/2)*f)
u2 = inv(M) *((2*M-h^2*K)*u1 - M*u0 +(h^2)*f)
u3 = inv(M) *((2*M-h^2*K)*u2 - M*u1 +(h^2)*f)
u4 = inv(M) *((2*M-h^2*K)*u3 - M*u2 +(h^2)*f)
```

위의 매트랩 프로그램을 실행시켜 얻은 결과는 아래의 표와 같다.

u1 =	u2 =	u3 =	u4 =
1.0e-005 *	1.0e-004 *	1.0e-004 *	1.0e-004 *
0.0256	0.0096	0.0193	0.0288
-0.1024	-0.0393	-0.0824	-0.1321
0.3838	0.1513	0.3320	0.5701

한편으로 위의 계산 결과에 대한 타당성을 검토하기 위해 해석적인 절차 (analytical procedure) 에 따라 절점에서의 변위에 대한 식을 구한 후, 이들 식으로부터 얻은 값들과 비교해 보도록 하자. 일반적으로 1 차원 파동방정식에 대해 유한요소법을 적용한 결과식은 구속된 선형 2 차 상미분방정식 (constrained linear 2nd order ordinary differential equation) 으로 다음 형태와 같다.

$$[M]\{\ddot{u}\} + [K]\{u\} = \{f(t)\}$$

위의 식에 대한 초기조건은

$$\{u(0)\} = \{u_0\}$$

$$\{\dot{u}(0)\} = \{\dot{u}_0\}$$

와 같다. 이 미분방정식 시스템에 대한 일반해 (general solution) $\{u\}$ 는 동차해 (homogeneous solution) $\{u_h\}$ 와 특수해 (particular solution) $\{u_p\}$ 로 구분하여 해석

적으로 구한다. 즉,

$$\{u\} = \{u_h\} + \{u_p\}$$

동차식 (homogeneous equation) 은 다음과 같이 $\{u_h\}$ 에 의해 만족되는 식이다.

$$[M]\{\ddot{u}_h\} + [K]\{u_h\} = \{0\}$$

특수해 $\{u_p\}$ 는 다음의 비동차식 (nonhomogenous equation) 을 만족하는 해이다.

$$[M]\{\ddot{u}_p\} + [K]\{u_p\} = \{f(t)\}$$

이러한 절차는 잘 알려진 겹침의 원리 (superposition principle) 이며, 선형시스템에 대해서 유효하다.

비감쇄 물리적 모델 (undamped physical model) 에 대한 2 차 상미분방정식 시스템에 대한 동차해는 다음 식과 같으며

$$\{u_h(t)\} = \{v\}e^{-i\omega t}$$

시간에 대한 조화 또는 주기함수에 대한 해이다. 이 해를 위의 동차식에 대입하면

$$([K] - \omega^2[M])\{v\} = \{0\}$$

를 얻는다. 이 식은 앞 절에서 몇 차례 다룬 일반화된 선형 대수 고유값 문제이다. 이 식에서 지금 다루고 있는 1 차원 문제와 같이 $[K]$ 와 $[M]$ 이 대칭이고 양확정 (positive definite) 일 경우는 실 값인 고유벡터 $\{v_j\}$ 와 직교행렬 $[M]$ 에 대한 모든 고유값 ω_j^2 은 양의 실수 (positive and real) 이다. 상응하는 동차해를 실수형 (real form) 으로 나타내면 다음과 같다.

$$\{u_h\} = \sum \{v_j\}(a_j \cos(\omega_j t) + b_j \sin(\omega_j t))$$

한편으로 특수해 $\{u_p\}$ 는 다음 식을 만족한다.

$$[M]\{\ddot{u}_p\} + [K]\{u_p\} = \{f(t)\}$$

특수해 $\{u_p\}$ 는 함수 $\{f\}$의 특정한 형태에 따르며, 미결정계수 (undetermined coefficients), 매개변수변환 (parameter variation), 또는 라플라스변환 (Laplace transformation) 법 등으로 결정할 수 있다. 일반해를 동차해와 특수해로 나누어서 다시 쓰면 다음 식과 같다.

$$\{u\} = \sum [v_j](a_j \cos(\omega_j t) + b_j \sin(\omega_j t)) + \{u_p(t)\}$$

위의 식에서 $j = 1, 2, \cdots, N$ 항일 경우, 초기조건을 사용하여 $2N$ 개의 상수 a_j 와 b_j 를 결정한다.

$$\{u(0)\} = \{u\}_0 - \{u_p\}_0$$

또는

$$[V]\{a\} = \{u\}_0 - \{u_p\}_0$$

위의 식에서 $[V]$ 열 (column) 로 구성된 고유벡터로 행렬의 크기는 $N \times N$ 이다. N 은 구속변수 (constrained variable) 의 숫자이며, $\{a\} = [a_1\ a_2\ a_3\ \cdots a_N]^T$ 이다. 마찬가지로

$$\{\dot{u}(0)\} = \{\dot{u}\}_0 - \{\dot{u}_p\}_0$$

이며, 다음과 같다.

$$[V]\{\omega b\} = \{\dot{u}\}_0 - \{\dot{u}_p\}_0$$

위의 식에서 $\{\omega b\} = [\omega_1 b_1\ \omega_1 b_1\ \omega_3 b_3\ \cdots\ \omega_N b_N]^T$ 를 의미한다. 따라서 아래의 한 쌍의 식에 대한 $[M]$ 과 $[K]$ 가 대칭이고, 양확정 (positive definite) 일 경우에 고유벡터 $\{v_j\}$ 가 선형적으로 독립적인 특성을 갖는다면 반드시 유일해가 존재한다.

이 예제에 대한 고유벡터와 고유값은 위에서 설명한 절차에 따라 매트랩 프로그램을 이용하여 아래와 같이 계산되었다.

MATLAB TIP

```
>> chap10_1
v =
   -0.3536    0.7071    0.3536
    0.6124    0.0000    0.6124
   -0.7071   -0.7071    0.7071

d =
  1.0e+009 *
    8.8860         0         0
         0    2.7000         0
         0         0    0.2524
```

따라서 3 개의 고유값은

$$\lambda_1 = 8.8860 \times 10^9,\ \lambda_2 = 2.7000 \times 10^9,\ \lambda_3 = 0.2524 \times 10^9$$

이며, 이에 상응하는 정규화시킨 고유벡터는 아래와 같다.

$$\{v_1\} = \begin{Bmatrix} 0.5 \\ -0.8661 \\ 1.0 \end{Bmatrix},\ \{v_2\} = \begin{Bmatrix} 1.0 \\ 0 \\ -1.0 \end{Bmatrix},\ \{v_3\} = \begin{Bmatrix} 0.5 \\ 0.8661 \\ 1.0 \end{Bmatrix}$$

또한, 동차해는 다음과 같이 쓸 수 있다.

$$\{u_h\} = \{v_1\}(a_1\cos(\omega_1 t) + b_1\sin(\omega_1 t)) \\ + \{v_2\}(a_2\cos(\omega_2 t) + b_2\sin(\omega_2 t)) \\ + \{v_3\}(a_3\cos(\omega_3 t) + b_3\sin(\omega_3 t))$$

위의 식에서 6 개의 미지계수는 아래로부터 얻을 수 있는 6 개의 스칼라 식으로부터 결정될 수 있다.

$$\{u(0)\} = \{u\}_0 \text{, 그리고 } \{\dot{u}(0)\} = \{\dot{u}\}_0$$

한편으로, 특수해를 얻기 위하여

$$[M]\{\ddot{u}_p\} + [K]\{u_p\} = \{f\}$$

이 예제에서는 $\{f\}=[0\ \ 0\ \ P_0]^T$ 이다. 특수해를 $\{u_p\}=\{d\}$, 상수 d 로 놓으면 다음 관계를 얻는다.

$$[K]\{d\} = \{f\}$$

이 식을 풀이서 다시 쓰면

$$\frac{3AE}{L}\begin{bmatrix} 2 & -1 & 0 \\ -1 & 2 & -1 \\ 0 & -1 & 1 \end{bmatrix}\begin{Bmatrix} d_1 \\ d_2 \\ d_3 \end{Bmatrix} = \begin{Bmatrix} 0 \\ 0 \\ P_0 \end{Bmatrix}$$

위의 식을 $\{d\}$ 에 대해서 풀면 다음을 얻을 수 있다.

$$\begin{Bmatrix} d_1 \\ d_2 \\ d_3 \end{Bmatrix} = \frac{P_0 L}{3AE}\begin{Bmatrix} 1 \\ 2 \\ 3 \end{Bmatrix}$$

초기조건 $\{u(0)\} = \{0\}$ 을 적용하면, 다음 식과 같다.

$$\{0\} - \{v_1\}(a_1) + \{v_2\}(a_2) + \{v_3\}(a_3) + \{d\}$$

또는

$$\{v_1\}(a_1) + \{v_2\}(a_2) + \{v_3\}(a_3) = -\{d\}$$

위의 식을 풀어서 다시 쓰면

$$\begin{bmatrix} 0.5 & 1.0 & 0.5 \\ -0.8661 & 0 & 0.8661 \\ 1 & -1.0 & 1.0 \end{bmatrix}\begin{Bmatrix} a_1 \\ a_2 \\ a_3 \end{Bmatrix} = -\frac{P_0 L}{3AE}\begin{Bmatrix} 1 \\ 2 \\ 3 \end{Bmatrix}$$

와 같으며, 이 식으로터 다음을 얻을 수 있다.

$$\begin{Bmatrix} a_1 \\ a_2 \\ a_3 \end{Bmatrix} = \frac{P_0 L}{3AE} \begin{Bmatrix} -0.0596 \\ 0.1111 \\ -0.8293 \end{Bmatrix} = \frac{C}{3} \begin{Bmatrix} -0.0596 \\ 0.1111 \\ -0.8293 \end{Bmatrix}$$

초기조건 $\{\dot{u}(0)\} = \{0\}$으로부터 $\{b\}=[b_1 \ \ b_2 \ \ b_3]^T = [0 \ \ 0 \ \ 0]^T$ 가 됨을 쉽게 알 수 있다. 여기서, 계산을 간단히 하기 위해 $C = P_0 L / AE$ 로 대체하였으며, 파동방정식에 대한 절점변위의 해는

$$\frac{1}{C}\{u\} = -0.0596\{v_1\}\cos(\omega_1 t) + 0.1111\{v_2\}\cos(\omega_2 t) - 0.8293\{v_3\}\cos(\omega_3 t) + \frac{1}{3}[1 \ \ 2 \ \ 3]^T$$

와 같으며, 각각의 고유벡터와 고유진동수는 앞에서 구하였던 대로 아래의 식과 같다.

$$\{v_1\} = \begin{Bmatrix} 0.5 \\ -0.8661 \\ 1.0 \end{Bmatrix}, \ \{v_2\} = \begin{Bmatrix} 1.0 \\ 0 \\ -1.0 \end{Bmatrix}, \ \{v_3\} = \begin{Bmatrix} 0.5 \\ 0.8661 \\ 1.0 \end{Bmatrix}$$

$$\omega_1 = \sqrt{\lambda_1} = 94{,}266, \ \omega_2 = \sqrt{\lambda_2} = 51{,}962, \ \omega_3 = \sqrt{\lambda_3} = 15{,}887$$

따라서, 이 예제에 대한 해석식 (analytical equation) 은 아래의 고유벡터를 위의 식에 대입하여 정리하면 아래와 같다.

$$u_1 = C\big(0.3333 - 0.0298\cos(\omega_1 t) + 0.1111\cos(\omega_2 t) - 0.4147\cos(\omega_3 t)\big)$$

$$u_2 = C\big(0.6667 + 0.0516\cos(\omega_1 t) + 0.0000\cos(\omega_2 t) - 0.7183\cos(\omega_3 t)\big)$$

$$u_3 = C\big(1.0000 - 0.0596\cos(\omega_1 t) - 0.1111\cos(\omega_2 t) - 0.8293\cos(\omega_3 t)\big)$$

시간스텝을 $h = \Delta t,\ 2\Delta t,\ 3\Delta t$ 로 변화시켰을 때, 해석식 및 유한요소법에 의한 결과를 비교하면 다음 표와 같다. 이 예제에서 사용된 시간스텝은 $\Delta t = 3.33\text{e}-6$ sec 가 사용되었다.

Nodal Displ.	Δt		$2\Delta t$		$3\Delta t$	
	Analytic	FEM	Analytic	FEM	Analytic	FEM
u_2	0.0185e−5	0.0256e−5	0.0088e−4	0.0096e−4	0.0183e−4	0.0193e−4
u_3	−0.1011e−5	−0.1024e−5	−0.0388e−4	−0.0393e−4	−0.0814e−4	−0.0824e−4
u_4	0.3821e−5	0.3838e−5	0.1506e−4	0.1513e−4	0.3306e−4	0.3320e−4

위의 표와 같이 파동방정식에 대한 해석식과 유한요소법에 의한 결과는 대체로 비슷하며, 다른 절점에 비하여 특히 하중이 작용하는 끝절점의 변위 (u_4) 는 유효숫자 2 자리 이상이 서로 잘 일치하였다.

10.4 ▶ 쎄타법에 의한 시간적분

유한요소법에서 시간함수문제에 대해 쎄타법 (θ − method) 에 의한 적분 알고리듬을 살펴보기 위해 다음 문제를 고려해보기로 하자.

(1) 2 차 미분방정식 및 초기조건 문제

시간함수문제에 대한 계산절차의 중요 개념을 이해하기 위해, 그림 10.7 과 같이 선형스프링 k 와 점성댐퍼 (viscous damper) c 에 의해 구속된 단일 질량 m 이 힘 f 의 작용에 따라 운동하는 1 자유도 운동을 고려해보자. 이 시스템에 대한 평형방정식은 선형 운동량 평형 (momentum balance) 조건에 따라 다음 식과 같다.

$$f(t) - ku - c\dot{u} = m\ddot{u}$$

또는

$$m\ddot{u} + c\dot{u} + ku = f(t)$$

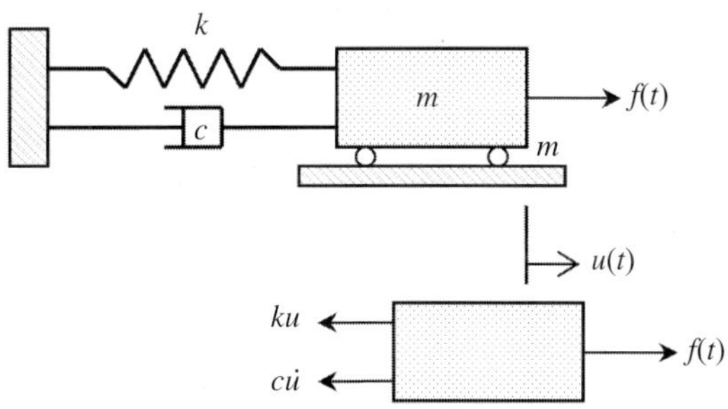

그림 10.7

이 식은 일반적으로 질량 m 에 대한 운동방정식이라 불리며, 변위 $u(t)$ 를 결정하기 위해서는 이와 같은 2 차 미분방정식을 풀어야 한다. 작용된 하중 $f(t)$ 가 운동을 일으키는 것이 명백하지만, 운동은 초기조건 u 와 $\dot{u}$ 에 뒤따른다. 예를 들면, 초기에 영이 아닌 변위 u 가 작용될 경우 힘 $f(t)$ 가 0 이라도 운동이 일어난다. 따라서 변위 $u(t)$ 값을 유일하게 결정하기 위해서는 어떤 시작 시간에서 초기값 u 와 $\dot{u}$ 을 알아야만 한다.

다시 말하면 명백한 해를 구하기 위해서는, t_0 를 시작된 시간으로 나타낼 경우 $u(t_0)$ 와 $\dot{u}(t_0)$ 을 알아야 한다. 이와 같이 초기조건이 주어진 미분방정식을 초기값문제 (initial value problem) 라 부른다.

위의 기계시스템에서 특정한 경우로 질량이 거의 무시할 정도로 적을 경우, 힘이 작용하는 지점의 운동방정식은 아래와 같다.

$$c\dot{u} + ku = f(t)$$

마찬가지로 위의 시간에 대한 1차 식의 해를 구하기 위해서는 초기조건이 필요하다. 위의 마지막 식은 소위 "확산 (diffusive)" 모델에 관한 식이며, 반면에 2 차 미분 방정식은 "파동 (wave)" 모델에 관한 식이다.

운동방정식을 수치적으로 적분하기 위해서는, 바람직한 해를 얻을 수 있도록 초기조건으로부터 시작하여 시간이 진행됨에 따라 식의 시간에 대한 도함수 근사값 $\dot{u}$ 과 $\ddot{u}$ 이 결정되어야 한다. 이를 위해서는 여러 기법들이 있으며, 이에 관한 기본적인 방법론을 전개해 나가기로 한다.

(2) 일반 관련 공식

시간 적분에 대한 식을 전개하기 위해 일반적이고 기본적인 3 개의 식은 다음과 같다.

- **테일러정리** (Taylor theorem)

$$u(t+\Delta t) = u(t) + \dot{u}(t)\Delta t + \frac{1}{2}\ddot{u}(t)\Delta t^2 + \frac{1}{3}\dddot{u}(t)\Delta t^3 + \cdots$$

- **적분 기본정리** (fundamental theorem of integral calculus)

$$\int_a^b \dot{u}\, dt = u(b) - u(a)$$

- **평균값 정리** (mean value theorem)

$$\int_a^b f(t)dt = f(\xi)(b-a), \qquad a \le \xi \le b$$

테일러정리로부터 시간 Δt 에 대한 선형 항 이후를 절단하여 $\dot{u}$ 에 대해서 풀면

$$\dot{u}(t) = \frac{u(t+\Delta t) - u(t)}{\Delta t}$$

와 같으며, 위의 식을 $\dot{u}(t)$ 에 대한 **전향차분** (forward difference) 식이라 한다. 왜냐하면 u 의 1 차 도함수 $\dot{u}(t)$ 를 현재 시간으로부터 "앞"의 시간인 $(t + \Delta t)$ 에서 $u(t + \Delta t)$ 와 "현재" 시간 t 에서 $u(t)$ 를 이용하여 근사적으로 계산하기 때문이다.

비슷한 절차로 테일러정리를 이용하여 함수 $u(t)$ 에 대해 음의 t 방향으로 식을 전

개하면 다음 식과 같다.

$$u(t-\Delta t)=u(t)-\dot{u}(t)\Delta t+\frac{1}{2}\ddot{u}(t)\Delta t^2-\frac{1}{3}\dddot{u}(t)\Delta t^3+\cdots$$

위의 식에서도 Δt 에 대한 선형 항 이후를 절단하면 $\dot{u}$ 에 대한 **후향차분** (backward difference) 식을 얻을 수 있다.

$$\dot{u}(t)=\frac{u(t)-u(t-\Delta t)}{\Delta t}$$

또한 양의 방향으로 전개된 식에서 음의 방향으로 전개된 식을 뺀 후, Δt 에 대한 선형 항 이후를 절단하면 다음 식과 같다.

$$\dot{u}(t)=\frac{u(t+\Delta t)-u(t-\Delta t)}{2\Delta t}$$

위의 식을 **중앙차분** (central difference) 식이라 한다. 왜냐하면 현재시간 앞과 뒤에 있는 양쪽의 u 의 값으로부터 $\dot{u}(t)$ 를 근사화하여 계산하기 때문이다.

(3) 시간 차분법에 대한 해석

전향차분식을 기본 정리를 이용하여 다시 쓰면 다음 식과 같다.

$$\dot{u}(t)=\frac{u(t+\Delta t)-u(t)}{\Delta t}=\frac{1}{\Delta t}\int_t^{t+\Delta t}\dot{u}(\tau)d\tau$$

이 식을 그래프로 나타내면 그림 10.8(a) 와 같다. 위 식은 그림 10.8(a) 에 나타낸 바와 같이 t 와 $(t+\Delta t)$ 의 평균값 $\dot{u}$ 는 간격의 시작점에서 $\dot{u}$ 값과 같다는 의미이다.

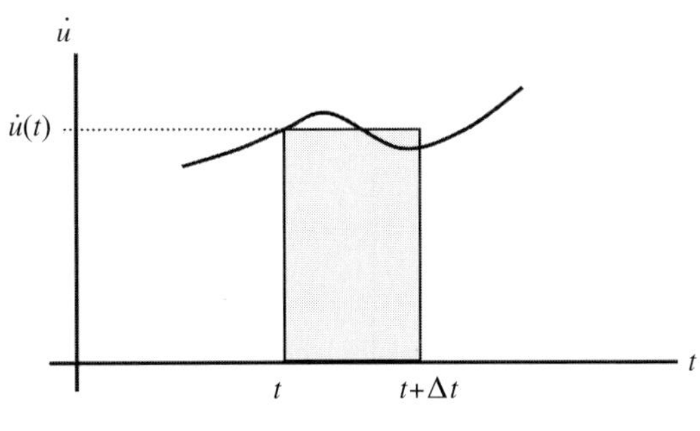

그림 10.8 (a)

마찬가지로, 후향차분식을 기본 정리를 이용하여 아래의 식과 같이 다시 쓸 수 있다.

$$\dot{u}(t) = \frac{u(t) - u(t-\Delta t)}{\Delta t} \quad \rightarrow \quad \dot{u}(t+\Delta t) = \frac{u(t+\Delta t) - u(t)}{\Delta t}$$

$$\dot{u}(t) = \frac{u(t+\Delta t) - u(t)}{\Delta t} = \frac{1}{\Delta t}\int_{t}^{t+\Delta t} \dot{u}(\tau)\, d\tau$$

위의 관계를 그래프로 나타내면 그림 10.8(b) 와 같으며, 이 식은 t 와 $(t+\Delta t)$ 의 평균값 $\dot{u}$ 이 간격의 끝점에서 $\dot{u}$ 값과 같다는 의미이다.

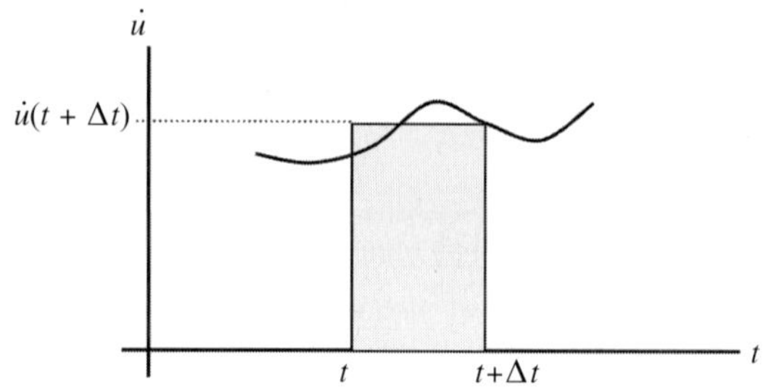

그림 10.8 (b)

또한, 중앙차분식은 아래의 식으로 다시 나타낼 수 있다.

$$\dot{u}(t) = \frac{u(t+\Delta t) - u(t-\Delta t)}{2\Delta t} = \frac{1}{2\Delta t}\int_{t-\Delta t}^{t+\Delta t} \dot{u}(\tau)\, d\tau$$

이 식은 그림 10.8(c) 와 같이 t 와 $(t+\Delta t)$ 의 평균값 $\dot{u}$ 이 간격의 중간점에서 $\dot{u}$ 값과 같다는 것을 의미한다.

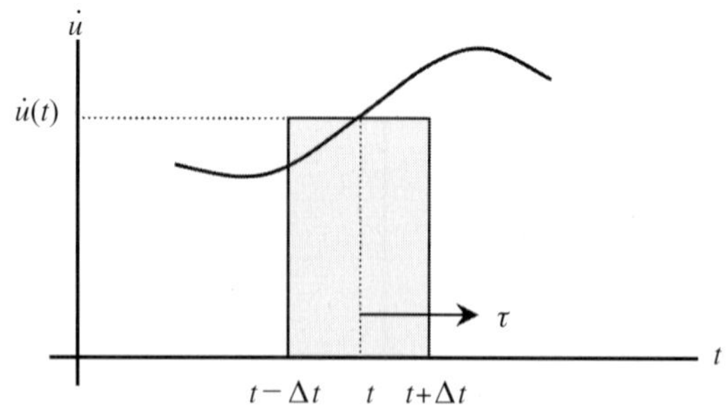

그림 10.8 (c)

위의 중앙차분에 관한 식은 역시 t 와 $(t+\Delta t)$ 사이에서 $\dot{u}(t)$ 이 선형으로 분포한다는 가정과 일관된다. 만일 τ 를 시간의 다른 대체변수로 놓으면, 위의 식은 다음과 같은 식으로 변환시켜 나타낼 수 있다.

$$\dot{u}(\tau)=\left[\frac{u(t+\Delta t)-u(t-\Delta t)}{2\Delta t}\right](\tau-t)+\dot{u}(t), \qquad (t-\Delta t\le\tau\le t+\Delta t)$$

(3) 시간적분 쎄타법 ($\theta-$method)

t 와 $(t+\Delta t)$ 사이에서 $\dot{u}(t)$ 의 평균 값이 각각 시간 간격의 시작점과 끝점의 $\dot{u}(t)$ 값으로 계산하는 방법이 전향 및 후향 차분식이다. 이들 관계로부터 일반적인 식을 유도하기 위해, 시간 간격의 $\dot{u}(t)$ 평균 값이 간격의 시작과 끝점에서 $\dot{u}(t)$ 값들의 가중평균 (weighted average) 을 취하여 얻을 수 있다고 가정할 수 있다. 이렇게 하면, 아래의 식과 같이 나타낼 수 있다.

$$\frac{1}{\Delta t}\int_{t}^{t+\Delta t}\dot{u}(\tau)d\tau=(1-\theta)\dot{u}(t)+\theta\dot{u}(t+\Delta t)$$

위의 식에서 θ 는 끝점 값들의 가중치를 결정하는 매개변수이다. 만일 θ 를 $0\le\theta\le1$ 사이에 있는 값으로 놓으면 음의 가중치는 어느 양 끝점에도 적용되지 않는다.

이제, 테일러급수에서 Δt 의 차수에서 절단된 평균값 $\dot{u}(t)$ 에 관한 식은 아래의 식으로 다시 나타낼 수 있다.

$$\begin{aligned}u(t+\Delta t)&=u(t)+\dot{u}(t)\Delta t\\&=u(t)+[(1-\theta)\dot{u}(t)+\theta\dot{u}(t+\Delta t)]\Delta t\end{aligned}$$

만일 $\theta=0$ 일 경우 위의 식은 전향 차분식이 되고, $\theta=1$ 일 경우는 후향 차분식이 된다. 또한 $\theta=1/2$ 일 경우는

$$u(t+\Delta t)=u(t)+\frac{1}{2}[\dot{u}(t)+\dot{u}(t+\Delta t)]\Delta t$$

위의 식은 아래와 같이 쓸 수 있다.

$$\dot{u}(t)+\dot{u}(t+\Delta t)=\frac{2}{\Delta t}[u(t+\Delta t)-u(t)]$$

따라서,

$$\dot{u}(t+\Delta t)=\frac{2}{\Delta t}[u(t+\Delta t)-u(t)]-\dot{u}(t)$$

위 식은 시간 간격 $[t, t+\Delta t]$ 에서 $\dot{u}(t+\Delta t)$ 의 근사값에 대한 중앙 차분식이다. 식을 $\dot{u}(t+\Delta t)$ 에 대해서 풀면 다음 식을 얻을 수 있다.

$$\dot{u}(t+\Delta t)=\frac{1}{\theta\Delta t}\left[u(t+\Delta t)-u(t)\right]-\left(\frac{1-\theta}{\theta}\right)\dot{u}(t)$$

위 식은 Δt , $u(t+\Delta t)$, $u(t)$, 그리고 매개변수 θ를 이용하여 $\dot{u}(t+\Delta t)$ 의 근사값을 구하기 위한 일반 쎄타 (θ) 식이라 한다.

$\dot{u}(t)$ 에 대해서도 위와 같이 유사한 가정을 하여 다음 식으로 나타낼 수 있다.

$$\dot{u}(t+\Delta t)=\dot{u}(t)+\left[(1-\theta)\ddot{u}(t)+\theta\ddot{u}(t+\Delta t)\right]\Delta t$$

위의 식으로부터 $\ddot{u}(t+\Delta t)$ 에 대해서 풀면

$$\ddot{u}(t+\Delta t)=\frac{1}{\theta\Delta t}\left[\dot{u}(t+\Delta t)-\dot{u}(t)\right]-\left(\frac{1-\theta}{\theta}\right)\ddot{u}(t)$$

와 같으며, Δt, $\dot{u}(t+\Delta t)$, $\dot{u}(t)$, 그리고 매개변수 θ 를 이용하여 $\dot{u}(t+\Delta t)$ 의 근사값을 구하기 위한 식이다.

쎄타법에서 θ 가 특별한 값일 경우, 아래와 같이 서로 다른 차분법에 대한 알고리듬을 얻을수 있다.

- **$\theta=0$: 오일러법** (Euler method) **또는 전향 차분법**

$$u(t+\Delta t)=u(t)+\dot{u}(t)\Delta t$$
$$\dot{u}(t)=\frac{1}{\Delta t}\left[u(t+\Delta t)-u(t)\right]$$
$$\ddot{u}(t)=\frac{1}{\Delta t}\left[\dot{u}(t+\Delta t)-\dot{u}(t)\right]$$

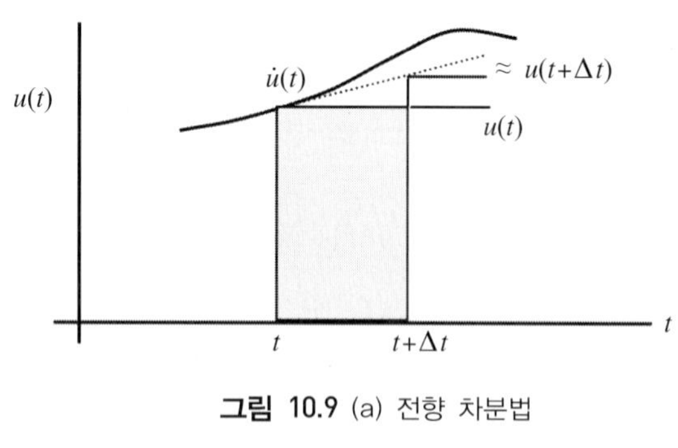

그림 10.9 (a) 전향 차분법

• $\theta = 1/2$: **개량 오일러법** (improved Euler method) **또는 크랭크-니컬슨법**

$$u(t+\Delta t) = u(t) + \left[\dot{u}(t) + \dot{u}(t+\Delta t)\right]\frac{\Delta t}{2}$$

$$\dot{u}(t+\Delta t) = \frac{2}{\Delta t}\left[u(t+\Delta t) - u(t)\right] - \dot{u}(t)$$

$$\ddot{u}(t+\Delta t) = \frac{2}{\Delta t}\left[\dot{u}(t+\Delta t) - \dot{u}(t)\right] - \ddot{u}(t)$$

• $\theta = 1$: **수정 오일러법** (modified Euler method) **또는 후향 차분법**

$$u(t+\Delta t) = u(t) + \dot{u}(t+\Delta t)\Delta t$$

$$\dot{u}(t+\Delta t) = \frac{1}{\Delta t}\left[u(t+\Delta t) - u(t)\right]$$

$$\ddot{u}(t+\Delta t) = \frac{1}{\Delta t}\left[\dot{u}(t+\Delta t) - \dot{u}(t)\right]$$

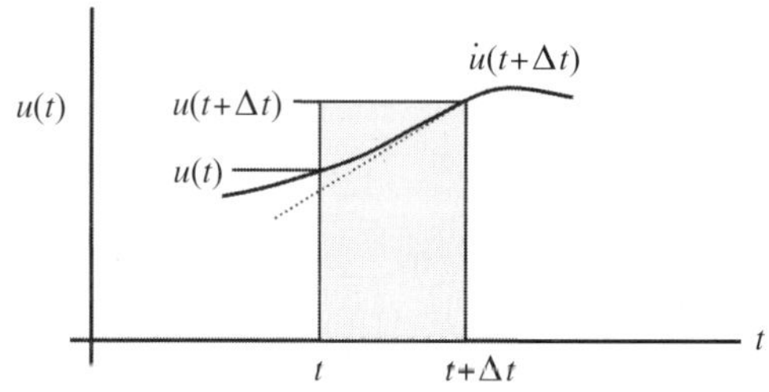

그림 10.9 (b) 후향 차분법

위와 같이 θ 가 특별한 값일 경우 쎄타법은 후향, 중앙 및 전향차분을 모두 나타낼 수 있는 식이 된다. 또한 이 방법에서 θ 는 구간 $0 \le \theta \le 1$ 사이에 있는 임의의 다른 값이 될 수도 있다.

위의 사항을 요약하면, 쎄타법으로 $u(t+\Delta t)$, $\dot{u}(t+\Delta t)$ 및 $\ddot{u}(t+\Delta t)$ 를 근사적으로 계산하기 위한 식들은 다음과 같다.

$$u(t+\Delta t) = u(t) + \left[(1-\theta)\dot{u}(t) + \theta\dot{u}(t+\Delta t)\right]\Delta t$$

$$\dot{u}(t+\Delta t) = \frac{1}{\theta\Delta t}\left[u(t+\Delta t) - u(t)\right] - \left(\frac{1-\theta}{\theta}\right)\dot{u}(t)$$

$$\ddot{u}(t+\Delta t) = \frac{1}{\theta\Delta t}\left[\dot{u}(t+\Delta t) - \dot{u}(t)\right] - \left(\frac{1-\theta}{\theta}\right)\ddot{u}(t)$$

시간스텝 (time step) 알고리듬을 살펴보면 다음과 같다. 시간함수 문제를 풀기 위하여 일반적으로 주어진 초기조건 시간으로부터 시작한다. 초기시간으로부터 설정된, 즉 계산하고자 하는 시간까지 선택된 시간간격으로 반복한다. 간단한 알고리듬에서는 각각의 반복시간 간격은 일반적으로 균일한 값으로 취할 수 있으나, 좀더 복잡한 알고리듬에서는 문제의 해 (solution) 가 어떻게 진행되는가에 따라 시간스텝간격을 "비행" (on the fly) 간격으로 바꿀 수 있다. 여기서는 일정한 시간 간격 Δt 로 가정하여, 그림 10.10 에서와 같이 다음 기호를 사용하여 알고리듬을 나타내도록 한다.

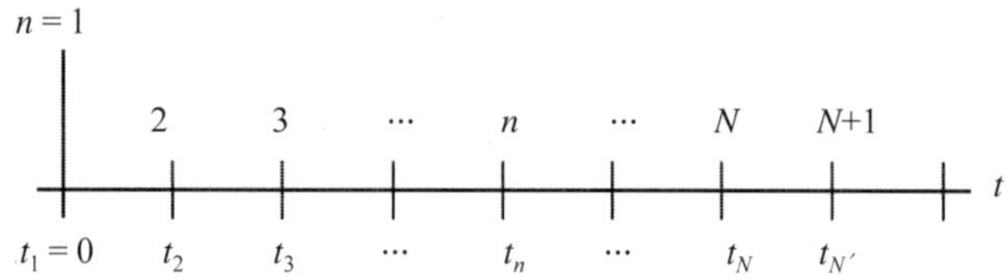

그림 10.10

$$t_n \equiv (n-1)\Delta t$$
$$t_{n+1} \equiv n\Delta t$$

그리고

$$u_n \equiv u(t_n) = u[(n-1)\Delta t]$$

$$u_{n+1} \equiv u(t_{n+1}) = u(n\Delta t)$$

마찬가지로, 도함수와 다른 변수에 대한 표시는

$$\dot{u}_n \equiv \dot{u}(t_n)$$

$$\ddot{u}_n \equiv \ddot{u}(t_n)$$

$$F_n \equiv F(t_n)$$

와 같다. 위의 기호를 이용하여 u, $\dot{u}$ 및 $\ddot{u}$ 에 대한 쎄타 (θ) 식은 다음 식으로 나타낼 수 있다.

$$u_{n+1} = u_n + [(1-\theta)\dot{u}_n + \theta\dot{u}_{n+1}]\Delta t$$

$$\dot{u}_{n+1} = \frac{1}{\theta\Delta t}(u_{n+1} - u_n) - \left(\frac{1-\theta}{\theta}\right)\dot{u}_n$$

$$\ddot{u}_{n+1} = \frac{1}{\theta\Delta t}(\dot{u}_{n+1} - \dot{u}_n) - \left(\frac{1-\theta}{\theta}\right)\ddot{u}_n$$

• **1 차 시스템에 대한 쎄타법**

1 자유도를 갖는 1 차 시스템에 대한 일반식은 다음과 같이 나타낼 수 있다.

$$C\dot{u} + Ku = F$$

앞에서 사용된 기호를 이용하여 시간 t_{n+1} 에 대해 위의 식을 다시 쓰면,

$$C\dot{u}_{n+1} + Ku_{n+1} = F_{n+1}$$

와 같다. 다시, 위의 식에서 $\dot{u}_{n+1}$ 항에 대해 쎄타 (θ) 식을 적용하면

$$C\left[\frac{1}{\theta\Delta t}(u_{n+1} - u_n) - \left(\frac{1-\theta}{\theta}\right)\dot{u}_n\right] + Ku_{n+1} = F_{n+1}$$

또는

$$\left[\left(\frac{1}{\theta\Delta t}\right)C + K\right]u_{n+1} = F_{n+1} + \left(\frac{1}{\theta\Delta t}\right)Cu_n + \left(\frac{1-\theta}{\theta}\right)C\dot{u}_n$$

와 같다. 마지막으로 t_n 에서 지배방정식 $C\dot{u}_n + Ku_n = F_n$ 으로부터 $C\dot{u}_n = F_n - Ku_n$ 이므로, 이 관계를 위의 식 우변에 대입하면 아래의 식과 같이 $\dot{u}_n$ 항을 u_n 항으로 대체할 수 있다.

$$\left[\left(\frac{1}{\theta\Delta t}\right)C + K\right]u_{n+1} = F_{n+1} + \left(\frac{1}{\theta\Delta t}\right)Cu_n + \left(\frac{1-\theta}{\theta}\right)(F_n - Ku_n)$$

양변에 $\theta\Delta t$ 를 곱한 후, 다시 정리하면

$$[C + \theta\Delta t\, K]u_{n+1} = [\theta F_{n+1} + (1-\theta)F_n]\Delta t + [C - (1-\theta)\Delta t\, K]u_n$$

또는

$$Au_{n+1} = R_n\Delta t + B\,u_n$$

와 같다. 위의 식은 1 자유도를 갖는 1 차 시스템에 대한 쎄타 (θ) 반복식이다. A, B, 그리고 R_n 에 대한 각각의 기호는 다음과 같다.

$$A \equiv C + \theta\Delta t\, K$$

$$B \equiv C - (1-\theta)\Delta t\, K = A - \Delta t\, K$$

$$R_n \equiv [\theta F_n + (1-\theta)F_{n-1}]$$

따라서 그림 10.10 과 같은 시간스텝에 대한 반복 알고리듬은 다음과 같다.

1. θ 및 Δt 의 설정

2. C 와 K 항의 계산

3. A, B, A^{-1}, C^{-1} 계산

4. 초기조건 u_1 과 F_1 설정; $\dot{u}_1 = C^{-1}(F_1 - Ku_1)$ 계산

5. For $n = 2 : N+1$

   a. $t_n = (n-1)\Delta t$ 계산

   b. F_n 및 R_n 계산

   c. $u_n = A^{-1}(Bu_{n-1} + R_n)$ 의 풀이

   d. $\dot{u}_n = \dfrac{1}{\theta\Delta t}(u_n - u_{n-1}) - \left(\dfrac{1-\theta}{\theta}\right)\dot{u}_{n-1}$ 의 계산

   e. $F_{n-1} = F_n$ 으로 갱신 (update)

end

• 2 차 시스템에 대한 쎄타법

앞의 1 차 운동방정식에 대한 쎄타 반복식을 전개하였던 방법과 비슷한 절차에 따라 2 차 시스템에 관한 식을 살펴보기로 한다. 1 자유도를 갖는 2 차 시스템에 관한 식은

$$M\ddot{u} + C\dot{u} + Ku = F$$

t_{n+1} 에서 위의 식을 다시 쓰면,

$$M\ddot{u}_{n+1} + C\dot{u}_{n+1} + Ku_{n+1} = F_{n+1}$$

와 같다. 위의 식에서 $\dot{u}_{n+1}$ 및 $\ddot{u}_{n+1}$ 에 관한 항을 쎄타 (θ) 방법에 대한 식으로 대체하여 다시 쓰면 아래와 같다.

$$\left[\left(\frac{1}{\theta\Delta t}\right)^2 M + \left(\frac{1}{\theta\Delta t}\right)C + K\right]u_{n+1} = F_{n+1} + \left[\left(\frac{1}{\theta\Delta t}\right)^2 M + \left(\frac{1}{\theta\Delta t}\right)C\right]u_n + \left\{\frac{1}{\theta^2\Delta t}M + \frac{1-\theta}{\theta}C\right\}\dot{u}_n + \frac{1-\theta}{\theta}M\ddot{u}_n$$

t_n 에서 지배방정식 $M\ddot{u}_n + C\dot{u}_n + Ku_n = F_n$ 으로부터 $M\ddot{u}_n = F_n - Ku_n - C\dot{u}_n$ 이므로, 이 관계를 위의 식 우변에 대입하면 아래의 식과 같이 $\ddot{u}_n$ 항을 u_n 과 $\dot{u}_n$ 항으로 대체할 수 있다.

$$\left[\left(\frac{1}{\theta\Delta t}\right)M + C + \theta\Delta t\, K\right]u_{n+1} = \left[\theta F_{n+1} + (1-\theta)F_n\right]\Delta t +$$

$$\left[\frac{1}{\theta\Delta t}M + C - (1-\theta)\Delta t\, K\right]u_n + \frac{1}{\theta}M\dot{u}_n$$

위의 식을 간단히 나타내기 위하여 아래와 같은 기호를 사용한다.

$$A \equiv \left(\frac{1}{\theta\Delta t}\right)M + C + \theta\Delta t\, K$$

$$B \equiv \frac{1}{\theta\Delta t}M + C - (1-\theta)\Delta t\, K = A - \Delta t\, K$$

$$R_n \equiv \left[\theta F_n + (1-\theta)F_{n-1}\right]\Delta t$$

따라서, 위의 식은

$$A u_{n+1} - R_{n+1} + B u_n + \frac{1}{\theta}M\dot{u}_n$$

또는

$$A u_n = R_n + B u_{n-1} + \frac{1}{\theta}M\dot{u}_{n-1}$$

와 같이 쓸 수 있다. 이 식은 1 자유도를 갖는 2 차 시스템에 대한 쎄타 (θ) 반복식이나. 그림 10.10 과 같은 시간스텝에 대한 2 차 시스템의 반복 알고리듬은 다음과 같다.

1. θ 및 Δt 의 설정
2. M , C 및 K 항의 계산
3. A , B , $A^{\ 1}$, $M^{\ 1}$ 계산
4. 초기조건 u_1 , $\dot{u}_1$ 및 F_1 계산; $\ddot{u}_1 = M^{-1}(F_1 - Ku_1 - C\dot{u}_1)$ 계산
5. For $n = 2 : N+1$
    a. $t_n = (n-1)\Delta t$ 계산
    b. F_n 및 R_n 계산
    c. $u_n = A^{-1}\left(R_n + B u_{n-1} + \frac{1}{\theta}M\dot{u}_{n-1}\right)$ 의 풀이
    d. θ 식으로부터 $\dot{u}_n$ 및 $\ddot{u}_n$ 의 계산
    e. $F_{n-1} = F_n$ 으로 갱신 (update)

end

예제 10.3 다음과 같이 1 차 미분방정식에 관한 초기값 문제를 쎄타법으로 해를 구하여라.

$$\dot{u} + u = e^{-t}\text{, 초기조건 } u(0) = 0 \text{ 및 } \dot{u}(0) = 0$$

위의 초기값 문제에 대한 정확한 해는 $u(t) = te^{-t}$ 이다. 이 문제를 쎄타법으로 풀 수 있는 매트랩 프로그램, 즉 스크립트파일을 작성하고 출력결과를 정확한 해와 비교할 수 있도록 그래프로 나타내어라.

풀이 매트랩 스크립트 파일과 이 프로그램의 출력결과를 그래프로 나타내면 다음과 같다.

MATLAB TIP

```
% Matlab script file for the solution, by the theta method, of the 1
% DOF, first order, initial value problem C du/dt + K u = F.
%
clear all; close all; fclose all;
%
% Set problem parameters and forcing function
Force = inline('exp(-t)');
Dt = 0.5; theta = 1/2; C = 1; K = 1;
%
% Calculate recuring coefficients
A = C + theta*Dt*K; Ainv = 1/A; B = A - Dt*K; Cinv = 1/C;
%
% Set start time, stop time
Tstart = 0; Tstop = 10;
N = ceil((Tstop-Tstart)/Dt);
%
% Set initial conditions, calculate initial derivative
u(1) = 0; Fnm1 = Force(Tstart); dudt(1) = Cinv*(Fnm1 - K*u(1));

%
% Iteration loop
T(1) = Tstart;
for n=2:N+1
   tn =(n-1)*Dt;
   Fn = Force(tn);
   Rn =(theta*Fn +(1-theta)*Fnm1)*Dt;
%
%  Solve and update the solution
   u(n) = Ainv*(B*u(n-1) + Rn);
   T(n) = tn;
   dudt(n) =((u(n)-u(n-1))/Dt -(1-theta)*dudt(n-1))/theta;
   Fnm1 = Fn;
end
%
% Output graphical solution
t = Tstart:(Tstop-Tstart)/100:Tstop;
```

```
uexact = t.*exp(-t);
dudtexact =(1-t).*exp(-t);
figure(1); plot(T,u,'ro-',t,uexact);
title('u(t) vs. t'); xlabel('t'); ylabel('u(t)');
legend('Theta method','Exact');
figure(2); plot(T,dudt,'ro-',t,dudtexact);
title('du/dt(t) vs. t'); xlabel('t'); ylabel('u(t)');
legend('Theta method','Exact');
```

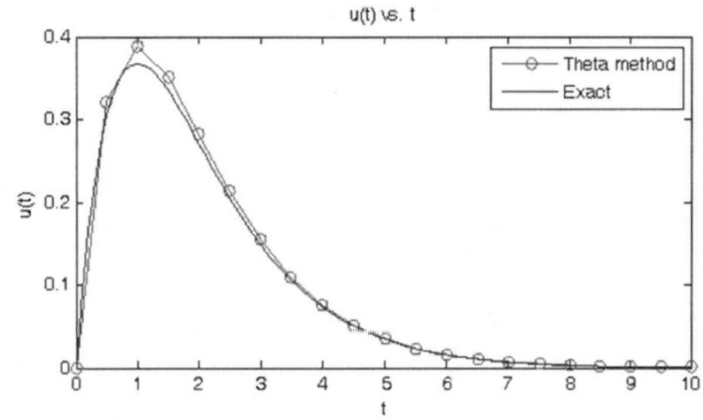

그림 10.11 (a)

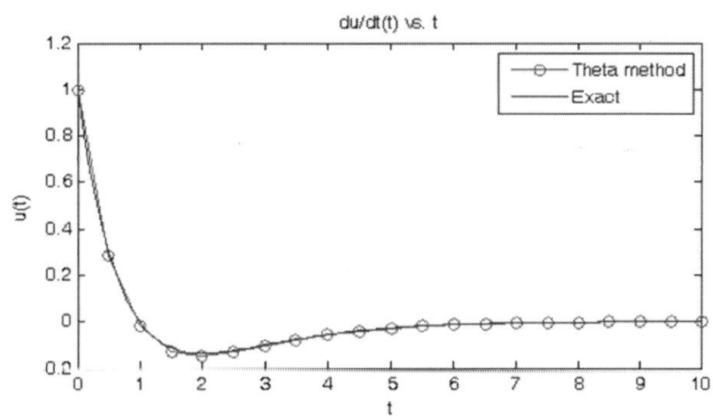

그림 10.11 (b)

예제 10.4 아래의 2차 미분방정식에 관한 초기값 문제를 쎄타법으로 해를 구하여라.

$$2\ddot{u} + 4\dot{u} + 16u = 16\cos(2t),\ \text{초기조건}\ u(0) = 1/2\ \text{및}\ \dot{u}(0) = 0$$

참고로, 위의 초기값 문제에 대한 정확한 해는 다음과 같다.

$$u(t) = -e^{-t}\left[\frac{1}{2}\cos\left(\sqrt{7}t + \frac{5}{2\sqrt{7}}\sin\left(\sqrt{7}t\right)\right)\right] + \cos(2t) + \sin(2t)$$

이 문제를 쎄타법으로 풀 수 있는 매트랩 프로그램, 즉 스크립트 파일을 작성하고 출력결과를 정확한 해와 비교할 수 있도록 그래프로 나타내어라.

풀이 매트랩 스크립트 파일과 출력결과를 그래프로 나타내면 다음과 같다.

MATLAB TIP

```
% Matlab script file for the solution, by the theta method, of the 1
% DOF, second order, initial value problem M d^2u/dx^2 + C du/dt + K
% u = F.
%
clear all; close all; fclose all;
%
% Set problem parameters and forcing function
Force = inline('16*cos(2*t)');
Dt = 0.1; theta = 2/3;
C = 4; K = 16; M = 2;
%
% Calculate recuring coefficients
A = M/(theta*Dt) + C + theta*Dt*K; Ainv = 1/A; B = A - Dt*K; Minv =
1/M;
%
% Set start time, stop time
Tstart = 0; Tstop = 5;
N = ceil((Tstop-Tstart)/Dt);
T(1) = Tstart;
%
% Set initial conditions, calculate initial derivatives
u(1) = 1/2; dudt(1) = 0; Fnm1 = Force(Tstart);
d2udt2(1) = Minv*(Fnm1 - K*u(1) - C*dudt(1));
%
% Iteration loop
for n=2:N+1
   tn =(n-1)*Dt;
   Fn = Force(tn);
   Rn =(theta*Fn +(1-theta)*Fnm1)*Dt;
%
%  Solve and update the solution
   u(n) = Ainv*(B*u(n-1) +(M/theta)*dudt(n-1) + Rn);
   T(n) = tn;
   dudt(n) =((u(n)-u(n-1))/Dt -(1-theta)*dudt(n-1))/theta;
   d2udt2(n) =((dudt(n)-dudt(n-1))/Dt -(1-theta)*d2udt2(n-1))/theta;
   Fnm1 = Fn;
end
%
% Output graphical solution
t = Tstart:(Tstop-Tstart)/100:Tstop;
uexact =
-exp(-t).*(0.5*cos(sqrt(7)*t)+(5/(2*sqrt(7)))*sin(sqrt(7)*t)) + ...
        cos(2*t) + sin(2*t);
```

```
figure(1); plot(T,u,'ro-',t,uexact);
title('u(t) vs. t'); xlabel('t'); ylabel('u(t)');
legend('Theta method','Exact');
figure(2); plot(T,dudt,'ro-');
title('du/dt(t) vs. t'); xlabel('t'); ylabel('u''(t)');
figure(3); plot(T,d2udt2,'ro-');
title('d2u/dt2(t) vs. t'); xlabel('t'); ylabel('u''''(t)');
```

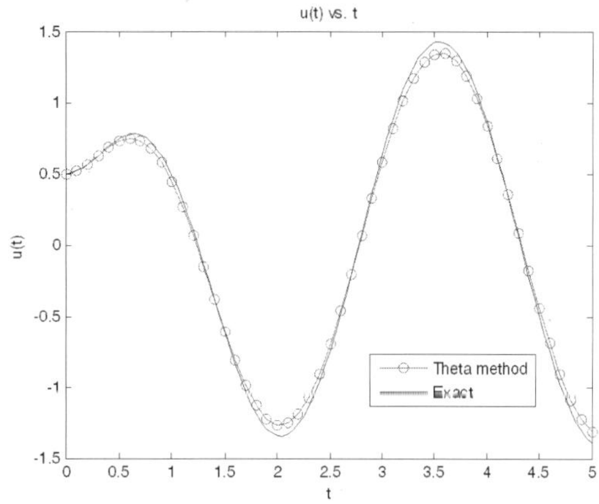

그림 10.12

• **안정성 (stability) 과 정확성 (accuracy)**

위에서 살펴본 쎄타 (θ) 법과 같은 반복식에서 시간 t_{n+1} 의 해는 전 단계 t_n 의 해에 의존한다. 만일 근사계산으로 인한 해의 오차가 시간에 따라 무한으로 커지면 해법은 불안정 (unstable) 하다고 한다. 그러나 만일 해의 오차가 어떠한 값을 초과하지 않고 발산하지 않는다면 안정된 해법 (stable scheme) 이라 한다. 또한 $\Delta t \rightarrow 0$ 이 됨에 따라 오차가 0 으로 되면 일관된 해법 (consistent scheme) 이라 한다.

정확성 (accuracy) 은 수치해법으로 얼마나 정확한 해를 얻을 수 있는가에 대한 측정값이고, 안정성은 시간에 대한 오차의 발산 정도를 나타내는 기준이다. 시간 스텝 Δt 는 정확성과 안정성에 영향을 미친다. 시간근사기법은 t_n 과 Δt 의 고정된 값에 대해 u_n 에 대한 해가 $\Delta t \rightarrow 0$ 이 됨에 따라 정확한 해 $u(t_n)$ 에 근접하면 수렴된 기법 (convergent scheme) 이라 한다. 정확성은 근사해가 수렴하는 시간 비율, 즉 $O(\Delta t)$ 또는 $O(\Delta t^2)$ 등과 같은 항으로 나타내며, 이는 근사값이 일반적으로 테일러급수의 절단된 항에 따르기 때문이다. 수치기법이 어떤 특정한 시간스텝 Δt 에 대해서만 안정된다면 조건부 안정 (conditionally stable) 이라 한다. 예를 들면, 1 차 미분방정식 시스템에 대해 쎄타법은 $\theta < 1/2$ 범위에서 $\Delta t < \dfrac{2}{(1+2\theta)\lambda}$ 일 경우에만 안정된 결과를 얻을 수 있다. 여기서 λ 는 이산방정식 (discrete equation) $(K-\lambda C)u = 0$ 의

가장 큰 고유값이다. 마찬가지로 $1/2 \le \theta \le 1$ 의 범위에서는 무조건 안정 (unconditionally stable) 된 결과를 얻을 수 있다. 쎄타법에 대한 안정성 및 정확성은 다음 표와 같다.

θ	Description	Stability	Accuracy
0	Forward difference(Euler)	conditionally	$O(\Delta t)$
1/2	Central difference(Crank-Nicholson)	Stable	$O(\Delta t^2)$*
2/3	Galerkin	Stable	$O(\Delta t^2)$
1	Backward difference(Modified Euler)	Stable	$O(\Delta t^2)$

*Halving the time step reduces the error by one quarter

- **다자유도 (multiple DOF) 시스템**

그림과 같은 2 자유도 시스템에 대한 운동방정식은 다음과 같다.

$$k_2(u_2 - u_1) + c_2(\dot{u}_2 - \dot{u}_1) - k_1 u_1 - c_1 \dot{u}_1 = m_1 \ddot{u}_1$$

$$f - k_2(u_2 - u_1) - c_2(\dot{u}_2 - \dot{u}_1) = m_2 \ddot{u}_2$$

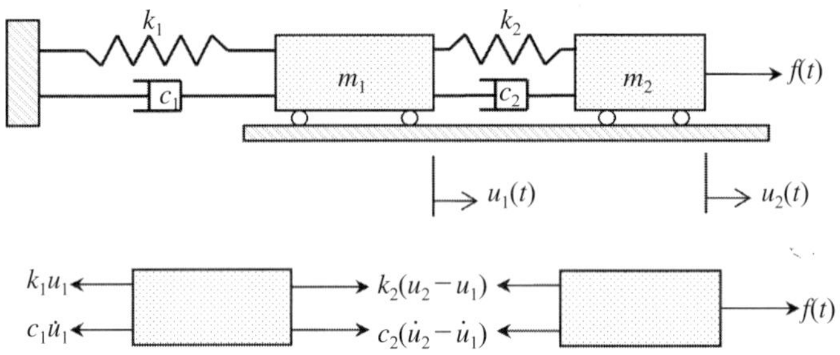

그림 10.13 2 자유도 시스템

위의 식을 행렬식으로 나타내면

$$\begin{bmatrix} m_1 & 0 \\ 0 & m_2 \end{bmatrix} \begin{Bmatrix} \ddot{u}_1 \\ \ddot{u}_2 \end{Bmatrix} + \begin{bmatrix} c_1 + c_2 & -c_2 \\ -c_2 & c_2 \end{bmatrix} \begin{Bmatrix} \dot{u}_1 \\ \dot{u}_2 \end{Bmatrix} + \begin{bmatrix} k_1 + k_2 & -k_2 \\ -k_2 & k_2 \end{bmatrix} \begin{Bmatrix} u_1 \\ u_2 \end{Bmatrix} = \begin{Bmatrix} 0 \\ f \end{Bmatrix}$$

와 같으며, 더욱 간단히 아래의 식으로 쓸 수 있다.

$$[M]\{\ddot{u}\} + [C]\{\dot{u}\} + [K]\{u\} = \{F\}$$

위의 식은 단일 자유도 (single degree of freedom) 에 대한 운동방정식과 유사하나, 계수행렬 (matrix coefficient) 과 2 개의 미지함수 u_1 및 u_2 를 포함하고 있다. 직접 적분을 할 수 있는 알고리듬을 사용하여 시간함수를 계산할 수 있다.

예제 10.5 그림 10.13 에서 $k_1 = 2$, $k_2 = 4$, $m_1 = 2$, $m_2 = 1$, $c_1 = c_2 = 0$ 이고 $f = 10$ 일 경우 아래와 같은 식이 된다.

$$\begin{bmatrix} 2 & 0 \\ 0 & 1 \end{bmatrix} \begin{Bmatrix} \ddot{u}_1 \\ \ddot{u}_2 \end{Bmatrix} + \begin{bmatrix} 6 & -2 \\ -2 & 4 \end{bmatrix} \begin{Bmatrix} u_1 \\ u_2 \end{Bmatrix} = \begin{Bmatrix} 0 \\ 10 \end{Bmatrix},$$

초기조건은

$$\begin{Bmatrix} u_1(0) \\ u_2(0) \end{Bmatrix} = \begin{Bmatrix} 0 \\ 0 \end{Bmatrix}, \begin{Bmatrix} \dot{u}_1(0) \\ \dot{u}_2(0) \end{Bmatrix} = \begin{Bmatrix} 0 \\ 0 \end{Bmatrix}$$

위의 2 자유도 시스템에 대한 2 차 미분방정식 초기값 문제의 해를 쎄타법으로 구하여라. 위 식의 정확한 해는 다음과 같다.

$$\begin{Bmatrix} u_1 \\ u_2 \end{Bmatrix} = \frac{1}{3} \begin{Bmatrix} 5\left(1 - \cos\sqrt{2}t\right) + 2\left(-1 + \cos\sqrt{5}t\right) \\ 5\left(1 - \cos\sqrt{2}t\right) - 4\left(-1 + \cos\sqrt{5}t\right) \end{Bmatrix}$$

이 문제를 쎄타법으로 풀 수 있는 매트랩 프로그램, 즉 스크립트 파일을 작성하고 출력결과를 정확한 해와 비교할 수 있도록 그래프로 나타내어라.

풀이 위의 2 자유도 시스템에 대한 매트랩 스크립트 파일과 변위에 대한 출력결과를 그래프로 나타내면 다음과 같다. 스크립트파일을 부분적으로 수정하면 단일자유도에서 다자유도에 대한 일반적인 해를 구할 수 있는 프로그램이 될 수 있음을 알 수 있다.

MATLAB TIP

```
% Matlab script file for the solution, by the theta method, of the
% multi-DOF, second order, initial value problem M d^2u/dx^2 + C du/dt
% + K u = F.
%
clear all; close all; fclose all;
%
% Set problem parameters and forcing function
Force = inline('[0;10]');
Dt = 0.1; theta = 1/2;
C = [0 0;0 0]; K = [6 -2;-2 4]; M = [2 0;0 1];
%
% Calculate recuring coefficients
A = M/(theta*Dt) + C + theta*Dt*K; Ainv = inv(A); B = A - Dt*K; Minv =
inv(M);
%
% Set start time, stop time
Tstart = 0; Tstop = 10;
N = ceil((Tstop-Tstart)/Dt);
T(1) = Tstart;
%
```

```
% Set initial conditions, calculate initial derivatives
u(:,1) = zeros(2,1); dudt(:,1) = zeros(2,1); Fnm1 = Force(Tstart);
d2udt2(:,1) = Minv*(Fnm1 - K*u(:,1) - C*dudt(:,1));
%
% Iteration loop
for n=2:N+1
   tn =(n-1)*Dt;
   Fn = Force(tn);
   Rn =(theta*Fn +(1-theta)*Fnm1)*Dt;
%
%  Solve and update the solution
   u(:,n) = Ainv*(B*u(:,n-1) +(M/theta)*dudt(:,n-1) + Rn);
   T(n) = tn;
   dudt(:,n) =((u(:,n)-u(:,n-1))/Dt -(1-theta)*dudt(:,n-1))/theta;
   d2udt2(:,n) =((dudt(:,n)-dudt(:,n-1))/Dt -(1-theta)*d2udt2(:,n
   -1))/theta;
   Fnm1 = Fn;
end
%
% Output graphical solution
t = Tstart:(Tstop-Tstart)/100:Tstop; r2 = sqrt(2); r5 = sqrt(5);
uexact =
[5*(1-cos(r2*t))+2*(-1+cos(r5*t));5*(1-cos(r2*t))-4*(-1+cos(r5*t))]/3;
figure(1);
plot(T,u(1,:),'ro-',t,uexact(1,:),'b',T,u(2,:),'k.-',t,uexact(2,:),'b');
title('u(t) vs. t'); xlabel('t'); ylabel('u(t)');
legend('Theta method u_1','Exact u_1','Theta method u_2','Exact u_2');
figure(2); plot(T,dudt,'ro-');
title('du/dt(t) vs. t'); xlabel('t'); ylabel('u''(t)');
figure(3); plot(T,d2udt2,'ro-');
title('d2u/dt2(t) vs. t'); xlabel('t'); ylabel('u''''(t)');
```

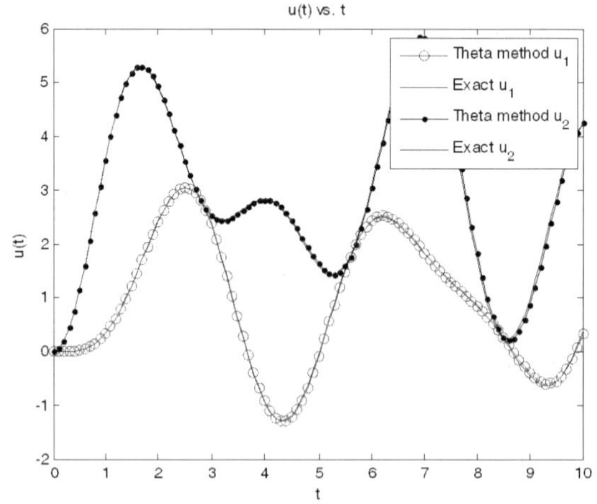

그림 10.14

연습문제 PROBLEMS

1. 전향차분법을 사용하여 예제 10.1 의 문제를 다시 풀어라. 6 단계의 시간스텝에 대해 계산하여라. 단, $h = \Delta t = \rho c/(6\kappa)$ 로 하여라. 계산결과를 예제 10.1 과 같이 표와 그래프로 나타내라.

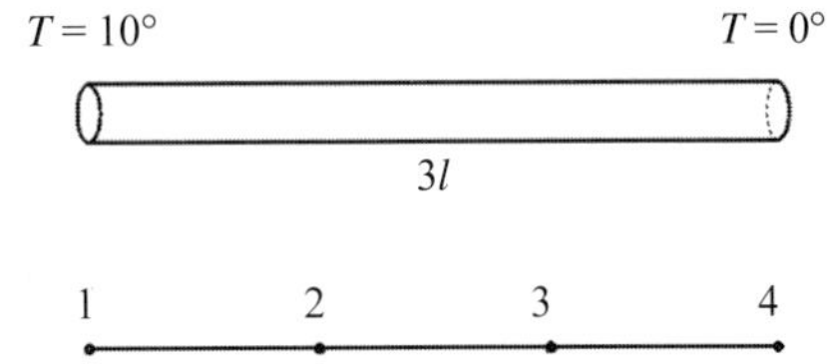

그림 E1

2. 크랭크－니컬슨법을 사용하여 위의 연습 문제 1 을 다시 풀어라.

3. 후방예측법 (backward method) 으로 쎄타법을 이용한 매트랩 프로그램 FirstOrderMultiDOF.m 을 사용하여 연습문제 1 을 풀어라. 6 단계의 시간스텝에 대해 계산하여라. 단, $h = \Delta t = \rho c/(6\kappa)$ 로 하여라. 계산결과를 예제 10.1 과 같이 표와 그래프로 나타내라. 이들을 손으로 계산 (manual calculation) 한 값과 비교하여라.

4. 전방예측법 (forward method) 으로 쎄타법을 이용한 매트랩 프로그램 FirstOrderMultiDOF.m 을 사용하여 연습문제 1 을 풀어라. 6 단계의 시간스텝에 대해 계산하여라. 단, $h = \Delta t = \rho c/(6\kappa)$ 로 하여라. 계산결과를 예제 10.1 과 같이 표와 그래프로 나타내라. 이들을 손으로 계산 (manual calculation) 한 값과 비교하여라.

5. 크랭크－니컬슨법 (Crank－Nicolson method) 으로 쎄타법을 이용한 매트랩 프로그램 FirstOrderMultiDOF.m 을 사용하여 연습문제 1 을 풀어라. 6 단계의 시간스텝에 대해 계산하여라. 단, $h = \Delta t = \rho c/(6\kappa)$ 로 하여라. 계산결과를 예제 10.1 과 같이 표와 그래프로 나타내라. 이들을 손으로 계산 (manual calculation) 한 값과 비교하여라.

6. 쎄타법을 이용한 반복법에 관한 매트랩 프로그램 SecondOrderThreeDOF_thb.m 을 사용하여 그림 E6 과 같은 탄성봉을 3 개의 요소로 분할하고, 20 시간스텝 (time step) 에 대해서 처음 5 번째에 대해서 변위 u_i(i = 1,2,3,4)를 계산하여라. 또한 200 번째에 대한 u_i 도 구하여라. 이 값들을 예제 10.2 의 풀이와 비교여라. 또한 계산 값, 예를 들면 u_4 값이 해석 식에 의한 결과와 비교될 수 있도록 표와 그래프로 나타내라.

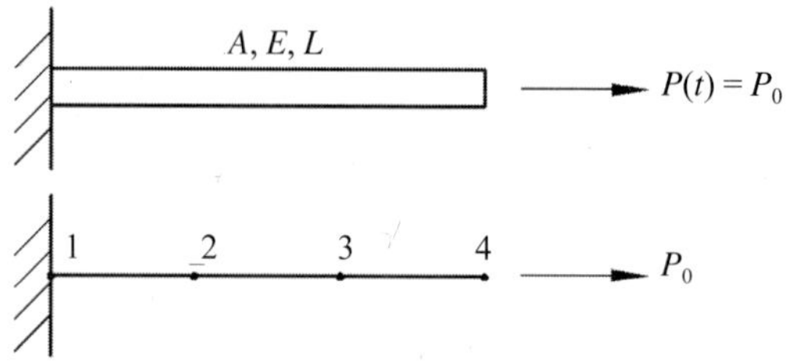

그림 E6

참고문헌 REFERENCE

1. Desai, C. S., Elementary Finite Element Method, Englewood Cliffs, N.J. : Prentice-Hall, 1979.

2. Bickford, W. J., A First Course in the Finite Element Method, Irwin Inc., 1994.

3. Logan, D. L., A First Course in the Finite Element Method, PWS Publishing Company, 1993.

4. Chandrupatla, T. R. and Belegundu, A. D., Introduction to Finite Elements in Engineering, Prentce Hall Inc., 1997.

5. Hutton, D. V., Fundamentals of Finite Element Analysis, Boston : McGraw-Hill, 2004.

6. Pepper, D. W. and Heinrich, J. C., The Finite Element Method, Basic Concepts and Applications, 2nd Edition, Taylor & Francis, 2006.

7. Fish, J. and Belytschko, T., A First Course in Finite Elements, John Wiley & Son, Ltd., 2007.

8. Palm III, W. J., Introduction to MATLAB 7 for Engineers, McGraw-Hill, 2005.

부 록 A

매트랩 기초

A.1 ▶ 매트랩 시작, 기호 및 수식 표현

A.1.1 매트랩 시작

매트랩 (MATLAB) 은 여러 가지 수학계산과 시각화를 위한 소프트웨어 패키지 (software package) 이다. 매트랩이란 이름은 MATrix LABoratory (행렬 연습) 에 유래했으며, 수치해석, 행렬 연산, 신호 처리, 간편한 그래픽 기능 등을 통합하여 고성능의 수치계산 및 결과의 가시화 기능을 제공하는 프로그래밍 언어이다. 매트랩은 행렬을 기초로 하여 수학과 공학 계산을 수행하는 언어로, 원래 클리브 몰러 (Cleve Moler) *1) 가 포트란 (FORTRAN) 언어로 작성하였으나, 현재는 미국의 MathWorks 사가 C++ 로 작성하였다. 매트랩 코딩 체계는 수학적인 기호와 간단한 C 문법으로 되어 있는데, 수학과 관련된 계산, 알고리듬 개발, 상황 모델링과 분석, 여러 가지 과학과 공학적인 그래픽 표현 등에서 이용되고 있다.

매트랩은 입력된 명령을 하나씩 수행해가면서 대화식으로 결과를 나타낸다. 또한 매트랩은 많은 내장함수 (function) 들이 내장되어 있으므로 사용자가 매트랩 명령어와 함수들로 구성된 자신의 함수를 만드는 것도 가능하다. 매트랩의 주요 특징을 열거하면 다음과 같다.

- 벡터 – 행렬 연산
- 역행렬과 고유값 / 고유벡터 계산
- 복소수 연산과 다항식의 계산
- 통계계산
- 그래프작성
- 제어시스템 설계
- 시험 데이터를 이용한 프로세스 모델 (process model) 작성

매트랩은 또한 MathWork사의 여러 개발자들이 만든 여러 가지 도구상자 (toolbox) 가 있다. 이런 도구상자들은 신호처리, 제어시스템, 영상처리, 통계처리, 또는 신경망과 같은 특별한 응용을 위하여 작성된 함수들의 집합체이다. 현재 인터넷으로부터 매트랩에 대한 수많은 자료와 매뉴얼 등을 손쉽게 찾아볼 수 있다.

매트랩을 배우기 위해서는 직접 입력을 하고, 나타나는 답의 결과를 살펴보면서 확인하는 것이 가장 효과적인 방법이다. 매트랩을 시작하기 위해서 매트랩 아이콘 (

) 을 더블클릭하면 컴퓨터 모니터에 그림 A.1 과 같은 창이 나타난다.

---

*1) Cleve B. Moler 는 수치해석을 전문으로 하는 수학자이자 컴퓨터 프로그래머이며, 1984 년 Jack Little 과 같이 미국 MathWorks 회사를 설립하였다.

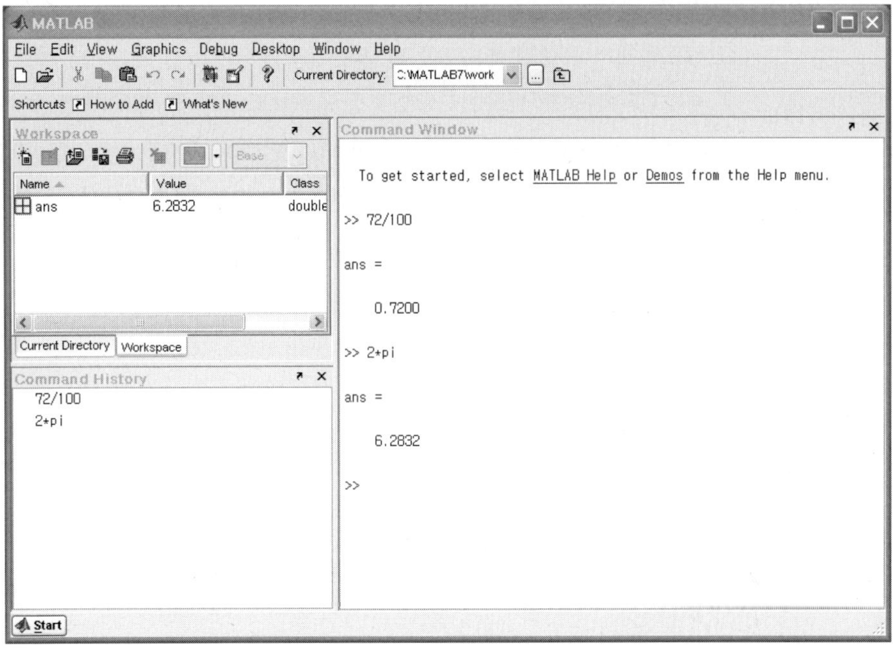

그림 A.1

매트랩은 그림 A.1 과 같이 명령창(Command Window) 을 통하여 사용자가 명령어를 입력하고 엔터 키를 누르면 결과를 나타낸다. 매트랩 명령 프롬프트(prompt) 는 ‘>>’ 표시로 나타난다. 우선 매트랩에서 다음을 실행해 본다.

MATLAB TIP

```
>> 72/100
ans =
    0.7200

>> 2*pi
ans =
    6.2832
```

매트랩 명령창에서 위와 같이 72/100 을 입력하고 엔터키 Enter↵ 를 누르면, 매트랩은 위와 같이 ‘ans = 0.7200’ 라고 답한다. 자릿수는 디폴트 (default) 로 소수 이하 4 자리로 표시한다. 마찬가지로 2*pi 를 입력한 후 엔터키를 누르면 ‘ans = 6.2832’ 로 답한다. 여기서 ‘*’ 는 곱셈표시 ‘×’ 를 의미한다. 또한, ‘pi’ 는 3.14159··· 로서 원주율이며 매트랩에 내장된 상수 (built－in constant) 이다.

스칼라 양의 수학 연산은 다른 컴퓨터 언어처럼 곧바로 수행한다.

A.1.2 수식 계산 기호

매트랩에서 컴퓨터 프로그램의 표준기호인 +, −, ∗, /, ^ 를 각각 덧셈, 뺄셈, 곱셈, 나눗셈과 지수로 사용한다. 예를 들면, x=8+3*5 를 입력하면 'x = 23' 이 된다. 그리고 2^3−10 을 입력하면 ans=−2 로 답한다. 만일 줄 끝에 세미콜론 기호 (;) 를 입력하면 화면상에 그 줄의 결과를 나타내지 않고, 내부적으로 계산된 값만 기억된다. 명령창에서 다음을 실행해보자.

MATLAB TIP

```
>> x=8+3*5
x =
    23

>> x=8+3*5;

>> x
x =
    23
```

위에서와 같이 x=8+3*5; 로 줄 끝에 세미콜론을 입력하면 결과를 나타내지 않고 곧바로 다음 프롬프트 >> 가 나타난다. 그러나 다시 '>>x' 로 입력하면 계산된 변수값인 'x = 23' 을 나타낸다.

매트랩에서 사용하는 수학 연산자는 표 2.1 과 같다. 나누기 연산자가 슬래시 (/)와 백슬래시 (\) 의 두 종류가 있음을 주목하라. 매트랩에서 백슬래시 (back slash)는 행렬 연산에 많이 이용된다.

표 A.1 스칼라 산술 연산자

Operation	Symbol	MATLAB form	Example (a = 4, b = 3)
Addition	+	a + b	4 + 3
Subtraction	−	a − b	4 − 3
Multiplication	*	a*b	4*3
Right division	/	a / b	4 / 3
Left division	\	a \ b	4 \ 3 = 3 / 4
Exponentiation	^	a^b	4^3 (means that 4^3=64)

매트랩의 계산순서는 일반 수학연산 절차와 같으며, 표 A.2 와 같다.

표 A.2 연산순서

Precedence	Operation
First	Parentheses, evaluated starting with the innermost pair
Second	Exponentiation, evaluated from left to right
Third	Multiplication and division with equal precedence, evaluated from left to right
Fourth	Addition and subtraction with equal precedence, evaluated from left to right

표 A.1 을 참고하여 매트랩 명령창에서 다음을 연습해 보자.

MATLAB

```
>> 2*pi
ans =
    6.2832

>> syms a b % symbolic notation
>> a=7; b=2;
>> a+b
ans =
     9

>> a*b
ans =
    14

>> a/b
ans =
    3.5000

>> a\b
ans =
    0.2857

>> b/a
ans =
    0.2857

>> a^b
ans =
    49

>> a+b^3
ans =
    15

>>(a+b)^3
ans =
   729
```

```
>> 64^(1/3)+243^0.2
ans =
     7

>> 64^1/3+243^0.2
ans =
   24.3333
```

또한, 매트랩에서는 여러 가지 수학계산시 사용되는 내장함수가 포함되어 있다. 일반적으로 많이 사용되는 내장함수는 표 A.3 과 같다. 매트랩에서 삼각함수는 라디안 (radian) 단위를 사용한다. 만일 x 값이 각도일 경우, sind(x) 와 같은 특별한 명령어를 사용해야 한다. % 는 주석 (comment) 을 나타내며, 매트랩 실행문이 아니다. 주석문은 명령창에서 직접 대화식 작업 (interactive session) 에는 거의 사용되지 않고, 나중에 다루게 되는 M-file 에서 주로 사용한다. 다음을 입력하여 연습해보자.

표 A.3 상용되는 수학 함수

Description	Function	MATLAB syntax	Example	Displayed result
Exponential	e^x	exp(x)	exp(3)	20.0855
Square root	$\sqrt{x}$	sqrt(x)	sqrt(3)	1.7321
Absolute value	$\|x\|$	abs(x)	abs(-3)	3
Natural logarithm	$\ln x$	log(x)	log(1000)	6.9078
Base 10 logarithm	$\log_{10} x$	log10(x)	log10(1000)	3
Round to the nearest integer		round(x)	round(17/3)	3
Round toward zero		fix(x)	fix(13/5)	2
Sine(angle in radian)	$\sin x$	sin(x)	sin(pi/6)	0.5000
Sine(angle in degree)		sind(x)	sind(30)	0.5000
Arcsine(angle in rdian)	$\sin^{-1} x$	asin(x)	asin(0.5)	0.5236
Arcsine(angle in degree)		asind(x)	asind(0.5)	30.0000

MATLAB

```
>> % This is a comment. So, this line will not be executed.
>> sqrt(81) % argument is a number
ans =
     9

>> sqrt(48+13*5) % argument is an expression
ans =
   10.6301
>> sqrt(54+9*sqrt(100)) % argument includes a function
ans =
```

```
    12

>>(5+275/5)/sqrt(144) % function is included in an expression
ans =
     5

>> cos(pi/3) % angle in radian
ans
    0.5000

>> cosd(60) % angle in degree
ans =
    0.5000
```

매트랩에서 특별한 상수가 몇 가지 있다. Inf 기호는 '∞' 를 의미하고 실제로는 매트랩이 표현할 수 없을 정도로 큰 수임을 의미한다. 예를 들어 5/0 을 입력하면 답은 Inf 이다. NaN 은 '수가 아님 (not a number)'을 나타낸다. 0/0 을 입력하면 정의되지 않은 수로서 매트랩에서 NaN 으로 나타난다. 기호 i 와 j 는 $i = j = \sqrt{-1}$ 과 같이 허수의 기본 단위를 나타내며, $x = 5 + 8i$ 와 같이 복소수 식과 계산에 사용된다. 매트랩에서 흔히 쓰이는 특수한 변수와 상수를 표 A.4 에 요약하였다.

표 A.4 특수한 변수와 상수

Command	Description
ans	Temporary variable containing the most recent answer.
eps	Specifies the accuaracy of floating point precision.
i, j	The imaginary unit $\sqrt{-1}$.
Inf	Infinity.
pi	The number π

매트랩에서 복소수 연산은 다음과 같이 간단하게 이루어진다.

MATLAB

```
>> s=3+7i; w=5-9i;

>> w+s
ans =
   8.0000 - 2.0000i

>> w*s
```

```
ans =
  78.0000 + 8.0000i

>> w/s
ans =
  -0.8276 - 1.0690i
```

매트랩에서는 표 A.5 와 같이 'format' 명령어를 사용하여 다양한 형식의 출력결과로 나타낼 수 있다. 디폴트 출력 포맷은 'format short' 로 소수점 이하 4 자리 숫자로 표시된다. 포맷 형식은 'format' 명령어를 사용하여 변경할 수 있다. 일단 'format' 명령어가 입력된 경우에는 뒤따르는 모든 형식은 입력된 포맷에 따른다.

표 A.5 를 참고하여 다음과 같이 입력하여 나타난 결과를 살펴보아라.

표 A.5 특수한 변수와 상수

Command	Description
format short	Fixed point with four decimal digits for 0.001 ≤ number ≤ 1000. Otherwise display format short e(default).
format long	Fixed point with 14 decimal digits for 0.001 ≤ number ≤ 100. Otherwise display format long e.
format short e	Scientific notation with four decimal digits.
format long e	Scientific notation with 15 decimal digits.
format bank	Two decimal digits.

MATLAB

```
>> format short
>> 90/7
ans =
   12.8571

>> format long
>> 90/7
ans =
  12.85714285714286

>> format short e
>> 90/7
ans =
  1.2857e+001

>> format long e
>> 90/7
ans =
```

```
    1.285714285714286e+001

>> format bank
>> 90/7
ans =
        12.86

>> format short
```

A.1.3 작업세션 관리

매트랩 작업세션 관리에 관한 사항을 살펴보기로 하자. 매트랩에서 프로그램을 종료하거나 변수값을 지우지 않는 한 최종 변수값을 저장하고 있다. 예를 들면 곱셈계산에서 변수 x 를 흔히 사용하는데, 만일 x 에 새로운 값을 넣는 것을 잊어버릴 경우 매트랩에서는 마지막으로 입력된 값을 사용하므로 틀린 답이 나올 수도 있다. 메모리에서 모든 변수값을 지우려면 clear 명령어를 사용하고, var1 과 var2 라는 변수를 지우려면 clear var1 var2 라고 입력하면 된다. clc 명령의 효과는 명령창 화면상에 나타난 모든 것을 지우지만 변수값은 그대로 유지된다. clear 명령어는 메모리의 변수를 제거한다. 이와 관련된 사항이 표 A.6 에 요약되어 있다.

현재 변수에 저장되어 있는 값을 보기 위해서는 변수의 이름을 입력하고 나서 엔터키 Enter↵ 를 누르면 된다. 변수가 값을 갖고 있지 않을 경우는 오류 메시지를 나타낸다. who 명령은 메모리에 있는 모든 변수들을 나타내지만 변수값은 출력하지 않는다. whos 명령은 변수의 이름과 크기뿐만 아니라 변수가 0 이 아닌 허수부를 갖고 있는지도 나타낸다.

표 A.6 작업세션을 관리하는 명령어

Command	Description
clc	Clears the Command Window.
clear	Removes all variables from memory.
clear var1 var2	Removes variables var1 and var2 from memory.
exist('name')	Determines if a file or variable exists having the name 'name'.
quit	Stops MATLAB.
who	Lists the variables currently in memory.
whos	Lists the variables and sizes, and indicates if they have imaginary part.
:	Colon; generates an array having regularly spaced elements.
,	Comma; separate elements of an array.
;	Semicolon; suppresses screen printing; also denotes a new row in an array.
…	Ellipsis; continues a line.

매트랩에서는 이전에 키보드로 입력한 명령어들을 저장하고 이들을 볼 수 있도록 하였다. 위로 향한 화살표 키 ↑ 를 한 번 누르면 바로 이전에 실행했던 명령어를 볼 수 있고, 두 번 누르면 그 이전에 실행했던 명령어들을 볼 수 있다. 아래로 향한 화살표 키 ↓ 는 순방향으로 실행했던 명령들을 찾아볼 수 있게 하였다. 과거 실행했던 명령 중에서 왼쪽과 오른쪽 화살표 키 ←, →, 그리고 백스페이스 BackSpace 와 지우기 키 Del 를 이용해서 수정할 수 있다. 리턴 키 또는 엔터키 Enter↵ 를 누르면 명령을 실행할 수 있다. 이 방법을 이용하면 잘못 입력한 명령을 빨리 정정할 수 있다.

예제 A.1 매트랩으로 다음 식을 계산하여라.

(a) $7\frac{8}{15}+\frac{27}{6(7)}+7(8^2)$ (b) $8(48^{1/5})+27^{0.28}$

풀이 매트랩으로 위의 연산을 수행하면 다음 결과와 같다.

MATLAB TIP

```
(a)
>> 7*8/15+27/(6*7)+7*8^2
ans =
452.3762

(b)
>> 8*48^(1/5)+27^0.28
ans =
 19.8680
```

예제 A.2 높이가 h, 밑면의 반지름이 r 인 원뿔의 부피는 $V=(1/3)\pi r^2 h$ 이다. 어떤 원뿔 구조물의 높이가 10 m 이고 밑면 반지름은 5 m 이다. 만일 같은 높이를 유지하면서 부피를 30% 증가시키려면 밑면 반지름을 얼마로 해야 되는가 계산하여라.

풀이 원뿔 부피에 관한 식으로부터 반지름에 관한 식을 쓰면 다음과 같다.

$$r=\sqrt{\frac{3V}{\pi h}}$$

위의 식으로부터 매트랩으로 반지름을 구하면 다음과 같다.

MATLAB TIP

```
>> r=5; h=10;
>> V=(1/3)*pi*r^2*h;
>> V=V+0.3*V;
>> r=sqrt(3*V/(pi*h))
r =
    5.7009
```

따라서 반지름을 5.7009 m 로 하면 원래보다 30% 증가된 부피가 된다.

연습문제 PROBLEMS

1. 다음 식을 매트랩으로 계산하고, 다른 방법으로 구한 값과 비교하여라.

(a) $\cos^2\left(\dfrac{6.5\pi}{3}\right)$　　(b) $2\pi\tan^{-1}(12.5)$

(c) $(3+6i)(-7-9i)$　　(d) $\dfrac{5+4i}{5-4i}$

(e) $\sqrt{-6+7i}$　　(f) $e^{(5+8i)}$

(g) $e^{(-2.1)^3}+3.47\log_{10}(14)+287^{0.25}$　　(h) $5\ln(7)$

2. 다음 식에서 $x=15$ 이고 $y=8$ 일 때 다음을 매트랩으로 계산하고, 계산기로 구한 값과 비교하여라.

(a) $u=xy-\dfrac{x}{y}$　　(b) $v=\dfrac{2x^2}{x+y}$

(c) $w=\dfrac{yx^3}{\sqrt{x}-y^{0.35}}$　　(d) $p=\sin x$

(e) $q=\cos\left(\dfrac{xy}{2}\right)$　　(h) $r=5\sin(2y)$

3. 다음 식에서 주어진 x 값을 사용하여 y 값을 계산하고, 계산기로 구한 값과 비교하여라.

(a) $y=6x^3+\dfrac{4}{x}$,　$x=3$　　(b) $y=\dfrac{(4x)^2}{25}$,　$x=10$

(c) $y=2\dfrac{\sin x}{5}$,　$x=3$　　(d) $y=7(x^{1/3})+4x^{0.58}$,　$x=20$

A.2 ▸ 행렬의 표현과 계산

A.2.1 행과 열벡터 및 2 차원 배열

매트랩에서 행벡터 (row vector) 와 열벡터 (column vector) 는 사각괄호 [ ] 표시를 하여 간단히 나타낼 수 있다. 사용되는 키는 [[] 와 []] 이다. 사각괄호 내에 원소를 입력하고 빈칸 또는 콤마 (comma) 로 원소 (element) 를 분리한다. 가장 보편적인 방법은 콤마 뒤에 빈칸을 띄우고 다음 원소를 쓰는 것이다. 열벡터는 줄을 바꾸어 쓰거나 세미콜론 (;) 으로 원소를 분리하여 쓸 수 있고, 전치 (transpose) 표시 기호 (')를 사용할 수도 있다. 매트랩 명령창에서 다음을 실행해 보자.

MATLAB

```
>> a=[2, 4, 10]
a =
     2     4    10

>> a'
ans =

     2
     4
    10

>> b=[3; 7; 9]
b =
     3
     7
     9

>> b'
ans =
     3     7     9
```

배열은 여러 행 또는 여러 열로 구성될 수 있으며, 이를 행렬 (matrix) 이라 한다. 2 차원 배열의 크기는 행의 수와 열의 수로 크기를 지정한다. 예를 들면 3 행과 2 열을 갖는 행렬은 그 크기가 3 × 2 배열이라고 한다. 일반적으로 행의 수가 항상 먼저 언급된다. 행의 수가 n 이고 열의 수가 1 인 열벡터의 크기는 $n \times 1$ 로 쓴다. 행렬을 a_{ij} 로 표시할 수도 있다. 아랫첨자 i 와 j 는 원소의 행과 열의 위치를 나타낸다.

매트랩에서 행렬을 만드는 가장 직접적인 방법은 한 행씩 만드는 것이다. 행의 원소는 사각괄호 ' [' 뒤에 입력하며 콤마와 빈칸으로 분리하고, 행들은 세미콜론 (;) 기호를 사용하여 분리한다. 행렬이 많은 원소로 구성되어 있다면 엔터키 [Enter↵] 를 누르고 다음 줄에 계속 입력할 수 있다. 사각 괄호 ‘] ’ 표시를 하여 행렬의 입력을 끝낸다.

전치행렬은 2 차원 배열에서도 위에서 설명한 것처럼 기호 (') 를 사용한다. 행렬이 다음과 같을 때 매트랩 명령창에서 행렬을 입력하고 전치행렬을 구해보자.

$$A = \begin{bmatrix} 2 & 4 & 10 \\ 16 & 3 & 7 \end{bmatrix}$$

MATLAB

```
>> A = [2, 4, 10; 16, 3, 7]
A =
     2     4    10
    16     3     7

>> A'
ans =
     2    16
     4     3
    10     7
```

A.2.2 배열 행렬 연산

선형 대수학에서 배열에 스칼라를 곱하는 것은 가장 기본적인 연산이며, 매트랩에서도 간단히 정의하여 처리할 수 있다. 배열의 곱셈과 나눗셈 등은 선형대수학에서 계산할 때는 복잡한 절차를 거치지만, 매트랩에서는 이에 해당하는 명령 기호를 사용하면 간단히 구할 수 있다. 매트랩에서 원소－원소 연산 (element－by－element operation) 에 사용되는 기호가 다음 표 A.7 에 요약되어 있다.

매트랩에서 곱하기 (*), 나누기 (/) 등 기호 앞의 ‘ . ’ 은 원소별로 연산이 수행됨을 표시한다. 나누기 연산자 (/) 가 행렬과 사용될 때 기호 ‘ / ’ 는 역행렬의 사용을 의미한다. 따라서 만일 행렬 A, B 가 정사각형 행렬 (square matrix) 이며 특이 행렬이 아닐 경우 B / A 는 A 의 역행렬에 의한 B 의 오른쪽 곱하기에 대응된다. 이를 수행하는 다른 방법은 inv 의 명령어를 사용한다. 즉, B/A 는 B*inv(A) 의미와 같다. 그러나 나누기 연산이 더 효율적이다. 왼쪽 나누기 연산자 백슬래시 기호 ‘ \ ’ 는 행렬연산에 사용된다. 위와 같이 $A \backslash B$ 는 A 의 역행렬에 의한 B 의 왼쪽 곱하기에 대응된다. 다음 예에서 연산기호 사용법을 살펴보기로 하자.

표 A.7 배열의 원소-원소 연산 기호*2)

Symbol	Operation	Form	Example
+	Scalar-array addition	A + b	[6, 3]+2= [8, 5]
−	Scalar-array subtraction	A − b	[8, 3]−5= [3, −2]
+	Array addition	A + B	[6, 5]+[4, 8]= [10, 13]
−	Array subtraction	A − B	[6, 5]−[4, 8]= [2, −3]
.*	Array multiplication	A.* B	[3, 5] .* [4, 8]= [12, 40]
./	Array right division	A./ B	[2, 5] ./ [4, 8]= [2/4, 5/8]
.\	Array left division	A.\B	[2, 5] .\[4, 8]= [2\4, 5\8]
.^	Array exponentiation	A.^B	[3, 5].^2= [3^2, 5^2] 2.^[3, 5]= [2^3, 2^5] [3, 5].^[2, 4]= [3^2, 5^4]

예제 A.3 아래와 같이 주어진 행렬에 대해서 다음을 매트랩으로 구하고, 계산과정을 살펴보아라.

$$A=\begin{bmatrix}3 & 7\\5 & -9\end{bmatrix}\quad,\quad B=\begin{bmatrix}1 & 2\\3 & 4\end{bmatrix},\quad C=\begin{Bmatrix}27\\-17\end{Bmatrix},\quad b=\begin{Bmatrix}x\\y\end{Bmatrix}$$

(a) $A+B$ (b) $A-B$ (c) $A+3$

(d) $A.*B$ (e) $A*B$ (f) $A./B$

(g) A/B (h) $A.\backslash B$ (i) $A\backslash B$

(j) $Ab=C$ 의 관계로부터 $b=\begin{Bmatrix}x\\y\end{Bmatrix}$ 를 구하여라.

풀이 매트랩으로 위의 연산을 수행하면 다음 결과와 같다.

MATLAB TIP

```
>> A = [3, 7; 5, -9];
>> B = [1, 2; 3, 4];

(a)                  (b)                  (c)

>> A+B               >> A-B               >> 3+A
ans =                ans =                ans =
     4     9              2     5              6    10
     8    -5              2   -13              8    -6
```

*2) W. J. Palm Ⅲ, Introduction to MATLAB 7 for Engineers, McGraw-Hill, 2005.

```
(d)                          (e)                         (f)

>> A.*B                      >> A*B                      >> A./B
ans =                        ans =                       ans =
     3    14                   24    34                    3.0000    3.5000
    15   -36                  -22   -26                    1.6667   -2.2500

(g)                          (h)                         (i)

>> A/B                       >> A.\B                     >> A\B
ans =                        ans =                       ans =
     4.5000   -0.5000            0.3333    0.2857          0.4839    0.7419
   -23.5000    9.5000            0.6000    0.4444         -0.0645   -0.0323

    (j)

  >> syms b;
  >> A = [3, 7; 5, -9];
  >> C = [27; -17];
  >> b = A\C
  b =
      2.0000
      3.0000

  >> b = inv(A)*C
  b =
       2
       3
```

위의 예제의 마지막 문제 (i) 는 선형 연립방정식을 푸는 과정을 나타내며, 매트랩에서 왼쪽나누기와 역행렬을 사용하여 구하는 두 가지 방법을 예시하였다. 이 경우는 A 의 행렬값 $|A| \neq 0$ 인 조건을 만족해야 하며, 그렇지 않을 경우 오류 메시지를 나타낸다.

한편으로 매트랩에서는 벡터 행렬의 원소 숫자, 직사각형 행렬에서 행과 열의 크기를 알 수 있는 명령어, 그리고 원소가 0 과 1 인 행렬 및 대각선 원소가 1 인 단위행렬 (identity matrix) 을 생성할 수 있는 여러 함수들이 표 A.6 과 같이 내장되어 있어 이들을 사용하면 편리할 경우가 많다.

표 A.8 행렬에 관한 매트랩 내장함수*3)

Command	Description
length(A)	Returns the number of elements in vector A.
size(A)	Returns a row vector [m, n], where m and n are the size $m \times n$ of the array A. (m is number of rows, n is number of columns)
zeros(m,n)	Creates a matrix with m rows and n columns, in which all the elements are the number 0.
ones(m,n)	Creates a matrix with m rows and n columns, in which all the elements are the number 1.
eye(n)	Creates a square matrix with n rows and n columns in which the diagonal elements are eqaul to 1(identity matrix).

표 A.8 에 나타낸 명령어들에 대한 사용 예를 들면 다음과 같다.

MATLAB

```
>> A=[2 4 3 -5 6];
>> length(A)
ans =
     5

>> A=[4 7 8 -6; 3 5 7 9; 6 8 2 -3]
A =
     4     7     8    -6
     3     5     7     9
     6     8     2    -3

>> size(A)
ans =
     3     4

>> z0=zeros(3,4)
z0 =
     0     0     0     0
     0     0     0     0
     0     0     0     0

>> n1=ones(2,3)
n1 =
     1     1     1
     1     1     1
```

*3) Gilat, A and Subramaniam, V., Numerical Methods for Engineers and Scientists: An Introduction with Applications Using MATLAB, Wiley, 2007.

```
>> id=eye(3)
id =
     1     0     0
     0     1     0
     0     0     1
```

매트랩에서 배열과 행렬 연산에 관해서는 관련 전문서적이나 그림 A.2 와 같이 'MATLAB help' 의 index 항목 또는 search 로 검색하면 자세한 사항을 찾아 볼 수 있다.

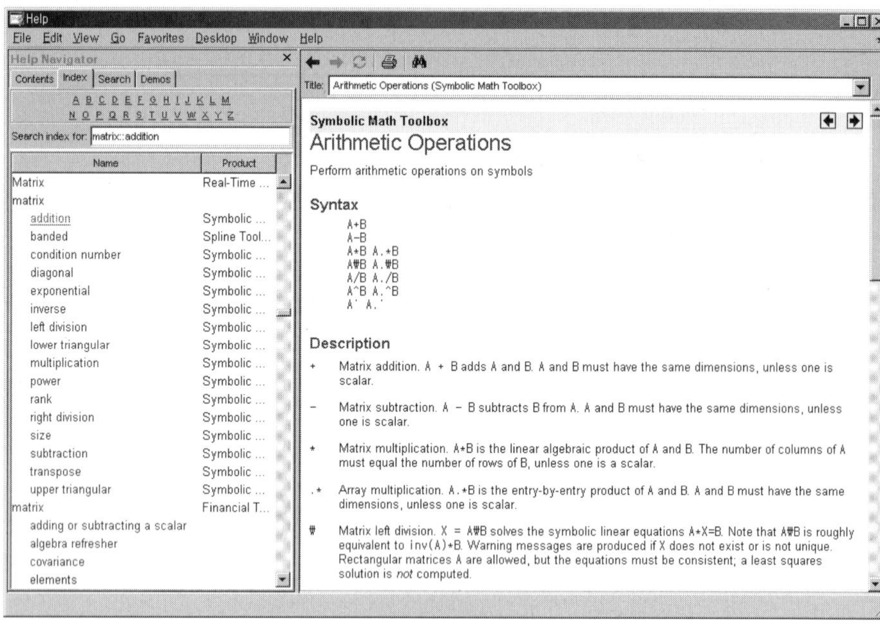

그림 A.2

연습문제 PROBLEMS

1. 각각의 행렬이 아래와 같을 때 다음 사항을 매트랩으로 구하라.

$$A=\begin{bmatrix}7 & -3 & 1\\ 5 & 7 & -6\\ 8 & 10 & 9\end{bmatrix}\quad B=\begin{bmatrix}7 & 8 & -5\\ 8 & 6 & 4\\ -7 & 3 & 2\end{bmatrix}\quad C=\begin{bmatrix}-6 & -4 & 3\\ 9 & 5 & -2\\ 2 & -9 & 7\end{bmatrix}$$

(a) $A+B-C$

(b) $A-B+C$

(c) $AB+C$

(d) $A+BC$

(e) $A(B+C)=AB+AC$ 와 같은 관계가 성립함을 확인하라.

(f) $(AB)C=A(BC)$ 의 관계가 성립함을 확인하라.

(g) AB 와 BA 를 계산하고 $AB\neq BA$ 임을 확인하라.

2. 다음과 같이 연립 방정식이 주어졌을 때 매트랩으로 답을 계산하고, 손으로 계산한 값이나 다른 방법으로 구한 결과와 비교하여라.

(a) $\begin{aligned}3x+5y&=-15\\ 2x-7y&=16\end{aligned}$

(b) $\begin{aligned}6x+3y&=-3\\ 2x+5y&=1\end{aligned}$

(c) $\begin{aligned}4x-8y&=-24\\ x+6y&=34\end{aligned}$

(d) $\begin{aligned}3x+2y-9z&=-65\\ -9x-5y+2z&=16\\ 6x+7y+3z&=5\end{aligned}$

(e) $\begin{aligned}12x-5y&=11\\ -3x+4y+7z&=-3\\ 6x+2y+3z&=22\end{aligned}$

(f) $\begin{aligned}2x+y-z&=11\\ 5x+2y+2z&=-4\\ 3x+y+z&=22\end{aligned}$

(g) $\begin{aligned}3x_1+x_2-x_3+3x_4&=14\\ 2x_1+x_2-2x_3&=-2\\ 3x_2+2x_3-2x_4&=4\\ x_1+x_2+x_3+5x_4&=26\end{aligned}$

(h) $\begin{aligned}2x_1-2x_2+2x_3+x_4&=7\\ 2x_1-4x_2+x_3+x_4&=7\\ -x_1-3x_2-4x_3+2x_4&=-14\\ 2x_1-4x_2+3x_3-2x_4&=1\end{aligned}$

A.3 ▶ 그래프 작성

데이터의 특성과 경향을 파악하는데 표보다는 그래프가 더 알기 쉽기 때문에 공학적으로 어떠한 해답을 찾기 위해서 그래프를 작성한다. 그래프를 그리기 위해서는 매트랩에서 규정한 규칙이나 표준에 따라야 한다.

이 절에서는 간단한 $x-y$ 그래프 또는 2 차원 그래프 (2 – dimensional plot) 작성에 관한 사항을 알아보기로 한다. $x-y$ 그래프는 가장 기본이 되며, 함수 $y=f(x)$ 관계를 도식적으로 나타낸다. 여기서 x 값은 수평축 (가로축) 에 해당하며, y 값은 수직축 (세로축) 에 해당한다. 일반적으로 그래프로 나타낼 때 수평축은 독립변수이고 수직축은 종속변수로 나타낸다. x 나 y 대신 다른 문자로 함수관계를 나타낼 수 있다.

매트랩은 도면을 그리거나 작성하기 위해 많은 유용한 명령들을 가지고 있으며, 이 장에서는 이러한 명령들을 어떻게 사용하는지 살펴보기로 하자. 또한 그래프를 작성 시, 그래프를 구성하는 각각의 항목들을 나타내는 방법에 대해서도 알아본다. 그림 A.3 은 매트랩을 이용하여 작성된 그래프이다. 그림 A.3 에 원형으로 표시된 항목에 대해서 하나하나 살펴보자.

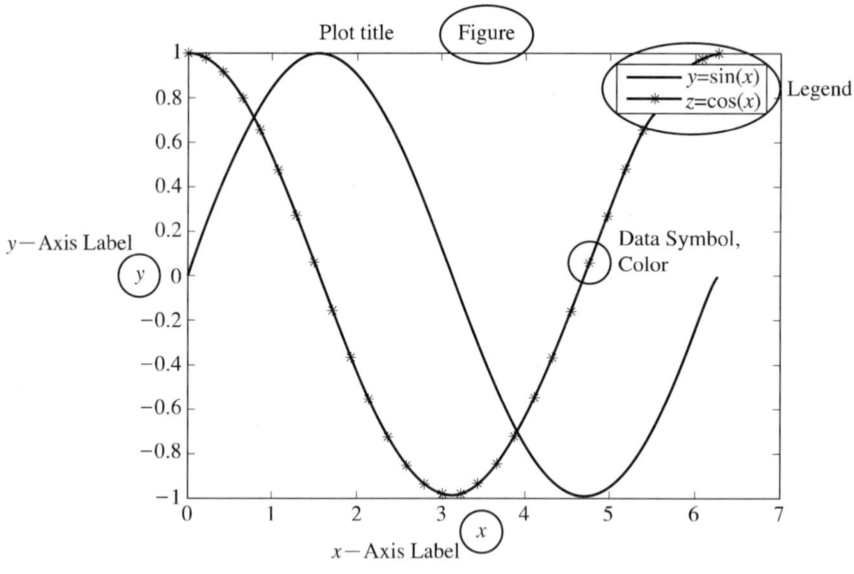

그림 A.3

그림 A.3 은 기본적인 2 차원 그래프의 구조와 명칭을 나타내고 있다. x, y 축에는 눈금 (tic mark) 이 있으며, 각 축에는 축이름 (axis label) 이 있다. 또한 그래프에서 제목 (plot title) 을 표시할 경우가 있으며, 보통 상단에 표시한다. 범례 (legend) 에서는 데이터 기호와 연결선의 종류 또는 색상을 나타낸다.

일반적으로 그래프를 구성하는 요소들은 아래와 같이 나열할 수 있다.

- *x*, *y* 축 (*x*–Axis, *x*–Axis)
- 축이름 (Axis Label)
- 데이터 이름 (Legend)
- 그래프의 제목 (Plot Title)
- 데이터 기호 및 색상 (Data Symbol, Color)

그래프를 구성하는 요소들을 이해하고 간단한 삼각함수의 그래프를 그려보자. 매트랩에서 그래프는 'plot' 이란 함수를 이용하여 쉽게 그릴 수 있다. plot 함수는 이미 주어진 데이터 행렬을 이용하여 그림을 그린다.

아래 예제를 통하여 $y = \sin(x)$ 의 그래프를 그리기 위하여 다음을 실행해 보자.

MATLAB

```
>> x=[0:0.02:8];  % 0 부터 8 까지 0.02 를 간격으로 한 1×401 의 행벡터를 만듦.
>> y=sin(x); % 행렬 x 값을 받아 sin(x) 값을 계산하여 1×401 의 행렬을 만듦.
>> plot(x, y); % 만들어진 x, y 데이터로부터 그래프를 그린다.
```

우선, 위와 같이 *x* 값을 설정하기 위해 최소와 최대범위를 정하고, 원하는 간격으로 데이터를 만든다. '*x*=[0:0.02:8]' 에서 최소는 0, 최대는 8, 그리고 0.02 간격으로 401 개의 데이터를 만든다. 다음 명령어인 '*y*=sin(*x*)' 에서는 위의 401 개의 *x* 데이터를 받아 sin(*x*) 값을 계산한다. 단, 매트랩에서 삼각함수 계산에 사용되는 *x* 값은 sin(*x*) 로 쓸 경우 라디안 (radian) 으로 간주한다.

plot 명령을 사용하면 Figure 1 이라는 그래픽 창이 열리며 그림 A.4 와 같은 그래프가 나타난다. 그래프는 *x*, *y* 축의 범위를 데이터에 맞게 근사시켜 나타내고, 데이터 점들을 직선으로 잇는다. 또한 축 눈금의 값들은 자동적으로 가장 간단한 수로 나타낸다. 만약 Figure 창이 나타나 있는 상태에서 다시 plot 명령을 사용하면, 그 창 위에 새로운 그래프를 나타낸다.

여기서 그래프 창을 닫으려면 아래와 같이 명령어 close 를 입력한다. 이 명령어를 입력하면 그림 A.4 와 같은 Figure 1 창이 닫힌다.

MATLAB

```
>>close   % 그래프 창을 닫는 명령어
```

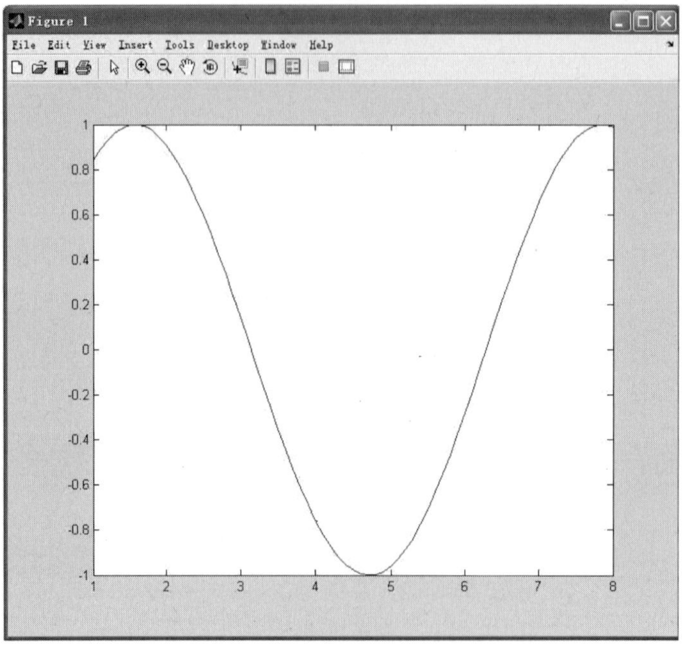

그림 A.4

앞에서 설명한 여러 구성 요소를 그림 A.4 에 넣으려면 추가로 명령어를 작성해 주어야 한다. 제목을 입력하려면 'title'을, 축 이름을 넣으려면 'xlabel' 또는 'ylabel', 범례를 나타내기 위해서는 'legend' 라는 명령어를 사용한다. title('Figure : Sin(x)') 이라는 명령어를 입력하면 그림 A.5와 같이 그래프의 윗부분에 'Figure : Sin(x)' 라는 그래프의 제목이 나타난다. xlabel('x') 과 ylabel('y') 을 입력하면 x 축 밑에 'x', 그리고 y 축 옆에 'y' 라는 기호가 나타남을 알 수 있다. 명령어 legend('sin(x)') 를 사용하면 그림 A.5 의 오른쪽 윗부분에 [—— sin(x)] 와 같은 범례가 표시된다.

MATLAB

```
>> plot(x, y), title('Figure : Sin(x)'), xlabel('x'), ylabel('y'),
legend('sin(x)')
```

위 명령어들은 순서를 아래와 같이 바꾸어 써도 아무런 변화가 일어나지 않는다.

MATLAB

```
>> plot(x, y), legend('sin(x)'), xlabel('x'), title('Figure : Sin(x)'),
ylabel('y')
```

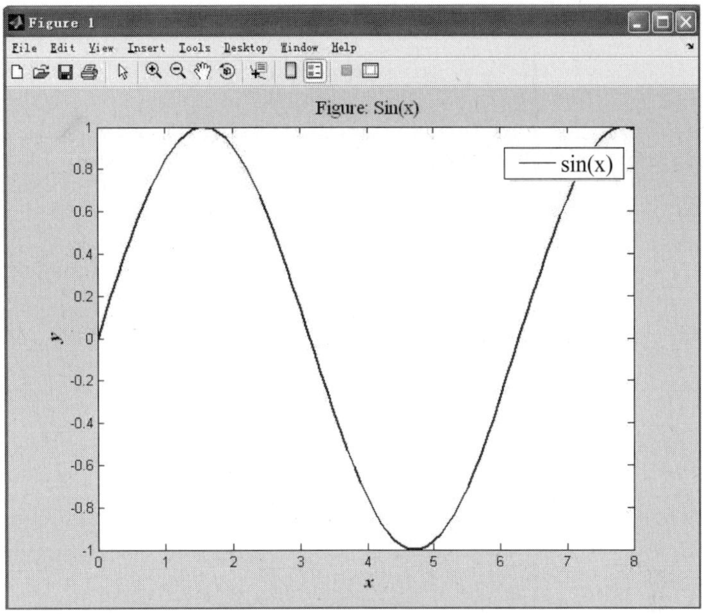

그림 A.5

Figure 1 창에 그림 A.5 와 같이 *x* 축, *y* 축 이름과 그래프 제목, 범례가 표시된 것을 확인할 수 있다.

하나의 창에 두 개의 그래프를 그리려면 주어진 x 값에 대하여 두 개의 함수값, 예를 들면 아래와 같이 $y = \sin(x)$ 와 $z = \cos(x)$ 를 먼저 정의한 후 plot 함수를 이용한다. 즉, plot (x, y, x, z) 와 같은 명령어를 입력하면 'x 값에 대한 *y*', '*x* 값에 대한 *z*' 의 두 그래프를 하나의 창에 그릴 수 있다. 그래프의 범례를 나타내는 명령어 legend 는 그래프의 수가 늘어남에 따라서 legend('sin(*x*)', 'cos(*x*)') 와 같이 쉼표 (,) 로 구분하여 함수 또는 데이터 이름을 쓴다. 아래의 명령을 실행하면 그림 A.6 과 같이 하나의 그림 창에 두 개의 그래프가 나타나는 것을 확인할 수 있다.

MATLAB

```
>> x=[0:0.02:8];  % 0 부터 8 까지 0.02 를 간격으로 한 1×401 의 행렬을 만듦.
>> y=sin(x);      % 행렬 x 로부터 sin 값을 계산하여 1×401 의 행렬을 만듦.
>> z=cos(x);      % 행렬 x 로부터 sin 값을 계산하여 1×401 의 행렬을 만듦.
>> plot(x, y, x, z), title('Sin & Cos'), xlabel('x'), ylabel('y&z'),
   egend('sin(x)','cos(x)')
```

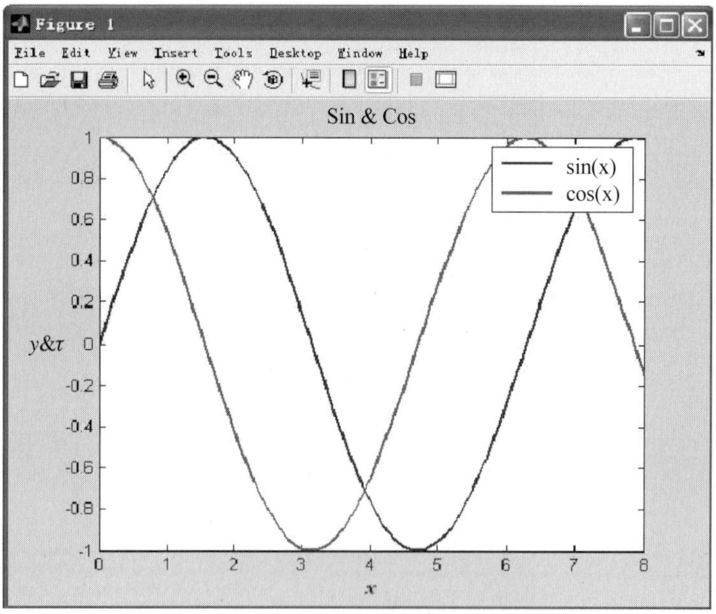

그림 A.6

이제 그래프의 모양과 색깔을 바꾸는 방법을 살펴보도록 하자. 기본적으로 plot 함수는 하나의 그래프를 그릴 때 점과 점 사이는 직선으로, 색은 파란색으로 지정을 해 놓았다. 이것을 바꾸어 그래프의 점 데이터를 *, △, +, ○ 등으로 표시하고, 선은 직선이나 점선 등으로 나타낼 수 있으며, 또한 여러 가지 색으로 바꿀 수 있다.

표 A.9 데이터의 표시, 선의 형태와 색의 기호

Data markers	Symbols	Line types	Symbols	Colors	Symbols
Dot	.	Solid line	—	Black	k
Asterisk	*	Dashed line	- -	Blue	b
Cross	×	Dashed-dotted line	—.	Cyan	c
Circle	o	Dotted line	:	Green	g
Plus sign	+			Magenta	m
Square(□)	s			Red	r
Diamond(◇)	d			White	w
Triangle(△)	^			Yellow	y
Five-pointed star(*)	p				

그래프의 모양은 크게 색 (color), 데이터 표시 (marker) 와 선의 스타일로 나타낼 수 있다. 예를 들면 plot (*x*, *y*, ‘o’) 라는 명령어를 사용하면 데이터를 잇는 선과 데이터의 위치를 나타내는 원 ‘o’ 의 표시가 같이 그려진다. 또한 점선으로 나타내기 위해서는 plot(x, y, ‘- -’) 의 명령어를 쓴다. 그래프의 선이나 데이터 표시 및 색을 변경하는 명령어는 표 A.9 와 같다. 이 외에 다른 더 많은 선택 사항들을 MATLAB help

메뉴에서 찾아볼 수 있다.

표 A.9 에 나타낸 데이터 표시, 선의 종류 및 색에 관한 사용 예를 살펴보기 위해 아래의 명령어를 입력해 보자.

MATLAB

```
>> x = [0:0.2:8]; % 0 부터 8 까지 0.2 를 간격으로 한 1×41 의 행렬을 만듦.
>> y = sin(x);
>> z=cos(x);
>> plot(x, y, 'k^:', x, z, 'r—.p'), title('Sin & Cos'), xlabel('x'),...
ylabel('y&z'), legend('sin(x)','cos(x)')
```

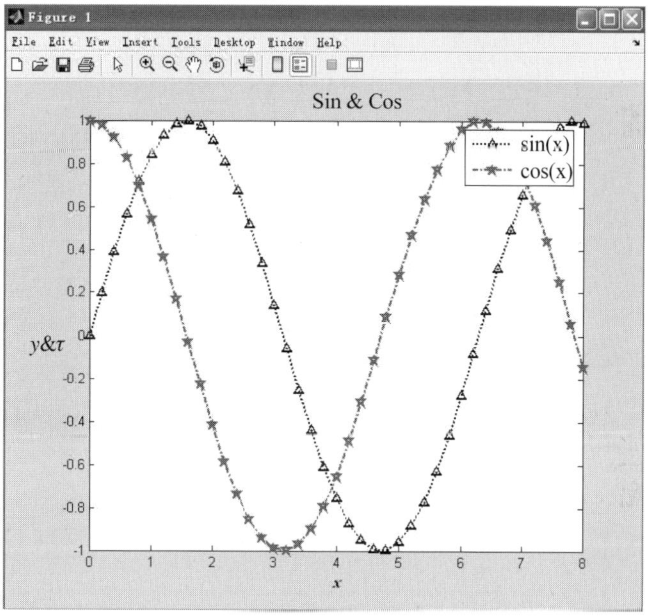

그림 A.7

위의 명령어를 입력하면 Figure 1 창으로부터 그림 A.7 과 같은 그래프가 나타난다. 명령어 plot (x, y, 'k^:', x, z, 'r－.p') 에서 x, y, 'k^:' 은 y=sin(x) 의 그래프를 검정색 (black), 삼각형 (triangle) 기호를 사용하여 점선 (dotted line) 표시하라는 의미이다. 그리고 x, z, 'r－.p' 는 z=cos(x) 의 그래프를 빨간색 (red) 점선 (dash－dotted line) 으로 그리고 데이터에 별표 (*) 표시가 나타나게 하는 명령이다. 명령어 안에 데이터 행렬을 순서대로 써 놓은 다음 위의 명령어를 색, 마커, 선 스타일의 순서에 관계없이 따옴표 (' ') 안에 써 넣으면 된다. 위의 명령을 실행하면 sin 함수는 검은색의 점선 그리고 위로 향한 삼각형의 마커를 가진 그래프가 되고, cos 함수는 빨간색의 점선의 별 모양의 마크가 표시된 그래프를 얻게 된다. 그림 A.7 에서 이들을 확인을 할 수 있다.

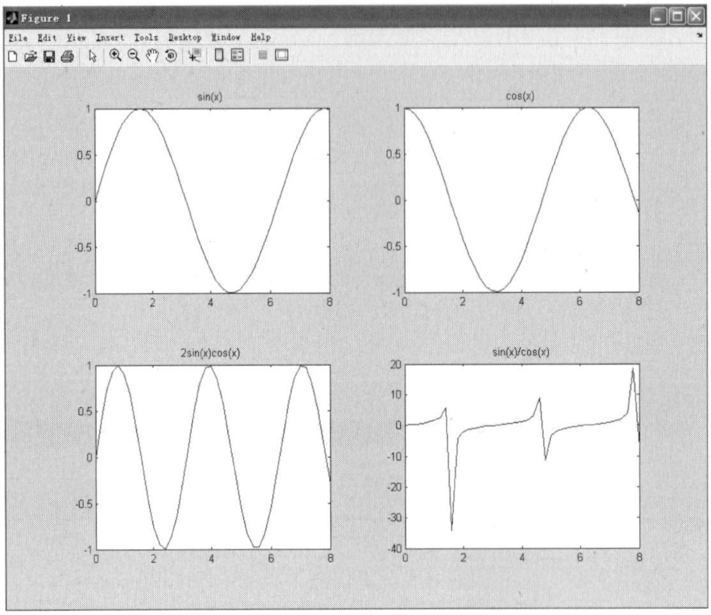

그림 A.8 subplot의 예

명령어 subplot 은 하나의 Figure 창에 여러 그래프를 표시할 때 사용하는 명령어이다. subplot(m, n, p) 형식으로 나타내며, 하나의 창을 m×n 구역으로 나누어, p 구역에 그림을 그리는 방식이다. p 는 왼쪽에서 오른쪽으로, 위에서 아래로 번호를 붙여 나간다. 아래의 명령어를 입력하면 그림 A.8 을 얻을 수 있다. 예제를 통해서 확인을 해보자.

MATLAB

```
x=[0:0.2:8];
y=sin(x);
z=cos(x);
a=2*sin(x).*cos(x);
b=sin(x)./(cos(x));

subplot(2,2,1), plot(x,y), title('sin(x)') % 왼쪽 상단에 표시
subplot(2,2,2), plot(x,z), title('cos(x)') % 오른쪽 상단에 표시
subplot(2,2,3), plot(x,a), title('2sin(x)cos(x)') % 왼쪽 하단에 표시
subplot(2,2,4), plot(x,b), title('sin(x)/cos(x)') % 오른쪽 하단에 표시
```

명령어 grid 를 사용하여 그래프 안에 격자를 나타낼 수 있다. 이 명령어가 어떻게 나타나는지 확인해 보자. 단순히 'grid' 라고 입력하면 'grid on' 과 같은 효과를 내며, 격

자를 없애려면 'grid off' 라고 입력을 하면 된다. 기본적으로 plot 명령을 실행하면 grid off 상태가 되어 있다. 아래의 명령어를 입력하면 Figure 1 창에 그림 A.9 와 같은 그래프가 나타난다.

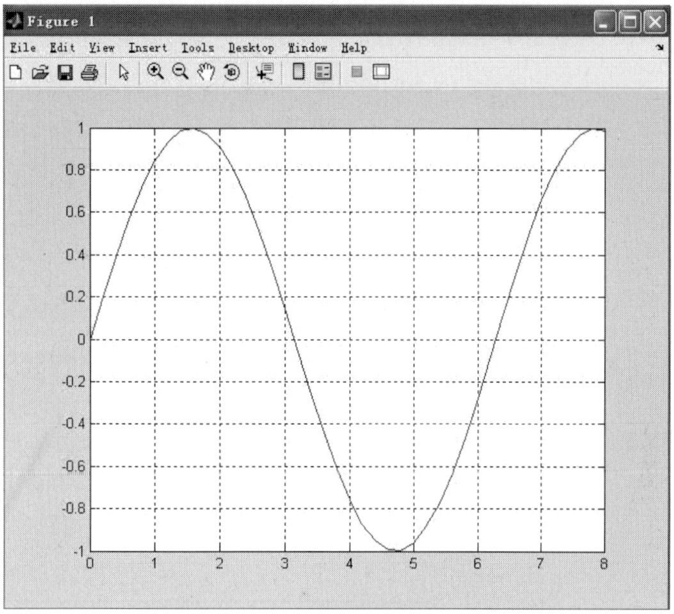

그림 A.9

MATLAB

```
>> x=[0:0.02:8];
>> y=sin(x);
>> plot(x,y),
>> grid on
```

위 상태에서 Command 창에 아래와 같이 입력하면 격자는 사라진다.

MATLAB

```
>> grid off
```

위에서 설명한 사항 이외에도 다른 더 많은 선택 사항들은 매트랩 관련 전문서적이나 MATLAB help 메뉴에서 찾아볼 수 있다.

연습문제 PROBLEMS

1. 어떤 물체의 진동에 관한 식이 $f(x) = 3e^{-1.5x}\sin(15x+5)$ 로 주어졌다고 가정한다. 이 식으로부터 $0 \le x \le 5.0$ 범위에서 $f(x)$ 에 관한 그래프를 그려라. 단, x 축에는 'x-value', y 축에는 '$f(x)$' 라는 축 제목 (label) 을 표시하고 그래프 제목은 'Vibration Curve' 로 표시하여라.

2. 주어진 식 $y = 0.4\sqrt{1.8x}$ 로부터 $0 \le x \le 40$ 이고 $0 \le y \le 4.0$ 범위에서 그래프를 그려라. 단, x 축에는 'Distance(km)', y 축에는 'Height(km)' 라는 축 제목 (label) 을 표시하고 그래프 제목은 'Projectile Height as a Function of Distance' 로 하라.

3. 다음의 두 데이터를 한 그래프에 나타내라. 단, 두 그래프의 데이터 표시를 서로 달리 하여라. y_1 은 실선 (solid line) 으로, y_2 는 점선 (dashed line) 으로 하라. 또한 각각의 축에 라벨 (label) 을 표시하고, 범례 (legend) 와 적합한 그래프의 제목 (title) 을 표시하라.

x	y_1	y_2
0	11	2
1	13	4
2	8	5
3	7	3
4	5	2
5	9	4

4. 주어진 두 개의 함수 $y_1 = \cosh(x)$ 와 $y_2 = 0.5e^x$ 가 있다. $0 \le x \le 2$ 범위에서 두 개의 함수를 한 그래프에 나타내라. 단, 두 함수는 서로 다른 선으로 나타내고 적합한 축 라벨, 범례, 그래프 제목을 표시하여라.

5. 함수 $y = x^3 - 10x - 5$ 에 대해 $-5 \le x \le 5$ 범위에서 그래프로 나타내라. 단, 그래프에 적합한 축 라벨, 범례, 그래프 제목을 표시하여라. 이 구간에서 $y = 0$ 이 되는 조건의 x 위치는 몇 군데인가? 또한, 각각의 x 값은 얼마인지 추정하라.

A.4 ▶ 프로그램 제어 명령과 스크립트 파일 작성

A.4.1 프로그램 제어명령

(1) 연산자 (operator)

매트랩에서는 조건을 서로 비교하는 여섯 개의 관계 연산자 (relational operator) 가 있다. 매트랩에서 사용되는 연산자들을 아래 표 A.10(a) 에 나타냈다. 이들은 프로그램의 흐름을 제어하는 명령어 안에 조건식에서 사용되는 기호들이다.

표 A.10 (a) 관계연산자

Relational Operator	Description
<	Less than
<=	Less than or equal to
>	Greater than
>=	Greater than or equal to
==	Equal to
~=	Not equal to

관계 연산자는 두 값을 비교하여 비교문 (comparison statement) (예 : 5<8) 이 참 (true) 인가 또는 거짓 (false) 인가를 나타낸다. 만일 비교문이 참인 경우는 '1' 이 되고 거짓인 경우는 '0' 이 된다. 동일함을 나타내는 관계연산자 'equal to' 는 두 개의 = 표시 (단, = = 표시 사이에는 빈칸이 없음) 로 나타냄을 주목하라. 마찬가지로, 두 개의 기호가 조합된 다른 관계 연산자 (<=, >=, ~=) 도 기호 사이에 빈칸이 없다. 명령창에서 다음을 실행해보자.

MATLAB

```
>> 5>8
ans =
     0

>> 5<8
ans =
     1

>> 4==6
ans =
     0
```

논리 연산자 (logical operator) 는 여러 조건식들이 있는 경우, 선택적인 조건을 설정하거나 또는 두 가지 이상 조건을 설정 또는 부정하는데 쓰인다. 매트랩에서 쓰이는 논리연산자는 아래의 표 A.10(b) 와 같다.

표 A.10 (b) 논리연산자

Logical Operator	Name	Example	Description
&	AND	A&B	Operates on two operands(A and B). If both are true, the result is true(1); otherwise the result is false(0).
|	OR	A|B	Operates on two operands(A and B). If either one, or both are true, the result is true(1); otherwise(both are false) the result is false(0).
~	NOT	~A	Operates on one operand(A). Gives the opposite of the operand. True(1) if the operand is false, and false(0) if the operand is true.

논리 연산자에서 피연산자 (operand) 로 숫자를 사용할 수 있다. 0 이 아닌 숫자는 참이고, 0 은 거짓이다. 명령창에서 다음을 실행해보자.

MATLAB

```
>> 2&9 % 2 and 9 are both true(nonzer), so the outcome will be 1
ans =
     1

>> x=7|0 % 1 will be assigned to x since at least one number is
true(nonzero)
x =
     1

>> ~30
ans =
     0

>> ~0
ans =
     1
```

관계 연산자로 주어진 조건들을 논리 연산자를 사용하여 프로그램을 더욱 간단히 할 수 있다. 예로서 다음 프로그램을 고려해보자.

MATLAB

```
if u<v
   if w<10
      s=u*v*w
   end
end
```

위의 프로그램은 u<v 이고 w<10 일 경우 s=u*v*w 를 계산하는 프로그램이다. 이를 논리연산자 & 를 사용하여 다음과 같이 간단히 할 수 있다.

MATLAB
```
if(u>v) &(w<10)
   s=u*v*w
end
```

(2) for-end 명령어

명령어 'for' 는 일정한 명령의 그룹들을 정해진 숫자만큼 반복시키는 명령어이다. 일반적으로 아래와 같은 구조로 나타낼 수 있다.

MATLAB
```
for x= array
   (commands)
end
```

for 와 end 사이에 쓰인 명령어들 (commands) 부분은 행으로 이루어진 배열 안에서 한 번씩 실행된다. 매번 x 는 주어진 배열 (array) 안에서 다음 열로 바뀌게 된다.

MATLAB
```
>> for n=1:10
x(n)=n*2;
end
>> x
x =
     2     4     6     8    10    12    14    16    18    20
```

위의 예제에서 첫 번째 명령어 'for n=1:10' 은 'n=1 일 때부터 10 일 때까지 다음 'end' 안에 있는 명령을 실행하라'는 뜻과 같다. 즉 n=1 일 때 배열 x 의 첫 번째 열 'x(1)'은 1*2=2 가 되고, n=2 일 때는 2 번째 열 'x(2)' 는 4 가 된다. 마지막으로 n=10 이 되면 10 번째 열 'x(10)' 은 20 이 된다. 여기서 n=10 이 되므로 for 문의 반복은 끝나게 된다.

반복 명령에 쓰이는 행렬은 열로 주어진 배열이다. 위에서는 배열 안의 수가 증가하였지만 감소하게 만들 수도 있다. 아래의 예문을 실행하면 20 부터 8 까지 4 씩 차감되어 나타나는 수를 볼 수 있다.

MATLAB

```
>> for n=10: -2: 4
x=2*n
end

x =
    20
x =
    16
x =
    12
x =
     8
```

(3) while-end 명령어

명령어 for 는 특정한 횟수만큼 명령을 반복하는 것이라면, while 명령어는 조건을 만족하는 횟수만큼 명령을 반복시킨다. 명령어 while 에 대한 일반적인 문 구조는 아래와 같다.

MATLAB

```
while conditional expression
  (commands)
end
```

while 과 end 사이에 있는 명령어 (command) 는 조건식 (expression) 안에 있는 조건이 '참 (true)' 이 될 때 실행된다. 명령창에서 아래의 예를 입력하여 실행해 보자.

MATLAB

```
>> i=0;
>> while(i<10)
i=i+1;
x(i)=i*2;
end

>> x
x =
     2     4     6     8    10    12    14    16    18    20
```

첫 번째 줄에서 i=0 이라고 정의한 후, while 의 조건문에 있는 명령어가 실행된다. 현재 i=0 이란 값이며, i 가 10 보다 작으므로 while 과 end 사이에 있는 명령이 실행된다. 세 번째 줄에서 i = 0+1=1 로 되며 x 의 첫 번째 위치 x(1) 에 2 라는 값이 들어가게 된다. 두 번째 while 문을 반복하면 다시 세 번째 줄에서 i=1+1=2 로 되며 x 의 두 번째 위치 x(2) 에 4 의 값이 들어간다. 계속 반복되어 i 가 10 이 되면 조건식이 '거짓' 이 되기 때문에 while 명령은 멈추게 된다. x 에 들어간 값들을 살펴보면 2 부터 20 까지 2 의 배수임을 알 수 있다.

한편으로 for 나 while 문에서 종종 사용되는 명령어 continue 와 break 는 다음 기능을 갖는다. 즉, break 란 명령어를 만나면 다음 명령들을 무시하고, 반복도 끝내고 for 나 while 문을 빠져나온다. 한편으로 for 나 while 문 중간에 continue 란 명령어를 만나면 다음 명령들을 무시하고 다음 반복을 계속한다.

(4) if-else-end 명령어

명령문 순서가 조건에 따라 바뀔 때가 있다. 이 경우 if-else-end 라는 조건문으로 나타낼 수 있다. 매트랩에서도 이러한 명령어들이 있으며, 일반적으로 다음 같은 형식을 사용한다. 첫 번째, 가장 간단한 경우로 if-end 조건문은 다음과 같으며, 흐름도 (flow chart) 는 그림 A.10(a) 와 같다.

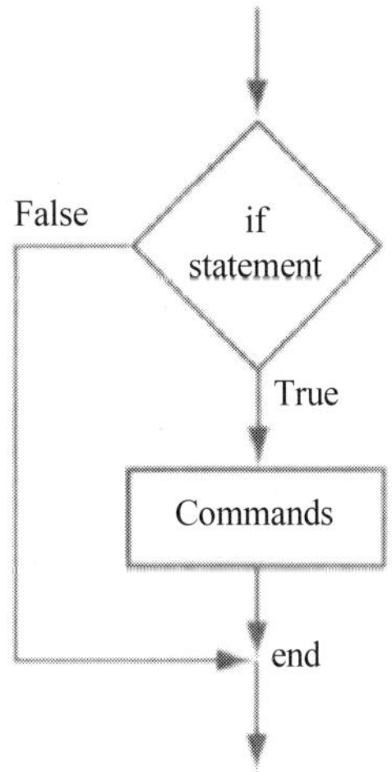

그림 A.10 (a) if-end 조건문 흐름도

MATLAB

```
if conditional expression
  (commands)
end
```

if 와 end 사이에 있는 명령어 (command) 가 조건식 (conditional expression) 을 만족하여 '참' 이 될 때 실행된다. 다음 예를 살펴보자.

MATLAB

```
>> apple=10;
>> if apple>5
cost=300*apple;
end
>>
>> cost
cost =
       3000
```

위의 프로그램에서 첫 번째 줄에 apple=10 이라고 정의되었다. 두 번째 줄의 조건식에서 apple 이 5 보다 크면 cost 는 apple 값에 300 을 곱하게 되어 있다. apple 이 5 보다 큰 10 이므로 cost 는 3000 이 된다.

두 번째의 조건문으로 if－else－end 문은 조건식을 만족하지 않으면 'else' 로 나타낸 다음 단계의 명령을 실행하게 된다. 일반적인 표현식은 아래와 같으며 흐름도는 그림 A.10(b) 와 같다.

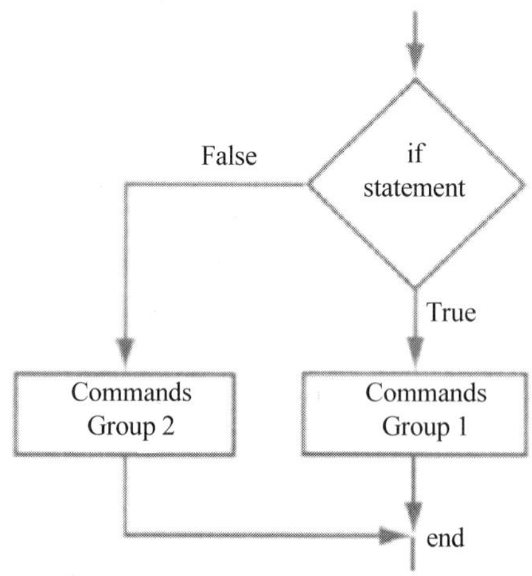

그림 A.10 (b) if-else-end 조건문 흐름도

MATLAB

```
if  conditional expression
  (commands group 1)
else
  (commands group 2)
end
```

이 명령어는 조건식 (expression) 을 만족하면 명령어 1 (commands group 1) 을 실행하고 그렇지 않으면 명령어 2 (commands group 2) 를 실행하라는 문장이다.

다음 예제를 통해 확인을 해보자.

MATLAB

```
>> apple=10;
>> if apple>20
cost=300*apple;
else
cost=100*apple;
end
>>
>> cost
cost =
        1000
```

첫 번째 줄에서 apple=10 이라고 정의되어 있다. 두 번째 줄 'if' 의 조건식에서는 20 보다 크면 apple 에 300 을 곱하라는 명령어이다. 그러나 apple 은 20 보다 작은 10 이므로 조건식을 만족하지 않는다. 조건식이 거짓이므로 cost 의 값은 apple 에 100 을 곱한 1000 이 된다.

마지막으로 if−elseif−else−end 문을 이용하여 여러 개의 조건식에 대한 명령어들을 만들 수도 있다. if−elseif−else−end 문의 일반적인 표현식은 다음과 같으며 흐름도는 그림 A.10(c) 와 같다.

MATLAB

```
if conditional expression 1
  (commands group 1 if expression 1 is TRUE)
elseif conditional expression 2
  (commands group 2 if expression 2 is TRUE)
else
  (commands group 3 if no other expression is TRUE)
end
```

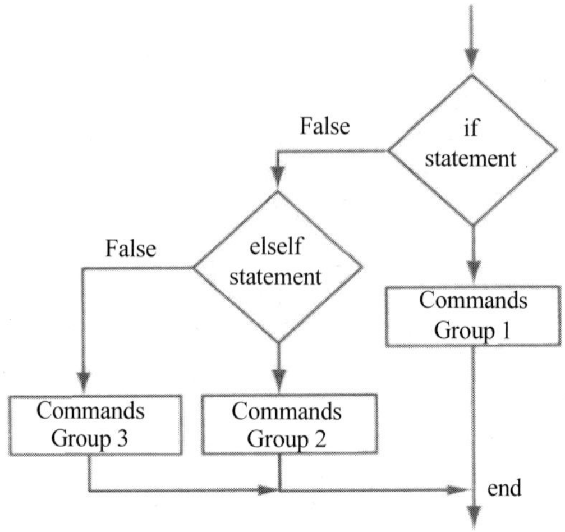

그림 A.10 (c) if–else–end 조건문 흐름도

조건식 1 (expression 1) 을 만족하면 명령어 1 (command group 1) 을 실행하고 조건식 1 을 만족하지 않고 조건식 2 를 만족하면 명령어 2 (command group 2) 를 실행한다. 그리고 어떤 조건식도 만족하지 않으면 마지막 명령어 3 (command group 3) 을 실행하게 된다. if–elseif–else–end 문의 흐름도는 그림 10(c) 와 같다.

if–elseif–else–end 문에 관한 예로서 다음 경우를 생각해보자. x 가 −3 부터 1 씩 증가하여 3 이 될 때까지 반복하여 각각 다른 조건식에 따라 출력하는 프로그램이다. 이 예제를 입력하고 실행해 보면 이 관계를 쉽게 이해할 수 있다. 아래의 fprintf ('x>=0, x=%g \n', x) 의 명령어는 괄호 속의 ' ' 안에 있는 사항을 컴퓨터 모니터에 출력 (print) 하라는 의미이다. x=%g 는 x 의 해당 값을 g 포맷 (format) 으로 나타내고, \n 은 줄을 바꾸라는 기호이다.

MATLAB

```
>> for x=-3:1:3
if x>1
     fprintf('x>1, x=%g \n', x)
  elseif x>=0
     fprintf('x>=0, x=%g \n', x)
  else
     fprintf('x<0, x=%g \n', x)
  end
end

x<0, x=-3
x<0, x=-2
x<0, x=-1
```

```
x>=0, x=0
x>=0, x=1
x>1, x=2
x>1, x=3
```

(5) switch-case 명령어

여러 인수와 같은가를 비교하여 반복 실행되는 명령어들은 if-else-end 명령어보다도 switch-case 명령어를 사용하면 더욱 간단한 프로그램으로 만들 수 있다.

MATLAB

```
switch variable
  case test_value1
    (command 1)
  case test_value2
    (command 2)
  otherwise
    (command 3)
end
```

switch 라는 명령이 실행되면서 변수 (variable) 를 받고, 그 변수값이 무엇인지 확인한다. 만약 변수값이 test_value1 과 같으면 command 1 을 실행하게 되고 test_value1 과 같지 않고 test_value2 와 같으면 command 2 를 실행하게 된다. test_value1 이나 test_value2 와도 같지 않으면 command 3 을 실행하게 된다.

아래 예제를 통해서 위의 명령어 switch-case 를 쉽게 이해할 수 있다.

MATLAB

```
>> angle=90;
>> switch angle
    case 0
        disp('north')
    case 90
        disp('east')
    case 180
        disp('south')
    case 270
        disp('west')
    otherwise
        disp('unknown')
end

east
```

위에서 angle 은 90 이란 값으로 정의되어 있다. switch 라는 명령어를 써서 angle 을 변수로 받은 다음 angle 값이 0, 90, 180, 270 일 때, 그리고 앞의 어느 경우도 아닐 경우 각각의 조건에 대한 명령어를 실행하라는 프로그램이다. 위에서 disp(x) 는 'display' 의 약어이며, 괄호 안의 x 를 명령창에 나타내라는 명령어이다. angle=90 이므로 case 90 일 경우에 해당되는 disp('east') 라는 명령이 실행되고, 이 결과는 맨 아래에 'east' 란 문자열이 표시되었다.

A.4.2 스크립트 파일 (m-file) 작성

매트랩 프로그램은 대부분 스크립트 파일 (m-file) 로 작성된다. 그러므로 이 절을 확실히 이해하여 'm-file' 을 스스로 작성할 수 있어야 한다.

간단한 문제는 매트랩의 명령창 (command window) 에서 쉽게 입력하여 상호 대화 식 (interactive mode) 으로 빠르게 해결할 수 있다. 그러나 변수가 늘어나고 명령어의 종류가 증가함에 따라 매트랩의 명령창에서 많은 명령어의 처리가 곤란할 경우가 많다. 이 경우, 매트랩에서 일련의 명령어들을 텍스트로 나열하여 여러 개의 명령어들을 동시에 실행할 수 있도록 하였다. 이와 같이 여러 명령어로 이루어진 텍스트 파일을 스크립트 파일 (script file) 또는 흔히 m-file 이라 한다. 스크립트의 본래의 의미는 영화나 방송의 대본과 각본 따위의 방송 원고를 말하며, 매트랩에서 스크립트 파일이라고 부르는 것은 파일을 읽는 것이 영화의 대본을 처리하는 것과 비슷하기 때문이다. 매트랩에서 스크립트 파일, 즉 m-file 은 'test.m' 과 같이 파일의 확장자가 'm' 으로 되어 있다.

스크립트 파일을 작성하기 위해서는 그림 A.11 과 같이 매트랩 창 위의 왼쪽에 있는 도구모음 또는 툴바 (tool bar) 에서 File → New → M-file 을 선택한다. 이 과정을 거치면 그림 A.11 의 왼쪽 상단에 작은 텍스트 편집창 (editor) 이 나타나며, 이 편집창에 여러 명령어들을 사용하여 프로그램을 작성할 수 있다. 명령창 (command window) 에서 사용된 명령어는 저장할 수 없으나, m-file 로 작성된 프로그램은 저장될 수 있으므로 필요에 따라 불러내서 수정과 보완을 할 수 있다.

다음의 예제를 통해서 스크립트 파일, 즉 m-file 을 작성하고 저장하는 구체적인 과정을 살펴보자. 이 예제에서는 주어진 두 개의 행렬 A 와 B 를 곱하여 C=A*B 의 결과를 화면에 출력하는 프로그램이다. 다음 텍스트를 그림 A.11(a) 와 같이 편집창에 입력한다.

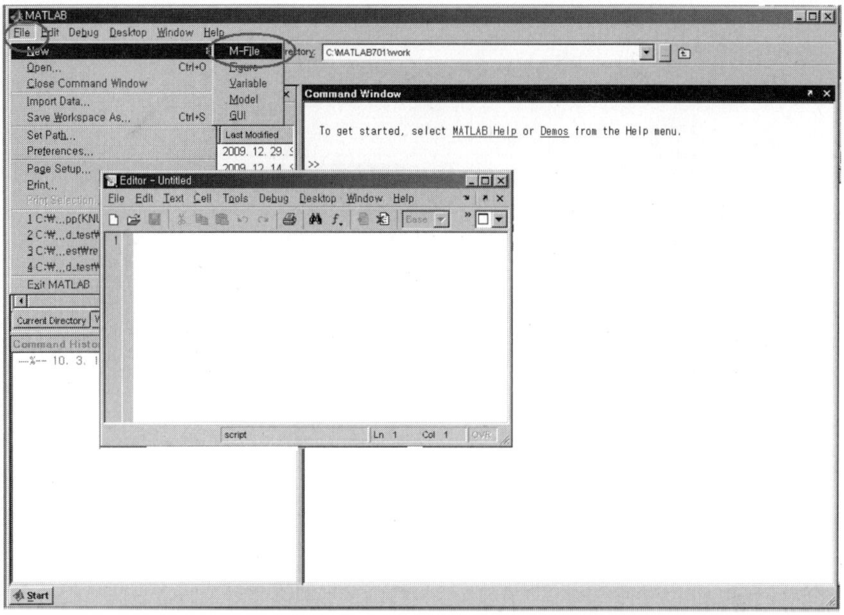

그림 A.11

MATLAB

```
% matprod.m
% This program computes the matrix product C=A*B, and
% display the result

A=[3, 8; 2, 7];
B=[5, 3; 6, 4];
C=A*B
```

편집창에서도 % 표시가 문의 첫 칸에 있을 경우 앞의 명령창에서도 설명한 바와 같이 주석문 (comment statement) 임을 나타낸다. % 표시로 된 문장은 실행되지 않으며, 프로그램 이름, 작성자 또는 프로그램에 관한 설명이 필요한 경우 사용될 수 있다. A 와 B 는 문의 마지막에 세미콜론 (;) 표시가 되어 있으므로 내부적으로 변수 A 와 B 에 행렬값이 기억되며, 명령창에는 나타나지 않는다. 그러나 C=A*B 는 세미콜론 표시가 없으므로 실행 결과가 명령창에 나타나게 된다.

위의 예제를 m-file 로 작성하고 실행을 하려면 다음의 절차에 따른다. 그림 A.11(a) 와 같이 편집창 (editor) 의 툴바에서 Debug → Save and Run 을 선택을 하거나 또는 단순히 단축키 F5 키를 누르면 그림 A.11(b) 와 같이 파일을 어떤 이름으로 저장할지 묻는 창 (Save file as) 이 나타난다.

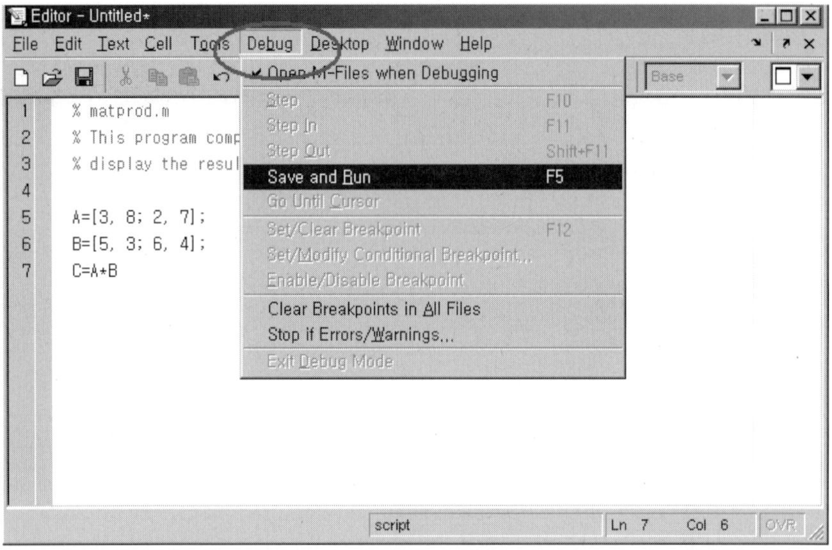

그림 A.11 (a)

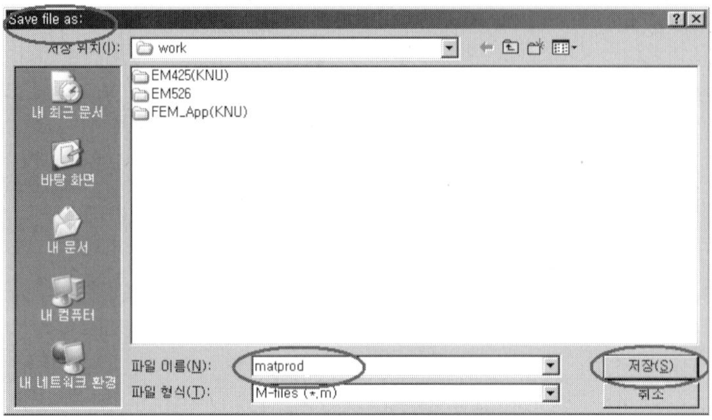

그림 A.11 (b)

만일 위의 예제의 스크립트 파일을 ‘matprod.m’ 이라고 한다면 그림 A.11(b) 의 ‘파일이름 (N)’ 에 ‘matprod’ 를 입력하고, 저장 (S) 버튼을 누른다. 이렇게 하면 Work 폴더에 ‘matprod’ 의 파일이 만들어진다. 다른 저장 방법은 편집창 메뉴에서 File→Save (또는 Save As...) 메뉴를 선택한 후, 원하는 파일 이름을 입력시킬 수도 있다.

위의 예제에서 파일이 ‘matprod.m’ 이라고 저장되었으면, 그림 A.11(c) 에서와 같이 명령창 (Command Window) 에서 단순히 matprod 라고 입력하면 스크립트가 실행된다. 만일 스크립트 파일의 프로그램에 이상이 있을 경우 오류 메시지가 나타난다. 프로그램이 이상 없이 실행되고 나면 그림 A.11(c) 와 같이 명령창에서 계산 결과를 볼 수 있다.

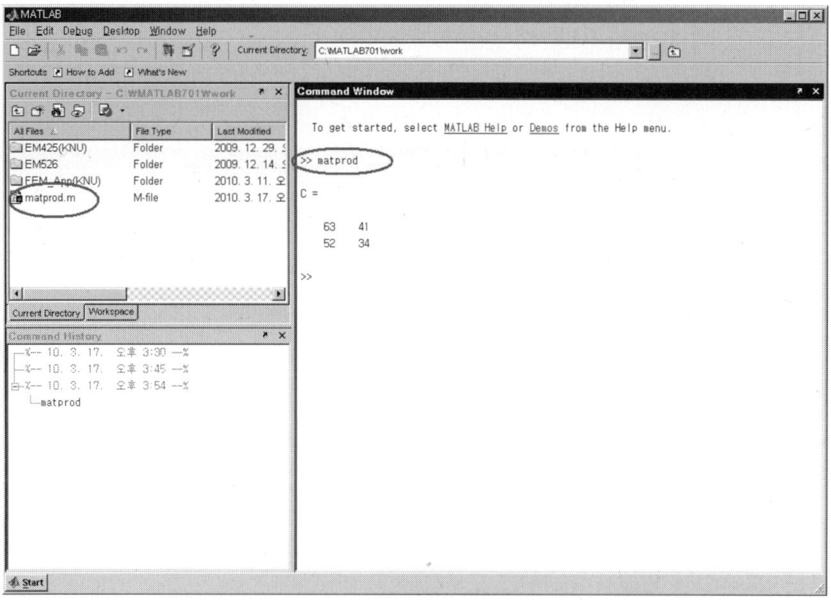

그림 A.11 (c)

예제 A.4 0 부터 10 까지 0.1 간격으로 x 값을 만들고, 만일 $x \leq 5$ 이면 $y = x^2$ 의 함수를, 그리고 $x > 5$ 이면 $y = -3x + 30$ 인 함수를 그래프로 나타내는 m-file 을 작성하라.

풀이 프로그램을 작성하기 위해서는 먼저 x 를 행벡터 (row vector) 로 만든다. 다음으로 아래와 같이 for−end 문 사이에 if−else−end 문을 삽입하여 프로그램을 만든다. 편집창에 아래의 프로그램을 입력하면 그림 A.12(a) 와 같다.

MATLAB TIP

```
% testplot.m
% This program calculates two functions and plots them.

x=[0: 0.1: 10];
for(i=1: 1: length(x))
    if x(i)<5
         y(i)=x(i)^2;
    else
         y(i)=-3*x(i)+40;
    end
end

plot(x,y), title('Test M-file'), xlabel('x'), ylabel('y'),...
    legend('test plot')
```

그림 A.12(a) 와 같이 m-file 로 작성된 프로그램을 'testplot' 으로 저장한 후, 명령창에서 '>>testplot' 와 같이 입력하면 그림 A.12(b) 와 같이 Figure 1 창에 그래프가 나타난다.

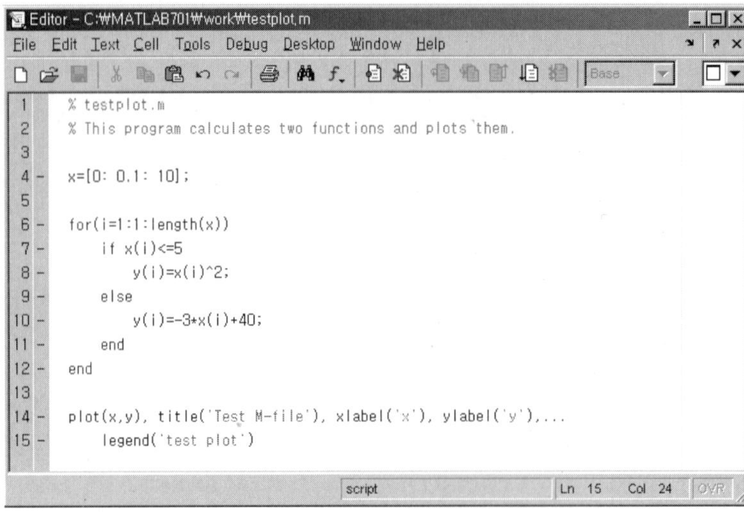

그림 A.12 (a)

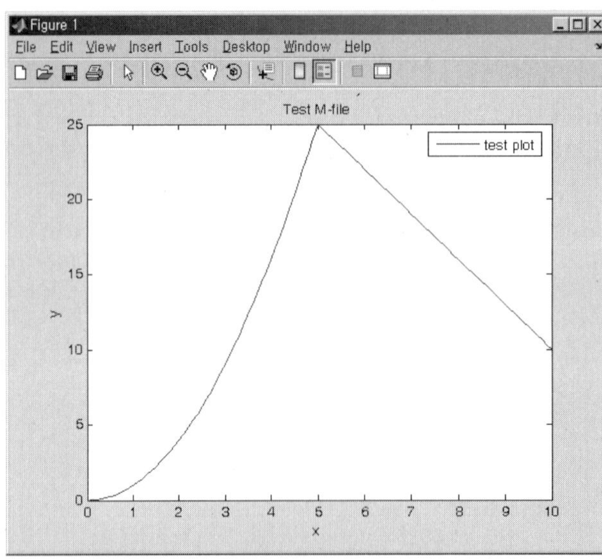

그림 A.12 (b)

A.4.3 경로 설정 및 파일 입출력

(1) 디렉터리 경로설정

매트랩을 실행하면 지정된 경로 (path) 에 따라 실행된다. 그러나 지정된 경로가 작업자가 원하는 데로 되어 있지 않을 경우, 엉뚱한 경로에 파일이 실행될 수 있다. 이런 실수를 방지하기 위해서 경로를 설정해주어야 한다. 경로란 파일이 실행되고 저장되는 위치를 말하며, 경로가 제대로 지정되지 않으면 실행 결과를 정확히 확인할 수 없다.

현재 실행되고 있는 매트랩에서 경로를 알아보려면 그림 A.13(a) 와 같이 툴바 밑에 있는 'Current Directory' 항목을 확인하면 된다.

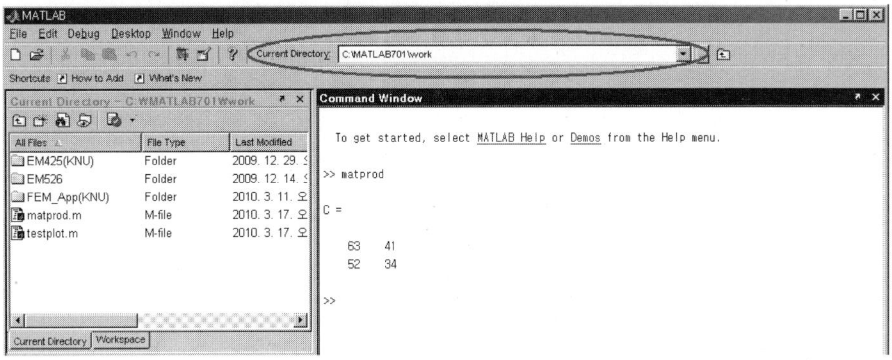

그림 A.13 (a)

다른 방법으로는 그림 A.13(b) 와 같이 툴바 메뉴에서 Window → 2_Current Directory 또는 키보드로 Ctrl+2 를 누르면 Current Directory 의 폴더 위치 안에 있는 다른 폴더나 또는 파일들이 나타난다. 매트랩의 명령창에서 사용할 파일은 반드시 Current Directory 에 지정된 경로에 있어야 한다. 즉, 위에서 예를 든 'matprod.m' 이나 또는 'testplot.m' 파일은 그림 A.13(b) 와 같이 Current Directory 안에 있다.

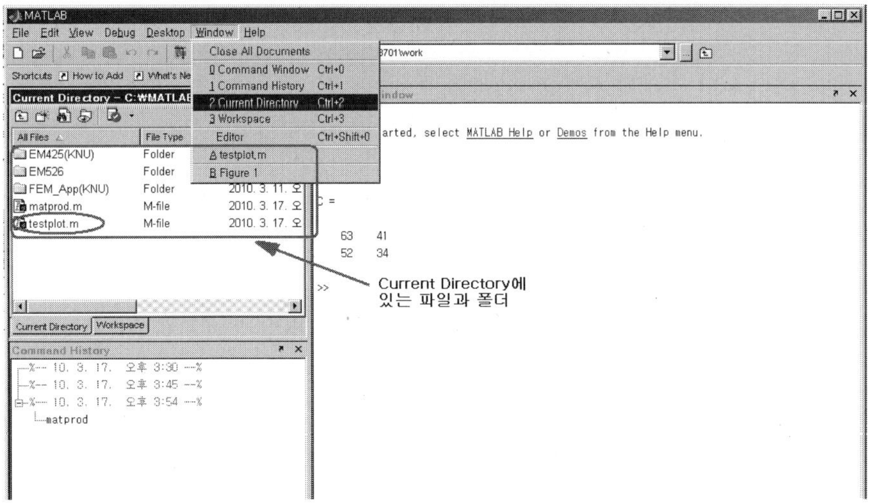

그림 A.13(b)

현재 폴더를 다른 위치로 저장하려면 그림 A.13(c) 의 상단 왼쪽에 표시된 것과 같이 Current Directory 창의 툴바의 'Go up one level' 버튼을 눌러서 바꾸거나, 또는 상단 오른쪽에 표시된 버튼을 눌러서 위치를 바꿔주면 된다.

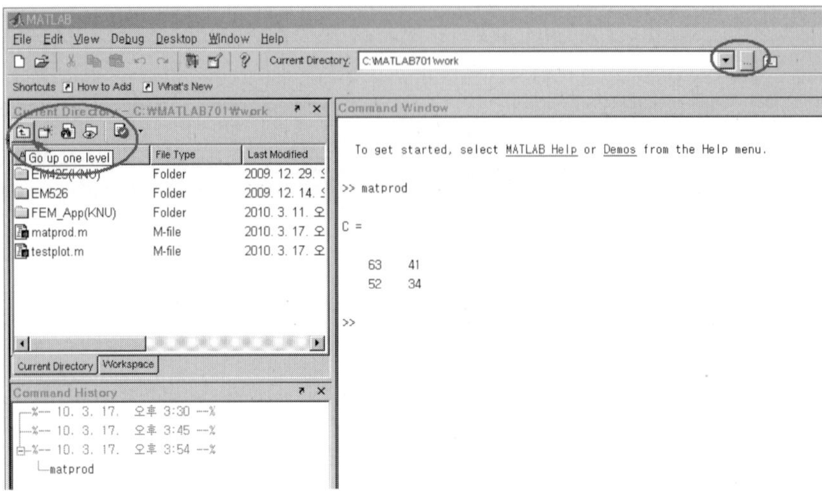

그림 A.13 (c)

또한 그림 A.13(d) 와 같이 툴바에서 File→Set Path... 로부터 Set path 라는 항목을 설정할 수 있다. 이렇게 하면 Current Directory 에 경로를 지정하지 않고도 파일에 접근할 수 있는 경로를 설정해 주는 메뉴이다. 여기서 'Add folder' 버튼을 이용하여 원하는 폴더를 추가시키면 Current Directory 를 추가시킨 폴더로 바꾸지 않아도 추가 폴더 안에 있는 파일을 명령창에서 실행시킬 수 있다. 그렇지 않으면 명령창에서 실행할 수 없으므로 현재 폴더의 위치를 바꾸어 주어야 한다.

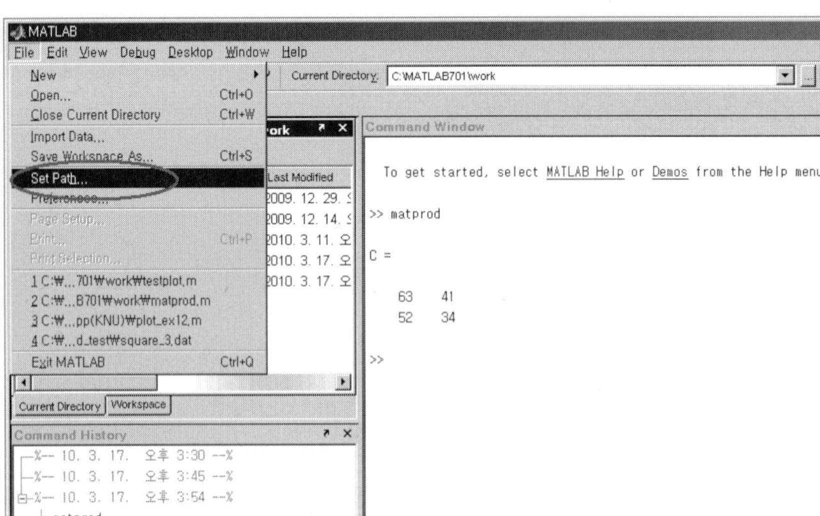

그림 A.13 (d)

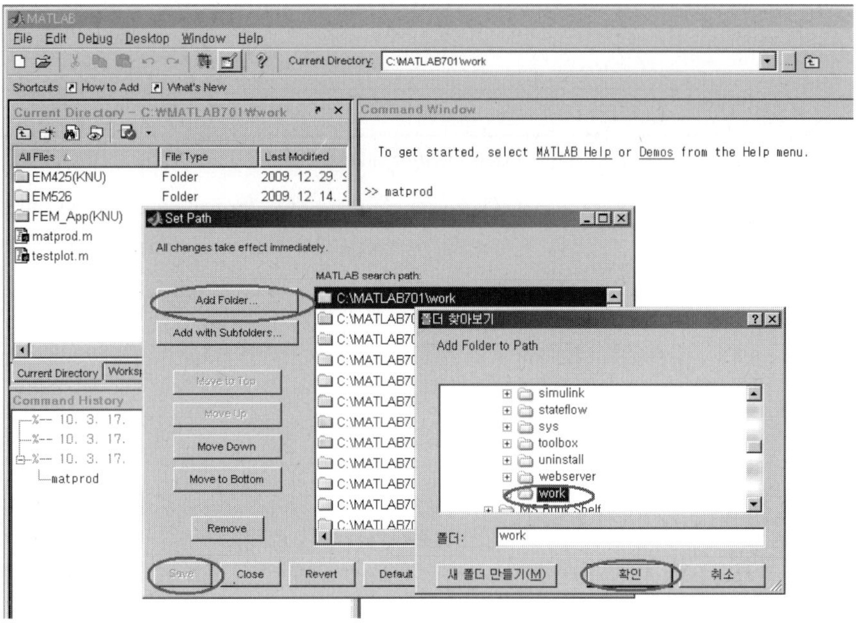

그림 A.13 (e)

예를 들면 그림 A.13(e) 의 'Set Path' 창에서 'Add Folder..' 버튼을 누르면 '폴더 찾아보기' 창이 나타난다. 폴더 찾아보기 창에서 'work' 라는 폴더를 표시한 후, 확인을 누르면 그림의 가운데 있는 'Set Path' 창에서 C: \ MATLAB \ work 가 나타난다. 이 상태에서 'Set Path' 창에 있는 'save' 버튼을 누르면 경로가 설정된다. 매트랩의 명령장에서 작업을 할 파일은 이렇게 설정된 경로에 있어야 한다.

(2) 파일 입출력

프로그램을 작성할 경우 데이터를 직접 텍스트나 숫자로 확인해야 할 때가 있다. 이럴 경우는 모니터에서 출력하기보다 프로그램으로 계산된 숫자를 텍스트 파일이나 다른 파일로 만들어 놓으면 편리할 경우가 많다. 매트랩 역시 C 언어나 C++ 또는 Fortran 언어처럼 파일을 입출력할 수 있는 기능이 있다.

먼저 파일을 불러오기 위한 명령어부터 살펴보자. 파일을 불러오기 위한 기본적인 형식은 아래와 같다.

MATLAB

```
fid = fopen(filename, mode)
```

위에서 'fid' 는 'file identifier' 를 의미한다. 파일 이름 (filename) 은 현재 디렉토리 (Current Directory) 안에서 있어야 한다. mode 는 파일을 어떻게 불러올 것인가에 관한 것이며, 읽기 전용인가 또는 쓰기 전용인가에 따라 표 A.11 과 같이 달리 나타낸다.

표 A.11

Specifier	Description
'r'	Open file for reading(default).
'w'	Open file, or create new file, for writing; discard existing contents, if any.
'a'	Open file, or create new file, for writing; append data to the end of the file.

파일을 불러왔으면 파일 안에 계산한 데이터를 입력해야 할 것이다. 이 경우, 아래와 같이 fprintf 라는 명령어를 사용한다.

MATLAB

```
fprintf(fid, format, A, ...)
```

위에서 fid 는 앞에서 설명한 것처럼 불러온 파일 ID 이다. 만일 fid1=fopen ('test1.m','w') 과 fid2=fopen('test2.m','w') 을 이용하여 두 개의 파일을 불러왔을 때, test1.m 파일에 입력을 하고 싶으면 fid 항목에 fid1 을, test2.m 파일에 입력을 하고 싶으면 fid2 를 입력하면 된다.

format 은 변수 A 의 형식에 관한 사항이며 표 A.12(a) 에 설명되어 있다. 또한 수의 자릿수나, 소수점의 수는 표 A.12(b) 에 따라 조정할 수 있다.

표 A.12 (a)

Specifier	Description
%c	Single Character
%d	Decimal notation(signed)
%e	Exponential Notation(using a lowercase e as in 3.1415e+00)
%E	Exponential Notation(Using a uppercase E as in 3.1415E+00)
%f	Fixed-point notation
%g	More compact format of %e or %f. Insignificant zeros do not print.

표 A.12 (b)

항 목	예	설 명
Field width	%6f	최소한의 자릿수를 결정하는 인자. 필드 폭이 6으로 100000 자리로 표시된다.
Precision	%5.2f	소수점 몇 째 자리까지 표현하는 인자. 필드 폭이 5이며, 소수점 이하 둘째 자리까지 표시된다.

위에서 설명한 파일 입출력에 관한 사항을 살펴보기 위해 아래와 같이 file_test.m 파일을 만들어 실행해 보자.

MATLAB

```
% file_test.m
% This program tests file I/O

fid=fopen('test.txt', 'w');
char='t'
for i=1:1:5
    fprintf(fid, '%3d  %5.2f  %3c \n', i*2, i*3, char);
end

fclose(fid);
```

첫 번째 줄에서 fid=fopen('test.txt', 'w') 문은 test.txt 라는 파일을 쓰기 모드 (mode)로 불러온다는 의미이다. char='t' 는 변수 char 을 't' 로 지정한다. 그리고 for 문에서 i*2 는 %3d 형식인 3 자리 정수 형태로 쓰고, i*3 은 %5.2f 형식인 필드 폭이 5 자리를 취하여 소수 이하 2 자리의 소수점이 있는 수의 형태로 쓰게 된다. char 는 한 글자이지만 %3c 형태로 필드 폭이 3에 쓰인다. 마지막으로 파일을 닫고 난 후, file_test.m 이 실행되면 Current Director 폴더에는 아래와 같은 'test.txt' 라는 파일이 만들어진다.

MATLAB

```
  2   3.00    t
  4   6.00    t
  6   9.00    t
  8  12.00    t
 10  15.00    t
```

'test.txt' 에서는 위와 같이 실행된 결과가 텍스트로 나타나며, 예측하였던 대로 2 의 배수 (i*2) 는 정수 형태로, 3 의 배수 (i*3) 는 소수점 이하 둘째 자리까지, 문자(char)

는 문자 t 가 입력이 되었다.

주어진 데이터 파일을 읽어올 경우에는 아래와 같이 fscanf 라는 명령어를 이용한다.

MATLAB

```
A = fscanf(fid, format, size)
```

파일을 열고, 읽기 위해서는 위의 일반형식에 따른다. fid 항목은 fopen 에서 불러오거나 읽을 파일의 ID 이고, format 은 fprintf 경우와 같이 표 A.12(a), (b) 에 있는 기호들을 사용한다. 파일에 쓰인 데이터가 정수인 경우 %d 를, 소수점이 있는 수인 경우는 %f 를 사용한다. size 표시가 되어 있지 않을 경우는 주어진 데이터를 끝까지 읽는다. 그러나 size 표시가 있으면 표 A.12(c) 에 따라 데이터를 읽는다. fscanf 에 대한 명령어를 이해하기 위해 다음 예제를 살펴보기로 하자.

표 A.12 (c)

size	Description
n	Read n elements into a column vector.
inf	Read to the end of the file, resulting in a column vector containing the same number of elements as are in the file.
[m, n]	Read enough elements to fill an m-by-n matrix, filling the matrix in column order. n can be specified as inf, but m cannot.

먼저 2 부터 20 까지 2 간격으로 6 개의 수를 만드는 프로그램을 작성한다. m－file 이름은 make_test_file 로 하고, 만들어진 숫자는 a.txt 라는 파일에 쓰이도록 한다. 이 프로그램은 그림 A.13(a) 와 같으며, 이 프로그램을 실행하면 a.txt 파일이 만들어지고, 쓰인 결과는 그림 A.13(b) 와 같다.

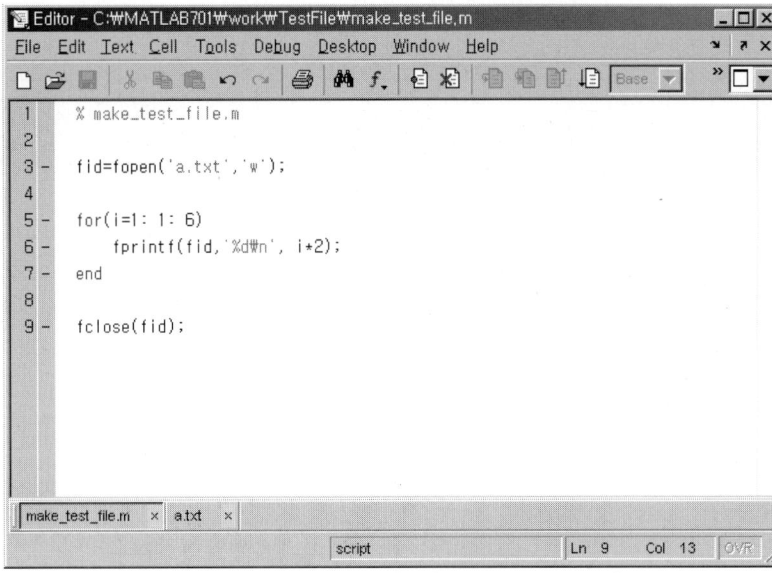

그림 A.13 (a)

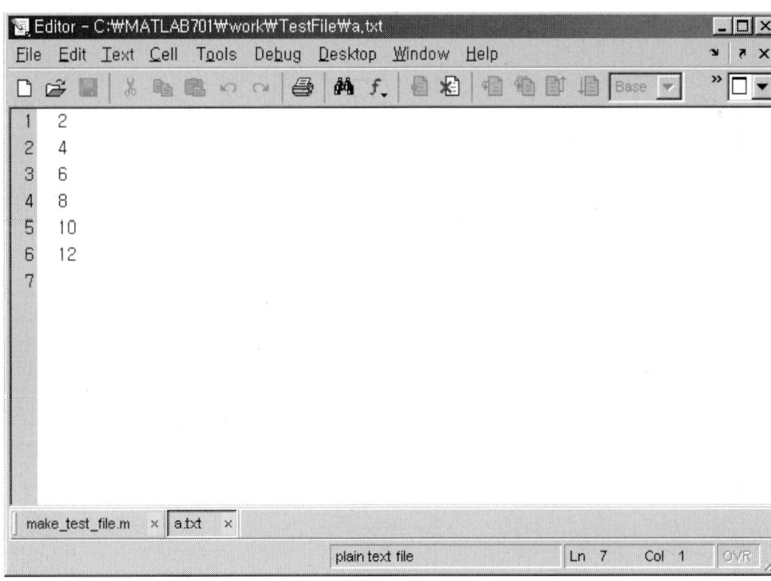

그림 A.13 (b)

다음으로 a.txt 의 숫자를 읽기 위한 m-file 을 작성하고, 읽힌 수의 2 배를 하여 새로운 파일에 쓰이도록 한다. 단, m-file 이름은 make_test_read.m 으로 하고, 생성될 파일 이름은 b.txt 로 한다. 이 프로그램 (make_test_read.m) 과 만들어진 파일 (b.txt) 은 그림 A.13(c) 및 (d) 와 같다. 그림 A.13(c) 의 9 번째 줄은 매트랩 명령창에 결과를 나타내고, 10 번째 줄은 b.txt 에 쓰이도록 하는 명령어이다.

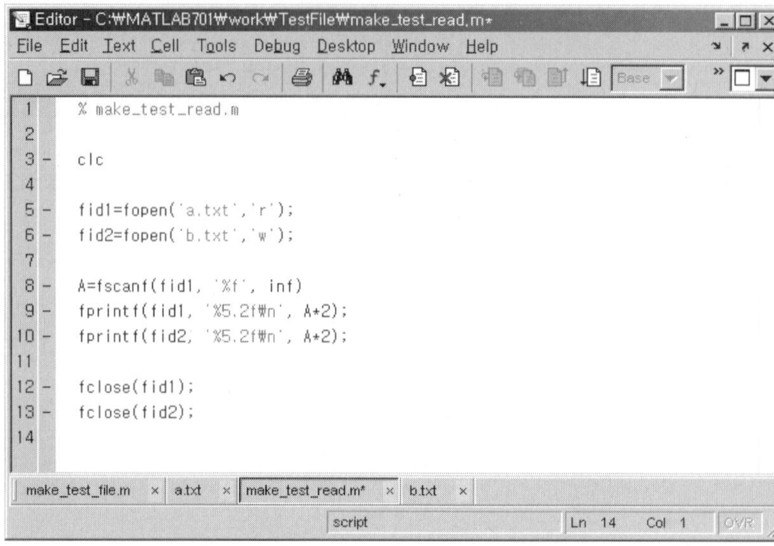

그림 A.13 (c)

그림 A.13(c) 의 8 번째 줄은 a.txt 파일로부터 수를 읽는 명령어이다. 이 명령어에 포함된 inf 는 표 A.9(c) 와 같이 크기 (size) 를 나타낸다. 다음과 같이 변수의 size 가 달라질 경우 출력 결과가 매트랩 명령창에서 어떻게 변하는지 살펴보자.

(i) A=fscanf(fid1,'%f', inf)

(ii) A=fscanf(fid1,'%f', [3,2])

(iii) A=fscanf(fid1,'%f', [2,3])

각각에 대한 결과는 표 A.12(d) 와 같다.

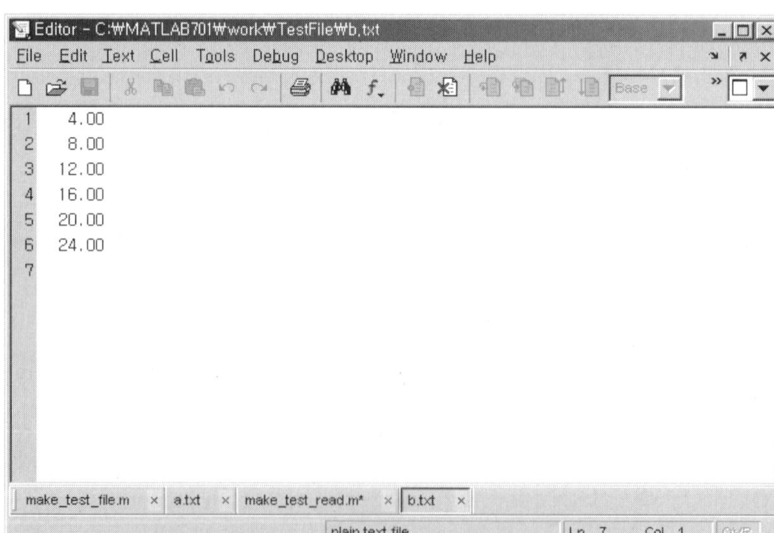

그림 A.13 (d)

표 A.12 (d)

(i) 의 경우	(ii) 의 경우	(iii) 의 경우
A =	A =	A =
2	2 8	2 6 10
4	4 10	4 8 12
6	6 12	
8		
10		
12		

연습문제 PROBLEMS

1. 다음과 같은 연립방정식을 풀어 미지수 x, y 그리고 z 를 결정하고 계산된 미지수가 주어진 식을 만족하는지 검토하는 프로그램을 m-file 로 작성하고 실행시켜라.

$$\begin{aligned} 3x - 5y + 6z &= 49 \\ -6x - 4y + 8z &= 30 \\ 7x + 9y - 5z &= -22 \end{aligned}$$

2. 원통형 용기 (circular cylinder) 에서 반지름을 r, 높이를 h 라고 하면 부피는 $V = \pi r^2 h$ 이고, 전체 표면적은 $S = 2\pi r(r+h)$ 이다. 반지름 r 을 입력하여 부피와 전체 표면적을 계산할 수 있는 m-file 을 작성하고, 실행한 결과를 나타내라.

3. 초기 속도가 없는 경우, 자유 낙하하는 물체의 속도는 시간 (t) 의 함수로 $v = gt$ 이고 낙하 거리는 $h = (1/2)gt^2$ 로 나타낼 수 있다. 여기서 $g = 9.81\ \mathrm{m/s^2}$ 로서 중력가속도이다. 시간을 10 초 (second) 로 입력하였을 경우, 시간에 따른 속도 (v) 와 낙하 높이 (h) 를 계산하고, 이들을 그래프로 나타낼 수 있는 프로그램을 m-file 로 작성하라.

4. 다음의 조건식을 계산하기 위한 프로그램을 m-file 로 작성하라. $x = 25$ 일 경우 매트랩 프로그램으로 계산하고, 이들을 계산기로 구한 값과 비교하라.

$$\begin{aligned} &x > 10, && y = \ln x \\ &0 \le x \le 10, && y = \sqrt{x} \\ &x < 0, && y = e^x - 1 \end{aligned}$$

5. 2 차 방정식 $ax^2 + bx + c = 0$ 으로부터 근을 구하는 프로그램을 m-file 로 작성하라. 단, 상수 a, b 및 c 는 실수이며, 값을 키보드로 입력한다. 2 차 방정식이 다음의 상수로 주어졌을 때, 프로그램에 의한 계산 결과와 근의 공식으로 구한 값과 비교하라.

   (a) $a = 2, b = 10, c = 12$

   (b) $a = 3, b = 24, c = 48$

   (c) $a = 4, b = 24, c = 100$

6. 시험 점수 x 가 0 점에서 100 점 범위로 표와 같이 주어질 때, 다음 조건으로 성적을 출력하는 m-file 을 작성하라. 이 프로그램을 이용하여 다음의 번호와 점수를 읽고, 번호, 점수, 성적을 출력하는 프로그램을 작성하라.

$x > 90$	'A'
$80 \le x \le 89$	'B'
$70 \le x \le 79$	'C'
$60 \le x \le 69$	'D'
$x < 60$	'F'

번 호	점 수	성 적
0	78	
1	89	
2	93	
3	84	
4	63	
5	55	
6	87	
7	92	
8	55	
9	96	
10	82	

7. 반지름이 R 인 구(sphere) 의 표면적 A 와 부피 V 는 다음 식과 같다. 아래의 사항에 관하여 답하라.

$$A = 4\pi R^2, \qquad V = \frac{4}{3}\pi R^3$$

(1) R 의 시작값을 $RS = 10$ 으로 하고, 끝값을 $RE = 50$ 으로 키보드로 입력한 후, for end 문을 사용하여 10 에서 50 까지 5 간격으로 데이터 파일을 만들어라. 이 데이터를 Rdata.txt 에 저장하여라.

(2) 위에서 작성된 Rdata.txt 파일을 불러 읽은 값을 반지름 R 로 하여 구의 면적과 부피를 계산하고, 이들 값을 Vdata.txt 에 저장하여라.

(3) Vdata.txt 로부터 반지름 R 과 구의 표면적 A, 그리고 R 과 구의 부피 V 에 대한 그래프를 작성하라. 단, 두 관계를 하나의 그래프에 나타내고 서로 구분이 되게 달리 표시하여라. 또한 수평축에는 'Radius(cm)', 왼쪽 수직축에는 'Vol(cm^3)', 오른쪽 수직축에는 'Area(cm^2)' 의 축 라벨(axis label) 을 표시하여라. 그래프의 제목은 'Surface Area and Volume of Sphere'으로 한다.

부 록 B

행렬 연산

B.1 ▸ 행렬 정의

물리적 문제를 수학적으로 나타낼 때, 아래와 같이 스칼라 값을 사각형 형태로 표시할 경우가 많다.

$$[A]=\begin{bmatrix} a_{11} & a_{12} & \cdots & a_{1n} \\ a_{21} & a_{22} & \cdots & a_{2n} \\ \vdots & \vdots & \ddots & \vdots \\ a_{n1} & a_{n2} & \cdots & a_{nn} \end{bmatrix} \tag{B1}$$

위와 같은 사각형 형태를 행렬 (matrix) 이라 하고, 이를 구성하는 각각의 스칼라 값들을 행렬의 원소 (element) 라 한다. 원소 a_{ij} 의 아래 첨자 i 는 행의 순서, j 는 열의 순서를 나타낸다. 예를 들면, a_{32} 는 3 행의 2 번째 열에 있는 원소를 표시한다.

행과 열의 수는 행렬의 크기 (order) 를 나타내며, m 항과 n 열로 이루어진 행렬의 크기를 $m \times n$ 으로 표시한다. 행과 열의 수가 같은 행렬을 정방 행렬 (square matrix) 이라고 한다. 하나의 행 (row) 으로만 이루어진 행렬을 행벡터 (row vector) 라고 하며, 또한 하나의 열 (column) 로만 이루어진 행렬을 열벡터 (column vector) 라고 부른다.

행렬 $[A]$ 에서 행과 열을 서로 바꾼 행렬을 $[A]$ 의 전치 행렬 (transpose of A) 이라 하며, $[A]^T$ 로 표시한다. 식 (B1) 의 전치 행렬은 다음과 같다.

$$[A]=\begin{bmatrix} a_{11} & a_{21} & \cdots & a_{m1} \\ a_{12} & a_{22} & \cdots & a_{m2} \\ \vdots & \vdots & \ddots & \vdots \\ a_{1n} & a_{2n} & \cdots & a_{mn} \end{bmatrix} \tag{B2}$$

만일 $[A]$ 의 크기가 $m \times n$ 일 경우, $[A]^T$ 의 크기는 $m \times n$ 이 된다. 예를 들면, $[A]$ 가

$$[A]=\begin{bmatrix} 2 & -1 & 3 \\ 4 & 0 & 2 \end{bmatrix}$$

일 경우, $[A]^T$ 는 다음과 같다.

$$[A]^T=\begin{bmatrix} 2 & 4 \\ -1 & 0 \\ 3 & 2 \end{bmatrix}$$

대각선 행렬 (diagonal matrix) 은 $i \neq j$ 일 경우, 모든 원소는 $a_{ij}=0$ 인 정방 행렬이다. 아래와 같이 0 이 아닌 원소는 단지 대각선 원소이며, 나머지 원소는 모두 0 인

행렬이다. 대각선 행렬은 흔히 $[D]$ 로 표시한다.

$$[D]=\begin{bmatrix} 3 & 0 & 0 \\ 0 & 2 & 0 \\ 0 & 0 & 4 \end{bmatrix}$$

단위 행렬 (identity matrix) 또는 항등 행렬 (identity matrix) 은 $[I]$ 로 표시하며, 대각선 요소가 모두 1인 대각선 행렬이다. 다음 행렬은 단위 행렬을 나타낸다.

$$[I]=\begin{bmatrix} 1 & 0 & 0 \\ 0 & 1 & 0 \\ 0 & 0 & 1 \end{bmatrix}$$

영 행렬 (null matrix) 은 [0] 으로 표시하며, 모든 원소가 0 인 행렬이다.

대칭 행렬 (symmetric matrix) 은 대각선 원소가 아닌 원소들이 대각선을 대칭으로 하여 같은 값을 갖는 정방 행렬을 의미하며, $a_{ij} = a_{ji}$ $(i \neq j)$ 로 표시한다. 다음은 대칭 행렬의 예이다.

$$[A]=\begin{bmatrix} 2 & -2 & 0 \\ -2 & 5 & -3 \\ 0 & -3 & 3 \end{bmatrix}$$

대칭 행렬의 전치 행렬은 원래의 행렬과 같아진다. 따라서, $[A]^T=[A]$ 가 된다.

반대칭 행렬 (skew symmetric matrix) 은 대각선 원소가 모두 0 이고, 대각선 원소가 아닌 원소는 $a_{ij} = -a_{ji}$ 의 관계를 갖는 행렬이다. 다음 예는 반대칭 행렬이다.

$$[A]=\begin{bmatrix} 0 & 2 & 0 \\ -2 & 0 & 3 \\ 0 & -3 & 0 \end{bmatrix}$$

반대칭 행렬의 전치 행렬은 원래의 행렬에서 원소의 부호 (sign) 만 바꾸어 주면 된다.

B.2 ▶ 행렬 연산

행렬의 뺄셈과 덧셈은 크기가 같은 행렬들에 한하여 계산할 수 있다. 즉, 행렬 [*A*] 와 [*B*] 가 모두 $m \times n$ 행렬일 경우에 두 행렬을 더하거나 뺄 수 있다. 두 $m \times n$ 행렬의 합은 크기가 같은 $m \times n$ 행렬이 되고, 서로 같은 위치의 원소들끼리 더한다. 행렬 덧셈은 다음과 같이 쓸 수 있다.

$$[C] = [A] + [B]$$

여기에서

$$c_{ij} = a_{ij} + b_{ij} \qquad (i = 1, 2, \cdots, m, \quad j = 1, 2, \cdots, n)$$

행렬의 뺄셈도 같은 방법으로 한다. 행렬의 덧셈과 뺄셈에서는 다음과 같이 교환법칙 (commutative law) 과 결합 법칙 (associative law) 이 성립한다.

$$[A] + [B] = [B] + [A]$$
$$[A] + ([B] + [C]) = ([A] + [B]) + [C]$$

행렬에 스칼라 양을 곱하면, 행렬의 모든 원소에 스칼라 양을 곱하여 이루어진 행렬과 같게 된다. 즉, 스칼라 양 β 를 행렬 [*A*] 에 곱하면 다음과 같이 된다.

$$[B] = \beta[A]$$

위의 식에서 행렬 [*B*] 의 원소는 다음과 같다.

$$b_{ij} = \beta a_{ij} \qquad (i = 1, 2, \cdots, m, \quad j = 1, 2, \cdots, n)$$

행렬 곱셈 (matrix multiplication) 은 스칼라 곱셈과는 다르며, 두 행렬 [*A*] 와 [*B*] 의 곱셈은 다음과 같이 나타낸다.

$$[C] = [A][B]$$

위의 곱셈은 행렬 [*A*] 의 열의 수와 [*B*] 의 행의 수가 같은 경우에만 성립한다. 예를 들면, [*A*] 의 크기가 $m \times p$ 이고 [*B*] 의 크기가 $p \times n$ 일 경우에 행렬 곱 [*C*] 의 크기는 $m \times n$ 이 된다. 각각의 원소는 다음과 같이 계산한다.

$$c_{ij} = \sum_{k=1}^{p} a_{ik} b_{kj}$$

그러므로 각각의 원소 c_{ij} 는 [*A*] 의 i 번째 행과 [*B*] 의 j 번째 열의 원소를 각각 곱한 값의 합이 된다. 행렬 곱 $[A][B]$ 에서 행렬 $[A]$ 를 전방 곱셈 행렬 (premultiplier) 이라 하고, 행렬 $[B]$ 를 뒤 곱셈 행렬 (postmultiplier) 이라고도 한다.

일반적으로 행렬의 곱셈에서는 다음과 같이 교환 법칙이 성립되지 않는다.

$$[A][B] \neq [B][A]$$

그러나 행렬의 곱셈에서는 다음과 같이 결합 법칙과 분배 법칙 (distributive) 은 성립한다.

$$([A][B])[C] = [A]([B][C])$$
$$[A]([B]+[C]) = [A][B]+[A][C]$$
$$([A]+[B])[C] = [A][C]+[A][C]$$

행렬 곱셈에서는 교환법칙이 성립되지 않는 점을 비롯하여, 스칼라 연산과는 다른 점이 많다. 예를 들면, $[A][B] = [A][C]$일 경우에 항상 $[B] = [C]$ 가 성립되는 것은 아니다. 또한 $[A][B] = [0]$ 일 때, 행렬 $[A]$ 또는 $[B]$ 중의 하나가 반드시 영 행렬이 되는 것은 아니다.

B.3 ▸ 행렬식

정방 행렬의 행렬식 (determinant) 은 스칼라 값이며, 주어진 행렬에 대해 하나밖에 없는 유일한 값 (unique value) 이다. $n\times n$ 행렬의 행렬 식은 다음과 같이 표시한다.

$$[A]=\begin{vmatrix} a_{11} & a_{12} & \cdots & a_{1n} \\ a_{21} & a_{22} & \cdots & a_{2n} \\ \vdots & \vdots & \ddots & \vdots \\ a_{n1} & a_{n2} & \cdots & a_{nn} \end{vmatrix}$$

행렬 식은 정의에 의해 규정된 연산 방법으로 계산한다. 예로서, 아래와 같이 2×2 행렬일 경우를 살펴보기로 하자.

$$[A]=\begin{bmatrix} a_{11} & a_{12} \\ a_{21} & a_{22} \end{bmatrix}$$

위 행렬의 행렬식은 다음과 같이 표시하고, 연산을 정의에 의해 행렬식 값을 계산한다.

$$|A|=\begin{vmatrix} a_{11} & a_{12} \\ a_{21} & a_{22} \end{vmatrix}\equiv a_{11}a_{22}-a_{12}a_{21} \tag{B3}$$

3×3 행렬의 경우, 행렬식 값은 다음과 같이 구한다.

$$|A|=\begin{vmatrix} a_{11} & a_{12} & a_{13} \\ a_{21} & a_{22} & a_{23} \\ a_{31} & a_{32} & a_{33} \end{vmatrix}$$

$$|A|\equiv a_{11}\left(a_{22}a_{33}-a_{23}a_{32}\right)-a_{12}\left(a_{21}a_{33}-a_{23}a_{31}\right)+a_{13}\left(a_{21}a_{32}-a_{22}a_{31}\right) \tag{B4}$$

위 식에서 괄호 안 값은 첫 번째 행의 첫째, 둘째, 그리고 셋째 열을 제외시킨 2×2 행렬의 행렬식 값과 같음을 주목할 수 있다. 이 값을 소행렬식 또는 마이너 (minor) 라고 부른다. 행렬식의 마이너는 원래의 행렬식에서 같은 수의 행과 열을 제외시킨 후, 나머지 행렬의 행렬식으로 나타낸다. i 번째와 j 번째 열을 제외시켜서 얻은 마이너는 $|M_{ij}|$ 로 표시하며, 식 (B4) 에 적용하면 아래와 같다.

$$|A|\equiv a_{11}|M_{11}|-a_{12}|M_{12}|+a_{13}|M_{13}|$$

이 경우에 행렬식의 첫 번째 행의 여인수 (cofactor) 를 사용하여 나타냈다. 요소 a_{ij} 의 여인수는 다음과 같이 마이너 $|M_{ij}|$ 에 적절한 부호를 부여하여 얻을 수 있다. 즉, 행 번호 i 와 열 번호 j 의 합이 짝수일 경우는 여인수의 부호는 양이 되고, 홀수일 경

우는 음이 된다. 여인수를 C_{ij} 로 나타내면 다음과 같이 쓸 수 있다.

$$C_{ij} = (-1)^{i+j}|M_{ij}| \tag{B5}$$

위의 식에서 행렬식은 여인수를 사용하여 다음과 같이 쓸 수 있다.

$$|A| \equiv a_{11}C_{11} + a_{12}C_{12} + a_{13}C_{13}$$

임의의 크기인 $n \times n$ 정방 행렬의 행렬식은 행 번호 i 의 여인수를 사용하여 다음과 같이 쓸 수 있다.

$$|A| = \sum_{j=1}^{n} a_{ij}C_{ij} \tag{B6}$$

또는 열 번호 j 의 여인수를 사용하여 다음과 같이 쓸 수 있다.

$$|A| = \sum_{i=1}^{n} a_{ij}C_{ij} \tag{B7}$$

위의 식 (B6) 및 (B7) 를 사용하여 행렬식 값을 구하려면 모든 마이너가 2×2 가 되어 식 (B3) 에 의해 그 값을 구할 수 있을 때까지 여인수 C_{ij} 를 확장시켜야 한다.

B.4 ▶ 역행렬

정방행렬 $[A]$ 의 역행렬은 $[A]^{-1}$ 로 표시하며 아래의 식을 만족한다.

$$[A]^{-1}[A]=[A][A]^{-1}=[I] \tag{B8}$$

위와 같이 $n \times n$ 크기의 정방행렬에 역행렬을 곱하면 $n \times n$ 크기의 단위행렬이 된다.

역행렬은 연립 방정식의 해를 구하는데 사용된다. 다음과 같은 연립 방정식을 살펴 보기로 하자.

$$\begin{aligned} a_{11}x_1 + a_{12}x_2 + a_{13}x_3 &= y_1 \\ a_{21}x_1 + a_{22}x_2 + a_{23}x_3 &= y_2 \\ a_{31}x_1 + a_{32}x_2 + a_{31}x_3 &= y_3 \end{aligned}$$

위의 식을 행렬로 표시하면 다음과 같다.

$$[A]\{x\}=\{y\} \tag{B9}$$

여기에서 $[A]$ 는 3×3 크기의 계수 행렬이다.

$$[A]=\begin{bmatrix} a_{11} & a_{12} & a_{13} \\ a_{21} & a_{22} & a_{23} \\ a_{31} & a_{32} & a_{33} \end{bmatrix}$$

$\{x\}$ 는 크기가 3×1 인 열 벡터로 미지수 (unknown) 이다.

$$\{x\}=\begin{Bmatrix} x_1 \\ x_2 \\ x_3 \end{Bmatrix}$$

$\{y\}$ 는 크기가 3×1 인 열 벡터이며, 방정식의 우변에 있는 강제함수 (forcing function) 를 의미한다.

$$\{y\}=\begin{Bmatrix} y_1 \\ y_2 \\ y_3 \end{Bmatrix}$$

$[A]$ 의 역행렬을 알고 있을 경우, 식 (B8) 의 양변에 역행렬을 앞에서 곱해주면 다음과 같이 된다.

$$[A]^{-1}[A]\{x\}=[A]^{-1}\{y\} \tag{B10}$$

$$[A]^{-1}[A]\{x\}=([A]^{-1}[A])\{x\}=[I]\{x\}=[I] \tag{B11}$$

식 (B9) 와 같은 연립 방정식의 해는 다음과 같이 직접 구할 수 있다.

$$\{x\}=[A]^{-1}\{y\} \tag{B12}$$

여기에서는 3 개의 방정식으로 이루어진 시스템에 대해서 알아 보았지만, 식 (B12) 로 나타낸 해는 방정식의 수가 많은 연립 방정식의 경우에도 적용하여 유일 해 (unique) 를 계산할 수 있다.

행렬 $[A]$ 의 역행렬은 여인수와 행렬식을 사용하여 구할 수 있다. 여인수 행렬 $[C]$ 는 식 (B5) 에서 정의한 여인수를 원소로 하는 행렬이며, $[A]$ 의 수반 행렬 (adjoint matrix) 은 다음과 같이 정의한다.

$$adj[A]=[C]^T$$

$[A]$ 의 역행렬은 수반 행렬 adj [A] 을 사용하여 다음과 같이 정의할 수 있다.

$$[A]^{-1}=\frac{adj[A]}{|A|} \tag{B13}$$

만일 행렬식의 값 $|A|$ 가 0 이라면, 역행렬은 있을 수 없다. 이 경우 행렬 [A] 를 특이 행렬 (singular matrix) 이라 하며, 식 (B13) 을 사용하여 해를 구할 수 없다. 계수 행렬의 특이는 다음 두 가지 중의 하나일 경우에 나타난다. (i) 해가 없을 경우, (ii) 무수히 많은 해가 있을 경우이며, 후자의 경우는 대수 방정식들이 선형 독립이 아닐 경우이다.

역행렬을 계산하기 위하여 식 (B13) 을 사용하는 하는 것은 실용적이지 않다. 좀 더 효율적으로 계산하기 위해서는 가우스 조던법 (Gauss－Jordan method) 을 사용한다. 가우스 조던법은 계수 행렬이 단위 행렬이 될 수 있도록 행과 열의 연산을 수행한다. 이러한 과정을 통해 역행렬을 구한다. 예로서, 크기가 2×2 인 행렬 $[A]$ 의 역행렬을 구하는 방법을 살펴보기로 한다.

$$[A]=\begin{bmatrix} a_{11} & a_{12} \\ a_{21} & a_{22} \end{bmatrix}$$

첫째 행을 a_{11} 로 나눈다. 이를 수식으로 나타내면 다음과 같다.

$$[B_1][A]=\begin{bmatrix}\dfrac{1}{a_{11}} & 0\\ 0 & 1\end{bmatrix}\begin{bmatrix}a_{11} & a_{12}\\ a_{21} & a_{22}\end{bmatrix}$$
$$=\begin{bmatrix}1 & \dfrac{a_{12}}{a_{11}}\\ a_{21} & a_{22}\end{bmatrix}$$

첫째 행에 a_{21} 을 곱한 다음, 둘째 행으로부터 뺀다. 이 절차를 수식으로 나타내면 다음과 같다.

$$[B_2][B_1][A]=\begin{bmatrix}1 & 0\\ -a_{21} & 1\end{bmatrix}\begin{bmatrix}1 & \dfrac{a_{12}}{a_{11}}\\ a_{21} & a_{22}\end{bmatrix}$$
$$=\begin{bmatrix}1 & \dfrac{a_{12}}{a_{11}}\\ 0 & a_{22}-\dfrac{a_{12}}{a_{11}}a_{21}\end{bmatrix}$$
$$=\begin{bmatrix}1 & a_{12}/a_{11}\\ 0 & |A|/a_{11}\end{bmatrix}$$

둘째 행에 $a_{11}/|A|$ 를 곱해준다.

$$[B_3][B_2][B_1][A]=\begin{bmatrix}1 & 0\\ 0 & |A|/a_{11}\end{bmatrix}\begin{bmatrix}1 & a_{12}/a_{11}\\ 0 & |A|/a_{11}\end{bmatrix}$$
$$=\begin{bmatrix}1 & a_{12}/a_{11}\\ 0 & 1\end{bmatrix}$$

다시 둘째 행에 a_{12}/a_{11} 을 곱한 다음 첫째 행으로부터 뺀다. 이 과정을 통하여 역행렬을 구할 수 있다.

$$[B_4][B_3][B_2][B_1][A]=\begin{bmatrix}1 & -\dfrac{a_{12}}{a_{11}}\\ 0 & 1\end{bmatrix}\begin{bmatrix}1 & \dfrac{a_{12}}{a_{11}}\\ 0 & 1\end{bmatrix}$$
$$=[I]$$

위의 식과 식 (B8) 을 비교해보면 $[A]$ 의 역행렬은 아래와 같음을 알 수 있다.

$$[A]^{-1}=[B_4][B_3][B_2][B_1]$$

위 식의 행렬 곱을 수행하면 다음 식과 같게 된다.

$$[A]^{-1} = \frac{1}{|A|}\begin{bmatrix} a_{22} & -a_{12} \\ -a_{21} & a_{11} \end{bmatrix}$$

위에서와 같이 가우스 조던 방법은 다소 복잡한 절차이나 컴퓨터 프로그램으로 이 과정을 쉽게 처리할 수 있다.

B.5 ▸ 행렬 분할

주어진 행렬을 분할 (partition) 하여 크기가 작은 부분 행렬로 나타낼 수 있다. 행렬 분할은 종속 변수의 특정한 값을 고려하여 방정식의 개수를 줄이기 위해 사용된다. n 개의 미지수 x_i 가 있는 n 개의 식으로 이루어진 연립 방정식을 행렬 형태로 나타내면 다음과 같다.

$$[A]\{x\} = \{f\}$$

위의 식을 P 개의 미지수로 분할하여 다음과 같이 부분 행렬로 나타낼 수 있다.

$$\begin{bmatrix} [A_{11}] & [A_{12}] \\ [A_{21}] & [A_{22}] \end{bmatrix} \begin{Bmatrix} \{x_1\} \\ \{x_2\} \end{Bmatrix} = \begin{Bmatrix} \{F_1\} \\ \{F_2\} \end{Bmatrix}$$

부분 행렬의 크기는 다음과 같다.

$$\begin{aligned} [A_{11}] &\Rightarrow p \times p \\ [A_{12}] &\Rightarrow p \times (n-p) \\ [A_{21}] &\Rightarrow (n-p) \times p \\ [A_{22}] &\Rightarrow (n-p) \times (n-p) \end{aligned}$$

또한

$$\begin{aligned} \{x_1\},\ \{F_1\} &\Rightarrow p \times 1 \\ \{x_2\},\ \{F_2\} &\Rightarrow (p-1) \times 1 \end{aligned}$$

전체 방정식은 부분 행렬을 사용하여 다음과 같이 나타낼 수 있다.

$$\begin{aligned} [A_{11}]\{X_1\} + [A_{12}]\{X_2\} &= \{F_1\} \\ [A_{21}]\{X_1\} + [A_{22}]\{X_2\} &= \{F_2\} \end{aligned}$$

위의 식에서 처음 P 개의 식 (위 부분 분할 행렬) 은 다음과 같이 풀 수 있다.

$$\{X_1\} = [A_{11}]^{-1}(\{F_1\} - [A_{12}]\{X_2\}) \qquad \text{(B14)}$$

여기서 $[A_{11}]$ 의 역행렬이 존재한다고 가정한다.

식 (B14) 의 식을 나머지 부분 $(n-p)$ 개의 아래 부분 분할 행렬에 대입하면 다음 식을 얻을 수 있다.

$$([A_{22}] - [A_{21}][A_{11}]^{-1}[A_{12}])\{X_2\} = \{F_2\} - [A_{21}][A_{11}]^{-1}\{F_1\}$$

앞에서와 같이 n 개의 식을 갖고 있는 연립 방정식 시스템은 $(n-k)$ 개의 식을 갖는 연립 방정식 시스템으로 압축되었으며, 압축된 식에서 처음 P 개 식의 효과도 포함되어 있다. 유한요소법에서는 이러한 과정을 정적 압축이라 한다.

분할된 부분의 $\{X_1\}$ 값을 알고 있으나, 우변의 $\{F_1\}$ 값을 모를 경우에는 아래 부분의 방정식으로부터 $\{X_2\}$에 관해 다음과 같이 푼다.

$$\{X_2\} = [A_{22}]^{-1}(\{F_2\} - [A_{21}]\{X_1\})$$

다음으로 $\{F_1\}$ 값을 위 부분의 방정식으로부터 계산한다.

부 록 C

선형 대수 방정식의 해법

C.1 ▸ 크라머 법칙

크라머[4] 법칙 (Cramer's rule) 은 선형 방정식을 체계적으로 풀기 위한 방법이다. 특히, 2 개 또는 3 개의 식으로 이루어진 연립 방정식을 푸는데 효과적이다. 이 방법을 통해 해가 존재하기 위한 조건을 알아 볼 수 있다.

$$\begin{aligned} a_{11}x_1 + a_{12}x_2 &= f_1 \\ a_{21}x_1 + a_{22}x_2 &= f_2 \end{aligned} \tag{C1}$$

위의 연립 방정식을 행렬 형식으로 나타내면 다음과 같다.

$$[A]\{x\} = \{f\}$$

식 (C1) 의 첫 번째 식에 a_{22} 를 곱하고, 두 번째 식에 a_{12} 를 곱하여 첫 번째 식에서 두 번째 식을 빼면 다음과 같다.

$$(a_{11}a_{22} - a_{12}a_{21})x_1 = f_1a_{22} - f_2a_{12}$$

따라서, $(a_{11}a_{22} - a_{12}a_{21}) \neq 0$ 일 경우에 x_1 을 다음과 같이 구할 수 있다.

$$x_1 = \frac{f_1a_{22} - f_2a_{12}}{a_{11}a_{22} - a_{12}a_{21}} \tag{C2}$$

같은 방법으로 x_2 를 계산하면 다음과 같다.

$$x_2 = \frac{f_2a_{11} - f_1a_{21}}{a_{11}a_{22} - a_{12}a_{21}} \tag{C3}$$

위의 식에서 분모는 계수 행렬의 행렬식 값이다. 이 행렬식 값은 0 이 아니어야 한다.

$$|A| = \begin{vmatrix} a_{11} & a_{12} \\ a_{21} & a_{22} \end{vmatrix} = a_{11}a_{22} - a_{12}a_{21}$$

식 (C2) 의 분자는 계수 행렬 $[A]$ 의 첫 번째 열을 우변의 열 벡터 $\{f\}$ 로 대체시킨 후, 행렬식 값을 구한 것과 같다.

$$|A_1| = \begin{vmatrix} f_1 & a_{12} \\ f_2 & a_{22} \end{vmatrix} = f_1a_{22} - f_2a_{12}$$

---

4) Gabriel Cramer (1704. 7 ~ 1752. 1) 스위스 수학자.

같은 방법으로 $[A]$ 의 두 번째 열을 우변의 열 벡터 $\{f\}$ 로 대체시킨 후, 행렬식 값을 구하면 다음과 같다.

$$|A_2| = \begin{vmatrix} a_{11} & f_1 \\ a_{21} & f_2 \end{vmatrix} = f_2 a_{11} - f_1 a_{21}$$

위의 행렬식 값은 식 (C3) 의 분자와 동일하다. 여기서는 두 개의 식으로 이루어진 연립 방정식에 관해 살펴 보았으나, 이러한 절차는 일반적인 선형 연립 방정식에 적용시킬 수 있다. 크라머 법칙은 다음과 같다.

- **크라머 법칙** : 미지수 x_i $(i = 1, 2, \cdots, n)$ 으로 이루어진 선형 연립 방정식을 행렬 형식으로 나타내면 다음과 같다.

$$[A]\{x\} = \{f\}$$

위 식의 해는 다음과 같이 행렬식의 비율로 구할 수 있다.

$$x_i = \frac{|A_i|}{|A|}, \quad (i = 1,\ 2,\ \cdots,\ n)$$

위의 식에서 반드시 $|A| \neq 0$ 이어야 한다. 행렬 $[A_i]$ 는 계수 행렬 $[A]$ 의 i 번째 열을 우변의 열 벡터로 대체시켜 만든 행렬이다.

만일 우변이 $\{f\}=\{0\}$ 일 경우, 크라머 법칙에 의해 해가 $\{x\}=\{0\}$ 임을 알 수 있다. 계수 행렬식의 값이 0 일 때는 식 (C1) 과 같은 연립 방정식의 해는 다음과 같다.

$$\begin{aligned} (0)\,x_1 &= f_1 a_{22} - f_2 a_{12} \\ (0)\,x_2 &= f_2 a_{11} - f_1 a_{21} \end{aligned} \tag{C4}$$

위의 식 (C4) 는 다음 두 가지 경우를 고려해야 한다.

1. 어떤 수에 0 을 곱한 값은 모두 0 이 되어야 하므로, 우변이 0 이 아닐 경우는 해가 존재하지 않는다.
2. 우변이 0 일 경우에는 연립 방정식의 해 x_1 과 x_2 는 무수히 많이 존재한다. 이러한 경우는 $\{f\} = 0$ 인 재차 방정식인 경우에 해당된다. 따라서, 선형 재차 연립 방정식에서 계수 행렬식 값이 0 이 되면 무수히 많은 해를 갖는다는 필요 충분 조건이 성립한다. 그러나 x_1 과 x_2 가 임의의 값을 갖는다는 것은 아니다. 계수 행렬식을 살펴 보면 다음과 같다.

$$|A| = a_{11}a_{22} - a_{12}a_{21} = 0$$

즉, 앞의 식에서 다음 관계가 성립한다.

$$\frac{a_{11}}{a_{21}} = \frac{a_{12}}{a_{22}} \tag{C5}$$

식 (C5) 는 연립 방정식의 두 식에서 x_1 계수와 x_2 계수가 일정한 비를 유지함을 알 수 있다. 즉, 두 식은 서로 독립적이 아니며, $x_1 x_2$ 평면에서 한 개의 직선으로 나타나게 된다. 따라서 무수히 많은 해 (x_1, x_2) 가 존재하며, x_1 값과 x_2 값 사이에 어떠한 관계식이 존재함을 알 수 있다. 여기에서는 단지 2 개의 식으로 이루어진 연립 방정식에 대해 살펴 보았지만 많은 식으로 이루어진 일반적인 연립 방정식에도 똑같이 적용시킬 수 있다. 연립 방정식이 재차 (homogeneous) 이면 비자명해 (nontrivial solution) 는 계수 행렬의 행렬식 값이 0 일 경우에만 존재한다.

C.2 ▸ 가우스[5] 소거법

부록 B 에서는 선형 연립 방정식의 해를 구하기 위한 역행렬 개념에 대해 살펴보았다. 크기가 큰 연립 방정식 시스템일 경우에 해를 구하기 위해 계수 행렬에 대한 역행렬을 계산하는 것은 시간과 비용적인 면에서 경제적이지 못한다. 그러나 다행하게도 연립 방정식의 해를 구하기 위해 반드시 역행렬을 구할 필요는 없으며, 좀더 효율적으로 해를 구할 수 있는 여러 방법이 있다. 이들 중의 하나는 가우스 소거법이며 간단한 연산 (곱하기, 나누기, 더하기, 빼기) 을 이용하여 아래에서와 같이 연립 방정식의 미지수를 순차적으로 소거시켜 해를 구하는 방법이다.

$$[A]\{x\}=\{f\} \Rightarrow \begin{bmatrix} a_{11} & a_{12} & \cdots & a_{1n} \\ a_{21} & a_{22} & \cdots & a_{2n} \\ \vdots & \vdots & \ddots & \vdots \\ a_{n1} & a_{n2} & \cdots & a_{nn} \end{bmatrix} \begin{Bmatrix} x_1 \\ x_2 \\ \vdots \\ x_n \end{Bmatrix} = \begin{Bmatrix} f_1 \\ f_2 \\ \vdots \\ f_n \end{Bmatrix} \tag{C6a}$$

위의 연립 방정식을 다음의 형식으로 변환시킨다.

$$[B]\{x\}=\{g\} \Rightarrow \begin{bmatrix} b_{11} & b_{12} & \cdots & b_{1n} \\ 0 & b_{22} & \cdots & b_{2n} \\ \vdots & \vdots & \ddots & \vdots \\ 0 & 0 & 0 & b_{nn} \end{bmatrix} \begin{Bmatrix} x_1 \\ x_2 \\ \vdots \\ x_n \end{Bmatrix} = \begin{Bmatrix} g_1 \\ g_2 \\ \vdots \\ g_n \end{Bmatrix} \tag{C6b}$$

위의 식 (C6b) 에서와 같이 원래 계수행렬이 대각선 원소 이래 부분에 있는 원소가 모두 0 으로 이루어진 상삼각 행렬 형식 (upper triangular) 으로 변환되었음을 알 수 있다.

이 식으로부터 x_n 을 간단히 g_n / b_{nn} 으로 구할 수 있으며, 다음의 x_i 값은 역차순으로 대입하여 계산한다. 가우스 소거법은 다음의 알고리듬에 의해 컴퓨터 프로그램으로 쉽게 계산할 수 있다. 먼저 두 번째 행으로부터 n 번째 식에 x_1 을 소거하며, 이를 위해 a_{11} 을 피벗 원소 (pivot element) 로 하여 첫째 열에 있는 계수가 0 이 되도록, 즉 $a_{i1}=0$, $(i=2, 3, \cdots, n)$ 이 되도록 행 연산 (row operation) 을 한다. 첫째 행에 a_{21} / a_{11} 을 곱한 후에 결과를 두 번째 행에서 빼면 다음과 같다.

5) Johann Carl Friedrich Gauss (30 April 1777 – 23 February 1855) 독일 수학자 및 과학자.

$$a_{21}^{(1)} = a_{21} - a_{11}\frac{a_{21}}{a_{11}} = 0$$

$$a_{22}^{(1)} = a_{22} - a_{12}\frac{a_{21}}{a_{11}}$$

$$\vdots$$

$$a_{2n}^{(1)} = a_{2n} - a_{1n}\frac{a_{21}}{a_{11}}$$

$$f_2^{(1)} = f_2 - f_1\frac{a_{21}}{a_{11}}$$

여기에서 위 첨자는 첫째 열을 연산한 결과임을 나타낸다. 같은 절차에 따라 나머지 방정식에 대해 x_1 을 소거한다. 즉, 첫째 식에 a_{i1} / a_{11} 을 곱하여 그 결과를 i 번째 식으로부터 빼면 다음과 같이 된다. 이 경우, $a_{i1} = 0$ 이면 실행할 필요가 없다.

$$a_{i1}^{(1)} = 0, \quad i = 2, \cdots, n$$

$$a_{ij}^{(1)} = a_{ij} - a_{1j}\frac{a_{i1}}{a_{11}}, \quad i = 2, \cdots, n, \quad j = i = 2, \cdots, n$$

$$f_i^{(1)} = f_i - f_1\frac{a_{i1}}{a_{11}}, \quad i = 2, \cdots, n$$

a_{11} 을 피벗으로 하여 행 연산을 실행한 결과를 다음과 같이 나타낼 수 있다.

$$\begin{bmatrix} a_{11} & a_{12} & \cdots & a_{1n} \\ 0 & a_{22}^{(1)} & \cdots & a_{2n}^{(2)} \\ \vdots & \vdots & \ddots & \vdots \\ 0 & a_{n2}^{(1)} & \cdots & a_{nn}^{(1)} \end{bmatrix} \begin{Bmatrix} x_1 \\ x_2 \\ \vdots \\ x_n \end{Bmatrix} = \begin{Bmatrix} f_1 \\ f_2^{(1)} \\ \vdots \\ f_n^{(1)} \end{Bmatrix}$$

미지수 x_1 은 첫 번째 식을 제외하고는 모두 소거되었으며, 다음으로 $a_{22}^{(1)}$ 을 피벗 원소로 하여 같은 과정을 수행하여 둘째 열에서 $a_{22}^{(1)}$ 아래에 있는 모든 원소들을 모두 0 이 되게 한다. 이 절차를 계속하여 새롭게 계산된 대각선 원소를 피벗 원소로 하여 같은 과정을 실행하면 식 (C6b) 의 형식으로 원래의 연립 방정식을 변환시킬 수 있다. 변환된 식으로부터 역차순으로 대입하여 다음과 같이 해를 구할 수 있다.

$$x_n = \frac{g_n}{b_{nn}}$$

$$x_{n-1} = \frac{g_n}{b_{n-1,n-1}}\left(g_{n-1} - b_{n-1,n}\, x_n\right)$$

$$\vdots$$

$$x_i = \frac{1}{b_{ii}}\left(g_i - \sum_{j \neq i+1}^{n} b_{ij} x_j\right)$$

가우스 소거법 (Gaussian elimination) 은 배열 (array) 과 루프 (loop) 를 사용하여 쉽게 프로그램을 할 수 있으며, 계수 행렬로부터 역행렬을 구하는 것보다 훨씬 효율적일 수 있다. 계수 행렬이 대칭일 경우 (유한 소법에서는 대칭행렬이 일반적임) 에는 행렬의 저장 공간을 상당량 줄일 수 있으며, 가우스 소거법 알고리듬으로 간단하게 해를 구할 수 있다.

C.3 ▸ *LU* 분해법

여기서 또 다른 연립 방정식의 해를 구하기 위한 *LU* 분해법 (LU decomposition) 을 살펴보기로 하자. 이 방법도 식 (C6) 와 같은 선형 방정식 시스템을 풀이하는 방법으로 계수 행렬 $[A]$ 를 다음과 같이 두 개의 부분 행렬 $[L]$ 과 $[U]$ 로 분해하는 과정을 거친다.

$$\begin{aligned}[A]&=[L][U]\\&=\begin{bmatrix}L_{11}&0&\cdots&0\\L_{21}&L_{22}&\cdots&0\\\vdots&\vdots&\ddots&\vdots\\L_{n1}&L_{n2}&\cdots&L_{nn}\end{bmatrix}\begin{bmatrix}U_{11}&U_{12}&\cdots&U_{1n}\\0&U_{22}&\cdots&U_{2n}\\\vdots&\vdots&\ddots&\vdots\\0&0&\cdots&U_{nn}\end{bmatrix}\end{aligned}\tag{C7}$$

위의 식에서 $[L]$ 은 하삼각 행렬 (lower triangular matrix) 이며 $[U]$ 는 상삼각 행렬 (upper triangular matrix) 이다. $[A]$ 행렬의 크기가 $n\times n$ 일 때 식 (C7) 로부터 미지수인 $[L]$ 과 $[U]$ 의 0 이 아닌 원소들의 수가 구성할 수 있는 방정식의 수보다 많으므로 이들 원소들의 값을 모두 결정하기가 어렵다. 따라서 이들을 결정할 수 있도록 *LU* 분해법에서는 $[L]$ 의 대각선 원소를 1 로 한다.

$$[L]=\begin{bmatrix}1&0&\cdots&0\\L_{21}&1&\cdots&0\\\vdots&\vdots&\ddots&\vdots\\L_{n1}&L_{n2}&\cdots&1\end{bmatrix}$$

행렬 크기가 3×3 인 시스템 경우를 예로 들면 다음과 같이 $[L]$ $[U]$ 로 분해한다.

$$\begin{bmatrix}a_{11}&a_{12}&a_{13}\\a_{21}&a_{22}&a_{23}\\a_{31}&a_{32}&a_{33}\end{bmatrix}=\begin{bmatrix}1&0&0\\L_{21}&1&0\\L_{31}&L_{32}&1\end{bmatrix}\begin{bmatrix}U_{11}&U_{12}&U_{13}\\0&U_{22}&U_{23}\\0&0&U_{33}\end{bmatrix}\tag{C8}$$

위의 식 (C8) 은 다음과 같이 9 개의 방정식을 나타낸다.

$$\begin{array}{lll}a_{11}=U_{11} & a_{12}=U_{12} & a_{13}=U_{13}\\ a_{21}=L_{21}U_{11} & a_{22}=L_{21}U_{12}+U_{22} & a_{23}=L_{21}U_{13}+U_{23}\\ a_{31}=L_{31}U_{11} & a_{32}=L_{31}U_{12}+L_{32}U_{22} & a_{33}=L_{31}U_{13}+L_{32}U_{23}+U_{33}\end{array}\tag{C9}$$

위의 식 (C9) 는 배열된 식을 순서대로 계산하면 각 단계에서 1 개의 미지수만 갖도록 되어 있다. 계수 행렬 $[A]$ 를 영역 (zone) 으로 분리하여 다시 쓰면 다음과 같다.

$$[A] = \begin{array}{c} \text{①} \quad\; \text{②} \quad\; \text{③} \\ \begin{bmatrix} a_{11} & a_{12} & a_{13} \\ a_{21} & a_{22} & a_{23} \\ a_{31} & a_{32} & a_{33} \end{bmatrix} \end{array}$$

위의 식과 식 (C9) 를 비교하며, 첫째 식은 영역 1, 다음 3 개의 식은 영역 2, 나머지 5 개의 식은 영역 3 에 있다는 것을 알 수 있다. 각 영역은 $[A]$ 에서의 같은 영역에 있는 원소들과 $[L]$ 과 $[U]$ 에서의 이전 영역, 즉 영역 번호가 작은 영역과 같은 영역에 있는 원소들로 이루어져 있다. 이러한 이유로 LU 분해법은 활성 영역법이라고도 불린다.

n 개의 식으로 이루어진 선형 연립 방정식 시스템에서 LU 분해시 다음과 같이 일반화시켜 사용할 수 있다.

$$\begin{aligned} &U_{1i} = a_{1i} \qquad (i = 1, 2, \cdots, n) \\ &L_{ii} = 1 \\ &L_{i1} = \frac{a_{i1}}{U_{11}} \qquad (i = 2, \cdots, n) \\ &U_{1i} = a_{1i} \qquad (i = 1, 2, \cdots, n) \\ &L_{ii} = 1 \\ &L_{i1} = \frac{a_{i1}}{U_{11}} \qquad (i = 2, \cdots, n) \end{aligned}$$

그리고

$$\begin{aligned} &L_{ij} - \frac{a_{ij} - \sum_{m=1}^{j-1} L_{im} U_{mj}}{U_{jj}} \qquad (i = 1, 2, \cdots, n, \quad j - 2, 3, \cdots, i-1, \quad i \neq j) \\ &U_{ji} = a_{ji} - \sum_{m=1}^{j-1} L_{jm} U_{mi} \\ &U_{ii} = a_{ii} - \sum_{m=1}^{i-1} L_{im} U_{mi} \qquad (i = 2, \cdots, n) \end{aligned}$$

따라서 분해 과정은 프로그램으로 쉽게 실행시킬 수 있다.

지금까지 분해과정에 대해 고려하였다. 다시 방정식을 풀기 위한 해법을 살펴보기로 한다. 삼각 행렬 $[L]$ 과 $[U]$ 를 사용하여 방정식을 쓰면 다음과 같다.

$$[L][U]\{x\} = \{f\} \tag{C10}$$

$$[U]\{x\} = \{z\} \tag{C11}$$

식 (C11) 을 (C10) 에 대입하면 다음과 같다.

$$[L]\{z\}=\{f\} \tag{C12}$$

[L] 은 삼각 행렬이므로 식 (C12) 는 쉽게 풀 수 있다.

$$\begin{aligned} z_1 &= f_1 \\ z_i &= f_i - \sum_{j=1}^{i-1} L_{ij}\, z_j \qquad (i=2,3,\cdots,n) \end{aligned} \tag{C13}$$

식 (C13) 과 같은 과정을 순차순 대입 (forward sweep) 이라 한다. 식 (C13) 에서 구한 z_i 값으로부터 식 (C11) 을 풀면 다음의 해를 구할 수 있다.

$$\begin{aligned} x_n &= \frac{z_n}{U_{nn}} \\ x_i &= \frac{1}{U_{ii}}\left(z_i - \sum_{j=i+1}^{n} U_{ij}\, x_j \right) \end{aligned} \tag{C14}$$

식 (C14) 과정을 역차순 대입 (backward sweep) 이라 한다.

LU 법에서는 계수 행렬을 삼각 행렬로 변환시키는데 많은 시간이 소모된다. 그러나 이러한 과정은 한 번만 거치면 되고, 우변의 외력 함수 {f} 가 바뀌게 되면 순차순 대입 과정만 실행시키면 되므로 편리한 경우가 많다. 특히 대부분의 유한 요소식에서와 같이 계수 행렬이 대칭이고 밴드 (band) 로 되어 있을 경우, 이 방법은 매우 효율적이다.

C.4 ▶ 프론트 해법

프론트 해법 또는 웨이브 프론트 해법 (wave front solution) 은 계수행렬 (또는 강성행렬) 이 대칭이고 밴드로 되어 있는 유한 요소 방정식에서 특히 효율적인 방법이다. 프론트 해법에서는 전체 강성 행렬을 결합하는 과정이 풀이 단계와 결합되어 수행되므로 특히 대형 모델을 해석할 때 컴퓨터 메모리 용량을 현저히 줄일 수 있다.

그림 C1 과 같이 1 차원 봉 요소로 모델링한 구조물로부터 시스템 행렬은 아래와 같은 형태를 갖는다.

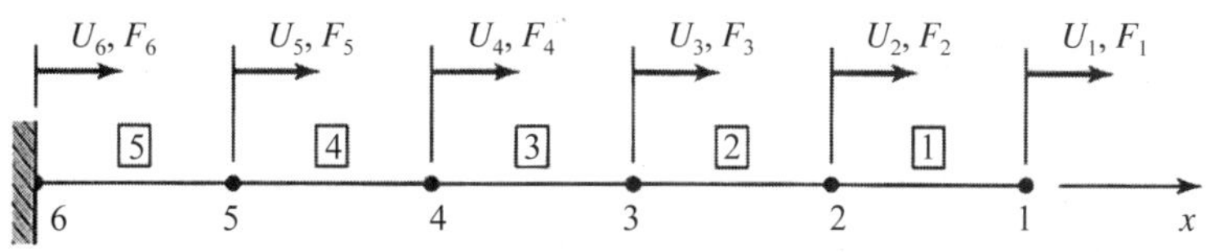

그림 C1 프론트 해법을 설명하기 위한 봉요소 시스템

$$\begin{bmatrix} K_{11} & K_{12} & 0 & 0 & 0 & 0 \\ K_{21} & K_{22} & K_{23} & 0 & 0 & 0 \\ 0 & K_{23} & K_{33} & K_{34} & 0 & 0 \\ 0 & 0 & K_{34} & K_{44} & K_{45} & 0 \\ 0 & 0 & 0 & K_{45} & K_{55} & K_{56} \\ 0 & 0 & 0 & 0 & K_{56} & K_{66} \end{bmatrix} \begin{Bmatrix} U_1 \\ U_2 \\ U_3 \\ U_4 \\ U_5 \\ U_6 \end{Bmatrix} = \begin{Bmatrix} F_1 \\ F_2 \\ F_3 \\ F_4 \\ F_5 \\ F_6 \end{Bmatrix}$$

강성행렬은 위의 식과 같이 밴드로 되어 있고, 많은 원소가 0 으로 희박 (sparse) 하다. 이 방법에서는 전체 강성 행렬을 위와 같이 희박하게 결합하는 것이 아니다. 즉, 강성 행렬의 행과 열을 결합하면서 이에 해당되는 자유도가 구속되지 않았을 경우, 소거 과정을 동시에 진행시킨다. 자유도를 소거시킨다는 것은 이 자유도에 해당되는 식을 외력 함수와 다른 자유도에 관하여 다시 쓴다는 것을 의미한다. 이러한 과정에서 컴퓨터 메모리 사용을 절약할 수 있다.

그림 C1 에서 프론트 법을 설명하기 위해 재료의 강성을 k 라 가정한다. 우선 크기가 6×6 인 0 행렬 $[K]$ 를 시스템 행렬로 설정한 후, 요소 번호 순서대로 결합 과정을 진행한다. 요소 1 의 강성 행렬을 시스템 행렬에 더하면 다음과 같다.

$$\begin{bmatrix} k & -k & 0 & 0 & 0 & 0 \\ -k & k & 0 & 0 & 0 & 0 \\ 0 & 0 & 0 & 0 & 0 & 0 \\ 0 & 0 & 0 & 0 & 0 & 0 \\ 0 & 0 & 0 & 0 & 0 & 0 \\ 0 & 0 & 0 & 0 & 0 & 0 \end{bmatrix} \begin{Bmatrix} U_1 \\ U_2 \\ U_3 \\ U_4 \\ U_5 \\ U_6 \end{Bmatrix} = \begin{Bmatrix} F_1 \\ F_2 \\ F_3 \\ F_4 \\ F_5 \\ F_6 \end{Bmatrix} \tag{C15}$$

위의 식에서 U_1 은 다만 요소 1 에 해당되는 변위이며, 다른 식에는 포함되지 않으므로 소거될 수 있다. 이러한 의미는 단지 행렬에만 해당되는 것으로 방정식에서 U_1 자체를 없애는 것은 아니다.

식 (C15) 의 첫째 행은 다음과 같다.

$$kU_1 - kU_2 = F_1$$

위 식으로부터 U_1 을 U_2 에 관해 쓸 수 있으므로 다음과 같이 둘째 행에서 U_1 을 소거시킬 수 있다.

$$\begin{bmatrix} k & -k & 0 & 0 & 0 & 0 \\ 0 & 0 & 0 & 0 & 0 & 0 \\ 0 & 0 & 0 & 0 & 0 & 0 \\ 0 & 0 & 0 & 0 & 0 & 0 \\ 0 & 0 & 0 & 0 & 0 & 0 \\ 0 & 0 & 0 & 0 & 0 & 0 \end{bmatrix} \begin{Bmatrix} U_1 \\ U_2 \\ U_3 \\ U_4 \\ U_5 \\ U_6 \end{Bmatrix} = \begin{Bmatrix} F_1 \\ F_1 + F_2 \\ F_3 \\ F_4 \\ F_5 \\ F_6 \end{Bmatrix}$$

다음으로 요소 2 에 대한 과정을 진행시켜 요소의 강성 행렬을 아래와 같이 시스템 계수 행렬의 해당되는 위치에서 더해준다.

$$\begin{bmatrix} k & -k & 0 & 0 & 0 & 0 \\ 0 & k & -k & 0 & 0 & 0 \\ 0 & -k & k & 0 & 0 & 0 \\ 0 & 0 & 0 & 0 & 0 & 0 \\ 0 & 0 & 0 & 0 & 0 & 0 \\ 0 & 0 & 0 & 0 & 0 & 0 \end{bmatrix} \begin{Bmatrix} U_1 \\ U_2 \\ U_3 \\ U_4 \\ U_5 \\ U_6 \end{Bmatrix} = \begin{Bmatrix} F_1 \\ F_1 + F_2 \\ F_3 \\ F_4 \\ F_5 \\ F_6 \end{Bmatrix}$$

변위 U_2 에 관한 식이 세 번째 행에서 다음과 같이 소거되었다.

$$\begin{bmatrix} k & -k & 0 & 0 & 0 & 0 \\ 0 & k & -k & 0 & 0 & 0 \\ 0 & 0 & 0 & 0 & 0 & 0 \\ 0 & 0 & 0 & 0 & 0 & 0 \\ 0 & 0 & 0 & 0 & 0 & 0 \\ 0 & 0 & 0 & 0 & 0 & 0 \end{bmatrix} \begin{Bmatrix} U_1 \\ U_2 \\ U_3 \\ U_4 \\ U_5 \\ U_6 \end{Bmatrix} = \begin{Bmatrix} F_1 \\ F_1 + F_2 \\ F_1 + F_2 + F_3 \\ F_4 \\ F_5 \\ F_6 \end{Bmatrix}$$

계속하여 과정을 진행하면 소거 과정을 거친 후에 다음과 같은 방정식이 된다.

$$\begin{bmatrix} k & -k & 0 & 0 & 0 & 0 \\ 0 & k & -k & 0 & 0 & 0 \\ 0 & 0 & k & -k & 0 & 0 \\ 0 & 0 & 0 & k & -k & 0 \\ 0 & 0 & 0 & 0 & k & -k \\ 0 & 0 & 0 & 0 & -k & k \end{bmatrix} \begin{Bmatrix} U_1 \\ U_2 \\ U_3 \\ U_4 \\ U_5 \\ U_6 \end{Bmatrix} = \begin{Bmatrix} F_1 \\ F_1 + F_2 \\ F_1 + F_2 + F_3 \\ F_1 + F_2 + F_3 + F_4 \\ F_1 + F_2 + F_3 + F_4 + F_5 \\ F_6 \end{Bmatrix} \tag{C16}$$

식 (C16) 에서 마지막 식이 구속되었음을 주목하면, 시작할 때 이를 무시하였으나 이 과정에 의해 시스템 강성행렬이 결합된 상태에서 삼각행렬로 되었음을 알 수 있다.

이제 구속된 식을 제외시킨 후, 나머지 식을 역차순으로 대입하여 풀 수 있다. 이 경우 외력은 알고 있는 상태이다. 여기서는 간단히 설명하기 위해 1 차원 요소에 대해 설명하였으나 이 방법은 특히 계산 속도와 효율성에 있어 크기가 큰 2 차원 또는 3 차원 모델에서 이점이 크다. 여기서는 웨이브 해법을 채택한 유한 요소 소프트웨어 사용시 필요한 정보를 알기 위해 살펴보았다.

찾아보기 INDEX

▶ A

▶ B

C

D

E

F

G

H

I

J

K

L

▶ M

▶ N

▶ O

▶ P

▶ Q

▶ R

▶ S

▸ T

▸ U

▶ V

▶ W

▶ Y

▶ Z

▶ ㄱ

ㄴ

ㄷ

▶ ㅅ

ㅇ

▶ ㅈ

▶ ㅊ

▶ ㅋ

▶ ㅌ

▶ ㅍ

▶ ㅎ